"十三五"国家重点出版物出版规划项目 材料科学研究与工程技术系列图书

黑龙江省精品图书出版工程／"双一流"建设精品出版工程

纳米材料与纳米器件基础

FUNDAMENTALS OF NANOMATERIALS AND NANODEVICES

亓钧雷 曹 健 李 淳 司晓庆 编著

哈爾濱工業大學出版社
HARBIN INSTITUTE OF TECHNOLOGY PRESS

内 容 简 介

纳米科技是对社会经济、政治和国防等有深远影响的科技领域,纳米材料和器件是整个纳米科技的核心和基础。本书介绍了纳米科技的发展历程,阐述了纳米材料的结构、特性、制备方法以及表征手段,较为系统地阐述了具有典型代表性的纳米材料以及相关纳米器件的研究现状及发展趋势。全书共分9章,内容包括:绪论;纳米材料及其基本特性;一维纳米材料——碳纳米管;二维纳米材料——石墨烯;石墨烯超级电容器;电池类型电极材料及其在水系混合器件上的应用;锂电池工作原理及电极材料;固体氧化物燃料电池;纳米表征和制造技术。

本书可作为高等院校材料学、材料加工学和化学及相关专业本科生和研究生的教材,也可作为从事纳米材料和纳米器件教学与研究工作者的参考用书。

图书在版编目(CIP)数据

纳米材料与纳米器件基础/亓钧雷等编著. —哈尔滨:哈尔滨工业大学出版社,2022.4
ISBN 978 - 7 - 5603 - 9231 - 8

Ⅰ.①纳… Ⅱ.①亓… Ⅲ.①纳米材料-高等学校-教材 ②纳米材料-光电器件-高等学校-教材 Ⅳ.①TB383

中国版本图书馆 CIP 数据核字(2020)第 267651 号

材料科学与工程图书工作室

策划编辑	许雅莹 李 鹏
责任编辑	张 颖 李青晏 苗金英
封面设计	屈 佳
出版发行	哈尔滨工业大学出版社
社 址	哈尔滨市南岗区复华四道街 10 号 邮编 150006
传 真	0451 - 86414749
网 址	http://hitpress. hit. edu. cn
印 刷	哈尔滨市工大节能印刷厂
开 本	787 mm×1 092 mm 1/16 印张 24.5 字数 578 千字
版 次	2022 年 4 月第 1 版 2022 年 4 月第 1 次印刷
书 号	ISBN 978 - 7 - 5603 - 9231 - 8
定 价	58.00 元

前　言

纳米科技如同星空中最璀璨的一颗明珠闪耀在21世纪的科技领域中,被广泛应用于电子信息技术、生命科学、能源存储、生物技术和航天航空等领域,对人类的生产和生活方式产生了重大的影响,对促进传统产业的改造和升级意义重大,无论在国民经济建设还是在国防建设中都展示出重要的研究和应用价值。而且,纳米科技将有可能引发下一场工业革命,成为21世纪经济的新增长点。我国处在纳米科技兴起的时代,也面临严峻的挑战,同时纳米科技也为推动我国跨越式发展带来了极大的机遇。

纳米材料和器件是整个纳米科技的核心和基础。特别是,材料到达纳米量级后产生很多不同于宏观材料和微观同类原子/分子的奇异特性,进而对原有性质产生了跨越式的改进和提高。在纳米尺度下,原子/分子的相互作用直接影响材料的宏观性质,材料的机械、电学、光学等性质都发生了显著变化。其中,比表面效应、小尺寸效应、界面效应和宏观量子效应等是引起纳米性质发生诱变的主要因素。这些效应使得纳米材料在光、电、热、磁等物理性质方面与宏观材料不同,产生很多新奇的特性,并衍生出一系列新型纳米器件。

本书是结合作者从事纳米材料与纳米器件方面多年的教学、科研成果以及国内外最新研究成果撰写而成。着重介绍了纳米材料的基本特性、表征手段以及制备技术,如纳米效应物理原理、电子能级的不连续性、久保理论、量子尺寸效应、小尺寸效应、表面效应等;在纳米科技发展历程中具有重要意义的代表性纳米材料,如一维纳米材料——碳纳米管、二维纳米材料——石墨烯等;以及缓解当前能源危机的新能源器件,如锂电池、超级电容器、燃料电池等。

本书共分9章,第1、3~5章由亓钧雷撰写,第2章由李淳撰写,第8章由司晓庆撰写,第6、7、9章由曹健撰写。本书在撰写过程中得到了哈尔滨工业大学新材料及异种材料连接课题组林景煌、贾赫男、梁灏言、霸金、蔡逸飞、秦斌、闫耀天、王鹏程等博士研究生的大力帮助,在此表示衷心的感谢。

由于纳米技术参考资料众多,限于篇幅不能一一列出,在此向本书所涉及内容的原作者致谢。

由于作者水平及经验有限,书中不足之处在所难免,衷心希望广大读者提出宝贵意见和建议。

作　者
2022年1月

目　　录

第1章　绪论 ·· 1

  1.1　纳米科技的发展历程 ························· 1

  1.2　我国纳米科技发展概况 ····················· 6

  1.3　我国纳米科技领域杰出人物 ················ 6

  1.4　发展纳米科技的重要意义 ·················· 10

  1.5　纳米科技内涵的理解 ······················· 12

第2章　纳米材料及其基本特性 ··················· 15

  2.1　纳米效应 ··································· 15

  2.2　纳米材料的小尺寸效应 ···················· 22

  2.3　量子尺寸效应 ······························ 23

  2.4　表面效应 ··································· 29

  2.5　固体的能带结构 ··························· 33

第3章　一维纳米材料——碳纳米管 ············· 34

  3.1　碳原子的成键 ······························ 34

  3.2　碳纳米管的电子结构 ······················· 35

  3.3　碳纳米管的对称性 ························· 37

  3.4　碳纳米管的生长机制 ······················· 38

  3.5　碳纳米管的应用 ··························· 47

  3.6　碳纳米管的复合钎料 ······················· 52

第4章　二维纳米材料——石墨烯 ················ 55

  4.1　石墨烯的结构特征 ························· 55

  4.2　石墨烯的电学特性 ························· 60

  4.3　石墨烯的制备 ······························ 63

  4.4　石墨烯生长机制 ··························· 69

  4.5　垂直取向石墨烯 ··························· 74

  4.6　石墨烯的应用 ······························ 81

第5章　石墨烯超级电容器 ························· 94

  5.1　超级电容器简介 ··························· 94

5.2 超级电容器分类及工作原理 ·················· 97

5.3 石墨烯超级电容器 ·················· 111

5.4 石墨烯量子点超级电容器 ·················· 125

5.5 超级电容器应用 ·················· 131

第6章 电池类型电极材料及其在水系混合器件上的应用 ·················· 135

6.1 概述 ·················· 135

6.2 电池类型电极材料的储能机理 ·················· 136

6.3 电极电池类型电极材料的最新进展 ·················· 142

6.4 电池类型电极材料的改性策略 ·················· 161

第7章 锂电池工作原理及电极材料 ·················· 187

7.1 锂离子电池简介 ·················· 187

7.2 锂离子电池的电极材料 ·················· 199

7.3 锂离子电池工作原理 ·················· 213

7.4 硅负极及其复合电极材料 ·················· 219

7.5 石墨烯在锂电池中的应用 ·················· 230

7.6 锂电池中离子界面行为 ·················· 247

第8章 固体氧化物燃料电池 ·················· 258

8.1 固体氧化物燃料电池介绍 ·················· 258

8.2 固体氧化物燃料电池材料介绍 ·················· 260

8.3 SOFC 电池堆封接研究 ·················· 264

8.4 水分解原理 ·················· 287

8.5 纳米材料催化剂电极设计 ·················· 294

第9章 纳米表征和制造技术 ·················· 319

9.1 X 射线衍射方法 ·················· 319

9.2 扫描电子显微镜分析方法 ·················· 322

9.3 透射电子显微镜分析方法 ·················· 327

9.4 拉曼光谱分析方法 ·················· 333

9.5 物理气相沉积方法 ·················· 335

9.6 化学气相沉积方法 ·················· 338

9.7 其他制备方法 ·················· 344

参考文献 ·················· 349

附录 部分彩图 ·················· 361

第1章 绪 论

在充满机遇和挑战的 21 世纪,随着科技的快速发展,上至国家战略下至百姓生活都发生了翻天覆地的变化,如磁悬浮列车、新能源汽车、智能手机和手表、靶向药物、虚拟现实技术等。新兴的众多高科技中,信息科学(Information Science)、生命科学(Life Science)、环境科学(Environmental Science)和纳米科技(Nano Science and Technology)这四大科技是主导 21 世纪科学与技术发展的核心技术领域。特别是,纳米科技无论在国民经济建设还是在国防建设中都发挥出举世瞩目的重要作用。

1.1 纳米科技的发展历程

1.1.1 纳米科技概念的来源

纳米(nanometer,nm)是像米、毫米、微米一样的表示长度的度量单位,1 nm 是 1 m 的十亿分之一(即 1 nm $= 10^{-9}$ m)。纳米尺度是肉眼无法分辨的,只有借助先进仪器才能了解。关于自然界的知识和理论定律等,如牛顿定律、物质的化学与物理性质、电子器件的工作原理等都是基于尺寸在微米或以上而发现和探索研究的。然而,当研究尺度在纳米范围内,特别是材料与器件的尺寸缩减到纳米量级时,出现了许多现有知识范畴难以解释的现象,为此,各国的研究者在纳米科技领域展开了研究。而纳米科技是指尺寸在 0.1 ~ 100 nm 之间材料的组成、特性及其应用的研究,是现代科学和现代技术相结合的科学技术。

纳米科技概念的提出可以称为"一个神奇的梦想"。这个"神奇的梦想"的提出者是美国著名物理学家、诺贝尔物理学奖获得者理查德·费曼(Richard P. Feynman)教授。1959 年 12 月 29 日,费曼教授在美国加州理工学院召开的美国物理年会上发表了一篇题为"*There is a plenty of rooms at the bottom*"的著名演讲。他在报告中提出"为什么我们不能把 24 卷大英百科全书写在一个针尖上去呢?""如果有一天能按人的意志安排一个个原子和分子,将会产生什么样的奇迹呢?"费曼教授预言,人类可以用新型的微型化仪器制造出更小的机器,最后人们可以从单个分子甚至单个原子开始组装,制造出最小的人工机器。可以说这些都是纳米技术最早的梦想和灵感来源。在当时这个"神奇的梦想"或者可以说"匪夷所思的创新性想法"太过超前,并没有引起人们足够的注意。但是,在现在看来当时预言中的许多纳米技术今天已经实现,还有一些正处在研究和突破中。

1962 年,日本学者久保(Ryogo Kubo)及其合作者在研究超微金属颗粒时提出了著名的久保理论,即金属微粒小到一定尺寸时具有独特的量子限域现象,引起了全球学者的研究热潮,推动了科学家对纳米微粒的探索和研究。

直到20世纪70年代,科学家们才开始提出关于纳米科技的构想。1974年,日本学者谷口纪男(Norio Taniguchi)第一次提出纳米技术(Nanotechnology)的概念,以描述和区别超微细加工中的微米级和亚微米级加工。1981年,德国物理学家、纳米材料先驱格莱特(H. Gleiter)提出纳米固体结构(Nanostructure of Solids)的概念,并发展了具有纳米晶粒尺寸和大量界面具有各种特殊性能的材料,如纳米晶体Pd、Fe等。

20世纪90年代,纳米技术已经发展成型,1990年7月,第一届国际纳米科学技术会议在美国巴尔的摩举办,标志着纳米科学技术的正式诞生。此次会议正式把纳米材料纳入材料科学的一个新分支公布于众。随后,纳米科技进一步分为四大领域:纳米电子学、纳米机械学、纳米生物学和纳米材料学,一些纳米领域专业期刊相继出现,如*Nanotechnology*、*Nanostructured Materials*、*Nanobiology*等。

1.1.2　纳米测试与制备技术的发展

在整个纳米科技的发展历程中,纳米领域新理论和新思路的诞生离不开新的纳米测试与制备技术的发明以及新纳米材料的创造和发现。纳米测试与制备技术的发明,如源源不断的动力推动着纳米科技的快速发展;而新纳米材料的创造和发现,激起了一波又一波的纳米科技研究浪潮。整个自然界中存在很多天然形成的纳米材料,还有很多人类无意识制造及使用的纳米材料与技术。1931年,德国物理学家恩斯特·鲁斯卡(E. Ruska)和马克斯·克诺尔(M. Knoll)发明了世界上第一台透射电子显微镜,分辨率可达50 nm,如图1.1所示。恩斯特·鲁斯卡因设计了第一台透射电子显微镜获1986年诺贝尔物理学奖。

图1.1　世界上第一台透射电子显微镜

1968年,美国贝尔实验室卓以和(A. Y. Cho)和亚瑟(J. Arthur)发明了分子束外延技术(Molecular Beam Epitaxy,MBE),该技术可以使组成目标样品的原子或分子定向运动到目标衬底(一般为有确定晶向的单晶)上,并使其按照衬底的晶体结构进行生长。该技术发展至今,可以称得上是在纳米甚至原子尺度上精确设计和控制量子材料最关键的技术之一。

1981年,德国物理学家格莱特(H. Gleiter)发明了金属纳米粉体真空蒸发冷凝制备法,成功研制了 Fe、Pd、Cu 等纳米金属材料。

1982 年,苏黎世 IBM 实验室格尔德·宾宁(G. Binnig)和海因里希·罗雷尔(H. Rohrer)发明了扫描隧道显微镜(Scanning Tunneling Microscope,STM)。这种新型显微仪器的诞生,提供了能够实时地观测原子在物质表面的排列状态和与表面电子行为有关的物化性质的技术,对表面科学、材料科学、生命科学以及微电子技术的研究有重大意义和重要应用价值。为此这两位科学家与电子显微镜的创造者恩斯特·鲁斯卡教授一起荣获 1986 年诺贝尔物理学奖。在美国加州的 IBM 实验室内,研究人员在低温超高真空条件下,采用 STM 操纵着一个个氙原子,STM 的针尖成了搬运原子的"抓斗",在一个位置上抓起一个原子,移动到另一个预先设计好的位置上,再放下该原子。重复这样的步骤,依格勒实现了 35 个氙原子的摆布,制作世界上最小的 IBM 商标(图 1.2),实现了人类直接操纵单个原子的设想,证实了 1959 年费曼教授提出的"神奇的梦想"。

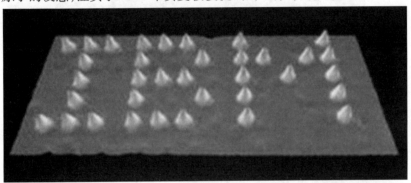

图 1.2 采用 STM 技术制作的世界上最小的 IBM 商标

1985 年,哈罗德·克罗托(Harold Kroto)、罗伯特·柯尔(Robert Floyd Curl,Jr)和理查德·埃利特·斯莫利(Richard Errett Smalley)在研究空间放电现象时发现了碳的第 3 种稳定同素体结构 C60,也称为富勒烯(Fullerene),因此获得了 1996 年诺贝尔化学奖。C60 是由 60 个碳原子组成的具有美学对称性类似于足球状的空心笼状分子,如图 1.3 所示。目前,类 C60 结构的 C70、C76、C78、C80 和 C84 等,不仅有足球状结构,还有一些形状如椭球形、柱形或管状等,统称为富勒烯。富勒烯的内部结构与石墨很相似,石墨是由六元环组成的石墨烯层堆积而成的,而富勒烯不仅含有六元环还有五元环,偶尔还有七元环。富勒烯独特的化学和物理性质以及在技术方面潜在的应用,引起了科学家们强烈的兴趣,激发了全世界科研工作者对纳米材料的研究热潮。

1991 年,日本 NEC 公司的饭岛澄男(Sumio Iijima)在研究 C60 分子时发现了一种更加奇特的碳纳米结构——碳纳米管(Carbon Nanotubes,CNT)。碳纳米管是一种具有完整分子结构的新型碳材料,是由石墨烯片层卷成的无缝、中空的管体,如图 1.4 所示。研究发现,碳纳米管是一种长径比超高的纤维,抗拉强度达到 50~200 GPa,是钢的 100 倍,密度却只有钢的 1/6。碳纳米管是强度最高的纤维,强度与质量之比是最理想的。碳纳米管的发现终于为科学家设想的"太空电梯——未来的地球与太空之间的班车(图 1.5)"的建设找到了合适的材料。

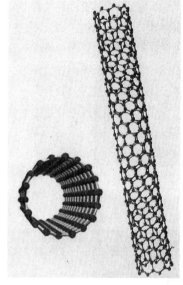

图 1.3 C60 的结构模拟示意图 图 1.4 CNT 的结构模拟示意图

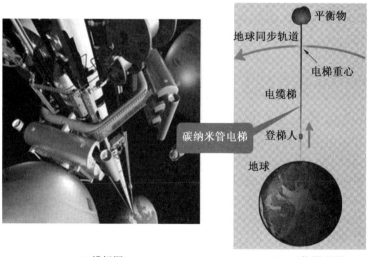

(a) 模拟图 (b) 工作原理图

图 1.5 "太空电梯"模拟图和工作原理图

碳纳米管的发现激发了研究者对纳米材料的研究兴趣,在随后的 20 年里,碳纳米管的研究一直都处于全世界学术的最前沿,直至今天,碳纳米管仍然是纳米科技领域的研究热点。如果说现在还有哪种纳米材料比碳纳米管更引人关注,可以取代碳纳米管在纳米领域的地位,无疑是 2004 年英国曼彻斯特大学的安德烈·海姆教授和康斯坦丁·诺沃肖洛夫研究员通过"微机械力剥离法"制备的新型二维碳纳米材料——石墨烯(Graphene),如图 1.6 所示。石墨烯的发现不仅使碳材料家族更加充实,同时推翻了二维晶体在室温条件下不能单独存在的预言,对于整个理论界和试验界都产生了重大的影响。石墨烯在光、电、力等方面具有优良的性质,因而具备应用在如医药、能量转化与存储、仿生领域的先决条件,将来极可能掀起一场影响深远的材料变革。2010 年 10 月 5 日,瑞典皇家科学院宣布将2010年诺贝尔物理学奖授予英国曼彻斯特大学的两位科学家——安德烈·海姆和康斯坦丁·诺沃肖洛夫,以表彰他们在石墨烯材料方面的杰出贡献。石墨烯的创新性发现,犹如热浪一般席卷了整个学术界,又把纳米科技推向了全世界学术的巅峰。直至今日,石墨烯以及类石墨烯的二维层片状材料仍然是学术界的前沿热点。

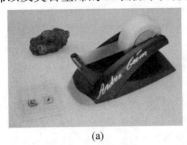
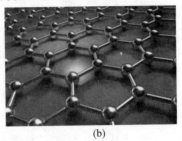

(a)   (b)

图1.6 石墨烯的剥离过程及结构模拟示意图

1.1.3 国际范围内的纳米科技发展计划

有人预言,纳米技术在21世纪所引起的全球技术革命和工业革命对社会经济、政治和国防等的影响要比之前的技术革命带来更大的影响。纳米技术将带来新的技术热潮,并引领下一次工业革命。人类将进入一个新的时代——纳米技术时代。

为了在新一轮工业革命中取得领先地位,各个国家陆续制订了纳米科技的战略计划,投入了大量的人力物力。发达国家中美国、日本、欧盟三大科技强国/联盟的纳米科技开发、成果转化以及产业发展已经初具规模。

美国早在2000年就率先启动和制订了国家纳米科技计划。美国前总统克林顿(W. J. Clinton)于2000年1月在加州理工学院也进行了一场重要的演讲,“我正在支持一项对美国未来经济和发展将产生深远影响的纳米技术,它是21世纪最重要、应该优先发展的计划……”同年2月,美国政府正式提出“国家纳米技术倡议(NNI)”的报告,以美国国家科学技术委员会(NCT)为首,整合美国联邦各科研机构的力量,组成纳米科学、工程与技术分委会(SNSET)负责执行。美国前总统科学技术助理雷恩(N. Lane)指出:“如果人们问我哪个科学和工程领域最有可能在未来产生突破性成就,我认为会是纳米科学和工程。”2001年,美国投入近5亿美元大力发展纳米科技计划,以保证美国在纳米科技领域的世界领先地位。

以高新科技为立国之本的日本,也大力发展纳米科技。日本国会甚至把“纳米技术”发展目标提升到如当初的“微电子技术”一样,把发展纳米技术作为“日本经济复兴”的核心,积极推进纳米科技在基础研究、应用转化研究、纳米产品研发以及产业升级转变等方面的发展。

2002年11月11~13日,欧盟成员国根据《阿姆斯特丹条约》的内容推出第六框架计划,该计划的基础研究经费为每年7亿欧元。该计划对纳米科技给予了高度重视,将纳米科技作为优先发展领域,还制订了较为翔实的欧洲未来纳米科技的发展战略,有近13亿欧元用于纳米材料、纳米技术和纳米科学等方面的研究。而且,包括德国、法国、英国在内的多个欧盟成员国都制订了各自的纳米科技发展计划。

尽管纳米科技发展具有不确定性,难以准确预测未来发展态势。但从目前发展态势来看,纳米技术已经广泛应用到电子信息技术、生命科学、能源存储、生物技术和航天航空等领域,通过纳米材料制备的器件具有更高的强度、更好的韧性、更长的使用寿命等。随着研发的不断深入,纳米科技又衍生出了很多新材料、新技术、新科学,整体发展态势良好,未来值得期待。

1.2 我国纳米科技发展概况

我国一直以来都是发展中国家科技实力最强的国家之一,因此在纳米科技发展初期,我国科学家们就已经开始发展纳米科技方面的研究工作。早在 1990 年,国家科学技术委员会在"攀登计划"中就开始对纳米科技项目给予了专项支持。1999 年,我国科技部在"973""863"等国家重点基础研究计划中,均对纳米科技给予了大力支持,特别是对当时的研究热点——碳纳米管等纳米材料给予了大力支持。2000 年 7 月,中共中央政治局全体委员听取了中科院有关纳米技术的报告,提出决战纳米时代的指示,并于 2001 年制定《国家纳米科技发展纲要》,建立我国的纳米科技创新体系,以争取在新一轮工业技术革命——纳米科技领域中抢占先机。

中国科学院是国内率先开展纳米科技领域相关研究工作的研究单位,研究成果斐然。从 20 世纪 80 年代开始,中国科学院就组织了包括中国科学院物理研究所、化学研究所、金属研究所、上海硅酸盐研究所、合肥固体物理研究所、兰州化学研究所以及中国科技大学等单位,投入大量的人力物力,进行纳米科学与技术方面的研究工作。在单原子操纵、分子材料和器件、纳米半导体材料、纳米光催化材料、微纳表/界面调控、碳纳米管及其相关碳纳米材料等方面取得了里程碑式的研究成果。同时,培养了大批的纳米科技领域领军人才和后备人才,在纳米科技领域的多个研究分支方面占据优势。

为加强纳米科技研究,2001 年由中国科学院和教育部牵头组建了国家纳米科学中心(National Center for Nanoscience and Technology),纳米中心定位于纳米科学的基础和应用基础研究,目标是建成具有国际先进水平的研究基地、面向国内外开放的纳米科学研究公共技术平台、我国纳米科技领域国际交流的窗口和人才培养基地。在努力为我国纳米科技发展提供支撑的同时,国家纳米科学中心还致力于促进国家纳米科技产业的标准化和规范化发展,以期为我国纳米科技的健康、有序发展做出贡献。20 多年来,国家纳米科学中心立足面向世界科技前沿、面向国家重大需求、面向国民经济主战场,取得了一系列重要的科研进展,科技竞争力显著提高。在基础研究、应用研究和技术支撑方面,国家纳米科学中心已经取得了一批非常重要的创新成果和重要进展,并初步搭建了我国纳米测量标准体系,为我国纳米技术领域做出了巨大的贡献。

1.3 我国纳米科技领域杰出人物

我国在纳米科技领域培养出了一大批杰出人物,他们在世界权威科学期刊和国际重要会议上均有相关报告,本节只简要介绍其中几位。

1.3.1 白春礼:我国纳米科技的领军人

白春礼院士作为我国扫描隧道显微学的开拓者之一,在国际 STM 研究领域有一定影响力。先后带领实验室成员研制了计算机控制的扫描隧道显微镜(1989 年荣获中国科学院科技进步二等奖),与中国科学院电子显微镜实验室合作研制另一台 STM(1989 年中国科学院科技进步二等奖),这两个重大成果的进一步完善在 1990 年获得国家科技进步二等奖。白春礼院士带领的科研团队成功研制了我国第一台原子力显微镜(获得中国科学院科技进步一等奖,国家科技进步三等奖)、第一台激光原子力显微镜、低温扫描隧道显微镜、弹道电子发射显微镜、超高真空扫描隧道显微镜等多种扫描探针显微仪器。这些重大科研成果攻克了一系列重要难题,先后获得六项国家发明专利,并为我国在这一领域研究的开展起到了促进的作用。

1.3.2 张立德:国家纳米科学首席科学家

张立德教授是把纳米概念引入我国的第一人。他的研究团队开发了多种用于合成准一维纳米材料和所需阵列系统的技术,并研究了一维传输特性。他对固体纳米结构的光学和物理性质的研究在国际上取得了令人瞩目的成果。自 1995 年以来,他致力于发展纳米粉体工业,并将纳米材料和技术应用于传统工业的发展,在江苏、浙江省建立了三条年产纳米粉体材料 20 t 以上的生产线,不仅在我国纳米材料制造上实现了零突破,也为我国进一步制造纳米粉体材料奠定了坚实的基础。

张立德教授深入讨论了纳米技术与新的工业革命、纳米技术对社会发展和经济复苏以及改善人们生活质量发挥的重要作用。他在高科技行业和数十家重要的报纸上发表了 80 多篇有关纳米技术知识普及的文章,受到了读者的欢迎。他积极鼓励纳米技术产业化,激发企业家以创新思想应用和发展纳米技术,指导人们充分理解纳米技术创新的难度,并澄清对纳米技术的误解;他还为中学生到研究生参加的夏令营做了十多场科普报告,普及纳米科学知识,其中"科学进步与创新"和"创新能力培养是育人之本"等报告生动活泼,深受年轻人喜爱。

1.3.3 钱逸泰:我国纳米技术的开拓者

在纳米材料研究方面,钱逸泰教授将溶剂热合成技术发展成一种重要的固体合成方法,在有机相中发展了无机合成化学,使非氧化物纳米结晶材料的合成温度下降到很低,发展了 γ 射线辐照法制备纳米材料的新方法,并通过复合溶剂热方法调控生长纳米结构。

钱逸泰教授采用 280 ℃ 的苯热合成方法制得了纳米结晶的 GaN,其中含有超高压相岩盐型 GaN 相。通过 Wurtz 反应在相对较低温度下发生,利用金属钠的还原性,将四氯化碳和六氯代苯还原得到了金刚石粉末和多壁碳纳米管,该研究的文章分别发表在 *Science* 和 *Journal of the American Chemical Society* 上。其中,金刚石相关的研究被"美国化学与工程新闻"评价为"稻草变黄金",同时被教育部选为 1998 年十大科技新闻。

近些年,钱逸泰教授率领的研究团队从事锂离子电池电极材料方面的研究,开创了纳米硅的简单合成纳米技术,并被 *Nature Materials* 作为亮点文章报道。

1.3.4　解思深:我国碳纳米管研究先行者

1978～1991 年期间,解思深院士主要研究高温氧化物超导体的合成、相关系和晶体结构。在早期的研究工作中,他较早地独立确定了 YBaeCu307 超导氧化物具有氧缺位的三层钙钛矿型基本单胞沿 Z 轴有序排列的结构,与国际测定工作同步,得到了广泛的认可。

1987 年 3 月,在研究 YBCO 超导氧化物时,解思深院士提出 CuO_2 平面是导致超导性最重要的结构因素;随后又提出 Bi-Sr-Ca-Cu-O 体系和 n-Ba-Ca-Cu-O 体系两种超导体是由 Arivolous 层状结构演变而来的思想。"高 T_c 氧化物体系的发现"获 1989 年国家自然科学一等奖,"液氮温区氧化物超导体的合成、相关系和晶体结构"的研究成果获1991 年国家自然科学三等奖。

自 1992 年以来,解思深院士主要研究一维纳米材料(碳纳米管)和其他纳米材料的合成、结构及力学、热学、光学性能。1992 年,他率先在国内开展相关碳纳米管的研究,并取得了一系列的重要进展。先后在 Science、Nature 上发表三篇文章,他在碳纳米管方面的研究工作对国际学术界产生了一定的影响。

1.3.5　范守善:碳纳米管实用化的本土发起人之一

范守善教授长期从事新型功能材料的制备与物性研究,主要研究方向为碳纳米管的生长机理、可控制合成与应用探索。在深入揭示和理解碳纳米管生长机理的基础上,实现了超顺排碳纳米管阵列、薄膜和线材的可控制与规模化制备,研究并发现了碳纳米管材料独特的物理化学性质,基于这些性质发展出了碳纳米管发光和显示器件、透明柔性碳纳米管薄膜扬声器、碳纳米管薄膜触摸屏等多种纳米产品,部分应用产品已具有产业化前景,实现了从源头创新到产业化的转换。

1993 年初,范守善教授在哈佛大学做访问学者期间,首次通过试验方法观测到磁通线穿透铜氧化物超导体的路径,此结果发表在 1994 年 10 月 27 日的 *Nature* 杂志上,被列为封面标题之一。在超导领域取得突破性进展之后,范守善教授把注意力转向了纳米材料领域。1994 年,范守善教授及其同事首次利用碳纳米管制备出碳化物纳米棒,1995 年6 月这一成果被列入 *Nature* 杂志的封面标题。1994 年底,范守善教授回到了清华大学,他把研究方向从半导体转向了碳纳米管。他的研究成果曾被列入中国十大科技新闻(1998 年)、科技部十项基础研究成果(1998 年)和中国高等学校十大科技进展(1998 年和 2002 年)。

1.3.6　江雷:纳米界面材料研究先驱者之一

江雷院士及其同事在试验中观察到,在紫外光的照射下,二氧化钛表面表现出亲水的效果,试验结果证实,该表面具有"双亲性"。在 1998 年春季的日本化学学会上首次提出"二元协同纳米界面结构"理论,2000 年正式发表在《纯粹与应用化学》上。1999 年底,江雷团队研发出超双亲性(既亲水又亲油)二元协同界面材料技术和超双疏性(既疏水又疏油)二元协同界面纳米材料,并使该技术走向实用化。2001 年,江雷院士及其团队成功制备出超双疏阵列碳纳米管膜,并将研究成果发表在德国《应用化学》杂志上。接着,他们被国际权威杂志《先进材料》主编特邀编写关于超疏水特性的综述文章。2003 年 2 月,江雷院士及其团队首次通过亲水性的聚乙烯醇原材料研制出了超疏水性的聚乙烯醇纳米纤维,并发表在德国《应用化学》上。随后,江雷院士及其团队首次报道了经氟化处理的碳纳米管膜具有超双疏性和利用聚丙烯腈为原料制备出了无氟超疏水性纳米纤维,研究表明纳米结构在超疏水性有相当大的作用。他们的研究首次证明,以双亲性的材料为原料并构建纳米结构可以得到超疏水性的表面。相关领域的专家称,这一重大发现打破了学术界多年来认为只有利用疏水性材料才能获得超疏水性表面的论据,使更多的材料用于制备超疏水性的材料。

江雷院士在纳米功能界面材料方面的相关研究成果受到了该领域众多学者的关注,在世界范围内带动了该方向的发展。

1.3.7 卢柯:纳米孪晶材料领域顶级专家

卢柯教授主要从事金属纳米材料及亚稳材料等方面的研究,他发展了非晶完全晶化法,揭示了纳米材料的本质结构特征和性能,发现了纳米金属铜在室温下具有超塑延展性,建立了过热晶体熔化的动力学极限理论,发展了利用表面机械变形处理实现金属材料表面纳米化的新技术。

1988 年,卢柯博士开始从事对非晶态金属的晶化动力学及其微观机制研究,在国际上首次提出非晶态材料的有序原子集团切变沉积化机制,这一机制的提出,修正了被行业引用十多年的 Ni-P 非晶合金晶化产物间的位向关系,并为研究非晶晶化形成纳米晶体提供了理论依据。1990 年,卢柯博士毕业后创新性地提出了制备纳米金属的一种新型方法,这种方法具有工艺简单、晶粒度易于控制、界面清洁且不含微孔洞等优点。1994 年,国际著名期刊 *Material Science and Engineering R:Reports* 特邀卢柯撰写相关非晶完全晶化法的综述,他所提出的制备方法受到了国际相关领域学者的广泛认可,成为当今国际纳米材料的主要制备方法之一。2000 年 2 月 25 日,卢柯团队发现了纳米金属铜在室温下的"奇异"性能——纳米金属铜在室温具有超塑延展性而没有加工硬化效应,延伸率高达5 100%。相关工作发表在 *Science*,这一重大发现使纳米材料更进一步贴近实际应用。这一成果被评为当年中国十大科技进展之一。2003 年,卢柯团队又在 *Science* 发表了金属材料表面纳米化研究方面取得的重要进展,将铁表面的晶粒进行了纳米化处理,其氮化温度显著降低,从而为氮化处理更多种材料和器件提供了可能,这一重大成果被评为 2003 年中国十大科技进展之一。2004 年 4 月,卢柯团队在 *Science* 上发表第三篇论文,报道了一种新型纳米结构——纳米孪晶。他们在纳米孪晶铜中获得超高强度和很高的电导率,这是在普通材料中难以获得的性能。2009 年 1 月,卢柯团队再一次在 *Science* 上发表了关于《纳米孪晶铜的极值强度和超高加工硬化研究》的论文,在纳米孪晶强化材料方面具有重大意义,该论文被评为当年中国基础研究十大新闻。2009 年 4 月 17 日,*Science* 上刊登了他们的特邀综述论文《利用纳米尺度共格界面强化材料》,文章就强化界面应具备的关键结构特征进行了详细阐述,并提出了利用纳米尺度共格界面强化材料的新途径。2011 年

2 月,卢柯团队在梯度纳米材料研究方面取得突破,发现梯度纳米金属铜既具有极高的强度又兼有良好的拉伸塑性,揭示了纳米金属的本征塑性和变形机制,*Science* 再次刊登他们的论文。2013 年,卢柯团队在 *Science* 上发表论文《在金属中发现超硬超高稳定性新型纳米层状结构》,在论文中重点介绍了利用自行研发的技术装备通过高速剪切塑性变形在块体镍金属表面施加高梯度应变,为开发新一代高综合性能纳米金属材料开辟了新途径。

近些年,我国的纳米领域中人才辈出。在纳米化学方面,有以赵东元院士、李亚栋院士、谢毅院士、陈仙辉院士等领衔的领军人物;在纳米碳材料领域,有以成会明院士、刘忠范院士、李永舫院士等领衔的领军人物。

1.4 发展纳米科技的重要意义

在近代人类发展历程中,主要经历了著名的三次工业革命,给人类社会发展带来了巨大变迁,而这三次工业革命都离不开当时主导技术的革新。"主导技术"是指在某一历史时期,引起社会整个技术体系发生根本性变革,在社会生产中得到广泛应用并在新的技术体系中起决定性作用的科学或技术。主导技术将直接决定某一时期社会生产力发展的水平。每次工业革命是对科学技术进行全面的、根本性变革。

第一次工业革命是指在 18 世纪 60 年代至 19 世纪 40 年代的一段时期内,欧洲和美国向新制造工艺的过渡。这种过渡包括从手工生产方法到机器的转变,新的化学制造和钢铁生产工艺,蒸汽动力和水力发电的日益使用,机床的发展以及机械化工厂系统的兴起。工业革命还导致人口增长率空前提高。工业革命始于英国,到 18 世纪中叶,英国已成为世界上最大的商业国家。第一次工业革命是以蒸汽机的诞生开始,以蒸汽机作为动力机被广泛使用作为标记,所涉及的科学基础包括牛顿力学、热力学、能量转化与守恒定理等。这不仅是一次技术改革,更是一场深刻的社会变革,推动了经济、政治、思想等诸多方面的变革。

第二次工业革命是指工业快速发展的时期,主要在欧洲国家、美国和日本。第二次工业革命始于 18 世纪后期的英国,然后席卷了整个西欧和北美,人类进入了"电气时代",包括发电机、电动机、无线电通信和电力技术等,涉及的科学基础包括电磁场理论、焦耳定律、X 射线发现、细胞学说、化学元素周期律等。第二次工业革命极大地促进了社会生产力的发展,对人类社会的经济、政治、文化、军事,科技和生产力产生了深远的影响。第二次工业革命以电器的广泛应用最为显著,从 19 世纪 60 ~ 70 年代开始,出现了一系列的重大发明。1866 年,德国人西门子研制出了发电机;到 19 世纪 70 年代,实际可用的发电机问世。电力开始用于代替机器,成为取代以蒸汽机为动力的新能源。内燃机的发展是工业生产的另一重大成就。19 世纪 70 ~ 80 年代,以煤气和汽油为燃料的内燃机相继诞生,19 世纪 90 年代柴油机创制成功。内燃机的发明解决了交通工具的发动机问题。19 世纪 80 年代德国成功研制出由内燃机驱动的汽车,随后内燃机马上应用到了轮船、飞机等上。第二次工业革命在电讯通信方面也得到了巨大的发展。19 世纪 70 年代,美国人贝尔发明了电话,19 世纪 90 年代意大利人马可尼试验无线电报取得了成功,都为迅速传递信息提供了方便。世界各国的经济、政治和文化联系进一步加强。

　　第三次工业革命是继蒸汽技术革命和电气技术革命之后，人类历史上的又一次重大飞跃。实现了原子能、电子计算机、空间技术和生物工程等新的发明，涉及信息、新能源、新材料、生物、空间和海洋等多个领域。第三次科技革命不仅促进了人类社会经济、政治、文化领域的发展，而且也对人类的生活和思维方式产生了重大的影响，并且促进了空间技术的重大发展。第一颗人造地球卫星在1957年由苏联发射成功，开创了空间技术发展的里程碑。1958年，美国在经历巨大刺激之后，终于也发射了人造地球卫星。但很快，苏联在1959年"月球"2号卫星最先将物体送上月球。1961年，苏联宇航员加加林成功乘坐飞船率先实现太空飞行。1969年，美国"阿波罗11号"飞船成功搭载三名宇航员登月。在20世纪70年代以后，空间活动开始拓展到飞出太阳系的伟大意愿。1981年4月12日，美国第一个可以重复使用的哥伦比亚航天飞机试飞成功，并于2天后安全降落。航天飞机兼备火箭、飞船、飞机3种特色，是人类宇航事业的重大进展。中国在1970年以来空间技术迅速发展，目前已经位列世界宇航大国的队列。第三次工业革命除了空间技术取得的巨大成果，还在原子能技术的发展方面有重大成果。在1945年，美国成功研制出原子弹；1949年，苏联成功试爆原子弹；1952年，美国氢弹试制成功。在1953~1964年，英国、法国和中国相继成功研制出核武器。原子能技术首先被应用在军事领域，到1977年，世界上已经有22多个国家和地区拥有核电站反应堆229座。此外，电子计算机技术的发展是第三次工业革命带来的又一个重大进展。19世纪40年代后期，电子管第一代计算机研制成功。在1959年出现了第一个晶体管计算机，它的运算速度可以高达100万次每秒，在1964年可以达到300万次每秒。20世纪60年代中期，出现了集成电路技术，它可以把很多电子元件和电子线路集中在很小的板子上，它的运算速度每秒钟高达千万次，可以满足数据处理和工业控制的需要。到20世纪70年代，第四代大规模集成电路问世，1978年，运算速度可以高达1.5亿次每秒。智能计算机于20世纪80年代问世，光子计算机、生物计算机等在20世纪90年代也相继出现。总体看来，大概每隔5~8年，运算速度可以提高10倍，体积缩小10倍，成本降低10倍。我国自主研制的"银河"大型计算机每秒钟的计算量可以高达上亿次。

　　从1980年开始，微型计算机得到了迅速发展。电子计算机的广泛应用，促进了生产自动化、管理自动化、科技手段现代化和国防科技现代化，也推动了情报信息的自动化发展。全球互联网正在缩短人类之间交往的距离。同时，材料合成、遗传工程、信息技术、系统理论和控制技术的发展，也是第三次工业革命的结晶。

　　从上述三次工业革命可以看出，每次工业革命都要造就几个新的先进国家；主导技术都经历蕴育期、生长期、高速发展期、稳定期4个阶段，其生命周期为50~60年；在主导技术的稳定期都开始蕴育下一个主导技术；主导技术都会带动工业革命，形式是先从传统产业改造开始，并逐渐形成新的产业群。

　　那么，纳米技术是否能成为21世纪的主导技术，能否引发新的工业革命呢？从之前三大工业革命主导技术的发展态势来看，大致都是从科学革命到技术革命之后引发工业革命这样的层层递进关系。纳米科技发展至今可以说带动了科学上的革命，同样的，传统材料尺度到达纳米范畴后，发现了很多新现象、新规律，建立了新理论和奠定了新基础。例如，金属在纳米状态时的硬度比传统材料硬3~5倍，纳米铁的断裂应力是传统铁材料的 12 倍,铜在纳米态的热扩散可以提高一倍,磁性金属在纳米态的磁化率可以提升 20 倍。新的科学革命必然会推动新技术的发展,如纳米级加工技术、电子束光刻技术、光干涉测量技术、扫描探针显微测量技术、原子力显微镜测试技术、溶胶–凝胶法、化学气相沉积、水热合成技术等纳米测量和加工新技术。纳米科技引发了新一轮的技术革命,发展新技术的同时也建立了新理念,制造出新的微纳米器件,在众多的领域都有广阔的应用前景。用纳米材料制作出的器件具有更轻的质量、更强的硬度、更长的使用寿命、更低的维护费用,设计也更加方便;甚至通过纳米材料还可以制备出自然界的材料达不到的特性材料,制作生物材料和仿生材料;纳米技术的发展为传统材料带来了新的启示,例如,陶瓷材料具有耐高温的特性和很高的强度,但却易碎,通过将陶瓷颗粒做成纳米级别,或者掺杂进入一些纳米级别的材料,就可以在具备耐高温和高强度的特性外,还具备很强的韧性,可以将陶瓷材料应用到发动机领域,不仅耐高温,热效率还会得到提高。纳米科技也可以促进传统产业的技术改造,目前纳米技术已经应用到了一些传统行业中,已经具有了一定的市场规模。例如,将纳米材料附着在纺织面料上,使用这种面料制成的衣物达到了防水、防油、防尘等效果。

显然,纳米科技可以作为主导技术来引发新的工业革命,以新的理念不断改造旧产业,新的技术来提升产能,全新的材料或者器件打造出新产业,优异的器件功能创造新生活。在 20 世纪初期,微米技术是科技发展的制高点,是工业革命的主导技术。采用微米技术后,普通磁盘存储容量由 10^6 B 增加到 10^{11} B,相当于 10 万倍普通磁盘的容量。而且,存储读写速度也由 1 MBPS 增加到 20 MBPS,技术的革新对器件性能的提升显而易见,强有力地推动了相关产业的变革。纳米技术作为 21 世纪的主导技术,会更大程度地提升器件性能、推动旧产业的革新。例如,采用纳米技术可进一步促成计算机的微型化、高度集成化发展趋势;可大幅度提升存储密度,磁盘存储容量可超过 1 000 GB 或更高,芯片计算速度提高 100~1 000 倍,集成度更进一步提升,体积变得更小,更易于携带。特别是在航空航天以及国家安全领域,纳米科技展示出了更加广泛的应用前景。在航空航天领域,纳米器件不仅可以增加有效的载荷,还可以成倍地减少能耗。在未来,拥有这些技术并广泛应用的国家,将在国际社会上处于有利地位。

在 21 世纪,纳米产业将成为新的科技产业和主导产业,在国民经济的各个行业,都会有纳米技术和纳米材料的身影,它在推动经济高速增长的同时,也会带来一个庞大的纳米产业群。因此,纳米技术能够带来人类历史上的新一次工业革命。纳米技术标志着一个新时代的到来,纳米产业具有极强的联动效应,它将带动传统材料产业等一系列上游产业的发展并推动一些下游产业的发展,将为交通、房地产、服务业等多个产业带来新的发展。

1.5 纳米科技内涵的理解

只有深入地理解纳米科技的内涵,才能避免对于纳米科技的认识误差,理解和认识纳米科技的发展意义。

首先,纳米技术不仅仅是材料方面的问题。目前科技界普遍公认的纳米科技的定义是:在纳米尺度(1~100 nm)上研究物质(包括原子、分子的操纵)的特性和相互作用以及如何利用这些特性和相互作用的具有多学科交叉性质的科学和技术。纳米科技与众多学科密切相关,它是一门体现多学科交叉性质的前沿领域。如果将纳米科技与传统学科相结合,可产生众多新的学科领域,并派生出许多新名词。这些新名词所体现的研究内容又有交叉重叠。纳米科学几乎涉及所有关键技术领域,从科学基础的纳米物理、纳米化学、纳米力学等学科,再到以技术为基础的纳米材料和纳米器件等,最后到学术前沿的纳米电子学、纳米加工和纳米生物等领域。因此,目前将纳米科技划归为任何一个传统学科是不妥的或者有局限性的。仅仅从研究对象或者工作性质来区分,它主要包括 3 个重要领域:纳米材料、纳米器件以及纳米尺度的检测与表征。

其中,纳米材料是纳米科技的基础;纳米器件的研制水平和应用程度是纳米材料是否给人类生活带来重大变革的重要标志;纳米尺度的检测与表征是纳米科技发展过程中必不可少的工具和理论基础。因此,仅仅说纳米材料是不够的,也是不全面的。

其次,纳米科技不仅仅是对传统的工业进行扩展和延伸。纳米科技的最终目的是以原子、分子为起点,去设计制造具有特殊功能的产品。未来可以根据研究者设计和器件功能的需要通过纳米科技把原子按照人们的意愿组装起来,制备出各种纳米机器设备,例如纳米泵、纳米齿轮、纳米轴承和用于分子装配的精密运动控制器等。纳米加工路线主要分为“自上而下”和“自下而上”两种方式。“自上而下”是指通过微加工或固态技术,不断从尺寸上追求产品的纳米化,这也是纳米科技发展初期时对纳米加工技术的核心思想。该方式的主要的理念就是“从大到小”,简单来说就是由固态材料到微米颗粒再到纳米颗粒的过程。例如,传统的硅集成电路上的线条宽度和电路的设计原理将达到极限,为了突破这个量子效应障碍就需要工业生产适应新的设计原理和纳米尺度的精度标准。现在的芯片已经进入了 7 nm 的制程工艺,7 nm 表示处理器的蚀刻尺寸是 7 nm,蚀刻尺寸越小,处理器的计算单元越多,处理器的性能也越强,采用 7 nm 制程工艺的芯片有骁龙 855 和麒麟 980。先进的蚀刻技术还可以减小晶体管电阻,让 CPU 所需的电压降低,从而使驱动它们所需要的功率也大幅度减小,有效降低功耗和发热量。因此,7 nm 芯片不仅意味着尺寸面积更小,各方面的表现也会代际提升。此外,STM 的“针尖书写”也是“自上而下”的主要技术之一。

相对地,“自下而上”是指以原子、分子为基本单元,根据设计图纸将原子进行组合和设计,从而设计出具有指定功能的产品。这种方式的主要思想就是“从小到大”,简单来说就是由原子/分子到团簇再到纳米颗粒的过程。在这个制备方式中,典型的研究方向是采用化学和生物学技术来实现分子器件自组装。分子自组装主要是平衡态下分子借助共价键和非共价键连接而自发组合形成一种稳定且结构确定的聚集体技术。分子自组装在生命系统中普遍存在,而且是各种复杂生物结构形成的基础。同时,基于化学和生物技术原理借助计算机模拟,一些具有特定形状和性质的分子装置设计和生产出来。目前来看,应该激励这两种方式相结合的同时,追求“自下而上”方法的探索。近些年,“自下而上”的制作方式伴随着纳米科技的迅猛发展愈来愈受到重视,衍生出一系列的制备技术和新纳米器件。

最后,纳米材料不单单是追求颗粒尺寸减小的问题。目前是根据性能上的极大提升和尺寸上的大量缩小,来判断一项技术或器件是否在纳米量级上。这种理解是不全面的。

纳米科技的真正意义并非简简单单的材料在纳米量级的问题,而是材料到达纳米量级后产生了很多不同于宏观材料,也不同于微观同类原子/分子的奇异特性或对原有性质跨越式地改进和提高。在纳米尺度下,原子/分子的相互作用直接影响材料的宏观性质,材料的机械、电学、光学等性质都发生了显著变化。

比表面效应、小尺寸效应、界面效应和宏观量子效应等是引起纳米性质发生诱变的主要因素。这些效应使得纳米材料在光、电、热、磁等物理性质方面与宏观材料不同,产生很多新奇的特性。由此可见,纳米材料的颗粒尺寸也应该均匀分布。如果颗粒尺寸分布的范围很广,甚至只有少部分颗粒尺寸在纳米级,材料整体性质就不会有显著变化。

纳米科技对于人类生产和生活方式能够产生重大的影响,对促进传统产业的改造和升级意义重大;并且纳米科技将有可能引发下一场工业革命,成为21世纪经济的新增长点。我国处在纳米科技兴起的时代,同时也面临严峻的挑战,纳米科技将为我国跨越式发展带来巨大的机遇。

第2章 纳米材料及其基本特性

纳米材料通常是指其外部尺寸在至少一个维度上介于 1 ~ 100 nm 的材料以及内部或表面具有纳米结构的材料,前者通常称为纳米级样品,后者称为纳米结构材料。纳米级样品按照具有纳米尺寸的维度数量分类包括三个维度上的尺寸均为纳米级的纳米粒子,两个维度上的尺寸在纳米级的纳米线与纳米管,以及只有一个维度在纳米级的纳米片。纳米结构材料包括纳米复合材料、纳米多孔材料以及纳米晶体材料。

纳米材料通常会与相应的块体材料体现出截然不同的力学、光学、电学与磁学性能,例如纳米晶陶瓷在高温下可以体现出较好的塑性,纳米半导体具有多种非线性光学特性,纳米金属粉作为中间层可以降低金属间扩散焊接的温度,纳米磁性粒子体现出超顺磁性,纳米金属粒子制成的催化剂具有更好的催化活性,纳米结构的金属氧化物薄膜作为气敏传感器时具有更好的灵敏度。因此,纳米材料一经发明,就受到了广泛关注,并在生物工程、传感器、半导体、催化、医疗、计算机、家电、环境保护、纺织工业与机械工业等领域得到广泛应用。

纳米材料由于在至少一个维度上具有纳米尺寸,因此纳米材料具有较高的表面原子数分数,较少的缺陷与较高的表面能,这也是纳米材料与相应的块体材料性能差异较大的原因,为了使读者能够更好地理解在纳米尺度下材料特性与宏观尺度下的差别,本章将从纳米效应、小尺寸效应、量子尺寸效应、表面效应与晶体的电子能带结构五个方面展开介绍。

2.1 纳米效应

纳米效应是指纳米材料具有传统材料所不具备的奇异或反常的物理、化学特性,包括力学、光学、热学、电学、化学与磁学等。

2.1.1 特殊的热学性质

通常见到的固态晶体具有固定的熔点,并且一般不受所测试材料的尺寸影响。但当材料的尺寸接近原子尺度时,材料的熔点开始受材料的尺寸影响。人们发现当金属粒子的尺寸到达纳米级时,金属的熔点会下降几十甚至上百摄氏度。图 2.1 所示为纳米尺度下金的熔点与颗粒直径的关系,可以看出当金颗粒大小为纳米级时,其熔化温度随着颗粒直径的降低而下降,当金颗粒的直径小于 10 nm 时,其熔点随着直径的减小而急剧下降。

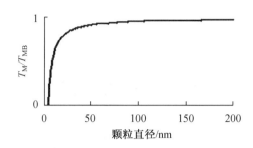

图2.1 纳米尺度下金的熔点与颗粒直径的关系

纳米粒子相较于块体材料具有较大的比表面积,而位于表面的原子由于其周围的原子较少,表面原子的结合能也较低。

纳米粒子的结合能可以用以下公式计算:

$$E = E_{\mathrm{B}}\left(1 - \frac{d}{D}\right) \tag{2.1}$$

式中 E_{B}——块状材料的结合能;

d——原子的尺寸;

D——纳米颗粒的直径。

原子从固体中分离成为自由原子所需要的热能与该原子的结合能直接相关,由于表面原子周围的原子较少,结合能较小,因此其成为自由原子所需的能量也较小。由于纳米粒子的比表面积大于块状材料,位于表层的原子所占比例较大,因此,纳米颗粒的熔点相较于块状材料也较低。材料熔点与尺寸的关系可表示为

$$T_{\mathrm{M}}(d) = T_{\mathrm{MB}}\left(1 - \frac{4\sigma_{\mathrm{sl}}}{H_{\mathrm{f}}\rho_{\mathrm{s}}D}\right) \tag{2.2}$$

式中 T_{MB}——块状材料的熔点;

σ_{sl}——固液界面的界面能;

H_{f}——块状材料的熔化热;

ρ_{s}——固体的密度;

D——纳米颗粒的直径。

从式(2.2)可以看出,随着纳米颗粒直径的减小,颗粒的熔点降低。纳米效应所带来的特殊热学性质已被应用于电子封装、焊接等诸多领域。

Sn/Pb钎料是电子封装领域最为常用的钎料,然而Sn/Pb钎料会对人体及自然环境造成十分不利的影响,因此人们开始广泛开发Sn基无Pb钎料。目前最为常用的无Pb钎料是96.5Sn–3.5Ag钎料,该钎料的熔点比传统的Sn/Pb钎料高30 ℃,在较高的温度下,封装结构内部的电子元器件容易受到损伤,并且接头内会产生较大的残余应力,对接头的可靠性造成不利影响。纳米效应所产生的低熔点特性可以降低材料的熔点,Jiang等通过化学合成法制备了不同尺寸的96.5Sn–3.5Ag纳米颗粒钎料,通过透射电子显微镜(TEM)观察了颗粒的形貌,采用差热分析(DSC)测量了纳米颗粒钎料的熔点与熔化热,得到的钎料的熔点和熔化热与颗粒尺寸的关系如图2.2所示。

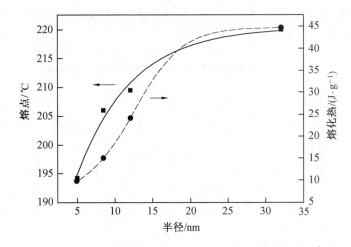

图 2.2　96.5Sn-3.5Ag 纳米颗粒钎料熔点和熔化热与颗粒尺寸的关系

由图 2.2 发现随着钎料颗粒尺寸的降低,钎料熔化所需的温度与熔化热均有所下降,当钎料的颗粒尺寸为 5 nm 时,其熔点为 194.3 ℃,相较于微米颗粒的钎料熔点降低了 28.3 ℃。采用直径为 63 nm 的 96.5Sn-3.5Ag 纳米颗粒钎料在 240 ℃ 的条件下在 Cu 基板表面上做了润湿试验,得到的结果如图 2.3 所示。结果发现,在 240 ℃ 下,96.5Sn-3.5Ag 纳米颗粒钎料可以对 Cu 基板实现良好的润湿,并且在钎料与 Cu 的界面处观察到了厚度为 4 μm 的 Cu_6Sn_5 金属间化合物,说明 96.5Sn-3.5Ag 纳米颗粒钎料能够与 Cu 基板实现良好的结合,可以用于较低温度下的封装。

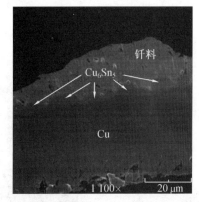

图 2.3　直径为 63 nm 的 96.5Sn-3.5Ag 纳米颗粒钎料在 240 ℃ 的条件下在 Cu 基板表面上润湿后的形貌

2.1.2　特殊的力学性质

传统力学认为,材料的力学性能是材料的固有性质,与材料的尺寸无关,然而当材料的尺寸缩小至亚微米级时,晶体的力学性能与其尺寸体现出很大的相关性。Greer 等研究了金纳米线流动应力与其直径的关系,结果如图 2.4 所示。

由图 2.4 可以看出,当纳米线的直径较大时,金纳米线的流动应力与其尺寸没有明显的关联;当金纳米线的直径小于一个临界值 400 nm 时,其屈服强度随着直径的减小而快速增大。对于一般的块体材料,位错滑移与增殖过程会使得材料发生软化,但当材料的尺寸较小时,位错仅能在材料中运动较短的距离,位错增殖的概率大,使得材料的屈服强度增加。由此可见,当材料的尺寸小于一定的范围时,其强度会显著增加,因此纳米材料被广泛的应用于复合材料的增强相。陶瓷与金属钎焊的过程中,由于陶瓷与钎料的热膨胀系数不匹配,会在接头中产生较大的残余应力,削弱了接头的连接质量。并且,目前用于陶瓷金属钎焊的钎料主要为银基钎料,其自身强度较低,使得接头的强度也较低。因此,有学者提出了向钎料中添加纳米颗粒作为增强相来提升接头强度的方法。Zhao 等采用

AgCu+纳米 Si_3N_4 颗粒复合钎料实现了 Si_3N_4 陶瓷与 TC4 钛合金的钎焊,得到的接头微观组织如图 2.5 所示。

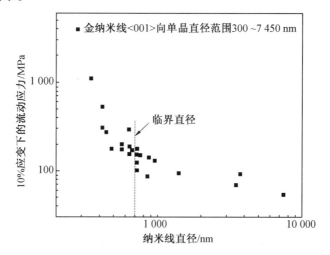

图 2.4　金纳米线流动应力与其直径的关系

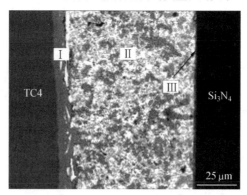

图 2.5　AgCu+纳米 Si_3N_4 颗粒复合钎料钎焊 Si_3N_4 陶瓷与 TC4 钛合金接头微观组织

由图 2.5 可以看出,纳米 Si_3N_4 颗粒均匀分布在钎缝中,很好地起到了增强相的作用,接头的强度升高至 73.9 MPa。通过研究钎焊温度对接头组织与性能的影响,发现当钎焊温度过低时,纳米 Si_3N_4 颗粒在钎缝中发生了团聚的现象,接头的强度也较低,随着钎焊温度的升高,增强相的分布变得均匀,接头的强度也有所提升;而当钎焊温度过高时,接头中生成了大量的金属间化合物,接头强度也有所降低。

常用的强化材料的方法有固溶强化、第二相强化以及细晶强化。在这 3 种强化方法中,仅有细晶强化可以同时提高材料的强度与塑性。对于一般的块体材料,材料的强度与晶粒尺寸的关系服从 Hall-petch 公式,即

$$\tau_{HP} = \tau_0 + \frac{K}{\sqrt{d}} \tag{2.3}$$

式中　τ_{HP}——块体材料的强度;

　　　τ_0——晶格摩擦力;

　　　d——晶粒直径。

　　然而,学者发现当材料的晶粒小于一定尺寸时,材料强度与晶粒尺寸间的关系不再服从 Hall-petch 公式。对于金属面心立方纳米晶金属(如 Cu、Ni、Pd 等),当晶粒尺寸在 15～100 nm 时,屈服强度和硬度随着晶粒尺寸的减小而增大;而当晶粒尺寸小于 10 nm 时,纳米金属的强度随晶粒尺寸的减小而降低,呈现出反 Hall-Perch 关系。

　　中国科学院沈阳金属研究所的卢柯首次提出了金属材料表面纳米化(SNC)的概念,将 SNC 过程分成 3 种类型:表面涂层或沉积、表面自身纳米化和混合方式,如图 2.6 所示。

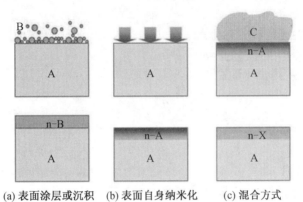

(a) 表面涂层或沉积　　(b) 表面自身纳米化　　(c) 混合方式

图 2.6　表面纳米化的 3 种类型

　　其中,最常用的方法是表面自身纳米化法,它是在基体自身的表面层形成纳米尺度的晶粒,其特点是在沿厚度的方向上晶粒尺寸呈梯度逐渐增大,纳米结构表层和基体材料相比于涂层和沉积方法是不存在结合界面的,主要方法有高能喷丸、表面机械研磨处理(Surface Mechanical Attrition Treatment,SMAT)、激光脉冲等。

　　温爱玲等用高能振动喷丸法对工业纯钛以及 TC4 钛合金进行了表面纳米化处理,对表面纳米化处理后的工业纯钛进行了组织性能、旋转弯曲疲劳性能的分析,并分析了喷丸处理的时间长短对 TC4 钛合金的疲劳性能的影响。结果表明,经过高能喷丸处理 120 min 后,工业纯钛表面的晶粒尺寸约为 22 nm,样品表面的 TEM 暗场像和选区电子衍射(SAD)花样如图 2.7 所示;高能喷丸在 TC4 合金棒材表面获得了纳米晶粒尺寸最小为 22 nm 的纳米晶组织,并发现表面纳米化处理后的工业纯钛强度、抗疲劳性能等均有所提升。

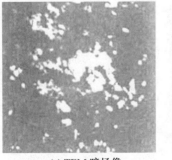 

(a) TEM 暗场像　　　　　(b) 选区电子衍射花样

图 2.7　喷丸 120 min 的样品表面的 TEM 测定结果

2.1.3 特殊的光学性质

纳米材料与块体材料相比除了具有不同的热学与力学性质外,还具有特殊的光学性质,主要体现在特殊的光吸收特性、光发射特性与非线性光学效应 3 个方面。

光在固体中传播时,固体对光的吸收遵守 Beer–Lambert 定律,即

$$I = I_0 e^{-\mu\tau} \tag{2.4}$$

式中 I ——光穿透厚度为 τ 的固体后的强度;

  I_0 ——光的初始强度;

  μ ——固体对光的吸收系数;

  τ ——光在固体中穿过的距离。

而固体对光的吸收系数 μ 计算式为

$$\mu = \frac{2\omega k}{c} \tag{2.5}$$

式中 ω ——入射光的频率;

  c ——光速;

  k ——消光系数。

由式(2.5)可知,材料对不同波长的光具有不同的吸收系数。

在生活中,块状的材料具有不同的颜色,这是由于材料对不同波长的可见光的吸收与反射率不相同。但对于纳米材料,当其尺寸小于可见光波长时,材料原本具有的颜色消失而呈现出黑色,例如原本为银白的铂被制备成纳米颗粒时,其原有的金属光泽消失,变为黑色的铂黑。块体金属金具有很好的反光性,但当金被制备成纳米颗粒时,其具有良好的吸收光与散射光的能力,这是由于表面的导电电子在特定的波长下会被激发而发生集体振荡,这种集体振荡也被称为表面离子体共振,因此金纳米颗粒相较于块状金属金对光具有更高的吸收与散射能力。金纳米颗粒的光学性质会受到颗粒尺寸的影响,不同尺寸的金纳米颗粒的消光光谱位置与金纳米颗粒直径的关系如图 2.8 所示。由图 2.8 可以看出,较小的纳米颗粒主要吸收波长在 520 nm 附近的光,随着纳米颗粒直径的增加,金纳米颗粒的消光光谱峰变宽,并向长波长方向偏移(红移),这是由于较大的颗粒有更大的面积,漫散射系数也随之增加。

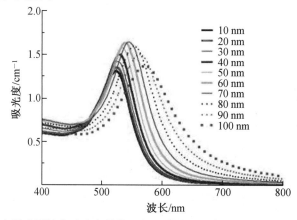

图 2.8 金纳米颗粒的消光光谱位置与金纳米颗粒直径的关系(彩图见附录)

对于半导体材料,由量子尺寸效应导致能隙增大,半导体纳米颗粒的吸收光谱也会向高能方向移动,这种现象称为蓝移;在有些情况下,粒径减小至纳米级时可以观察到光吸收带相对粗晶材料向长波方向移动,这种现象称为红移。二氧化钛(TiO_2)是一种 n 型宽带半导体材料,由于其光催化性能高、抗菌活性好、无毒、化学稳定性好等优点,被广泛应用于太阳能电池、光催化、环境修复等领域。常规块体 TiO_2 是一种过渡金属氧化物,带隙宽度为 3.2 eV,与块体 TiO_2 不同的是,TiO_2 微粒在室温下由 380 ~ 510 nm 波长的光激发下可产生 540 nm 附近的宽带发射峰,且随粒子尺寸减小而出现吸收的红移。另外,试验观测到 TiO_2 纳米薄膜随着温度的降低,薄膜吸收边位置又向短波方向移动,即发生了蓝移,TiO_2 纳米薄膜光吸收曲线如图 2.9 所示。

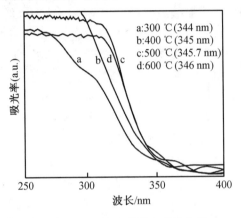

图 2.9 TiO_2 纳米薄膜光吸收曲线

ZnO 作为宽禁带半导体的典型代表(室温下禁带宽度为 3.37 eV),具备极好的抗辐照性能、低外延生长温度、大尺寸衬底材料以及具有非常优异的光电性能等优点,在可见光、紫外光电器件领域引起广泛关注。ZnO 的紫外发光峰主要由自由激子复合发光引起,比电子空穴等离子体具有更大的增益和更低的阈值,其激子结合能(60 meV)远高于室温热离化能(26 meV),使其可以在室温下实现高效率的激子发射,特别适合于发展基于激子效应的光电器件。张锐等通过磁控溅射技术制备了有序 ZnO 纳米阵列,并研究了其发光性能。随着 ZnO 尺寸的减小,有序 ZnO 纳米阵列的紫外、蓝色以及绿色发光峰都发生了明显的蓝移。由于纳米点阵结构 ZnO 的量子尺寸效应和表面效应,因此电子的平均自由程局限在晶胞尺度,与激发波长相近,进一步引起电子–空穴波函数的重叠,形成激子。随着 ZnO 尺寸的减小,量子限域能增加,有效带隙变宽,ZnO 纳米的激子从基态到第一激发态之间的能量间距变大,跃迁的概率增加,激子发光增强,出现了峰的蓝移。

非线性光学所研究的是光与物质的非线性相互作用及由其导致的光波之间的非线性相互作用。非线性光学已经为如通信行业中的开关、路由器以及波长变换器制备等很多工程难题提供了解决方案。由于纳米材料特有的电子与空穴的量子限制效应、表面效应与表面离子体共振现象,纳米材料在非线性光学领域已经引起了广泛关注。在纳米尺度下,贵金属颗粒由于导带中的准自由电子在一定波长的激发光作用下能产生集体振荡,因此在可见光到近红外波段内产生表面等离子体共振效应。将金属纳米颗粒掺杂到非导电介质中,其三阶非线性极化率将得到极大提高。这种材料具有较大的可饱和吸收系数和皮秒至亚皮秒量级的响应时间,掺入聚合物薄膜后,其光学性能依然保持不变,是一种理想的可饱和吸收体,对制作锁模激光器十分关键。Zeng 等将 Au 纳米颗粒负载于掺铒光纤上制作了环形光纤激光腔,利用倏逝场与 Au 纳米颗粒的相互作用得到了稳定调 Q 脉冲激光输出;输出脉冲激光的波长为 1 562 nm,单脉冲能量为 133 nJ,脉宽为 1.78 μs,重复频率为 58.1 kHz。

2.2　纳米材料的小尺寸效应

由颗粒尺寸变小引起的宏观物理性质与化学的变化称为小尺寸效应。当颗粒尺寸减小时,颗粒的表面效应与量子限制效应变得尤为显著。纳米材料的小尺寸效应是指当超细颗粒的尺寸与光波波长、德布罗意波长,以及超导态的相干长度或透射深度等物理特征尺寸相当或更小时,晶体周期性的边界条件将被破坏;非晶态纳米颗粒的颗粒表面层附近原子密度减小,导致声、光、电、磁、热、力学等特性呈现新的小尺寸效应。

因此,由于小尺寸效应,纳米材料会体现出金属纳米相材料的电阻增大与临界尺寸现象,超导相向正常相的转变,宽频带强吸收性质,激子增强吸收现象,磁有序态向磁无序态的转变,超导相向正常相的转变与磁性纳米颗粒的高矫顽力等特性。

对于纳米晶材料,晶界是构成纳米材料的一个重要组元,其体积分数远大于常规材料中的晶界体积分数。而纳米晶材料中晶界的原子具有以下结构特点:晶界有大量未被原子占据的位置或空间、低配位数和密度、大的原子间距、有三叉晶界(三叉线、旋错),使得晶粒界面的自由能偏高,导致纳米晶材料的晶粒容易长大。有学者发现采用退火的方法可以阻止晶粒的长大,例如将纳米 Pd 退火,界面附近原子重组,能保持晶粒大小,降低晶界能50%。异质原子与基体原子半径差大于12%,结构熵增加使晶界自由能减小到接近晶粒自由能。此外,纳米晶材料中的大量晶界为原子扩散提供了通道,使得元素在纳米晶材料中的扩散速度较快。利用 SMAT 可以在 Ti 合金表面制备一层纳米细晶层,之后利用表面纳米化后的 Ti 合金作为母材进行扩散焊接时,扩散焊接的温度可以降低约100 ℃。

一般对电子的散射可分为颗粒(晶内)散射贡献和界面(晶界)散射贡献两部分。常规粗晶材料以晶内散射为主,当颗粒尺寸与电子的平均自由程相当时,界面对电子的散射有明显的作用。此时,纳米材料会出现一些特殊的电性能,例如,纳米晶材料存在大量的晶界,使得界面对电子散射非常强,导致电阻升高。对于绝大多数导电材料,其电阻率随着温度的升高而变大。对于纳米材料,当其尺寸大于电子平均自由程时,晶内散射贡献占优势,电阻温度系数接近常规粗晶材料;而当其尺寸小于电子平均自由程时,界面散射起主导作用,这时电阻温度系数的变化都明显地偏离粗晶情况,甚至出现反常现象,例如,电阻温度系数变负值。

离域电子材料的量子限制效应是指当量子点的尺寸接近其激子波尔半径 a_B 时,随着尺寸的减小,其载流子(电子、空穴)的运动将受限,导致动能的增加,原来连续的能带结构变成准分立能级,并且动能的增加使得量子点的有效带隙增加,相应的吸收光谱和荧光光谱发生蓝移,而且尺寸越小,蓝移程度越大。

2.3 量子尺寸效应

当系统的尺寸(或某一个方向的尺寸)减小到使能级结构的量子性变得重要时,连续的能带将分解为分立的能级并且能级间距大于问题中的特征能量(如热运动能量 k_B、塞曼能 ω、超导能隙 Δ 等),系统将表现出和大块样品不同的甚至是特有的性质,此即为量子尺寸效应。

以金属材料为例,金属的费米能级可用公式计算,即

$$E_F = \hbar^2 \left(\frac{3\pi^2 n}{2m} \right)^{2/3} \tag{2.6}$$

式中 $\hbar$——狄拉克常数;

m——电子质量;

n——电子密度。

从式(2.6)中可以看出,金属的费米能级与材料尺寸间并无联系,但随着材料尺寸的减小,导电电子的数量有所减少,在 $T=0$ K 时能够填充电子态的电子数量也有所减少。由于费米能级 E_F 为定值,且能量低于 E_F 的能级均被填满,能级间的能量差随着材料尺寸的减小而增大,二者的关系可表示为

$$\delta = \frac{4E_F}{3N} \tag{2.7}$$

式中 N——导电电子数量。

对于电子密度为 $n=6\times10^{22}$ cm^{-1} 的自由电子金属,每个自旋的电子态密度为

$$D(E_F) = \delta^{-1} = \frac{Vm(3\pi^2 n)^{1/3}}{2\hbar^2 \pi^2} \tag{2.8}$$

$$\frac{\delta}{k_B} = \frac{1.45\times10^{-18}}{V} \tag{2.9}$$

式中 V——晶体的体积。

若使 $\dfrac{\delta}{k_B} = 1$ K,材料颗粒的直径应为 14 nm。由式(2.9)计算得到的不同金属电子能级间距与颗粒直径的关系如图2.10所示。

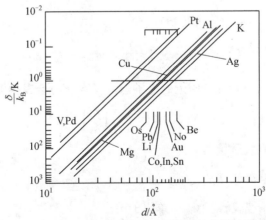

图2.10 几种金属电子能级间距与颗粒直径的关系

纳米材料因尺寸较小,能级结构的量子性变得明显,所以,纳米材料因量子尺寸效应会体现出与常规块状材料不同的磁、光、声、热、电及超导特性。

2.3.1 超导特性

超导材料是指在某一温度下电阻为零的导体,在诸多领域有广泛的应用前景,并已在磁悬浮列车以及粒子对撞机上得到了应用。许多现代电子元器件都是由薄膜结构构成,束缚在薄膜中的电子在垂直于薄膜表面的方向将会出现一系列离散的能级,形成波动性的特征值。由于电子波的波长较短(约为 1 nm),电子波的干涉对于薄膜的厚度较为敏感,并且电子波的干涉对费米能级附近的电子分布产生影响,进而影响材料的性能,因此通过调节薄膜的厚度可以调整材料的物理化学性能。对于薄膜超导材料,超导温度随着薄膜尺寸的减小而降低。然而,有学者发现,由于量子尺寸效应,薄膜的超导温度会随着薄膜尺寸厚度的变化而波动。Guo 等在 Si 表面生长了不同厚度的 Pb 薄膜,利用扫描隧道显微镜观察了薄膜的形貌,如图 2.11 所示。

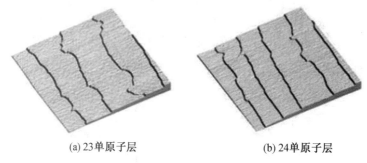

(a) 23 单原子层   (b) 24 单原子层

图 2.11 扫描隧道显微镜观察到的不同厚度 Pb 薄膜的形貌

超导温度与薄膜厚度的关系可做如下解释:当薄膜的厚度低于 21 个单原子层时,薄膜的超导温度随着薄膜厚度的增加而增加;当薄膜的厚度高于 21 个单原子层时,薄膜的超导温度随着薄膜厚度的增加而波动,波动的周期为 2 个单原子层,并且厚度为偶数单原子层的薄膜的超导温度高于厚度为奇数单原子层的薄膜。根据 Bardeen – Cooper – Schrieffer(BCS)理论,超导温度与费米能级附近的电子态密度 $N(E_\mathrm{F})$ 以及声子介导的吸引相互作用势的关系可表示为

$$T_\mathrm{C} = 1.14 T_\mathrm{D} \exp\left(-\frac{1}{N(E_\mathrm{F})V}\right) \tag{2.10}$$

式中 T_D——德拜特征温度;

V——声子介导的吸引相互作用势。

由于量子尺寸效应,费米能级附近的电子态密度 $N(E_\mathrm{F})$ 会发生波动,其表达式为

$$N(E_\mathrm{F}) = \left(\frac{m^*}{\pi \hbar^2 t}\right)\left[\frac{2t}{\lambda_\mathrm{F}}\right] \tag{2.11}$$

式中 m^*——电子的有效质量;

$\left[\dfrac{2t}{\lambda_\mathrm{F}}\right]$——$\dfrac{2t}{\lambda_\mathrm{F}}$ 的整数部分;

λ_F——Pb 的费米波长,约为 4 个单原子层。

因此,Pb 薄膜超导温度的波动周期为 2 个单原子层。

纳米颗粒在各个维度上都具有较小的尺寸,也被称为零维纳米材料。有学者对 Pb 纳米颗粒的超导性能进行研究,结果如图 2.12 所示,发现直径为 2 nm 的 Pb 纳米颗粒在温度降至 3 K 时,电阻突然下降,体现出了超导的性能。

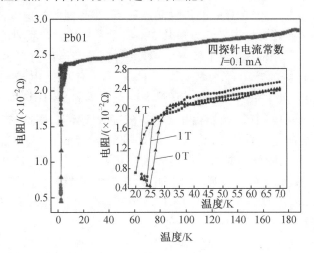

图 2.12 直径为 2 nm 的 Pb 纳米颗粒的电阻与温度的关系

超导材料在一定强度的磁场作用下超导现象会消失,由图 2.12 可以看出,对于直径为 2 nm 的 Pb 纳米颗粒,在 4 T 的磁场作用下,仍具有超导现象,可承受的磁场强度为块状 Pb 的 50 倍。图 2.13 所示为 Pb 纳米颗粒超导温度与颗粒直径间的关系。

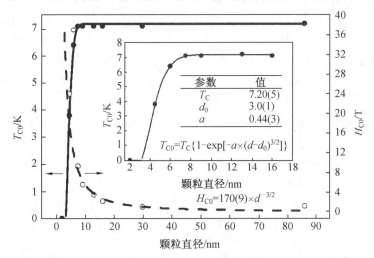

图 2.13 Pb 纳米颗粒超导温度与颗粒直径间的联系

由图 2.13 可以看出,当纳米颗粒的直径小于 6 nm 时,超导温度迅速降低,体现出了明显的量子效应;而当纳米颗粒的直径大于 6 nm 时,Pb 颗粒的超导温度与块状 Pb 类似,并且当纳米颗粒的直径小于 6 nm 时,能够使超导现象消失的磁场强度急剧增加。

2.3.2 电特性

暗电流是指当没有光子通过光感测器(例如,光电倍增管、光电二极管及感光耦合元件)时,元件上仍然会产生的微小电流。暗电流是像感光耦合元件等图像传感器的主要噪声来源之一。有学者针对如何利用量子尺寸效应减小暗电流展开研究。

Si：H 材料是常用的光感应器与太阳能电池的材料。氢化非晶硅 a-Si：H 是最为常用的太阳能电池材料之一,但在日光的长时间照射下,非晶硅的光电性能会有所下降,使非晶太阳能电池的转换效率呈现光致衰退效应。有学者采用磁控溅射的方式制备了 Si：H 材料,制备过程中 Si 基体一直处于较低的温度,得到的 Si：H 材料为纳米晶材料。发现纳米晶的 Si：H 材料的暗电流与氢化非晶硅 a-Si：H 的暗电流相比非常小(小于 10^{-11} S/cm)。这是由于氢化非晶硅 a-Si：H 中有一个三维的 Si–H 结构,载流子可以自由移动,而纳米晶 Si：H 材料中 Si 颗粒相互之间靠隧穿效应导电,因此,纳米 Si：H 材料中的暗电流较低。传统的光伏材料中,约 67% 的太阳光能无法转化为电能,其中约 47% 的光能转化为热能。因此,降低热能的损耗可以大幅提升光伏材料的光电转化效率。而对于一般的块状 Si 材料,光子也可以通过碰撞电离来产生多个激子,但产生碰撞电离最低的光子能量约为 $3.5E_g$。但由于太阳光子中,极少有能量可以达到 $3.5E_g$ 的光子,因此,无法通过碰撞电离效应来提升光伏材料的效率。一种较为可行的方式是调整材料的性能使得能量大于 2 倍带隙的光子可以激发出多个激子(激子激发效应)。Beard 等制备了纳米晶的 Si 材料,并发现对于晶粒直径为 9.5 nm 的 Si,产生多激子激发效应的光子的最低能量值为 2.4 eV±E_g,其中,E_g 为有效带隙,$E_g=1.2$ eV。由此可见,通过制备纳米晶的光伏材料,利用量子尺寸效应与激子激发效应可以有效提升太阳能电池的转换效率。有学者提出,利用量子尺寸效应可以通过调整 Si 量子点的尺寸来调整材料的带隙,这使得获得全谱的太阳能电池薄膜成为可能。为此,可以通过构建 Si 量子点超晶格结构来将量子尺寸效应应用于第三代太阳能电池。Kurokawa 等利用等离子体增强化学的气相沉积在非晶 SiC 基体上制备了 Si 量子点超晶格结构,带隙宽度可以控制在 1.1～1.6 eV。但在制备过程中发现非晶 SiC 基体在热处理的过程中会产生暗电流,为了提升 Si 量子点超晶格结构的性能,在制备过程中引入了氧环境,对比了制备环境中有氧与无氧的 Si 量子点超晶格结构在热处理时的暗电流,如图 2.14 所示。由图 2.14 中可以看出,当制备过程中

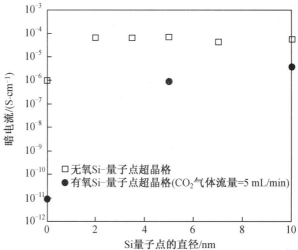

图 2.14　有氧与无氧环境下制备的薄膜中暗电流与 Si 量子点直径的关系

无氧时,薄膜的暗电流与量子点的直径无关;而当制备的过程中有氧时,暗电流值随着量子点直径的增加而变大。随着量子点直径的增加,带隙宽度有所减小,暗电流的值有所增加。

2.3.3 磁特性

量子尺寸效应除了可以影响材料的超导特性与电性能外,对材料的磁性能也有一定影响。有学者对电子自旋加以控制,并将该技术应用于半导体自旋电子学与量子计算机中。Mn 掺杂 CdSe 是一种典型的稀磁半导体材料,在光电子学领域有重要的应用价值。有学者制备了具有不同 Mn 含量的不同尺寸的 $Cd_{1-x}Mn_xSe$ 纳米晶材料,研究了晶粒尺寸与 Mn 含量对材料磁性能的影响。制备的 $Cd_{1-x}Mn_xSe$ 纳米晶材料的 TEM 微观组织照片如图 2.15 所示。

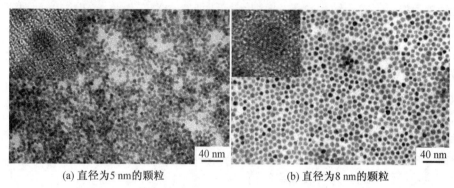

(a) 直径为 5 nm 的颗粒　　　　(b) 直径为 8 nm 的颗粒

图 2.15　制备的 $Cd_{1-x}Mn_xSe$ 纳米晶材料的 TEM 微观组织照片

有学者利用电子顺磁共振波谱(EPR)对材料的磁性能进行了测试。由于 CdSe 半导体的集肤深度略小于 1 mm,远大于纳米晶体的尺寸,测得的 EPR 谱线峰为对称峰型,如图 2.16 所示。

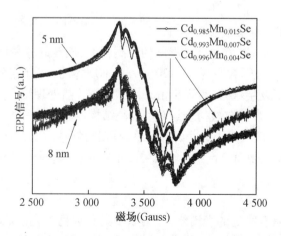

图 2.16　具有不同晶体尺寸的 $Cd_{1-x}Mn_xSe$ 纳米晶材料的 EPR 谱线
(室温,频率为 9.86 GHz)

由图 2.16 可以计算出晶粒尺寸为 5 nm 的 $Cd_{1-x}Mn_xSe$ 纳米晶材料 g 因子为 $2.008\,4\pm$ $0.001\,0$,小于晶粒尺寸为 8 nm 的 $Cd_{1-x}Mn_xSe$ 纳米晶材料(g 因子为 $2.012\,3\pm0.000\,5$)。

2.3.4　热效应

单个纳米粒子的比热容表达式为

$$c(T) = k_B \exp\left(\frac{-\delta}{k_B T}\right) \tag{2.12}$$

式中　δ——能级宽度;

　　　k_B——玻耳兹曼常数;

　　　T——绝对温度。

在较高的温度下,$k_B T \gg \delta$,$c(T) \to k_B$,此时材料的比热容与温度无关,此现象与块状的金属材料较为类似。对于纳米粒子,当温度较低时($T \to 0$),$k_B T \ll \delta$,$c(T) \to 0$,而对于大块金属,其比热容 $c(T)$ 与 T^3 相关。

2.3.5　光学效应

与常规大块材料相比,纳米微晶的吸收和发射光谱存在蓝移现象。例如,纳米碳化硅颗粒比大块碳化硅固体的红外吸收频率峰值蓝移了 20 cm^{-1},而纳米氮化硅颗粒比大块氮化硅固体的红外吸收频率峰值蓝移了 14 cm^{-1}。图 2.17 所示为具有不同尺寸的 CdS 颗粒溶胶的吸收谱,由图中可以看出,当 CdS 颗粒的尺寸由 6 nm 降低至 1 nm 时,吸收光谱发生了明显的蓝移。

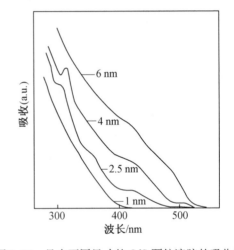

图 2.17　具有不同尺寸的 CdS 颗粒溶胶的吸收谱

TiO_2 具有较好的光催化作用,由 $Ti(OBu)_4$ 在较低 pH 的水解条件下制得的 TiO_2 溶胶粒径为 5～10 nm;随着热处理温度的升高,TiO_2 微粒的粒径增大,经 473～673 K 热处理得到的 TiO_2 超微粒子粒径为 10～20 nm,呈不规整的锐钛矿型结构。TiO_2 的拉曼峰随热处理温度升高而发生红移,表现出量子尺寸效应。热处理温度升高到 873 K 时,粒径增大到 30 nm 左右,呈锐钛矿型与金红石型混晶结构。温度进一步升高时,金红石相增多。由于金红石型 TiO_2 微粒带隙减小,因此拉曼峰出现红移。当 TiO_2 微粒的尺寸明显增大,超出量子尺寸效应范围(20 nm)时,其拉曼峰不发生位移,量子尺寸效应消失。

2.3.6　量子限域效应

各种元素的原子具有特定的光谱线,如钠原子具有黄色的光谱线。由无数的原子构成固体时,单独原子的能级就并合成能带,由于电子数目很多,能带中能级的间距很小,因此可以看作是连续的。能带理论可以解释金属、半导体、绝缘体之间的联系与区别。

2.4 表面效应

表面原子比的定义是颗粒表面的原子数与颗粒中原子总数的比值。以球形颗粒为例,表面原子比可由公式 $F = \dfrac{A}{V}$ 计算,其中 A 为颗粒的表面积,计算式为

$$A = 4\pi r^2 \qquad\qquad (2.13)$$

式中　r——颗粒的半径。

对于球形颗粒,其体积表达式为

$$V = \frac{4\pi r^3}{3} \qquad\qquad (2.14)$$

式中　V——颗粒的体积。

表面原子比为 $F = \dfrac{A}{V} = \dfrac{3}{r}$,因此,当粒子的直径为两个原子直径之和时,表面原子比 $F = 1$。

以最为简单的立方晶体为例,假设在立方晶体的每条边上有 n 个原子,则立方体中共有 n^3 个原子。对于最小的立方体,每条边上各有 2 个原子,立方体内共有 8 个原子,均在立方体的表面。而当每条边上的原子数增加为 3 个,立方体中共有 27 个原子,分别为 26 个在表面的原子和一个在中心的原子。此时,表面原子比为 $\dfrac{26}{27}$,相比于 $n = 2$ 时有所降低。当立方体边上的原子数进一步增加时,立方体的表面原子比与立方体边上原子数的关系如图 2.18 所示。

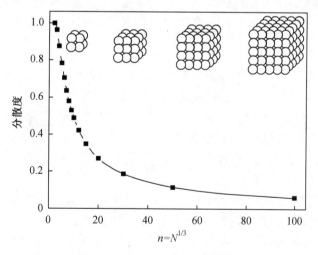

图 2.18　立方体的表面原子比与立方体边上原子数的关系

由图 2.18 可以看出,立方体的表面原子比随着立方体边上原子数的增加而下降,并且下降的速率随着立方体边上的原子数的增加而变缓。随着颗粒直径的变小,比表面积将会显著增大,说明表面原子所占的百分数将会显著增加。此时,粒子的表面能及表面张力也随之增加,物理、化学性质发生变化,包括烧结温度降低,晶化温度降低,表面化学反

应活性升高,催化活性升高,纳米材料的(不)稳定性增大,铁磁质的居里温度降低,纳米材料呈现超塑性和超延展性的特点,纳米介电材料具有高介电常数(界面极化)。

陶瓷材料具有强度高、高温性能优异、耐腐蚀性好等优点被广泛应用于航空航天、化工等诸多领域。较为常用的陶瓷烧结方法包括冷压烧结、热压烧结和电火花等离子烧结(SPS)等。但这些方法通常需要较高的烧结温度才可以获得致密性良好的陶瓷,例如常规 Al_2O_3 的烧结温度为 2 073 ~ 2 173 K,常规 Si_3N_4 的烧结温度高于 2 273 K,一般 ZrO_2 的烧结温度约为 1 423 K。

对于纳米粒子,由于其尺寸小,表面能高,压制成块材后的界面具有高能量,在烧结中高的界面能成为原子运动的驱动力,有利于界面附近的原子扩散。因此,在较低温度下烧结就能达到致密化目的。在一定条件下,纳米 Al_2O_3 可在 1 423 ~ 1 773 K 烧结,致密度达99.7%,而纳米 Si_3N_4 的烧结温度降低 673 ~ 773 K。对于一般的陶瓷粉体,为了获得致密度高的样品,烧结过程中往往要施加较大的压力,对设备提出了较高的要求。有学者采用尺寸为 4 nm 的 $Gd_2Zr_2O_7$ 纳米陶瓷粉末(图 2.19(a)),采用无压烧结的方法制备了 $Gd_2Zr_2O_7$ 陶瓷,其晶粒尺寸为 83 nm,致密度达到了 93%,如图 2.19(b)所示。

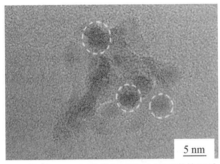 

(a) 纳米$Gd_2Zr_2O_7$粉体的透射电子显微镜照片　　(b) 纳米$Gd_2Zr_2O_7$陶瓷的扫描电子显微镜照片

图 2.19　纳米 $Gd_2Zr_2O_7$ 粉体的透射电子显微镜照片和纳米 $Gd_2Zr_2O_7$ 陶瓷的扫描电子显微镜照片

固体氧化物燃料电池(SOFC)是一种清洁高效的高温固态电化学能源转换系统,具备成本低、污染小、能量转化率高、燃料多样性以及噪声小等优势。为了获得足够的功率输出,需要将多个单电池互连构建电池堆,其中实现电池片 YSZ 陶瓷部位与不锈钢连接是构建 SOFC 电池堆的关键技术。目前最为常用的连接方法是空气反应钎焊,连接温度一般在 1 050 ℃左右。然而,由于 YSZ 陶瓷与不锈钢的热膨胀系数差异较大,采用较高的连接温度会导致接头内产生较大的残余应力,接头的可靠性降低。一种有效缓解接头残余应力的方式是降低接头的连接温度。纳米 Ag 焊膏具有较低的烧结温度,采用纳米 Ag 焊膏实现 YSZ 陶瓷与不锈钢的连接可以降低接头的连接温度,缓解接头中的残余应力。有学者在 YSZ 陶瓷表面制备了 Ni 镀层,之后采用纳米 Ag 焊膏实现 YSZ 陶瓷与不锈钢的连接。图 2.20 所示为不同连接温度下纳米 Ag 低温连接接头组织的。

由图 2.20(a)中可以看出,当连接温度为 150 ℃时,接头并不致密,存在大量的孔洞,说明此时纳米 Ag 焊膏中的有机物并没有完全挥发。当连接温度升高至 200 ℃(图 2.20(b))时,接头致密度显著增加,这是因为提高温度促进了浆料中有机物的分解,显著增强了 Ag 纳米颗粒之间的烧结。当连接温度升高到 250 ℃,有机物已经完全分解,

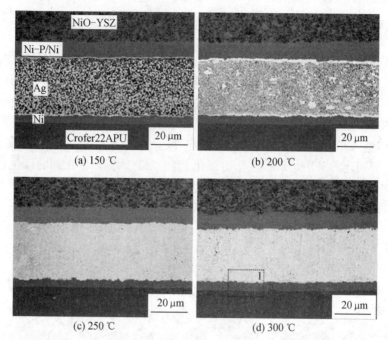

图 2.20　不同连接温度下纳米 Ag 低温连接接头组织

纳米 Ag 颗粒烧结后获得了致密的接头,如图 2.20(c)所示。图 2.20(d)所示为连接温度为 300 ℃的接头组织,结果表明,接头致密度进一步提高,这对于确保 SOFC 电池堆的良好气密性非常重要。

综上可知,本节中的纳米 Ag 低温连接的方法能够在 250～300 ℃实现 SOFC 组件的可靠连接。

在电子封装领域最为常用的钎料为 SnPb 钎料,然而,Pb 元素具有一定的毒性,会对环境造成不良的影响,因此,推动钎料无铅化具有重要的意义。低温烧结连接是一种新型的电子封装连接方法。有学者制备了纳米 Ag/Cu 焊膏并研究了其烧结性能,在连接温度为 300 ℃、连接压力为 5 MPa、保温时间为 20 min 的条件下实现了 Cu 的连接,接头在室温下的剪切强度可以达到 52 MPa,得到的接头微观组织如图 2.21 所示。

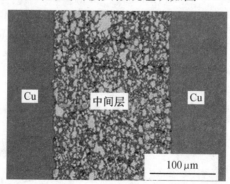

图 2.21　采用纳米 Ag/Cu 焊膏连接 Cu 的微观组织

纳米颗粒往往具有更高的化学活性,由于表面原子数增多,原子配位不足及高的表面能,因此这些表面原子具有高的活性,极不稳定,很容易与其他原子结合,而表现出很高的化学活性。例如,金属的纳米粒子在空气中会燃烧,无机的纳米粒子暴露在空气中会吸附气体,并与气体进行反应。

全球能源需求的不断扩大及日益严重的环境与气候问题引起人们对未来能源安全性的极度关注。以燃料电池为代表的电化学能源转换技术有望发展为未来一种清洁高效的能源技术。电化学能源转换涉及一系列电催化反应,如有机小分子和氢气电氧化、氧还原等。当前,铂族金属是这些电催化反应难以替代的催化剂。然而,铂族金属资源稀缺、价格昂贵,如何进一步提高铂族金属催化剂性能,减少其用量,成为电化学能源转换技术广泛应用的关键问题。采用纳米颗粒作为催化剂,可以有效提升催化剂的催化作用。

图 2.22(a) 所示为两种不同形态的 Pt 颗粒,图 2.22(b) 所示为两种 Pt 纳米晶体在 $0.1 \, mol/L \, H_2SO_4$ 溶液中的循环伏安变化,从氢区以及氧区可以明显看出差别,多面 Pt 的氢区(110)台阶峰明显变强,(100)长程有序峰消失,氧区对氧的吸附能力明显增强,这说明纳米晶体表面已经从(100)低指数晶面转变为高指数晶面。从图 2.22(c) 可以看出多面 Pt 纳米晶体对乙醇的催化活性有较大幅度的提升。

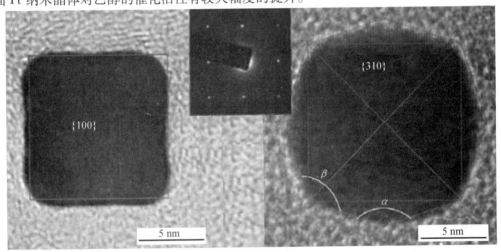

(a) 两种不同形态的Pt颗粒

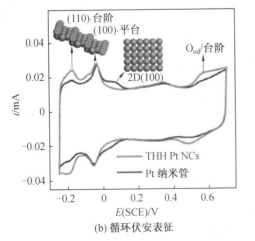

(b) 循环伏安表征

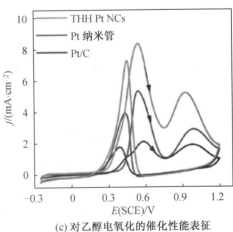

(c) 对乙醇电氧化的催化性能表征

图 2.22 Pt 纳米晶体的形貌表征与伏安曲线((b)、(c)彩图见附录)

2.5　固体的能带结构

电子的波函数可以在完美的晶格里自由传播,材料为什么会有导体、半导体和绝缘体的区分呢? 这是因为电子是费米子,服从泡利不相容原理。自由电子气能级是连续分布的,电子以能量大小为序,从基态填充到费米能级。然而,晶体中大量的原子集合在一起,而且原子之间距离很近,致使离原子核较远的壳层发生交叠,这种现象称为电子的共有化。本来处于同一能量状态的电子产生微小的能量差异,与此相对应的能级扩展为能带。

当大量原子构成固体时,其结果是不连续的孤立能级分裂成一系列的子能级,这些子能级离得很近,从而形成能带。(金属)由于电子数目很多,能带中能级的间距很小,因此形成连续的能带。允许被电子占据的能带称为允许带,允许带之间的范围是不允许电子占据的,此范围称为禁带。如果费米能级在一能带的中央,则该能带能被部分填充。此时,只需要无穷小的能量就可以把电子激发到空的能带上,这样的物质即是导体。导体中这种被电子部分填充的能带起导电作用,故称为导带。

假设某一能带刚好被填满,它与上面的空带相隔一个禁带,此时,需要大于能隙宽度的能量才能把电子激发到空带中,带隙较宽的物质(例如 10 eV)为绝缘体,带隙较窄的物质(例如 1 eV)为半导体,导体、半导体和绝缘体的能带模型如图 2.23 所示。

半导体的费米能级位于禁带内,此时禁带下面的满带就成为一系列满带最上面的一个,被称为价带。

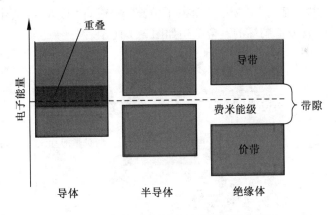

图 2.23　导体、半导体和绝缘体的能带模型

第 3 章　一维纳米材料——碳纳米管

有史以来,各种形式的碳就被人类广泛应用于艺术和技术之中。1980 年之前,随着活性炭、人造金刚石、碳纤维等碳材料的开发,以及关于碳的物理、化学性质研究理论的提出,碳科学一度被认为是发展完备的科学。直到 1985 年,Harry Kroto 与 Richard Smalley 等人制备出全碳分子富勒烯(C_{60}),这一发现促进了碳纳米管的成功合成,打开了碳科学在纳米领域研究的大门。自 20 世纪 90 年代初,NEC 公司的 Sumio Iijima 发现碳纳米管非凡的机械性能和独特的电性能以来,世界范围内激起了广泛的研究热潮。碳纳米管的应用范围很广,包括纳米电子学、量子线互连、场发射器件、复合材料、化学传感器、生物传感器、检测器等。本章基于碳纳米管的结构、基础性质进行介绍,并对碳纳米管已实现的应用及其应用前景进行介绍。

3.1　碳原子的成键

为了理解碳纳米管的结构和性质,首先讨论碳原子的键合结构和性质。碳原子有 6 个电子,其中 2 个电子充满 $1s$ 轨道,4 个电子填充 sp^3 或 sp^2 以及 sp 杂化轨道,构建的金刚石、石墨、碳纳米管或富勒烯的键合结构如图 3.1 所示。

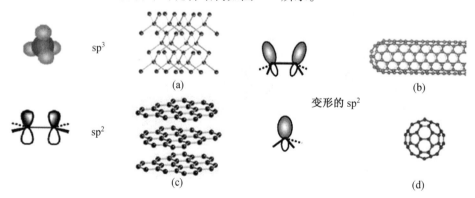

图 3.1　金刚石、石墨、碳纳米管和富勒烯的键合结构

在金钢石中,每个碳的 4 个价电子占据 sp^3 杂化轨道,并产生 4 个等效的 σ 共价键,连接四面体顶点上的 4 个碳原子,这种三维互锁结构使金钢石成为已知最硬的材料。由于金刚石中没有共轭 π 键,所以金刚石是绝缘的。金刚石中的电子紧密地保持在碳原子间的键内,这些电子吸收紫外光,但不吸收可见光与红外光,因此纯净的金钢石在人眼中看起来是透明的。金钢石还具有高折射率,这使大型金钢石单晶成为宝石,同时金刚石还具有异常高的热导率。

在石墨中,每个碳原子的 3 个外壳电子占据平面 sp^2 杂化轨道,与一个平面外 π 轨道形成 3 个平面内 σ 键,形成了平面六边形网络。范德瓦耳斯力使石墨片层彼此平行,保持间距为 0.34 nm。σ 键在 sp^2 轨道上的长度为 0.14 nm,而在 sp^3 构型中的键长为 0.15 nm,因此石墨在平面内比金刚石更坚固。另外,平面外的 π 轨道或电子分布在石墨平面上,使其导热和导电性更高,并与光相互作用使石墨呈黑色。石墨片层间较弱的范德瓦耳斯力使石墨变软并易于相对滑动,因此是理想的润滑剂。

CNT 可以看作是通过轧制石墨片形成的空心圆柱体。纳米管中的键本质上是 sp^2,但圆曲率会引起量子约束和 σ–π 再杂化,导致其中 3 个 σ 键略微偏离平面。为了进行补偿,π 轨道在管外分布更局限,这使得纳米管在机械上比石墨更坚固,在电和热方面性能更加优异,在化学和生物学上更具活性。另外,它们允许将诸如五边形和七边形的拓扑缺陷合并到六边形网络中,以形成封端、弯曲、环形和螺旋形的纳米管,而由于 π 电子的重新分布,电子将定位在五边形和七边形中。

富勒烯由 20 个六边形和 12 个五边形组成,键的本质也是 sp^2。由于高曲率再次与 sp^3 混合,富勒烯分子中的特殊键合结构提供了许多惊喜,例如金属–绝缘体跃迁、异常的磁相关性、非常丰富的电子以及光学带结构和性质、化学官能化以及分子堆积等。由于这些特性,富勒烯已被广泛用于电子、磁学、光学、化学、生物学和医学等领域。

3.2 碳纳米管的电子结构

3.2.1 无缺陷碳纳米管

无缺陷碳纳米管分为单壁管(SWNT)与多壁管(MWNT),具有笔直或弹性弯曲结构。SWNT 是由单层石墨片组成的空心圆柱体,MWNT 是一组同轴的 SWNT。SWNT 可将其视作空心圆柱在单层石墨片上滚动而成,它可以由一个向量 C 来唯一表征,是由两个对应于石墨晶格矢量 a_1 和 a_2 的整数 (n,m) 组成的(图 3.2),即

$$C = na_1 + ma_2 \tag{3.1}$$

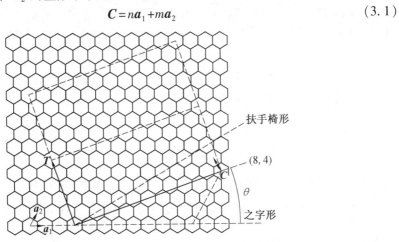

图 3.2　通过沿向量 $C = ma_1 + na_2$ 在石墨上滚动石墨片形成纳米管 (m,n)

因此,通过将薄片卷起以使向量 C 的两个端点重叠来构造 SWNT。该管表示为 (n, m) 管,其直径为

$$D = \frac{|C|}{\pi} = \frac{a(n^2 + nm + m^2)^{1/2}}{\pi} \qquad (3.2)$$

式中 a——石墨的晶格常数, $a = |a_1| = |a_2|$。

其中, $n = 0$ 的管称为曲折管, $m = n$ 的管称为扶手椅管,其他的管称为手性管。其手性角 θ 定义为向量 C 与 a_1 之间的角度为

$$\theta = \tan^{-1}[3^{1/2} m/(m + 2n)] \qquad (3.3)$$

对于曲折结构 $(m = 0)$, θ 值为 $0°$;对于扶手椅结构 $(m = n)$, θ 值为 $30°$。大量试验测量和理论计算一致认为,C—C 键长 $d_{cc} = 0.142$ nm 或 $a = |a_1| = |a_2| = 0.246$ nm,管间距 $d_{tt} = 0.34$ nm。式(3.1)~(3.3)可用于对各种管结构进行建模并解释试验观察结果。

碳纳米管的能量或稳定性决定了其尺寸。由石墨片形成 SWNT 所引起的应变能与每个管的 $1/D$ 或每个原子的 $1/D_2$ 成比例。这意味着 SWNT 的直径至少应为 0.4 nm 以提供应变能,最大不超过 3.0 nm 以保持管状结构并防止塌陷。在试验中观察到的典型 SWNT 直径为 0.6~2.0 nm,特殊条件下会形成 0.4 nm 或 3.0 nm 直径的 SWNT。较大直径的 SWNT 往往会崩塌,除非它受到其他力的支撑或被相邻管包围,例如 MWNT 或 SWNT 束。而对于 MWNT,目前发现的最小最内管直径为 0.4 nm,而最外管直径可达数百纳米。一般情况下,MWNT 的内部直径大于 2 nm,外部直径小于 100 nm。SWNT 束通常通过自组织过程形成,在该过程中,范德瓦耳斯力将各个 SWNT 保持在一起,形成晶格常数为 0.34 nm 的三角形晶格。

从简单的结构关系或试验可测量的几何形状 (D, θ) 导出管的手性 (n, m) 时,结构模型特别有意义。这是因为,将要讨论的碳纳米管的重要性质是手性管的函数。例如,可以从结构关系中排除 MWNT 中所有曲折管的存在,根据式(3.2),任意两个同轴的相邻曲折管 $(n, 0)$ 和 $(m, 0)$ 之间的间隔为 $\Delta D/2 = (0.123/\pi)(n - m)$,并且 $\alpha = 0.246$ nm。但是,整数 n 和 m 的值不论怎样都不能接近形成 MWNT 所需的 0.34 nm 间距。试验观察到的 MWNT 也可以用其他模型解释,例如,MWNT 也可以看作是涡旋石墨片或螺旋石墨片,或者是涡旋结构和同心壳的混合物,而不是同轴的 SWNT,只是这些模型通常未被接受。但是它们仍然可能呈现出一些试验观察到的碳纳米结构,因为石墨的确显示出多种结构,例如石墨晶须和碳纤维。纳米管手性的重要性是其与纳米管电子性质的直接关系。STM 可用于测量管的几何形状 (d, θ),进而可用于导出 (n, m)。

3.2.2 缺陷型碳纳米管

除无缺陷的碳纳米管外,试验观察到的 SWNT 还具有弯头结构、带帽结构与环状结构,而 MWNT 则具有带帽结构、弯曲结构、支链结构和螺旋结构。这些结构中大多具有拓扑缺陷,例如结合在六边形网络中的五边形和七边形结构。另外,MWNT 还包括非管状结构,如竹节结构,其可视作由许多封端的短碳纳米管连接而成。通常 SWNT 缺陷较少,而多壁管则相对具有较多缺陷。

现已有许多方法来建模包含拓扑缺陷的碳纳米管。目前已有一种通用方法和一种计

算机程序来生成和建模弯曲、分支、环形和封端的碳纳米管的配置。在这种方法中,单个弯头或分支、环形或螺旋形碳纳米管中的每个弯头被认为可以连接具有拓扑缺陷(五边形–七边形对)的两种类型的碳纳米管。两个连接的碳纳米管之间的弯曲角遵循简单的拓扑关系,即

$$\varphi = |\theta_1 \pm \theta_2| \qquad (3.4)$$

式中,θ_1 和 θ_2 在式(3.3)中定义。

试验测得的每根管的直径和弯曲角度可用于得出可能的手性管。他们发现一组手性可以匹配以适应相同的试验参数,例如,可以通过满足以下条件的两个碳纳米管连接 30° 的急剧弯曲,即

$$m_2 = \frac{n_2(m_1 + 2n_1)}{m_1 - n_1} \qquad (3.5)$$

如果 $n_1 = 0$,则 $m_2 = n_2$。这表示任何曲折管$(n_1, 0)$均可与任何扶手椅管(m_2, n_2)连接,以弯曲 30°。弯曲结构存在能量不同的异构体。结构建模和模拟可以确定缺陷碳纳米管中缺陷的数量和位置。在拓扑上,0°和 30°的弯曲仅需一对五边形–七边形。在 0°弯曲结构中,这对被融合在一起。在 30°弯曲结构中,五边形和七边形沿管子圆周达到最大间距。在这两个能量最小的配置之间,随着弯曲角度的减小,五边形–七边形对的数量增加,例如,需要 3 对五边形和 5 对七边形分别形成 26°和 18°的弯曲。通过融合、旋转和连接的拓扑操作,从弯曲的碳纳米管构造分支、环形和螺旋形的碳纳米管是一件简单的事情。当两个或更多个折弯融合并连接以形成分支结构时,可以只用负曲率所需的七边形消除五边形。根据欧拉拓扑定理,n 分支结构遵循 $n = [($七边形数量–五边形数量$)+12]/6$。因此,为了获得 3 或 4 分支结构,拓扑缺陷的最小数量是 6 或 12 个七边形。另外,允许任何数量的五边形–七边形对,但是这可能会导致额外的能量。相反,需要 6 或 12 个五边形来覆盖碳纳米管的两个或一端,例如,可以将包含 12 个五边形的富勒烯切成一半以覆盖碳纳米管。但对于较大的管,特别是对于 MWNT,可能需要五边形–七边形对在封盖之前将碳纳米管收缩至较小的尺寸。

3.3 碳纳米管的对称性

将 SWNT 描述为石墨烯片的卷状管状外壳,管状壳的主体主要由碳原子的六边形环(片状)制成,而末端则由圆顶形的半富勒烯分子覆盖。侧壁中的自然曲率归因于片材滚动成管状结构,而端盖的曲率归因于底部格子的其他六边形结构中存在拓扑(五边形环)缺陷。五边形环缺陷的作用是使表面具有正(凸)曲率,这有助于封闭两端的管子,并且与 CNT 的圆柱形壁相比,还可以提高端盖的化学反应性。但是,随后发现,圆柱壁的无拓扑缺陷的弯曲结构还具有化学反应性,该化学反应性是 CNT 的自然曲率或应变诱导的曲率的函数。MWNT 同样是将石墨烯片卷成一叠的同心 SWNT,其末端又被半富勒烯封端或保持敞开状态。

牛津大学通过倾斜或聚焦的一系列图像数字化组合,获得去除像差的填充管的增强图像。研究表明沿管壁观察到的周期应根据管的结构而有很大的不同。这在图 3.3 中进

行了说明,该图显示了垂直于电子束的电子管所期望的对比度。在非手性管的情况下,在两个壁上观察到的对比度总是相同的。在晶体学中,只靠平移和旋转操作无法使自身完全重合的晶体称为手性晶体,按手性分类,碳纳米管可分为非手性型(对称型)和手性型(非对称型),其中手性型碳纳米管又被称为"螺旋式"碳纳米管;非手性型碳纳米管又可以分为"扶手椅式"和"曲折式"两种。扶手椅管,通常无法观察到任何壁的对比度,因为 0.125 nm 的间距超出了大多数显微镜的分辨率。对于曲折式管,在两个碳壁上可以清楚看到条纹,因为间距为 0.216 nm。手性管可见的对比度取决于手性角 θ。如果 θ 很小(小于 $10°$),则在一个或两个壁上应清晰可见条纹。在一些充满管子的图像中,可以计算出管子相对于电子束的倾斜度,然后根据在壁中观察到的对比度确定管子的结构。

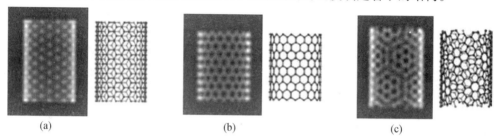

(a)　　　　　　　　　　(b)　　　　　　　　　　(c)

图 3.3　扶手椅式、曲折式和螺旋式碳纳米管

　　石墨烯片卷成管状结构的对称性决定了碳纳米管的独特电子行为,因此其有些行为像金属,有些行为像小带隙半导体。后面章节将详细说明如何实现此功能以及基于 CNT 异质结的纳米电子器件的概念化。在此应注意,这为概念化各种基于碳的电子开关、调制、感测和驱动装置提供了独特的机会。但是,相同的依赖手性的电子特性实际上也使得将 SWNT 结合到任何电子应用中变得更加困难,因为到目前为止,对 CNT 在生长过程中的螺旋性或手性类型没有太多控制。然而,从应用角度看,单壁管和多壁管是有趣的纳米级材料,因为碳纳米管具有非常好的弹性机械性能,可用作功能性复合材料的轻质增强纤维,包括金属的和半导体的,可以在场效应晶体管和传感器以及电子开关中的纳米管异质结中使用;同时碳纳米管还具有高电子和机械特性的高长宽比物体,可以用于场发射显示器和各种用于计量目的的扫描探针显微镜探头;它还是大表面积的中空管状分子,适合用于气体和烃类燃料存储设备,气体或液体过滤设备以及分子规模控制的药物输送设备的包装材料。

3.4　碳纳米管的生长机制

　　1991 年,日本电气公司的饭岛澄男(Sumio Iijima)使用电弧蒸发生产高度完美的多壁管,尽管催化碳纳米管的生产已有数十年的历史,但其结构完美程度比催化管中的完美程度更高。1993 年,单壁碳纳米管(单壁管)的首次合成还涉及电弧蒸发,用金属浸渍的电极进行。电弧蒸发仍然是碳纳米管合成的重要方法,本节将对其进行详细讨论,包括多壁碳纳米管(多壁管)管电弧合成,电弧中的多壁管的生长模型,高温热处理与催化合成碳纳米管,以及碳纳米管形成的可能机理。

3.4.1　电弧蒸发制备多壁管

Iijima 用来制备碳纳米管的原始方法与用于 C_{60} 生产的方法略有不同,因为在电弧放电过程中石墨电极之间的距离很短,不是保持接触的,从阳极蒸发的一些碳在硬质阳极棒上再冷凝为硬的圆柱形沉积物。研究发现其中既包含纳米管又包含纳米颗粒,但在这些初始试验中,纳米管的收率相当低。随后的试验发现提高电弧蒸发室中氦的压力可以显著提高阴极粉末中形成碳纳米管的收率,并发现许多因素在产生高质量碳纳米管的良好产率中很重要。随着氦压力的增加,明显增加了碳纳米管的数量,但压力超过 66 661 Pa 时,样品质量没有明显变化但总产量却下降了,因此,66 661 Pa 是生产碳纳米管的最佳氦压力。另一个重要因素是电流,电流过高将形成坚硬的烧结材料,几乎不合成碳纳米管。电流应保持可维持稳定的等离子体。电极和腔室的有效冷却对于生产高质量的碳纳米管样品和避免过度烧结也至关重要,在电流适合情况下,会在阴极上形成圆柱形且均匀的沉积物,它由坚硬的外壳与纤维芯组成,纤维芯中包含离散的碳纳米管和碳纳米颗粒。对碳进行简单取样即可得到一些碳纳米管样品。含有少量碳纳米管的不良样品会具有粉状质地,而高质量的材料可被涂抹以产生具有灰色金属光泽的片状薄片。

多个研究小组尝试使用 H_2、N_2、CF_4 和有机蒸气等替代 He 进行电弧蒸发。利用 H_2 进行电弧蒸发生产了最小的碳纳米管,其直径为 0.4 nm,该碳纳米管具有(3,3)扶手椅结构,是目前(3,3)结构最窄并具有实际稳定性的结构,这是由于 H_2 气氛通过氢终止悬空键而促进了半 C_{20} 十二面体的形成,然后将碳源添加到这些稳定的"种子"中将导致(3,3)管的生长。电弧蒸发过程的另一种变体通过在液体中进行电弧放电,因此完全不需要真空室,最早由伯克利的 Alex 小组于 2000 年在液氮中进行,该方法通过将石墨阳极插入装有短铜或石墨阴极的液氮开放容器中,在电弧等离子体区域中形成碳纳米管在容器底部收集,该方法相对于在气体下进行电弧放电的主要优点在于,该工艺可以连续进行,从而有可能成倍提高碳纳米管的产率。随后研究表明,碳纳米管和碳纳米颗粒也可以通过在水中进行电弧放电来制造,并且水环境下生产的碳纳米管的质量更完美,该方法还可推广到碳洋葱和纳米角的制备。电弧蒸发方法的另一种改进是使用磁场,富士施乐小组在 2002 年报道在电极周围放置 4 个圆柱形 Nd-Fe-B 磁体,以形成对称磁场,大大提高了纳米管的产量,可以产生包含高达 97% 的碳纳米管的粉末,这种方法似乎值得进一步研究。

在讨论电弧中多壁管的生长机理前,需介绍碳纳米管结构对生长的影响。具有螺旋结构的碳纳米管的生长更为有效,这种生长情况与从晶体表面出现螺型位错非常相似。扶手椅和曲折的碳纳米管不具有这种有利的生长结构,因此需要重复形成新的六边形环。这表明螺旋碳纳米管比扶手椅和之字形碳纳米管更常见。关于生长机制的另一个问题是碳纳米管在生长过程中保持开放状态的原因,早期观点认为,电场可能对保持碳纳米管的打开起重要作用,这将有助于解释为什么仅在阴极上发现冷凝的碳纳米管,但研究表明目前所采用的电场引起的开路尖端能量很小,不足以稳定开路结构。之后的一种改进模型表明碳纳米管中各层之间的吸附原子的连接有助于稳定开口尖端的形态以防闭合。开口生长现象的另一种解释是,相邻同心管之间的相互作用可以稳定开口结构。采用分子动力学模拟对两相邻管的相互作用进行分析,考虑了(18,0)管内的(10,0)管发现在两个管的边缘之间形成了桥接键,在高温(3 000 K)下,发现唇-唇结合结构的构型连续波动,这种波动结构将为新碳原子的吸附和结合提供活性部位,从而使管得以生长。可以理解为碳纳米管的生长是一个动力学过程,而开口管的生长在动力学上比封闭更有利。就弧形碳纳米管增长的详细机制,提出了以下4种类型的模型。

1. 气相生成

早期理论认为成核和生长是由于气相或等离子体相直接凝结而发生的,电弧电场在诱导"一维"增长并导致电子管形成方面起至关重要的作用。首先假设碳纳米管和碳纳米颗粒在弧形区域中靠近阴极表面的区域形成,在这一层碳蒸气中,将存在两组具有不同速度分布的碳粒子,一组碳粒子具有对应于电弧温度(约3 700 ℃)的麦克斯韦速度,即各向同性速度分布,另一组由在正空间电荷和阴极之间的间隙中加速的离子组成,这些碳粒子的速度将比热粒子的速度大得多,在这种情况下,磁通将被定向而不是各向同性。碳纳米管(和碳纳米颗粒)的形成过程分为3个阶段,在第1阶段,各向同性速度的分布导致形成近似等轴的结构,例如碳纳米颗粒。随着电流变得更加定向,开放结构开始形成,可认为其是碳纳米管生长的种子;在第2阶段,定向碳离子流沿垂直于阴极表面的方向流动,从而导致碳纳米管快速生长;在第3阶段,电弧放电的不稳定性通过形成盖而导致碳纳米管生长的突然终止;其中关键过程是原子吸附到碳纳米管表面,然后表面扩散到生长边缘上。

2. 液相合成

液相中形成的碳纳米管经常伴随着无定形碳珠的形成,这些碳珠的出现说明液滴的固化,表明液态碳在碳纳米管的成核和生长中起核心作用。当开始电弧放电时,碳阳极会受到阴极的电子轰击而局部加热,从而使表面局部液化,液态碳球会从阳极喷出。最初,由于液态碳的蒸气压高,小球的表面将非常迅速地蒸发冷却,但是,小球内部的冷却要慢得多,这会导致液态碳过冷,在过冷的液态碳中,碳纳米管和碳纳米颗粒均匀地成核并生长。

3. 固相合成

将富勒烯粉末在正极电子枪中加热至约3 000 ℃,有单壁圆锥和碳纳米管的形成。促使碳纳米管生长固态模型的提出,其中富勒烯烟灰是中间产物。该模型可以总结如下:在电弧蒸发的初始阶段,气相中的碳形成富勒烯粉末材料凝结在阴极上,随着放电过程的继续,这种冷凝的碳会经历极高的温度,从而首先形成碳纳米管"种子",然后形成多壁管,当碳供应耗尽或电弧结束时,生长终止。但该模型公认是不完整的,其未确定为什么在电弧中加热时,富勒烯粉末会演变成碳纳米管而不是碳纳米颗粒,这可能是电弧的电场有助于促进电子管的生长,或者涉及动力学因素。

4. 结晶模型

有研究通过对电弧法制备的碳纳米管缺陷结构进行观察发现了复杂的分支形式,这表明多壁管的形成和生长并不像以往理论所认为的从一端到另一端进行,而是从表面开始并逐渐发展到中心的结晶过程。此 MWNT 增长理论可以描述为"结晶"模型。第1阶段,阴极表面上形成无定形碳组件,这些组件可以具有各种形状,具体取决于它们的表面能和局部放电条件。第2阶段发生在冷却过程中,组件的石墨化从表面朝向内部区域发生,延伸管的形成要求原始组件也具有延伸形状,在某些电弧放电条件下,圆柱形非晶态组件是首选。有研究通过高分辨观察发现电子束沉积原位生长了非晶碳纳米线,然后将导线电阻加热到高于 2 000 ℃ 的温度,并观察到它们演变成石墨化结构,在某些情况下类似于多层碳纳米管。

3.4.2　高温处理制备多壁管

通过无序碳的高温处理制备碳纳米管的研究较少。早期研究主要针对富勒烯粉末进行高温处理,富勒烯粉末是在富勒烯合成过程中在蒸发容器壁上形成的轻质蓬松碳,可使用有机溶剂提取,结构高度无序,由弯曲的碳碎片组成,其中五边形和七边形都随机分布在整个六边形网络中,从而产生连续的曲率。

通过高温处理制备碳纳米管出现了不同现象,一种是热处理产生的结构是由大孔组成的,这些孔通常在形状上延伸,类似于大直径的单层碳纳米管,延伸的孔总是被封闭,并表现出各种封端形态。在某些情况下,观察到的特征被认为只是七元碳环的存在,尽管也存在多层结构,但延伸的孔通常由单个碳层界定。富勒烯烟灰转变成类似碳纳米管结构的确切机理尚不清楚。另一种是高温热处理通常倾向于将富勒烯烟灰转变成小的石墨纳米颗粒,而不是碳纳米管。偶尔可观察到相当短的多壁管,其生长机理类似于 MWNT 增长的固相模型。通过在 59 994.9 Pa 的 He 气氛下进行石墨的电弧蒸发,再对形成的富勒烯进行退火,将粉末在 850 ℃ 的 CO_2 气氛中活化,以增加其表面积,然后在 2 200 ~ 2 400 ℃ 下进行加热,在纯粉末的情况下主要有碳纳米颗粒形成。但当将墨粉与无定形硼混合时,可形成长度达几微米的碳纳米管,之后对其他无序碳材料(石墨、炭黑和蔗糖碳粉末)进行试验,仅有掺杂硼的蔗糖碳高温处理后产生了多壁管,但产率相对较低,此研究进一步表明碳纳米管的生长是固态过程。有企业已经从富勒烯粉末、炭黑和蔗糖碳中制备了碳纳米管。由于合成石墨是通过高温热处理从固体前体(通常是石油焦)中制得的,因此为固态生长机理提供了进一步的证据。

3.4.3　高温处理制备单壁管

通过使用修饰电极进行电弧蒸发,将异物封装在碳纳米颗粒或碳纳米管内部。如使用掺有 La 的电极制备了 LaC_2 的封装晶体,或含 Y 的电极将 YC_2 引入碳纳米管中,这项工作为碳纳米粒子和碳纳米管作为分子容器的使用开辟了一个全新的领域。单壁管最初应用于信息存储的磁性材料时,封装在碳壳中的铁磁过渡金属微晶在该领域可能具有巨大价值,因此有研究尝试使用浸有铁磁过渡金属 Fe、Co 和 Ni 以及 He 气氛(13 332.2 ~ 66 661 Pa)的电极进行电弧蒸发试验,但通过此电极电弧蒸发产生的粉末与纯石墨电极产生效果完全不同,烟灰片像蜘蛛网一样从室壁上悬挂下来,而沉积在壁上的材料本身具有橡胶质地,可以剥离成条状。通过观察发现它包含了许多具有单原子层壁的碳纳米管,这些超细管与无定形烟灰和金属或金属碳化物颗粒缠结在一起,以某种方式将材料固定在一起。

电弧蒸发产生单壁碳纳米管(单壁管)与多壁碳纳米管(多壁管)的区别在于直径范围非常狭窄。对于多壁管,内径为 1.5 ~ 15.0 nm,外径为 2.5 ~ 30 nm。单壁管的直径都非常窄(直径为 (1.2±0.1) nm),也有报道直径为 0.7 ~ 1.6 nm,平均直径约为 1.05 nm。没有证据表明催化金属颗粒存在于管的末端。现在已经在优化单壁管的电弧合成方面进行了大量工作,66 661 ~ 106 657.6 Pa 的氦气是生产单壁管的最有利气氛,而铁、钴和镍或诸如镍/钇的混合物是最常用的促进剂。已经有结果表明,将硫添加到阳极的 Co 中(以单质 S 或 CoS 形式)比单独从 Co 中可以获得更大的碳纳米管直径范围。因此,与石墨相比,当阴极中存在硫时,产生了直径为 1 ~ 6 nm 的单壁管,纯 Co 电极则产生直径为 1 ~ 2 nm 的碳纳米管。随后有试验表明,铋和铅可以促进大直径管的形成。例如当所用的促进剂为 Ni/Y 混合物时,碳纳米管的产率为 70% ~ 90%,直径约为 1.4 nm。还有研究报道使用金刚石粉末或小颗粒石墨制成的阳极,可以显著提高产量。

3.4.4 激光气化生产单壁管

单壁管的激光气化合成可提高产量,单壁管倾向于形成大束或"绳"。炉体被加热到约 1 200 ℃,惰性气体(通常是氩气)在 66 661 Pa 的恒定压力下流经 5 cm 直径的管,掺杂少量催化剂金属(通常质量分数为 0.5% ~ 1.0% 的 Co 和 Ni)的圆柱形石墨靶安装在炉子的中心,靶的气化是通过 Nd:YAG 激光进行的。在精制过程中,使用双激光脉冲以提供更均匀的目标气化,这种方法每天能够生产多达 1 g 的单壁管,这些高质量的单壁管样品的可用性极大地促进了碳纳米管的研究,并且使用这些样品获得了一些重要的结果。

3.4.5 电弧蒸发制备双壁碳纳米管

尽管在通过电弧蒸发制备的样品中经常发现双壁碳纳米管(DWNT 双壁管),但开发出高产率制备 DWNT 的具体方法经历了一个很久的过程。2000 年法国研究人员报道了一种利用催化作用在 SWNT 和 MWNT 中产生相对大量 DWNT 的方法。2001 年多国研究者共同合作研发了一种电弧蒸发方法用于选择性合成 DWNT,使用包含由 Ni、Co、Fe 和 S 的混合物制备的催化剂的石墨阳极进行电弧放电,所使用的气氛是在 46 662.7 Pa 下的 Ar 和 H₂(摩尔比 1∶1)的混合物,产生的双壁管为主要类型的碳纳米管的混合物。DWNT 的外径通常为 1.9 ~ 5 nm,并且经常形成束。

3.4.6 电弧和激光方法中单壁管的生长机理

有充分的理由认为,电弧蒸发和激光蒸发过程中单壁管的形成机理大致相似。两者都使用相似的原料,即石墨-金属混合物,并且都涉及该混合物的气化,然后在惰性气氛中冷凝。而且,通过两种方法生产的含碳纳米管的粉末在外观上是相同的,包含 SWNT 束以及无序的碳和金属颗粒。因此,在随后的讨论中,假定针对一个过程提出的机制适用于两者。

1. 气液固(VLS)模型

尽管通过电弧或激光方法已经对 SWNT 的生长提出了许多不同的模型,但普遍认为该机制可能涉及底端生长而不是顶端生长。换言之,碳纳米管远离金属颗粒生长,并且碳被连续地供应到基底。事实证明,在电弧蒸发或激光蒸发产生的单壁管的尖端没有发现金属颗粒。同样,在含 SWNT 的墨粉中观察到的大多数颗粒的直径比单个碳纳米管的直径大得多,现在将详细探究在电弧蒸发和激光蒸发方法中碳纳米管生长的机理。

该模型假设碳纳米管形成的第一阶段涉及碳和金属原子从气相中的共聚,形成液态金属碳化物颗粒,当颗粒过饱和时固相碳纳米管开始生长,如图 3.4 所示。碳通过颗粒扩散的驱动力是温度梯度或浓度梯度,基于这种机制在 SWNT 增长中的应用,进行了许多详细的建模研究。单壁管的 VLS 生长机理如图 3.5 所示。此过程的第一步是形成液态的碳纳米颗粒,该纳米颗粒中的碳会过饱和(图 3.5(a)),冷却后,碳开始从溶液中沉淀出来,可以在颗粒表面形成石墨涂层(图 3.5(b)),也可以形成用于单壁管成核的晶种(图 3.5(c))。通过进一步在根部掺入碳原子来进行碳纳米管的生长(图 3.5(d))。图 3.5(e)、(f)所示为由于某种原因扰动了生长,因此在颗粒表面形成短管和无定形或石墨碳的情况。

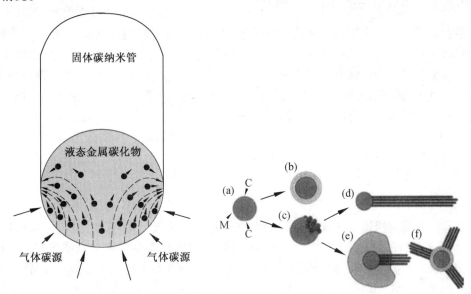

图 3.4　碳纳米管气液固生长模型　　　图 3.5　单壁管的 VLS 生长机理

2. 固态模型

到目前为止讨论的所有关于 SWNT 形成的理论研究都假设该过程涉及由金属颗粒引起的气相碳到固态碳纳米管的转变。而实际上该机理可能涉及固相碳的转化。研究表明,在碳处于气相过程的早期阶段,碳纳米管的生长并未发生,而在"原料"将聚集成簇和纳米颗粒的后期,则没有发生。为了检验 SWNT 增长是固态转变的,K. Bolton 等人进行了进一步的试验,试验涉及热处理含有短(约 50 nm 长)碳纳米管"种子"的纳米微粒粉末,这种"种子"粉末是通过在比用于生产全长碳纳米管更低的温度下进行较短时间的激光气化而产生的。从激光气化装置收集的烟灰被置于氩气下的石墨坩埚内,并由 CO_2 激光加热至高达 1 600 ℃ 的温度,结果发现,这些热处理可以产生微米长度的单壁管,在 1 000 ~ 1 300 ℃ 可以实现最佳生长。

单壁管的生长机理:Nd:YAG 激光脉冲最初产生包含碳原子和 Ni/Co 原子的原子分子蒸气。该蒸发的材料在气相中保持约 100 μs,等离子体迅速冷却,约 1 100 ℃ 的碳颗粒的大小不超过 20 nm,在消融后 2 ms SWNT 生长开始,此时碳原子和金属原子都处于稠合形式,因此碳纳米管的生长主要是固态过程。将该粉末在 Ar 气氛中 1 200 ℃ 下退火,导致大量单壁管的形成。基于此观察提出了一种固体-液体-固体(SLS)生长机制,如图 3.6 所示,第一步涉及熔融的催化剂碳纳米颗粒穿透无序的碳聚集体,将其溶解并在相对表面上沉淀出碳原子,然后这些原子形成石墨烯片,其平行于过饱和金属碳熔体的取向在能量上不利,因此,该石墨烯片的任何局部缺陷都将导致其屈曲并形成 SWNT 核。

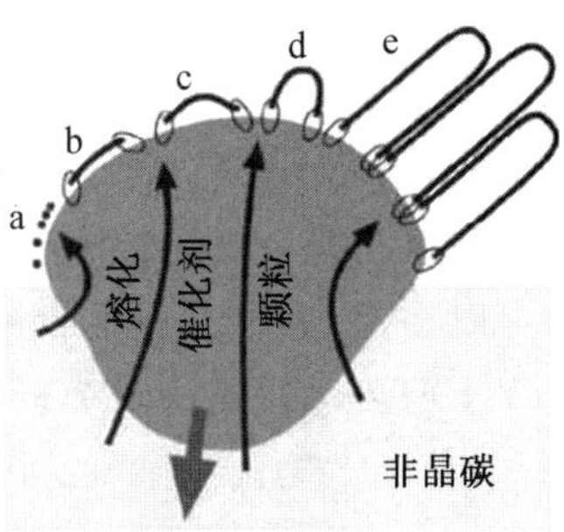

图 3.6 单壁管的固液生长机理

3.4.7 催化化学气相沉积制备

随着碳纳米管的应用范围从纳米电子学、传感器和场致发射器到复合材料,可靠的生长技术对于实现产生所需数量的高纯度材料至关重要。激光烧蚀不适用于大规模生产,但是电弧工艺适合按比例放大以满足大型应用(如复合材料)的材料需求。满足结构应用的生长过程的优点是,除了高纯度外,还具有较高的生产能力。相反,诸如纳米电子学、场发射等的应用可能需要以合理的速率在图案化的衬底上进行受控生长。通过化学气相沉积(CVD)和相关技术满足了这一需求,这些技术根据能源进行了分类,当使用常规热源时,该技术称为热 CVD;等离子增强 CVD 或 PECVD 是指使用等离子源产生辉光放电的情况。

1. 催化剂制备

尽管已有研究报道电弧放电过程中没有催化剂的情况下 CNT 的生长,但众所周知,通过 CVD 和 PECVD 进行 SWNT、MWNT 和 MWNF 的生长需要过渡金属催化剂。还有报道称,在基底上的催化剂必须是颗粒形式,而不是光滑的连续膜。迄今为止,用作催化剂的金属包括 Fe、Ni、Co 和 Mo,可以从包含它们的溶液中将它们施加到基材上,或者可以使用某些物理技术将其直接沉积。这两种方法在所需资源、时间和成本以及最终产品的性质方面有所不同。下面简要概述两种制备负载催化剂的方法,以及用于大规模生产的浮动催化剂方法。

(1)溶液法。

现有研究中包含许多从溶液中制备催化剂的方法,下面介绍一种这样的方法。首先,将 0.5 g(0.09 mmol)的 PluronicP-123 三嵌段共聚物溶于 15 cm³ 的乙醇和甲醇的混合物中,使用注射器将 SiCl₄(0.85 cm³,7.5 mmol)缓慢加入三嵌段共聚物/醇溶液中,并在室温下搅拌 30 min,以结构导向剂(SDA)和无机盐制备 AlCl₃·6H₂O、CoCl₂·6H₂O 和 Fe(NO₃)₃·H₂O 的储备溶液,在将催化剂溶液涂到基材上之前,先通过 0.45 μm 的聚四氟乙烯膜过滤,将具有催化剂制剂的底物装入炉中,并在空气中于 700 ℃加热 4 h,以通过无机盐的分解和 SDA 的去除使催化剂具有活性,此时,将烃原料放入反应器将引发碳纳米管的生长。

(2)物理技术。

物理技术,例如电子枪蒸发、热蒸发、脉冲激光沉积、离子束溅射和磁控溅射已成功用于催化剂制备中。与基于解决方案的方法相比,这些技术快速、容易并且易于生成小图案,通过这些技术施加薄催化剂膜(小于 20 nm),最终的粒径和所得的碳纳米管直径与薄膜厚度相关。较薄的薄膜会导致较小的颗粒和管径,尽管在制备的薄膜中不能保证较小的晶粒尺寸,但有助于将薄膜破碎成所需的颗粒。例如,在 PECVD 技术中,首先要使用惰性气体等离子体或氢气或氨气等离子体,然后再允许进料气体并开始生长,等离子体离子轰击将产生颗粒。在热 CVD 中,具有催化剂的基材通常首先进行制备步骤,在该步骤中,处于生长温度的惰性气体在进入原料气之前流经反应器约 10 min,这影响了颗粒的尺寸。热力学和动力学研究表明,将催化剂与非催化金属合金化会增加通过表面簇的反应位点的数量。金属底层还可以在不相容的催化剂金属和基材之间起到阻挡层的作用,Fe和高度取向的热解石墨基材就是这种情况。

(3)浮动法。

如果可以将催化剂颗粒流注入流动的原料中,则可以在气相中生产碳纳米管,这种方法适用于大规模生产。铁或镍作为过渡金属的来源和苯作为碳源时产生了多壁管,后来的研究使用金属对乙炔进行气相热解产生了直径约 1 nm 的单壁管。过渡金属源的蒸发温度远低于碳源气相热解的温度,铁颗粒凝结在一起形成团簇,40~50 个原子的铁簇(直径约 0.7 nm)约是最小 SWNT 的大小,较小的簇容易蒸发并且不稳定。对于碳纳米管的生长,非常大的簇也不理想,因为它们有利于石墨外涂层,大团簇的聚簇或分解也发生在反应堆中,正是各种过程(成簇和蒸发)之间的竞争创造了有利的规模集群,进行各种参数的调整,例如温度、各种气体的流速、注入速度、停留时间等,以获得合理数量的碳纳米管。

2. 生长结果

通过热 CVD 生长的典型 SWNT 样品,将原料加热到 900 ℃ 的甲烷,并由 1 nm 的铁层催化,该铁层溅射在硅基板的 10 nm Al 层的顶部。如在扫描电子显微镜(SEM)图像上所见,碳纳米管像缠结的网一样生长。TEM 图像显示单壁管像绳索一样捆在一起。TEM 和拉曼分析都表明,在这种情况下,单壁管的直径为 1.3 nm,分布范围为 0.9~2.7 nm。生长密度本身取决于催化剂层的厚度,在生长温度下,溅射的催化剂膜破裂成几纳米大小的小颗粒,碳纳米管从这些颗粒中生长出来。如前所述,无论采用何种催化剂制备技术,颗粒的形成对于碳纳米管的生长都是至关重要的。实际上,一些研究证实了使用 TEM、原子力显微镜(AFM)或 STM 制备的催化剂颗粒分布,并发现它们在 10 nm 以下效果很好。但是尚不清楚在生长温度下的实际粒径或分布,因为没有在生长期间就地测量催化剂粒径的方法。分析黏附在碳纳米管的基部或尖端上的颗粒的尺寸,发现碳纳米管的直径与催化剂的粒径大致相关。

在 750 ℃ 下用乙烯原料通过热 CVD 生长的 MWNT,在这种基于溶液的方法中,基于凝胶的催化剂形成薄膜,其特性取决于溶剂的选择、浓度、抗衡离子(催化剂配体)的影响等。一系列圆柱状到塔状的 MWNT,它们相当均匀,直径约为 200 μm,高约为 400 μm。当催化剂前体的浓度增加时,会发生从圆柱到实心塔的过渡。

图 3.7 所示为使用 Fe 和 Ni 的混合物在图案化硅基板上形成的 MWNT。将氩气稀释的乙炔用作原料,并且在 CVD 之前将催化剂在 750 ℃ 下预处理 10 min,5 min 的生长时间产生大约 25 μm 高的图形。尽管图中图案似乎垂直对齐良好,但高分辨率图像显示碳纳米管的确像藤蔓一样生长,并且由于范德瓦耳斯力而相互支撑。

图 3.7 碳纳米管的图形式生长

3. 生长机制

催化剂颗粒上的碳纳米管生长与传统的气固相互作用过程相似,例如通过 CVD 和 PECVD 在基板上进行薄膜沉积,该过程根据以下步骤进行,这些步骤中的一个或多个可能是速率控制,具体视情况而定,需要仔细进行试验分析。

(1)前体通过薄边界层扩散到基底;

(2)反应性物质在颗粒表面的吸附;

(3)表面反应导致碳纳米管形成和产生气态副产物;

(4)气态产物从表面解吸;

(5)脱气物质通过边界层扩散到主体物流中。

在低温等离子体中,在基板上轰击正离子可提供步骤(1)和(3)所需的能量,或有助于步骤(4)的解吸。在 CNT 生长中,以上步骤在 CVD 和 PECVD 中均可以进行,例如,除了原料烃本身外,热 CVD 反应器在气相中没有其他种类。相反,如前所述,PECVD 的特征取决于各种反应性自由基和氢原子,以及等离子体中稳定的高级碳氢化合物和离子。一些自由基和高级烃可以在低于热 CVD 的温度下在颗粒表面提供碳,尽管碳溶解并扩散到金属催化剂颗粒中,然后挤出过饱和碳被认为是激光烧蚀和电弧放电的步骤,但在 CVD 和 PECVD 中,这些过程并不是必不可少的。在这一过程中,碳氢化合物或自由基摆脱了氢原子,最终破坏了它们的某些 C 键,并在粒子表面聚集,形成碳纳米管结构。

在诸如硅、铝、氮化硅等沉积的普通微电子处理步骤中,已经进行了广泛的研究以识别速率控制步骤并理解表面工艺。吸附在催化颗粒表面的碳氢化合物(例如甲烷)在分解时释放出碳,碳溶解并扩散到金属颗粒中,当达到过饱和状态时,碳以晶体管状形式沉淀,此时可能出现两种不同的情况(图 3.8)。如果颗粒对表面的附着力很强,则碳会从颗粒的顶表面沉淀出来,并且细丝会继续生长,颗粒会附着在基材上,这称为基本增长模型。在颗粒对表面的附着力较弱的情况下,碳沉淀会在颗粒的底表面发生,并且生长的细丝会随着颗粒的生长而提起。在这种情况下,长丝的顶端包含催化剂颗粒,产生的场景称为尖端生长。

在多数情况下,碳纳米管排列对齐都是由拥挤效应造成的(即相邻的管子在范德瓦耳斯力的作用下相互支撑),在带有大型条的 SEM 图像中,高度约 0.5 μm 及以上拥挤的 CNT 看起来排列良好,尽管整体看起来排列整齐,但整体中的各个 CNT 像葡萄树一样生

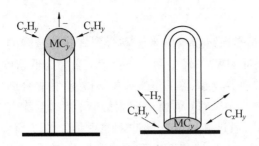

图 3.8　底端与顶端生长机理

长,在热 CVD 和等离子 CVD 下都是这种情况。然而 PECVD 也可以使单个独立的垂直碳纳米结构成为可能,它们都是 MWNF,并且都遵循尖端增长机制。在等离子 CVD 中,离子轰击不仅有可能从薄的催化剂膜上产生颗粒,而且还使其与表面的附着力减弱。尖端的催化剂颗粒的存在对于 MWNF 的垂直排列至关重要,结合电场和粒子界面处的压缩应力或拉伸应力的影响,认为尖端的粒子提供了稳定的负反馈机制,可确保垂直排列的生长。

3.5　碳纳米管的应用

3.5.1　在扫描探针显微镜中的应用

在过去的二十年中,扫描探针显微镜(SPM)和扫描力显微镜(SFM)取得了巨大的发展。由于其多功能性,SPM 已成为从分子生物学到纳米级制造的科学研究领域中研究单分子现象的一种选择技术。SPM 作为工业应用中的表面表征技术也发挥着越来越重要的作用,这在半导体工业中尤为重要,因为器件的长度尺度接近 100 nm 制程。工业应用的一些示例有:①数据存储行业中应用磁力显微镜(MFM)来表征磁畴;②扫描电容显微镜用来表征栅极掺杂剂密度;③超薄膜的一般表面粗糙度表征。随着对这些现有技术的进一步了解以及正在开发的更多新颖变体,SPM 将成为科学研究和纳米技术应用中一个更加重要的工具。SPM 的核心是扫描探针的尖端与样品表面之间的相互作用。扫描探针尖端的几何形状和材料属性最终决定了仪器的性能和分辨率。

对 AFM 功能的深入解释,请读者参考相关书籍。用最基本的术语来说,AFM 可以描述为用作表面表征仪器的测针轮廓仪(类似于电唱机),所有 SPM 技术都通过测量局部特性(例如高度、光吸收、化学力或磁性)来起作用,其中尖端非常靠近样品并与样品局部相互作用。亚纳米探针-样品的分离使得其可以在很小的区域进行测量,显微镜光栅在测量局部特性的同时扫描探针越过样品,从而生成表面的三维数据,由于 AFM 技术具有精确的位置控制和灵敏的测量功能,因此可以实现原子分辨率数据。尽管还有其他成熟的技术,例如用于更高解像度成像的扫描电子显微镜和透射电子显微镜等,但它们具有某些缺点,例如,绝缘样品在 SEM 成像之前需要导电涂层,TEM 的样品制备通常很费时费力,电子束显微镜和 STM 需要真空环境并依赖于特定的样品限制。由于 AFM 依靠机械响应来获取数据,因此它非常适合在各种环境条件下工作,而不仅限于导电样品。

1. 多壁管探针

MWNT 探针的制造是通过将碳纳米管黏合到常规硅悬臂的金字塔形尖端的侧面来完成的,通过将已生长的 MWNT 轻拍到一条胶带上来作为低密度 MWNT 的来源,用装有两个 X–Y–Z 型微型转换器/操纵器的倒置光学显微镜,将黏合剂转移到常规悬臂的 Si 尖端上,然后将来自胶带的 MWNT(单独或成束的管)转移至涂有黏合剂的 Si 吸头,使用 AFM 中的力–距离模式,通过施加电压脉冲来缩短延伸经过 Si 探针尖端的 MWNT 的长度,该电压脉冲会在 MWNT 尖端和导电表面之间产生电弧,使用一个由单个 5 nm 直径 MWNT 尖端组成的 MWNT 探针(从约 5 μm 的 MWNT 束延伸 250 nm)来成像(以分接模式)一个 400 nm 宽、800 nm 深的微加工高硅晶片上的高宽比图案。

基于缩短碳纳米管探针发明了一种锐化技术。该方法利用微细加工的纳米级 V 形沟槽图案作为可在其上锐化 MWNT 束的基材,从而产生单个突出的 MWNT 尖端,并通过在 MWNT 和金属钴包覆的 Si 探针之间施加一个直流电场来进行手动附着,改善了附着点。这种改进技术中的电场提供了一种吸引和定向 MWNT 的有效手段,以便更好地对准 Si 尖端,所用直流场一般小于 5 V。沿其长度的弯曲点,MWNT 探针用于对硅醋精蛋白细丝进行成像,结果显示出更准确的图像,与常规硅探针获得的图像相比,该图像没有成像伪影。具有单个 MWNT 而不是束头的扫描探针可以在 100 nm 以下的长度范围内跟踪深部和狭窄的特征。这些探针还具有较高的横向分辨率,尖端直径小至 10 nm,更重要的是其极耐磨损,连续扫描 10 h 以上未观察到图像质量下降。MWNT 探针的坚固性指出了源自碳—碳双键性质的 CNT 石墨结构的结构整合。CNT 和 Si 探针表面之间的连接点也大大有助于 MWNT 探针的稳定性,因此 MWNT 和 Si 探针的表面之间的界面结可以通过在 MWNT 源和 Si 探针之间施加的 DC 偏压通过局部产热而焊接到探针的表面。界面处的焊接可以用诸如 Ni 金属或可与 Si、C 成键的其他金属的超薄膜来加强。

2. 单壁管探针

MWNT 作为扫描探针的尖端之后,人们更加期待 SWNT 作为探针,主要是由于这种探针具有较小的固有直径,有望实现超高的横向分辨率。通过在尖端和溅射的 Nb 衬底之间施加电压,可以缩短和锐化 SWNT 探针的尖端。直径为 5 nm 的金颗粒和淀粉样蛋白 G1–40(AG40)原纤维的直接成像数据确定了 SWNT 尖端的曲率半径分别为 3.4 nm 和 2.6 nm。

通过 CVD 在表面原位生长 SWNT 为在探针上直接生长 CNT 以及大规模生产此类探针奠定了基础。首先蚀刻已被机械成型的 Si 尖端表面,产生沿尖端轴对齐的直径为 60 nm 的纳米孔。利用 $FeSO_4$ 溶液将铁催化剂电沉积到多孔结构中,并在 750 ℃下使用乙烯–氢气混合物通过 CVD 从这些多孔结构中生长出 SWNT。多孔结构有助于规定 SWNT 的生长方向,以实现最佳成像。同样需要通过在尖端和导电基板之间施加电场的常规技术来缩短碳纳米管。据报道,这种制造技术生产的探头由单个 SWNT 尖端组成,其曲率半径为 3~6 nm。另一种方法直接在 Si 探针上原位生长 SWNT 来制造探针,其基于两个理论:①直径较小的碳纳米管(例如 SWNT 和小直径 MWNT)更喜欢沿基板表面生长;②弯曲响应缩放到半径的 4 次方,所以半径小的碳纳米管将具有较小的弯曲力常数,在这种情况下,碳纳米管-表面相互作用之间的吸引力克服了弯曲所需的力,特别是对于长碳纳米管,将含铁的催化剂电沉积到 Si 尖端的表面上,并通过 CVD 合成直接生长 SWNT。以体积比为 1∶200∶300 的 C_2H_4∶H_2∶Ar 在 800 ℃的温度下生长 3 min,发现 SWNT 沿着 Si 探针的表面对齐并从尖端突出。该过程产生的有效尖端半径为 3 nm 或更小,与其他制造方法一样,也导致 SWNT 太长而无法实用。通过对 Ir 和 Si_3N_4 的超薄薄膜进行成像,可以证明通过该技术制造的 SWNT 的高横向分辨率,其中薄膜的晶粒尺寸解析为 2 nm。

尽管使用具有单个 SWNT 的探针作为探针具有高分辨率,但是由于缺乏对沉积在 Si 探针上的催化剂颗粒密度的控制,通过 CVD 工艺的直接生长有时会为探针产生多个 SWNT,这会同时产生多个不需要的信号。此外,这一生长过程还会产生随机生长方向的碳纳米管,由于 CNT 侧壁与样品之间的接触面积较大,还会产生不稳定的反馈,并导致边缘模糊的图像伪影,通过减小悬臂的振动幅度,可以在某种程度上减少此问题。

3.5.2 在碳纳米管发射器中应用

碳纳米管具有出色的发射特性:在低于 1 V/μm 的电场中观察到发射,并且获得了超过 1 A/cm^2 的高电流密度。可以根据碳纳米管的性质微观排列,制备过程和所需的发射器结构,以各种构造来制造 CNT 发射器。石墨化良好的碳纳米管比碳纳米纤维具有更好的发射性能,SWNT 和 MWNT 都是出色的场发射器。人们希望利用 SWNT 尖锐的尖端并且有较低的导通电压,但它们无法同时存在从而限制了这种潜在的增益。研究表明 MWNT 比 SWNT 更坚固,它们的多腔结构在离子轰击和与场发射相关的辐射作用下提供了更稳定的结构。

场发射是一种表面现象,取决于固体-真空界面上的势垒,因此,对该界面性质的修改会影响发射。有研究表明发射部位的吸附状态显著影响场发射。H_2O 吸附物增加了发射电流,而 O_2 吸附物显著减少发射电流。由 H_2O 或 O_2 吸附导致的发射特性的改变是可逆的,解吸后可恢复碳纳米管特性。碳纳米管发射器的制造主要是为了基础研究。在大多数技术应用中,单个碳纳米管不太可能提供预期的电流和强度。

碳纳米管薄膜具有最大的技术应用潜力,它们结合了良好的发射特性,相对容易制造和规模化生产。CNT 膜发射器的制造分为两种方法:CNT 的分层移植和 CNT 的原位生长。采用 SWNT 时倾向于采用分层或移植方法,也可以使用含 CNT 的油墨通过印刷技术获得图案化的膜。使用 CVD 工艺在阴极衬底上直接生长碳纳米管膜提供了可扩展的生产优势,可以通过控制催化剂沉积来获得图案化的膜。垂直排列的碳纳米管膜通常以高密度获得,碳纳米管在其垂直位置相互支撑,而低密度膜倾向于具有随机取向的管。

1. 真空微电子学

真空电子器件基于电子在真空中的受控传播来获得信号增益,可能使未来的真空微电子学发展的一项技术进步是,可以用冷阴极代替大多数经典真空管中的热电子发射体。由于场致发射器不释放热量并且可以做得很小,因此可以将微型场致发射阴极集成到微型真空设备中。真空微电子学将是快速而高效的,同时具有一些优于固态电子学的优势。真空电子设备不会同时受高温与辐射的影响,因此真空电子设备仍被用于某些特定的应用中,在这些应用中需要提高对温度变化和高辐射的抵抗力。CNT 具有出色的场发射特性,可以应用于真空微电子系统。

2. 微波放大器

电信的发展已导致当前频带的饱和以及对更高频率的新频带的需求,但电流放大器技术限制了较高频率(10~100 GHz)的使用。用于大功率微波发射机的放大器不能基于固态电子设备,因为常规晶体管受载流子穿过半导体速度的限制,但这不限制真空管设备。通常使用热电子源来产生电子,但热电子源不能在高频下调节发射。因此,通常以速度调制的技术来解决这一问题,该技术会沿电子管路径的一部分延迟和加速电子以产生电子束。由于场发射具有超快的开关功能,因此三极管发射器可以代替速度调制器用作电子集束器。与现有技术相比,CNT 场发射器将允许高功率微波放大器在更高的频率下运行,同时降低成本,提高效率。

3. 电力推进

碳纳米管场发射器对热电子源的改进是空间应用的新方向。电动推进器是基于电场中加速带正电的离子或胶体颗粒的高速喷射。为了保持航天器的电中性,必须中和射流的电荷,用指向射流的电子束进行中和。通常使用热电子发射器,但是它们消耗大量功率,严重降低了推进器的效率,并且需要预热,这会降低点火时间。低功率(约 100 W)电动推进器可提供高推力/推进剂流量比,特别适用于低推力持续时间较长的应用,例如小型卫星轨道维护或小型航天器推进。中和束源效率低无法设计可行的低功率推进器,而场发射器可以显著提高中和束源的效率。阴极周围的高压环境(相对于空间中预期的真空)是场发射器的主要限制因素。CNT 场发射器显示出在真空度较差的情况下对操作的抵抗力大大提高,因此为改善电磁场提供了技术解决方案。

3.5.3 在生物传感中的应用

CNT 在生物传感中最直接的应用是将它们作为单个探针使用以获得较大的空间分辨率。CNT 体积小巧,可以将其插入单个单元中,以最小的干扰和超高的灵敏度进行原位测量。下面介绍一种基于抗体的纳米生物传感器,用于检测苯吡喃(BPT),可通过简单地将光纤拉至纳米尺寸,从而将其暴露于已知的致癌物苯并芘,远端通过硅烷接头共价涂有抗 BPT 抗体。将纳米生物传感器插入单个细胞中,孵育 5 min 以使抗原-抗体结合,然后取出进行检测。这种基于荧光光谱法的纳米生物传感器对 BPT 的灵敏度低至 1.0×10^{-10} mol/L,对 BPT 的绝对检测极限为 300 mol。可以使用类似的技术对单个 MWNT 纳米电极探针进行调整,以研究单个细胞中的电生理现象或单个分子的反应性,电信号有可能达到单分子敏感性。

受试者的单倍型(与每个染色体同源物相关的特定等位基因)是单核苷酸多态性(SNP)定位中的关键元素,可加强对癌症和心脏病等常见疾病遗传作用的认识。但是,当前用于确定单倍型的方法存在明显的局限性,从而限制了其在大规模遗传筛选中的应用。例如,用于确定单倍型的分子技术,等位基因特异性或单分子聚合酶链反应(PCR)扩增,由于需要优化严格的反应条件和显著的错误率而受到阻碍。通过将 AFM 与高分辨率 SWNT 探针结合使用,可以将特异性标记的寡核苷酸与 100~10 000 个碱基的模板 DNA

片段杂交,直接看到多个多态性位点。SWNT 尖端的半径小于 3 nm(约 10 个基本分辨率),使得高分辨率多重检测可以根据其大小区分不同的标记,例如链霉亲和素和荧光团 IRD800。该研究成果已被进一步用于确定 *UGT1A7* 基因的单倍型,已有学者对其在癌症流行病学中的作用进行了研究。

3.5.4 碳纳米管在复合材料中的应用

碳纳米管的优异性能为复合材料的发展提供了动力,可用于调控复合材料的多种性能,通过改变碳纳米管的分散与排布状态可以提高或降低复合材料的某一方面性能。在导热性调控方面,研究认为碳纳米管在径向是绝热的,而在轴向具有极高的热导率,因此调控效果取决于碳纳米管是作为热传输通道还是作为散射中心。在导电性调控方面,有研究分析碳纳米管在非常低的浓度时将形成网络结构以提高导电性能,而含量过高影响了碳纳米管的分布将产生相反的效果,并且以非共价键修饰碳纳米管表面将保留其原有的特殊电学性能。碳纳米管在电学领域中最常被用于增强电池性能与制作高电导率导线,在锂电池中应用碳纳米管可改善电极通路,例如利用碳纳米管增强的锂电池的可逆容量可提升至 1 000 mAh/g。此外,以 CVD 方式制备的碳纳米管增强铜导线,在导电性、导热性与连接性方面均展现了优异的性能,进而成为各研究机构的研究重点。更有研究通过在碳纳米管内部填充铋制备出直径为 1 nm 的铋导线,这使纳米器件制备提高到全新的高度。碳纳米管在复合材料的热电性能调控中可提供灵活的属性调控策略,从而发挥独特的作用。

碳纳米管在力学性能方面的改善,源于其特殊的管状结构与可修饰性。这一优势在高分子基复合材料中尤其明显。研究最初认为未配位的单壁碳纳米管是用于复合材料机械增强的首选,而后续研究发现对碳纳米管表面缺陷与末端进行修饰不会破坏管体结构,进而衍生出了诸如氟纳米管、羧基碳纳米管、氨基单壁碳纳米管、乙烯基单壁碳纳米管等一系列官能化碳纳米管。相比于传统纳米增强相,这种官能化碳纳米管在热塑性高分子材料制备中将与基体分子产生高度交联作为高分子链之间的铰链,提升高分子复合材料的强度与刚度。另外,碳纳米管在陶瓷基复合材料与金属基复合材料中的应用也展现了良好的性能提升,其在复合材料中的存在形式与强化机制仍是目前的研究热点。基于碳纳米管的优异性质,随着复合材料研究的不断发展,必将产生一系列具有特殊优异属性的新型复合材料。

3.5.5 碳纳米管在集成电路中的应用

碳纳米管的优异电热性能同样吸引了集成电路制造领域的关注,目前集成电路中通常以铜作为触点与引线,当电流密度达到或超过 10^6 A/cm^2 时,铜互连结构会因电子迁移受阻产生电流传导问题,而碳纳米管即便在 $10^7 \sim 10^9$ A/cm^2 的电流密度下也不受影响。以 DRAM 应用的垂直互连为例,目前垂直通孔以高纯铜互连,当采用碳纳米管取代铜,而后通过 SiO$_2$ 沉积固定可获得高于行业预期的导电性能,通过改善材料质量与界面电阻可进一步发挥碳纳米管的优异性能。随着电子领域的高度发展,电子元器件功率提升,导致工作温度提升,这极大限制了器件性能与发展,而碳纳米管具有超高的导热率,范围为

1 200~3 000 W/mK,可为 IC 制造业提供全新的冷却解决方案。

3.5.6　碳纳米管作为催化剂载体和吸附剂的应用

碳纳米管的特殊管状结构使其具有极大的比表面积,这自然获得了追求高比表面积的催化行业的关注,用以制备催化剂载体和吸附剂。在工业生产与汽车行驶中产生的氮氧化物会导致酸雨和全球变暖等严重环境问题,有研究通过在碳纳米管上负载 1% 的 Rh 颗粒,在 450 ℃ 的条件下将 NO 气体 100% 进行无害化转化。当碳纳米管作为吸附剂,研究发现单壁碳纳米管是用于吸附苯、甲醇和其他分子的良好的微孔材料,多壁碳纳米管可充分吸附 NO_2 和 CO 气体,其吸附 CO_2 的能力是活性炭的 2 倍,这也为后续的催化反应奠定了良好的基础。

3.5.7　在金属的存储/嵌入中的应用

各种金属填充碳纳米管以生产导线和其他应用已有报道。最受瞩目方法之一是将纳米碳管加入锂电化学电池中。碳纳米管已被广泛研究用于嵌入锂,希望圆柱孔和管间通道都可用于吸收金属。单壁管增强的可逆容量为 1 000 mAh/g。除此之外还可使用微波辅助等离子体 CVD 填充铜纳米管。填充铜的碳纳米管在互连和散热应用中有广阔前景。钌(Ru)的小球形晶体和细长的单晶也已经使用湿化学方法填充在碳纳米管内部。通过用 Bi 填充 SWNTs 产生了直径为 1 nm 的铋纳米线。

3.6　碳纳米管的复合钎料

随着航空航天领域的飞速发展和轻量化工程的发展,陶瓷材料或陶瓷基复合材料因其良好的力学性能、极低的密度,以及耐烧蚀等特性在多个领域受到青睐,但因其自身脆性较大,难以制成大尺寸或复杂结构零件,往往需要与金属基体进行连接以满足实际需求。在陶瓷与金属钎焊连接领域,常面临两个主要问题:①钎料在陶瓷表面润湿性差难以获得有效的界面结合;②陶瓷与金属的属性差异过大,尤其是热膨胀系数,极易产生较大的残余应力。这两个问题始终困扰陶瓷-金属复合接头的强度,使其难以满足实际生产需求。由于碳纳米管具有优异的力学性能,并且纳米尺寸可较好地形成弥散分布,是优异的增强相选择;并且活性钎料与其润湿性良好,促进钎料的润湿铺展;又由于其热膨胀系数约等于 0,故其可有效缓解因热膨胀系数差异产生的残余应力。本节将介绍碳纳米管在钎焊领域的应用,并介绍其强化作用与界面行为。由于碳纳米管在实际应用中促进润湿与调节热膨胀系数的作用密不可分,本节将对其添加形式进行分类介绍。

3.6.1　陶瓷表面原位制备碳纳米管

针对难润湿材料,碳纳米管展现了优异的改善润湿的作用。在 SiO_2-BN 陶瓷表面原位合成碳纳米管可大幅降低 TiZrNiCu 钎料在陶瓷表面的润湿性。研究指出,当表面碳纳米管含量过高时,碳纳米管会团聚形成碳球使得润湿变差。这反映出碳纳米管需要均匀分布才可有效发挥作用。陶瓷表面的碳纳米管可细化焊缝反应层,防止脆性相连续形成的作用。接头强度可提高至 35.2 MPa,相比未引入碳管接头提升了近 3 倍。

有研究在 SiO_{2f}/SiO_2 复合材料表面通过 PECVD 法原位合成碳纳米管。由于 SiO_{2f}/SiO_2 松散的编织结构和氧化物与 Ti 元素较差的反应,即使依靠 AgCuTi 与复合材料的反应润湿也难以获得良好的润湿情况,润湿角高达 96.5°。当复合材料表面均匀生长出一层碳纳米管后,钎料在碳纳米管的引导下前端向外铺展,进而促进了钎料在复合材料表面的润湿。AgCuTi 钎料在碳纳米管表面良好的润湿性可归结为以下 3 点:①Ti 元素与碳纳米管的亲和力高;②碳纳米管表面缺陷位置与钎料的反应促进钎料在碳纳米管表面的铺展;③碳纳米管与钎料形成的 TiC 反应层促进了钎料在其表面的润湿情况。利用碳纳米管可有效引导钎料的铺展润湿,即使极其微小的孔隙也将由碳纳米管引导而填满,避免焊接缺陷的产生。

陶瓷或复合材料表面原位制备碳纳米管的另一个突出作用是调节基体材料与钎料的热失配(热膨胀系数的差异)。有研究使用 CuZr 系钎料钎焊 C/C 复合材料与钛合金时发现,由于 CuZr 钎料塑韧性较差,在巨大的残余应力作用下 C/C 侧反应层发生开裂,通过在表面 C/C 表面制备碳纳米管后,接头裂纹消失,焊缝可完美成型。同样有研究对 C/C 表面进行处理,使得碳纤维与碳基体分离形成间隙,通过钎料渗入间隙之中形成钉扎作用,使得原本平面结构的反应层变为三维结构,强化 C/C 复合材料与钎料的结合。但由于钎料与碳纤维的热膨胀系数差异较大,渗入结构会产生裂纹等缺陷,其通过在 C/C 复合材料的间隙内原位合成碳纳米管,对渗入部分的钎料性能进行调节。由于碳纳米管极低的热膨胀系数可有效降低钎料的热膨胀系数,因此渗入部分钎料与碳纤维的热膨胀系数差距大幅缩小,有利于界面完整,避免焊接缺陷的产生,接头强度可达 62 MPa。由于一些碳纳米管与钎料反应形成了 TiC 相,此相在焊缝中的分布有效改善了接头的高温力学性能,在 400 ℃下剪切强度由 22 MPa 提升至 47 MPa。综上所述,通过在陶瓷或复合材料表面原位合成碳纳米管可起到改善钎料润湿、调节界面残余应力、改善接头高温力学性能等作用。

3.6.2 碳纳米管增强钎料的应用

碳纳米管具有极低的热膨胀系数,并且结构完好的碳纳米管可在活性元素的氛围下稳定存在,因此碳纳米管是复合材料的极佳选择,使得热膨胀系数从陶瓷到焊缝再到金属板材形成梯度过渡。下面介绍几种典型添加形式。

在利用 TiZrNiCu 钎料钎焊 C/C 复合材料与 TC4 合金时发现,钎焊过程中 Ti 元素会过量向 TiZrNiCu 钎料中溶解,而这将导致焊缝中存在大量的连接脆性化合物,在高残余应力的作用下,这些难以变形的脆性化合物将萌生裂纹甚至造成接头的直接破坏。有学者采用球磨方式将碳纳米管与钎料进行混合,虽然碳纳米管有效缓解了接头的残余应力并且接头强度也提高至 38 MPa,但由于球磨过程对碳纳米管造成结构损伤,因此其与活性元素 Ti 反应,形成 TiC。CNT 的消耗导致其原本优异的性质难以发挥,并且球磨导致 CNT 出现团聚现象,在高添加量时尤为明显,反而造成焊缝中出现未焊合孔隙。

为解决 CNT 的分散性问题,在钎焊 SiO_2-BN 与 Nb 时,采用在钎料粉末上原位合成 CNT 的方式以保证 CNT 的均匀分散。所用材料为 Ti-Ni 钎料,以 TiH_2 作为 Ti 源并在其表面通过 PECVD 原位合成 CNT。当没有 CNT 添加时,接头界面主要由 TiNi 相构成,当 CNT 引入后使得相产生分离,限制了晶粒尺寸,界面在 TiNi 相基础上出现了大量的(Nb,Ti)固溶体,这将改善接头的塑韧性,并在 CNT 减小钎料热膨胀系数的基础上,大幅削减接头残余应力,接头强度可达 85 MPa,比单独使用 TiNi 钎料提高了近一倍。由于 CNT 和(Nb,Ti)高温相的出现,接头在 800 ℃ 的剪切下仍可保持 51 MPa,相比未使用 CNT 提高了近 1.7 倍。这种原位合成方式可均匀分布 CNT 从而避免团聚,并保持 CNT 结构的完整性。但此方法的局限性在于 CNT 生长量稍小。后续有研究在利用 TiZrNiCu 钎焊 SiO_2-BN 与 TC_4 合金时,通过在泡沫镍表面原位合成 CNT 以提高添加量,泡沫镍具有三维网络状结构,类似于连接起来的镍颗粒,具有极大的表面积,可均匀分布 CNT 并提高其含量,表面生长的泡沫镍作为中间层加入到焊缝中,其可有效细化晶粒,使原本连续的脆性相断续分布,当裂纹萌生时化合物相不仅不会连续开裂,而且会使焊缝具有一定的变形能力。通过泡沫镍中间层的引入,CNT 在焊缝中的体积分数可提升至2.7%,接头强度也提高至 50 MPa。接头强度的提高不仅由于残余应力的降低、晶粒细化以及弥散强化等,更重要的是当 CNT 结构完好时,在断口中发现起到纤维拔出作用的 CNT,因此强度进一步提升。故在钎焊应用中 CNT 的结构完整性是保证其发挥作用的关键。

第4章 二维纳米材料——石墨烯

4.1 石墨烯的结构特征

4.1.1 石墨烯的历史

石墨烯是由 H. P. Boehm 于 1986 年首次提出,并定义为单层的碳原子。2004 年,俄罗斯科学家安德烈·海姆(A. K. Geim)和康斯坦丁·诺沃塞洛夫(K. S. Novoselov)发表了第一个电子测量结果,证明已经分离出了石墨烯。因他们用胶带把石墨片从石墨中分离出来,所以 2010 年获得了诺贝尔物理学奖。石墨烯的发现历史如图 4.1 所示。

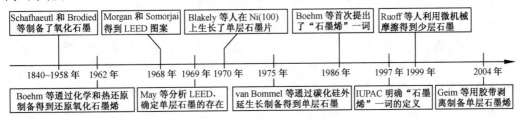

图 4.1　石墨烯的发现历史

4.1.2 石墨烯的结构

在已知的材料中,石墨烯强度最大、导电性和导热性最好、最轻且最薄。石墨烯是由碳原子以 sp^2 杂化轨道组成六角型呈蜂巢晶格的单原子厚度二维碳纳米材料,每个碳原子具有 4 个价电子,通过 sp^2 杂化轨道与相邻的 3 个碳原子形成 3 个 σ 键,并在 x-y 平面内互成 120°的夹角,剩余的未成键 π 电子和相邻的其他碳原子一起形成大 π 共轭体系,C—C 键长约为 0.142 nm。单层石墨烯的厚度仅为 0.335 nm,约为头发丝直径的二十万分之一,理论比表面积为 2 630 m^2/g。石墨烯层面内的 C—C σ 键具有极强的键能(615 kJ/mol,远高于 sp^3 杂化金刚石中 C—C 键的键能 345 kJ/mol),由于每个 C—C 键角为 120°,因此 C—C 键无张力。石墨烯的结构十分稳定,当受到外力时,碳原子面发生弯曲变形,碳原子无须重排,使得石墨烯成为是世界上机械强度最高的材料,其破坏强度达42 N/m(约为结构钢的 200 倍),但比钢轻 6 倍。且石墨烯几乎完全透明,单层石墨烯的透光度高达 97.7%。而未参与杂化的 2p 轨道所形成的 π 键的结合能较 C—C σ 键低得多,导致很容易实现石墨层的剪切。石墨烯是一种具有特殊能带结构的零带隙半导体材料。体系中的 π 电子单层石墨烯的价带和导带相交于布里渊区的 6 个顶点,这些顶点就是狄拉克点(也称为费米点或 K 点,如图 4.2 所示)。

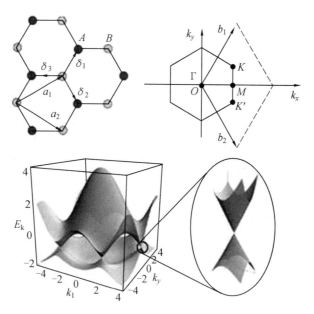

图 4.2 石墨烯的晶体结构和能带结构

费米速度接近于光速,呈现相对论的特性。所以 K 点附近的电子性质用狄拉克方程(Dirac)描述,而不是用薛定谔方程(Schrodinger)描述。悬浮石墨烯的石墨烯载流子的迁移率超过 2×10^5 cm²/(V·s),载流子的密度高达 10^{13} cm⁻²。纯净的石墨烯中电子的平均自由程达亚微米量级,近似为弹道运输,这在制造高速器件上有较大的潜力。化学掺杂是调整石墨烯电学性质的有力手段,可以高效地对石墨烯的载流子浓度和极性进行调控。通过掺杂剂的表面掺杂和/或原子替代掺杂可以得到高载流子浓度的 p 型和 n 型掺杂石墨烯。

从化学结构上说,石墨烯是构成碳族其他几种同素异形体的基本单元。如图 4.3 所

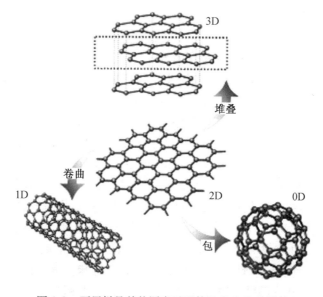

图 4.3 石墨烯是其他同素异形体的基本构筑单元

示,将二维的石墨烯卷曲闭合成环可得到一维的碳纳米管,具有一定边缘形状的石墨烯包裹闭合可构成零维的富勒烯,将二维的石墨烯多层堆叠起来可构成三维的石墨,厚 1 mm 的石墨大约包含 300 万层石墨烯。然而,与石墨烯相比,这几种同素异形体无法像石墨烯一样同时具备超高的迁移率、稳定的迪拉克电子结构、显著的温室霍尔效应、极高的热导率和机械强度等优异的物理性质。

需要指出的是,朗道(L. D. Landau)和佩尔思(R. E. Peierls)早在 1934 年就提出热力学不稳定会导致准二维晶体材料于常温常压下迅速分解。理论和试验研究同样表明完美的二维晶体在自由状态下是不可能存在的。Mermin-Wagber 理论认为热扰动会导致二维晶体在一定温度下熔化,进而导致长程有序的二维结构无法稳定存在。基于以上的理论基础,"graphene"一词于 1986 年首次被物理学家 Boehm 提出时(*The term graphene layer should be used for such a single carbon layer*),并未得到认可。蒙特卡罗模拟证实了石墨烯片层是褶皱起伏的波浪状,如图 4.4 所示,这种微观褶皱在横向上的尺度为 8~10 nm,纵向振幅为 0.7~1 nm,这是为了减小体系的自由能,石墨烯通过调整内部的 C—C 键长以适应热波动,维持自身的稳定性,该观点得到了大家的认同。这种三维的变化也会引起静电的产生,所以使单层石墨烯容易聚集。褶皱大小不同,石墨烯所表现出来的电学及光学性质也不同,石墨烯晶格面内和面外扭曲会产生长程势垒散射,增大石墨烯的电阻率,降低其电学性能。除了表面褶皱之外,在实际中石墨烯也不是完美存在的,而是会有各种形式的缺陷,包括形貌上的缺陷(如五元环、七元环等)、空洞、边缘、裂纹、杂原子等。这些缺陷会影响石墨烯的本征性能,如电学性能、力学性能等。但通过如高能射线照射、化学处理等引入缺陷,能够调控石墨烯的本征性能,从而制备出不同性能要求的石墨烯器件。

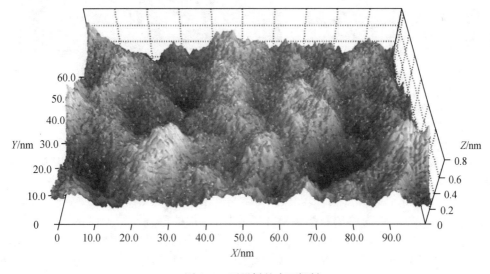

图 4.4 石墨烯的表面褶皱

4.1.3 石墨烯的分类

石墨烯纳米带的边缘分为锯齿形和扶手边缘型,两种纳米带结构的性质存在很大差异。锯齿形石墨烯纳米带的边界包含同种子晶格原子,通常为金属型;而扶手边缘型石墨烯纳米带的边界都为同种晶格原子,为金属型或半导体型。锯齿形终端比扶手边缘型终端更加稳定。如图 4.5 所示,Feng 等利用表面辅助聚合和专门设计的前体单体分子,采用自下而上的方式,首次合成了具有完美锯齿形边缘石墨烯纳米带,赋予了石墨烯纳米带类似半导体材料的性质,研究人员通过原子力显微镜证明这种边缘可以精确到原子水平。通过使用不同的前体单体,研究人员还能对锯齿形边缘石墨烯纳米带的边缘进行修饰,得到不同的纳米结构。锯齿形边缘石墨烯纳米带的特殊之处不只是外形。其中,一条边缘上的电子都以相同方向自旋,称为铁磁耦合;同时,反铁磁耦合使得另一边缘的所有电子以相反的方向自旋。因此,锯齿形边缘石墨烯纳米带呈现出一条边缘所有电子处于"自旋向上"的状态,而另一条边缘的所有电子处于"自旋向下"的状态。两个独立且方向"背道而驰"的自旋通道出现在带缘,就像两条分离车道的公路。通过在这些边缘集成结构缺陷,或由外部提供电、磁或光信号,自旋电子器件就能被设计出来,比如纳米级节能晶体管。

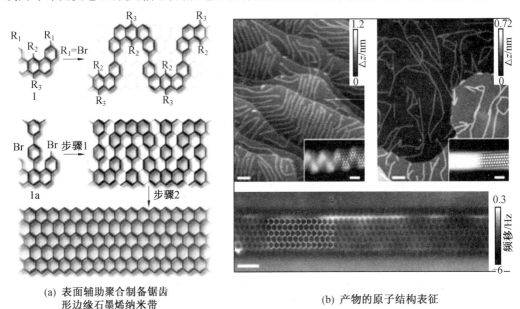

(a) 表面辅助聚合制备锯齿
形边缘石墨烯纳米带

(b) 产物的原子结构表征

图 4.5　锯齿形边缘石墨烯纳米带的制备和表征

从层数上分,石墨烯可分为单层石墨烯、双层石墨烯和少层石墨烯,超过 10 层的石墨烯展现出的是石墨的电学性质。国际标准化组织(ISO)认定:当层数少于或等于 10 层时,可以称为石墨烯,否则称为石墨。从热力学角度来讲,室温下 10 层或更少层薄片中的每一层原子都可以表现为单层石墨烯晶体。此外,薄片的刚性与层厚度的立方成正比。这就是说,较薄的石墨烯片层比较厚的石墨薄片具有更大的柔性。所以,石墨烯与石墨的根本区别在于其物理化学的本质区别,至于层数的划分,只是基于其物理化学性质变化规律而人为确定的一个数值,并不是完全的分界线。单层石墨烯为零带隙半导体,能带结构相对简单,价带与导带在 K 和 K′处交于一点,附近载流子满足线性色散关系。两片单层石墨烯按照一定的堆垛模式可形成双层石墨烯,双层石墨烯虽然是零带隙半导体,但电子能量与动量之间不再表现出线性关系,且由于层间 π 轨道的耦合,双层石墨烯可以通过施加外电场打开带隙,成为半导体,调节其半导体性质。而对于 3 层或更多层的石墨烯,其能带结构较为复杂,价带与导带出现明显的交叠。3 层石墨烯除了自然界中最常见、最稳定的 ABA(Bernel)堆叠方式以外,还有 AAA 和 ABC 两种堆叠方式。这些不同的堆叠方式导致这 3 种 3 层石墨烯在费米能附近具有不同的能带结构,进而导致不同的振动和电子性质。ABA 和 ABC 两种堆叠的拉曼光谱、红外光谱和电子-声子耦合由于具有较大差异,可作为可靠且高效的鉴别叠加方式的手段。此外,施加外加电场时,不同的堆叠方式具有不同的响应。AAA 堆叠对称性最高,其电子能带结构由 3 个位移相等的狄拉克锥组成,如图 4.6(a)所示。施加电场可增加迪拉克锥的距离,但保持无带隙。最常见的 ABA 堆积具有镜像对称性,缺乏反转对称性,带结构有效地显示了单层石墨烯线性迪拉克锥和 AB 堆积双层石墨烯二次色散的叠加。施加电场只会对 ABA 堆积石墨烯线性色散带产生间隙,而抛物线带仍将保持无间隙。由于 ABA 和 AAA 两种石墨烯堆叠方式即便施加电场也缺少带隙,因此两种堆叠方式都无法应用于电子设备领域。ABC 堆叠石墨烯具有反转对称性,但缺乏镜像对称性。ABA 和 ABC 堆叠的石墨烯比较稀少而且尺寸远小于常规角分辨光电子能谱(ARPES)试验所用光斑的大小,因此常规 ARPES 试验难以将它们区分开来从而获得清楚的能带。利用波带片将光斑进一步紧聚焦到百纳米量级,纳米角分辨光电子能谱(NanoARPES)试验可以获得常规 ARPES 所不能提供的高空间分辨率,并且得到样品各个不同区域的能带结构。如图 4.6(b)所示,Bao 等利用 NanoARPES 试验,在外延石墨烯中观测到了微米级大小、不同方式堆叠的石墨烯畴,并且得到它们的独特能带结构,拟合试验结果还给出了不同堆叠方式的石墨烯的层内和层间的跃迁参数。ABC 堆叠的石墨烯的最大特点是其在费米能处电子的色散很小,即"flat band",导致了其费米能处的态密度大大增加,为超导提供了一种可能性,并且在外加垂直电场的情况下,费米能处的"flat band"会打开能隙并且能隙大小可由电场强度来调控,

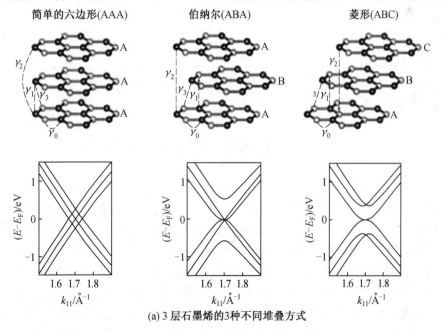

(a) 3 层石墨烯的3种不同堆叠方式

图 4.6　石墨烯的堆叠方式和电子结构

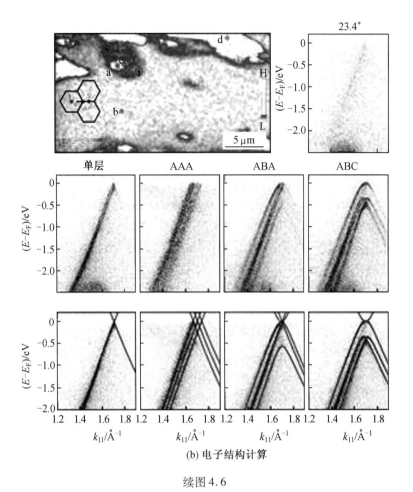

(b) 电子结构计算

续图4.6

这些新奇的物理现象和潜在的应用前景使其备受关注。研究结果表明,随着石墨烯层数的增加,层间电子相互作用会导致石墨烯电子相变临界温度发生相应的变化,临界温度会从双层石墨烯的 12 K 增加到 7 层石墨烯的 100 K。

4.2　石墨烯的电学特性

石墨烯具有理想的二维晶体结构,是由碳原子 sp^2 杂化构成 σ 键,p 轨道上剩余的一个电子构成大 π 键。在 1 个石墨烯单胞中,3 个 σ 态电子形成较低的价态,而离域 π 和 $π^*$ 态形成最高占据价态和最低未占据导带。石墨烯的电子特性与石墨烯的层数密切相关,只有单层和双层石墨烯才是零带隙半导体,并具有电子和空穴。正是因为石墨烯这种特殊的电子结构,所以石墨烯在行为上类似无质量的相对论粒子(狄拉克费米子)。

综上所述,从理论上说,石墨烯独特的性质使其有望成为下一代集成电路的基础材料,在许多电化学应用中产生显著的效益,将在后面的章节对此进行更为详细的探讨。值得注意的是,人们所讨论的电学性质都是近乎完美的理想石墨烯,而实验室制备的石墨烯有较多的缺陷和一些杂原子。

4.2.1 电子能带结构

石墨烯的晶格结构非常稳定,电子在轨道中移动所受到的干扰非常小,具有优秀的导电性能,这导致石墨烯具有独特的电子能带结构。单层石墨烯的能带结构是锥形的,导带和价带对称分布在费米能级上下,呈镜像关系。如图 4.2 所示,第一布里渊区边界有 6 个锥,每个锥上的上下能带间并在一个点,这个交点即为狄拉克点(Dirac point)或 K 点。此处的动量为 0,电子能量也为 0($k=0$)。因此在纯净的石墨烯中,电子和空穴具有相同的性质。在狄拉克点附近,电子的波矢与能量呈线性的色散关系,即

$$E = v_F \boldsymbol{P} = v_F h \boldsymbol{k} \tag{4.1}$$

式中　$\boldsymbol{P}$——电子的动量;

　　　v_F——费米速度,为光速的 1/300,约为 10^6 m/s;

　　　$\boldsymbol{k}$——波矢;

　　　h——普朗克常数,$h = 6.626\ 068\ 96 \times 10^{-34}$ J·s。

因此,K 点附近的电子由于受到周围对称晶体势场的作用,载流子的有效净质量为零。

石墨烯的 π 带可以用紧束缚模型的 Hamilton 方程近似描述,此时的色散关系为

$$E = \pm \gamma_0 \sqrt{1 + 4\cos\frac{\sqrt{3}\,\boldsymbol{k}_x a}{2}\cos\frac{\boldsymbol{k}_y a}{2} + 4\cos^2\frac{\boldsymbol{k}_y a}{2}} \tag{4.2}$$

式中　± 1——对应价带和导带;

　　　$\boldsymbol{k}_x$ 和 $\boldsymbol{k}_y$——波矢 $\boldsymbol{k}$ 的分量;

　　　γ_0——近邻碳原子之间的跃迁能,通常取值为 $2.9 \sim 3.1$ eV;

　　　a——晶格常数,$a = \sqrt{3}\,a_{cc}$,$a_{cc} = 0.142$ nm,是 C—C 的键长。

由于每个碳原子贡献一个 π 电子,石墨烯的价带刚好填满,而导带全空。因此费米面刚好处于导带和价带的相交点,由于石墨烯在 K 点附近有线性的色散关系,π 电子的能量和动量是线性相关的,根据克莱因-高登方程得到相对论的粒子的能量本征值为

$$E = \pm\sqrt{m_0^2 c^4 + P^2 c^2} \tag{4.3}$$

式中　m_0——有效质量,并且移动速度恒定,类似于光子。

所以 p 电子适用于相对论的 Dirac 方程,而不适用于 Schrodinger 方程。p 电子表现为无质量的 Dirac 费米子。这种独特的结构使得石墨烯表现出异常的半整数量子霍尔效应,其霍尔点为量子电导的奇数倍;当载流子趋于零时仍然具有 $-4e^2\ h^{-1}$ 的最小电导率;电子的运动速度约为光速的 1/300,是已知材料中最高的传输速度。根本原因在于,石墨烯内部是导态,外部是空气绝缘态,因此其电子的性质是受拓扑学保护的,狄拉克电子动量和能量呈线性关系。

石墨烯的电阻率是 10^{-6} Ω·cm,是目前室温下电阻率最低的物质。石墨烯中的电子被限制在单原子层面上运动,单层石墨烯带隙为零,呈现半金属性质。通过施加栅电压可以使石墨烯的载流子在电子和空穴之间转换。

4.2.2 Klevin 佯谬和手性隧道(Chiral tunneling)

由于单层石墨烯中的准粒子是无质量的 Dirac 费米子,M. I. Katsnelson 等人借助单

层石墨烯完成类似克莱恩的隧穿试验(图4.7),建立一个矩形的模型,y 轴方向无限长,即

$$V(x) = \begin{cases} V_0 & (0<x<D) \\ 0 & (\text{其他}) \end{cases} \tag{4.4}$$

式中　V_0——势垒高度;

　　　D——势垒宽度。

图4.7(a)~(c)所示为费米能级 E 穿过势垒的过程,这种势垒可以通过薄的绝缘体或者化学掺杂实现,当电子垂直入射($\varphi=0$)时,透射系数为1,这表明是 Dirac 电子的全透射效应,是对 Klevin 佯谬的验证。在严格一维的情况下,狄拉克费米子这种完美的传输已经在碳纳米管中得以实现。

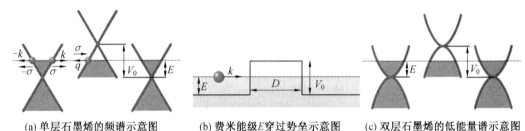

(a) 单层石墨烯的频谱示意图　　(b) 费米能级 E 穿过势垒示意图　　(c) 双层石墨烯的低能量谱示意图

图 4.7　Dirac 电子的全透射效应

4.2.3　双极性电场效应

单层石墨烯还表现出双极化电场效应,载流子浓度可以在电子和空穴之间连续变化,其浓度可高达 10^{13} cm^{-2}。室温下,载流子的迁移率超过了 15 000 cm^2/(V·s)。在 300 K 下,载流子迁移率受缺陷散射的限制,减少杂质,可以大幅提高载流子的迁移率。在高浓度掺杂的电子和化学设备中,载流子的迁移率仍然很高,表现出室温下亚微米尺度弹道运输的特征。

4.2.4　双层石墨烯中的紧束缚模型

双层石墨烯的载流子可以用非对角形的哈密顿函数描述,即

$$\hat{H}_0 = -\frac{\hbar^2}{2m} \begin{pmatrix} 0 & (k_x+\mathrm{i}k_y)^2 \\ (k_x-\mathrm{i}k_y)^2 & 0 \end{pmatrix} \tag{4.5}$$

这就产生了具有有限质量 m 的手性电子和空穴的无带隙半导体。对于单层石墨烯片,势垒界面的波函数与相同方向赝自旋的空穴对应的波函数相吻合;而对于双层石墨烯,为了保证电荷共轭,需要将波矢 k 的电子转变成波矢 $\mathrm{i}k$ 的空穴。

4.2.5　"魔角"石墨烯

2018 年,中国科学家曹原等发现当两个单层石墨烯片以 1.1°左右的特定旋转角度垂直堆叠时,在原子尺度上可观察到莫尔条纹,产生一种全新的电子态——超导态,实现绝缘体到超导体之间的转变。这是因为扭曲双层石墨烯垂直堆叠的区域,由于强的层间耦

合,电子相互排斥作用增强,诱导产生平坦带,平坦带半填充时,产生莫特(Mott)绝缘态,此时加入少量电荷载流子,就可以将绝缘态成功转变为超导态。这一突破性的发现使石墨烯的发展迈进了新时代,同时也开启了科学家们对于"魔角"石墨烯进一步的探索。扭曲的双层石墨烯在"魔性"的旋转角度下,电子占据扁平带,能级能量仅随电子动量微弱变化。由于平带的能量范围很小,电子之间的相互作用不再是微弱的扰动,系统的物理性质主要取决于电子密度,在高温超导的情况下,增加或减少电子密度会抑制绝缘行为并产生超导相。STEM 表明扭曲双层石墨烯与高温超导体有惊人的相似,都观察到赝能隙和电荷条纹序的存在,电荷条纹序破坏了莫特超晶格的旋转对称性。在 3 层石墨烯中也存在超导的现象。通过调节栅电压,控制莫尔晶胞中的电子数为 3 个(2K),此时电阻急剧下降;进一步施加外加磁场,接近零的电阻消失。相比于双层石墨烯,3 层石墨烯不发生扭曲即产生超导现象,这为复杂物理学研究带来了新的希望。此外,除了扭转角,采用层间耦合的方法可以精确调整相位,通过施加压力可使石墨烯在大于 1.1° 的扭转角下产生更强的电子耦合,产生平带,从而产生超导性。

4.2.6　石墨烯电子的优良迁移率

电子在石墨烯片层内的传输过程中,由于原子间作用力十分强,因此周围碳原子发生碰撞,引入缺陷或者外来原子,受到的阻力或者干扰很小,不易发生散射。室温下的石墨烯还实现了超高的电子迁移率,迁移速率甚至超过 2×10^5 cm^2/(V·s)。石墨烯的高电子迁移率还与它特殊的量子隧道效应有关。量子隧道效应是指微观粒子总能量小于势垒高度时,该粒子仍能穿越该势垒。在石墨烯中,量子隧道效应发挥到了极致。电子通过一个任何规模大小的势垒,传输效率可达 100%。

4.3　石墨烯的制备

自从石墨烯被发现以来,其制备技术也同时引起学术界的广泛关注。在整个石墨烯的产业链中,石墨烯的制备是先决条件,只有得到结构优异的石墨烯产品,才能够更进一步推动石墨烯产业化的发展。因此,石墨烯的宏量制备对于整个石墨烯产业具有非常重要的意义,为了降低石墨烯的生产成本,科学家采取了各种方法来实现这一目标,本章介绍几种重要的石墨烯制备方法。

4.3.1　机械剥离法

石墨片层之间的范德瓦耳斯力为 2 eV/nm^2(300 nN/μm^2)。机械剥离是一种"自上而下"的方法,通过施加物理作用力,克服石墨层与层之间较弱的范德瓦耳斯力,将石墨烯片层从石墨上剥离下来,主要包括微机械剥离法、液相机械剥离法、普通机械剥离法三大类。2004 年,研究人员首次用微机械剥离法,通过胶带反复地刮擦石墨片,成功地从高定向热裂解石墨(highly oriented pyrolytic graphite)上剥离并观测到单层石墨烯,并将少层石墨烯应用于场效应晶体管。这一方法成功制备了准二维石墨烯并观测到其形貌,揭示了石墨烯二维晶体结构存在的原因,打破了"二维石墨烯无法稳定存在"的定论。微机械剥离法可以制备出高质量石墨烯,但存在产率低、耗时费力和成本高等不足,无法满足工业化和规模化生产要求,目前只用于实验室小规模制备。

商品化石墨烯的大规模生产目前普遍采用液机械相剥离法。这种方法首先将石墨磨成粉末,然后在液相中利用机械手段将颗粒分离成极小的片层。其中,只包含几层石墨烯的片层会与其他片层分离开。液相机械剥离法是利用超声手段来生产石墨烯片层,但也存在很多不足,例如获得石墨烯片层的尺寸、层数、大小等方面都是随机的,且合成产率不高,石墨烯层受到应力作用可能会导致各种缺陷,例如原子缺陷、波纹和微观褶皱等,进而影响其实际应用。扫描隧道显微镜和原子力显微镜针尖和石墨表面的作用也可将石墨烯片剥离下来。普通机械剥离法主要包含球磨法、低能纯剪切摩法和三辊磨剥法。

4.3.2　化学气相沉积

高品质石墨烯薄膜的可控制备一直是学术界和工业界关注的重点。CVD自2009年提出以来以其优良的可控性和可放大性被公认为是最具前景的石墨烯薄膜制备方法,可用于生产大尺寸石墨烯,主要用于触摸屏和显示器等领域。CVD法包括碳源的吸附与分解、碳原子在金属基底表面的扩散和石墨烯膜形成等三个基元步骤,是借助气相化学反应在基体(如镍(Ni)、铜(Cu)、钌(Ru)、铱(Ir)、铂(Pt)、钴(Co)、钯(PL)、金(Au)等)表面上沉积石墨烯薄膜的一种工艺技术,将可分解成碳源气体(如甲烷、乙烷等)通入,随着气体的分解,分解的碳原子会沉积在基底(如金属薄膜、金属单晶等)表面,从而形成石墨烯,然后用化学腐蚀法去除金属基底后即可得到独立的石墨烯片(图4.8(a))。从化学热力学角度来看,石墨烯在各种基底表面的生长过程主要分为3个步骤:①含碳前驱体在基底表面的催化分解;②石墨烯成核和生长过程;③晶畴之间相互拼接连续成膜过程。此方法最大的优点在于制备出的石墨烯片质量高、生长面积大等,缺点是必须在高温下完成,工艺复杂且成本较高。此外,相比机械剥离石墨烯,CVD制备的石墨烯是多晶且有缺陷的。大量晶界削弱了CVD法制备石墨烯的力学性能和电性能。CVD反应系统主要由三部分构成:气体输送系统、反应腔体和排气系统(图4.8(b))。CVD反应过程主要由升温、基底热处理、石墨烯生长和冷却四部分构成。气体输入系统一般由气体流量计控制,反应腔是碳源前驱体发生化学反应并在反应基底沉积得到石墨烯的区域,排气系统用于将反应后的气体排出。其中,碳源前驱体可以是气态烃类(如甲烷、乙烯、乙炔等)、液态碳源(如乙醇、苯、甲苯等)或固态碳源(如聚甲基丙烯酸甲酯、无定形碳等)。反应基底一般分为两类:铜、镍、铂等金属基底和氧化硅、氮化硅、玻璃等非金属基底。外界条件控制主要包括温度、压强、气体的流速和种类、等离子化、加热方式等。对于Ni、Co、Ru等d轨道电子未填满的金属基体,它们具有较高溶碳量,碳源裂解产生的碳自由基在高温时渗入金属衬底,达到溶解极限,温度降低时,溶解的碳在特定温度下达到过饱和从基体中析出成核,长大成石墨烯,主要遵循渗碳-析碳机制,碳析出量很大程度上取决于溶解的碳浓度和降温速率,金属晶界处往往生成的石墨烯较厚,因此生长的石墨烯通常以多层为主,通过精准控制试验参数也可以获得单层石墨烯。而对于Cu、Ag、Zn等d轨道填满的金属,它们对于碳原子的亲和性要弱很多,溶碳性也相对较差,石墨烯在这类金属表面的生长主要遵循表面扩散机制,碳源吸附在金属表面并分解成碳自由基,然后扩散到表面(或在金属中扩散到非常有限的深度),在生长温度下形成石墨烯。对于碳溶解度适中的金属(例如 Cu–Ni 合金和 Pt),两种生长机理可能是共存的。目前对于 CVD 法生长石墨烯,Cu 基底被广泛认为是最理想的催化基底。在 Cu 表面生长单层石墨烯的过程主要包括(碳源前驱体以甲烷为例):①CH_4 在 Cu 表面的吸附与催化分解形成活性 C 碎片(CH_x,$x=0\sim3$);②活性 C 碎片的表面迁移;③活性 C 碎片形成稳定石墨烯核;④石墨烯核的长大,进而拼接成连续薄膜。当使用低溶碳量的金属(代表金属为 Cu)时,高温裂解产生的碳原子仅能吸附在金属表面,进而在表面迁移,成核并生长得到石墨烯薄膜。石墨烯在铜表面遵循表面催化机制,这种方式得到的石墨烯以单层为主,当第一层石墨烯覆盖金属表面时,金属难以继续催化裂解碳源,很难再继续生长第二层,这就是 Cu 基底特有的自限制行为。为实现自限制生长,碳源分压应该足够低,高的碳源分压高可能会在气相中热分解,沉积在石墨烯表面形成吸附层,导致形成的石墨烯膜厚度不均一。CVD 反应前,通常需要将衬底在氢气中进行预处理,预处理的目的是减少基底上形成的表面氧化层,因为表面氧化层会降低催化活性。

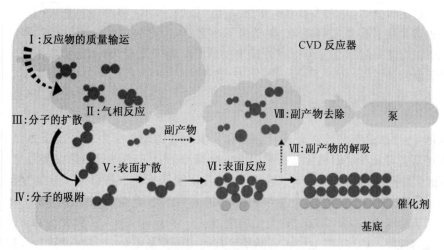

(a) 传统CVD工艺的基本步骤示意图

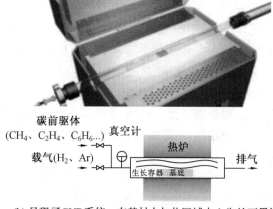

(b) 呈现了CVD系统:在基材上加热区域中心生长石墨烯

图 4.8　CVD 基本工艺介绍

4.3.3 外延生长法

外延生长法制备石墨烯是在一个晶格结构上通过晶格匹配生长石墨烯,根据基底材料差异,可包括金属催化外延生长法和碳化硅外延生长法,石墨烯外延生长法生长出的石墨烯具有面积大和质量高等优点,但缺点是单晶 SiC 价格较高。研究人员在近乎真空的条件下将 SiC 加热到 2 150 ℃,在其表面发现了石墨。外延生长一般选用 SiC 为原料,将其置于高温、低压环境中,利用 Si 原子的升华速度比碳原子快得多,将其表面层中的 Si 原子升华,SiC 单晶硅表面剩余的 C 原子为了降低能量发生重构,形成石墨烯层。早在 1962 年,碳化硅外延生长法已经被证实可以用来制备石墨。与机械剥离法得到的石墨烯相比,外延生长方法制备的石墨烯具有面积大、结构平整及表现出较高的载流子迁移率等特性,但观测不到量子霍尔效应。

金属催化外延生长法是指在超高真空条件下将碳氢化合物通入具有过渡金属基底(例如 Ru、Pt、Cu 和 Ir),碳氢键在高温退火过程中断裂,碳吸附在基底表面,得到连续、均匀且大面积的石墨烯,且大多数具有单层结构。例如,以 Ru 单晶为基底,通过煅烧在 Ru (0001)的表面生长出单层石墨烯,在高温下非常稳定,可通过化学腐蚀去除基底。预先在 SiC 基底上镀一层 Ni 膜,可以将外延生长的反应温度降至 750 ℃,实现了外延生长石墨烯的低温制备。

4.3.4 氧化–还原法

氧化–还原法是指将天然石墨与强酸和强氧化性物质反应生成氧化石墨(GO)。经过超声将其剥离成单层的氧化石墨烯。含氧官能团的介入使得石墨烯层间距显著扩大,层间距的大小会因制备方法而异。自 1859 年首次制得氧化石墨以来,GO 的制备方法主要有:Brodie 法、Hummer 及其改进方法、Staudenmaier 法、电化学氧化法和 K_2FeO_4 氧化法。图 4.9 所示为 GO 的合成过程与结构模型,GO 由于共轭网络受到严重的官能团化而具有绝缘的性质。GO 片层上引入官能团使其表面带有负电荷,抑制石墨烯片层的团聚,可以很好地分散在水以及乙二醇、四氢呋喃、N-甲基吡咯烷酮(NMP)、二甲基甲酰胺(DMF)等极性有机溶剂中,解决了石墨烯在溶剂中分散性差的问题。氧化石墨烯的还原过程可以去除含氧官能团,修复石墨烯晶体中的共轭结构,通常称为还原氧化石墨烯(RGO),主要有 3 种方式。第 1 种是使用化学还原剂在高压或者高温的条件下还原氧化石墨烯,常用的还原剂有水合肼、硼氢化钠、对苯二酚、NaOH、金属、L-抗坏血酸及其盐和 HI 等,其中水合肼由于还原性强、价格低廉、还原产物(RGO)易溶于水、还原反应中不会放出大量的热等特点,因此应用最为广泛。但是,水合肼还原获得的 RGO 结晶性较差,缺陷和杂化基团多,且水合肼具有毒性,更重要的是水合肼还原的石墨烯大都面积较小且不是单层。第 2 种是直接在惰性气氛中加热到 200 ℃以上,GO 中含氧官能团的稳定性较差,热处理过程中会以 CO_2 和水的形式逸出。第 3 种方式是催化还原法,将氧化石墨烯与催化剂混合氧化石墨烯在高温或光照条件下被还原成石墨烯。还原后的石墨烯产物因具有大量的缺陷,缺陷主要分为—OH 基团的结构缺陷和五元环、七元环等拓扑缺陷,故导电性不如原始的石墨烯。

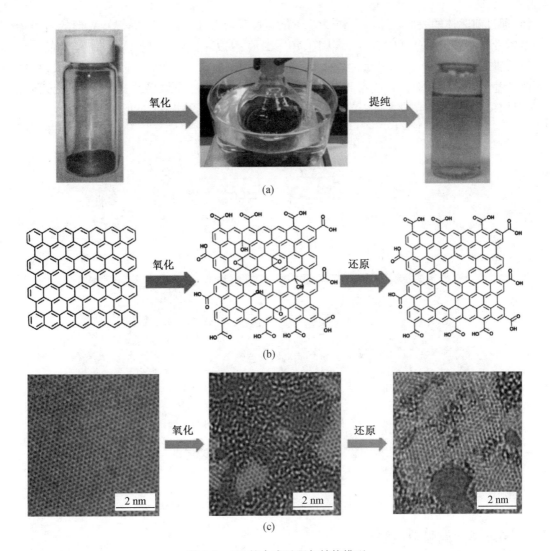

图 4.9　GO 的合成过程与结构模型

　　氧化-还原法制得的石墨烯缺陷较大,导致部分电学性能的损失,但是由于可大量制备,且具有简单易行等优势,可应用于一些对于导电性要求不高的领域。此外,氧化石墨烯表面的环氧基、羧基、羟基等反应性基团可作为进一步功能化改性的反应活性位点,氧化石墨烯的功能化可分为共价键功能化和非共价键功能化。

4.3.5　有机合成法

　　有机合成法是一种自下而上的直接合成方法。由于石墨烯可以看作是由 sp^2 杂化碳连接在一起而成的单层碳原子,因此可利用芳香小分子与石墨烯结构的相似性来合成高纯度的石墨烯纳米片或纳米带。研究表明,将 $C_{96}H_{30}$ 和 $C_{42}H_{18}$ 等有机大分子离子化,质谱仪纯化后再沉积到基底上,规则的石墨烯超分子结构可在一定条件下制得。如图 4.10 所示,Cai 等分别以 10-10′-二溴-9,9′-二蒽和 6,11-二溴-1,2,3,4-四苯基三亚苯为前驱体,通过前驱体的表面辅助耦合和脱氢环化等过程合成了直线形($N=7$)/V形的石墨烯纳米带。图4.10(a)、(b)所示为以10,10'-二溴-9,9'-二蒽为前驱体合成$N=7$的直线形石墨烯纳米带的示意图及结果的STM表征;图4.10(c)、(d)以6,11-二溴-1,2,3,4-四苯基三亚苯为前驱体合成V形的石墨烯纳米带的过程图及结果的STM表征。该研究对具有可控电子和化学特性石墨烯纳米带的原子级精细合成具有重大意义。

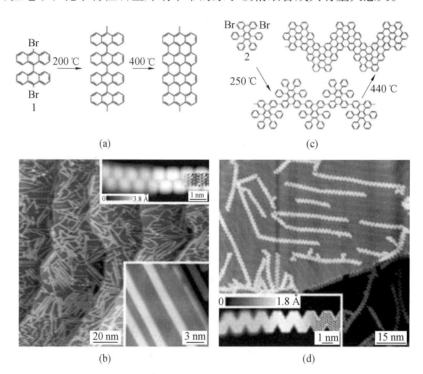

图4.10 V形石墨烯纳米带的合成及表征

4.3.6 电弧放电法

电弧放电法是制备纳米材料的常用方法,此方法最初被用来制备薄层石墨。电弧放电一般是在一个填充缓冲气体(氩气、氦气、氨气、二氧化碳或氢气)的密封空间内进行的,对两电极施加高电压,当两个石墨电极距离足够小,即产生电弧放电现象。放电过程中阳极一侧的石墨电极不断被消耗,碳则在阴极或密封壁上进行沉积。放电过程中放电中心的温度高达几千摄氏度,缺陷处的碳原子在高温下会发生重新组装,故此方法得到的石墨烯具有很高的结晶性、优异的热稳定性和导电性。制得石墨烯的质量与缓冲气体的种类密切相关。如图4.11所示,Wu等以烘干后的氧化石墨烯(Hummers法)作为原料,在氢气气氛下进行电弧放电,电弧放电收集到的石墨烯均匀分散于N-甲基吡咯烷酮溶液中,离心分离除去厚层石墨,剩余的上清液中含有少层的石墨烯。此方法制得石墨烯的电导率高达约$2×10^3$ S/cm,且具有高热稳定性,耐氧化温度达601 ℃。氮掺杂石墨烯由于其在催化、光学和电学方面的优异性能,广泛应用于燃料电池、太阳能电池、传感器和晶体管等领域。

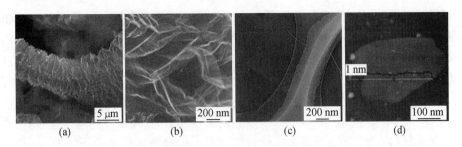

图 4.11　电弧放电法制备石墨烯的部分表征

4.3.7　碳纳米管切割法

碳纳米管可以看作是由石墨烯片层卷曲而成,因此采用化学方法将碳纳米管沿着纵向剪开也可得到石墨烯带。此方法通常是采用高锰酸钾和浓硫酸与碳纳米管反应,纵向打开碳管的 C—C 键,从而制得石墨烯纳米带,边缘为氧终止。此外,多壁管(MWCNTs)还可以通过锂和氨的插入和热处理剥离来将其纵向打开。如图 4.12 所示,Jiao 等首先在空气中、500 ℃下氧化,然后将其分散在有机溶液中,然后进行超声,该方法合成的高质量碳纳米带的产率和质量远超其他的方法,此外,该方法获得石墨烯纳米带的手性结构及宽度(10~30 nm)取决于原始碳纳米管的手性及直径。

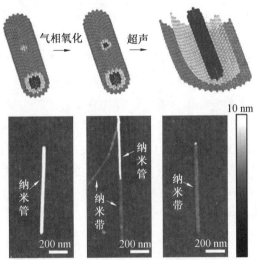

图 4.12　气相氧化、超声两步法切割碳纳米管的制备流程图及部分表征

4.4　石墨烯生长机制

4.4.1　石墨烯在过渡金属上的生长机制

通过化学气相沉积在过渡金属上的生长机制分为两步:第一步是将碳稀释或掺入金属中,称为溶解;第二步是通过快速冷却形成石墨烯,也称为分离。之前的研究中观察到

石墨烯与镍表面的分离,其中分离涉及在对应于相图中一个相场的条件下热平衡中的组成不均匀性,而沉淀表明由于平衡相分离导致的不均匀性。在布莱克利小组的一项研究中发现,单层石墨烯在最初阶段随着偏析生长,随后沉淀形成石墨。如图4.13(a)所示,化学吸附在金属表面上的碳氢化合物(步骤1)通过脱氢作用解离(步骤2),并且溶解的碳原子将扩散到本体金属中(步骤3)。过渡金属的空d壳层有助于化学吸附,它可以作为电子受体。当块状金属中碳原子的浓度达到成核阈值时,或者在冷却过程中,分离过程将开始,在冷却过程中,碳在金属中的溶解度降低。过量的稀释碳原子扩散到表面(步骤4),然后发生石墨烯形成的分离过程(步骤5)。这种分离不会停止,直到块状金属中的碳浓度降至平衡,即使碳氢化合物的供应已被切断。成核和平衡浓度在不同的操作条件下是不同的。沉淀/分离机制可用于解释大多数过渡金属的石墨烯形成。

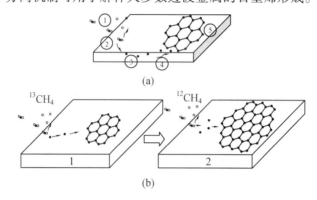

图4.13 石墨烯在Ni(a)和Cu(b)上的形成示意图

由于碳在铜中的溶解度很低,因此,化学吸附/沉积或表面生长机制更好地解释了石墨烯的形成机制。石墨烯的生长将在碳氢化合物分解后立即开始,并在碳氢化合物供应被切断时立即停止。碳在铜主体中的溶解度非常低,并且碳的迁移率可以被推断为纯粹的基于表面的过程。此外,碳原子在铜上的扩散势垒也很低,这使得铜与其他过渡金属相比具有不同的催化作用。石墨烯在铜表面的生长是由表面介导的,碳在铜体内的扩散是有限的。通常,石墨烯的形成是通过在碳前体暴露的初始瞬间成核而开始的,并且岛的数量随着碳前体暴露时间的增加而增加。碳原子主要与铜中的类自由电子表面态相互作用,导致铜表面的弱表面扩散势垒。这些岛屿随着时间的推移而增长,而如果温度高,一些岛屿可能会与其他岛屿合并。石墨烯在铜上独特的生长机制使石墨烯在铜上形成的过程中自我限制,从而主要产生具有优异质量的单层石墨烯。

4.4.2 石墨烯在传统玻璃上的生长机制

在传统玻璃表面生长石墨烯的机制与在金属基底上生长明显不同。传统玻璃表面被氧原子占据,具有非晶结构,非金属表面对碳前驱体的分解不具备催化活性,因此需要较高的分解温度。此外,表面的氧原子具有强亲和力,分解的碳只能在表面缓慢扩散,并且碳原子在氧化物表面的能垒可以高达1 eV,这导致在传统玻璃上生长石墨烯的速度非常缓慢。表面富氧位置强烈的化学吸附会大大降低成核势垒,从而导致更高的成核密度,因此在传统玻璃表面生长的石墨烯岛没有规律的取向,这些小的石墨烯岛会相互融合形成具有大量缺陷的多晶薄膜。因此在传统玻璃表面生长高质量的石墨烯具有很大的挑战。化学气相沉积在传统玻璃上生长石墨烯的方法目前可以大概总结为 3 种:无金属催化化学气相沉积、金属催化剂辅助生长和等离子体增强化学气相沉积。

1. 无金属催化化学气相沉积

无金属催化碳前驱体的分解,一般需要较高的温度,因此对玻璃的要求比较高,需要耐高温的玻璃。软化点超过 1 000 ℃的石英、蓝宝石和硼硅酸盐玻璃耐高温处理,在这种玻璃上的原子级薄石墨烯涂层有望为石墨烯和玻璃开辟新的应用途径。

石墨烯在这种非金属玻璃上的生长与在铜箔上的生长差异是显而易见的。在玻璃上生长连续的石墨烯薄膜需要的时间要长得多。在具有相同甲烷前体的典型试验条件下,约 10 min 的生长对于石墨烯在铜箔上的完全单层覆盖是足够的,而在玻璃上需要 1 ~ 7 h,非金属玻璃上石墨烯的缓慢生长速度是大规模生产"超级石墨烯玻璃"及其实际应用的关键技术挑战之一。限流化学气相沉积技术可以小幅度提高成核密度和生长速度。通过在目标玻璃基板上放置一块磨砂石英板,形成一个 2 ~ 4 μm 的窄间隙。当 CH₄ 气体流过这样一个有限的空间时,预期活性炭物种的动态流动和强烈的表面碰撞会导致碳碎片局部浓度的增加和生长动力学的改善。与常规的 CVD 相比,该方法有明显的提高,但是由于玻璃表面缺乏催化活性,与金属表面石墨烯的生长速度和质量之间仍存在很大差距。

2. 金属催化剂辅助生长

石墨烯的化学气相沉积生长通常在金属表面进行,例如铜、镍和铂,其中金属起催化剂的作用。如上文所述,玻璃表面缺乏催化活性是高质量生长石墨烯以生产"超级石墨烯玻璃"的关键挑战之一。显然,一种有效的方法是将金属催化剂引入化学气相沉积工艺,以提高玻璃上石墨烯的生长质量和生产率。有学者报道了多种金属催化剂辅助的石墨烯生长,包括金属蒸气法、界面分离技术和牺牲金属涂覆方法。

金属蒸气法通过将固体或者液体金属例如铜和镓置于高温化学气相沉积炉中产生金属蒸气。这些金属蒸气对碳前驱体的分解起到了催化作用,金属有可能参与玻璃表面石墨烯的生长。通过将铜箔直接放在玻璃板上保证没有直接的物理接触,这样的试验配置确保了足量气化的铜原子催化石墨烯的生长,得到的石墨烯的质量和均匀性得到了很大的提高。用低熔点的镓代替铜,可以在玻璃上形成大量的蒸气催化石墨烯的生长。在相同的条件下,镓的蒸气压比铜高了近十倍。因此,镓被认为是石墨烯生长的良好催化剂。

如图 4.14 所示,Li 等人首先报道了石墨烯在石英玻璃上的界面偏析生长,他们首先在石英玻璃上预先沉积厚度为 300 nm 的铜膜作为催化剂。前驱体分子被催化分解成铜表面的碳原子或团簇。在高温下,这些碳原子或团簇通过晶界扩散到大块铜相中。石墨烯生长发生在传统化学气相沉积工艺中的铜表面。同时,大块铜层中的碳原子在铜/玻璃界面发生向下偏析,形成石墨烯。通过化学蚀刻去除顶层石墨烯和铜膜之后,然后在下面的石英玻璃上便可获得石墨烯膜。获得的石墨烯的质量与在铜表面生长的石墨烯相当。

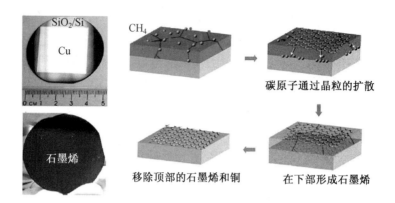

图 4.14　界面偏析生长机理

3. 等离子体增强化学气相沉积

高温生长石墨烯在很多情况下与实际情况不相符,很多玻璃制品在高温下会有融化现象,因此降低温度是在传统玻璃上生长石墨烯的另一个挑战。等离子体增强化学气相沉积(PECVD)技术在这一方面具有很大的优势。在等离子体化学气相沉积系统中,高能等离子体是带电粒子、高能电子、自由基和光子的混合物,在高电场下甚至在非常低的生长温度下产生。以甲烷前体为例,氩(Ar)和氢(H_2)气体携带的 CH_4 分子在等离子体发生装置中分解成高活性物种。该物种可分为 3 类:氢相关(H^+、H_2^+、H_3^+、H、H_2 和 H_3)、氩相关(Ar^+、Ar_2^+、ArH^+、Ar 和 Ar_2)和碳相关(CH_x^+、$C_2H_x^+$、$C_3H_x^+$、$C_4H_x^+$、CH、CH_2 和 CH_3)物种。通过适当控制生长条件,高能碳中间体在相当低的温度下在玻璃表面重组成石墨烯薄膜。

一般来说,在 PECVD 系统中,绝缘的玻璃衬底上存在不均匀的强电场。有关模拟结果表明,除边缘区域外,大部分玻璃表面存在强电场,导致了石墨烯在玻璃衬底上垂直生长。Faraday-cage 辅助的等离子体化学气相沉积法可以在玻璃基底水平方向生长石墨烯。这种 Faraday-cage 是由商业泡沫铜制成,构成中空的笼状结构,可以有效地抑制电场在石墨烯的定向效应。事实上,Faraday-cage 对石墨烯的生长有额外的影响。金属笼阻挡了离子轰击,因此减少了最初形成的石墨缓冲层中的缺陷形成,最终促进了石墨烯的水平生长。

4.4.3　石墨烯在半导体和导电介质上的生长机制

通过 CVD 方法在半导体和导电介质材料上直接生长石墨烯促进了石墨烯在电子领域的应用。最近开发出来的方法包括无催化剂直接生长、金属辅助生长和等离子体增强生长。

1. 无催化剂直接生长

石墨烯在无催化剂的环境中生长主要依赖于载体气体 Ar 和还原性 H_2 辅助碳前驱体的分解。对于常用的碳前驱体甲烷(CH_4),热裂解反应将 CH_4 分子分解成 CH_x 碎片,然后排列成石墨烯晶格。由于在生长过程中缺乏催化剂,为了促进生长速率和改善石墨烯质量,已经开发并采用了各种方法来直接在半导体和绝缘体上合成石墨烯。

首先,石墨烯的生长温度是一个重要的因素,H_2 辅助碳前驱体裂解是石墨烯生长的主要驱动力。在没有金属催化剂的情况下,施加大的热量有助于克服反应能垒。高温 CVD 过程在蓝宝石上生产有序的石墨烯,石墨烯的生长质量取决于生长温度,过高的温度会导致碳腐蚀表面而导致无法产生石墨烯,在 1 525 ℃ 下可获得覆盖率大于 90 % 的石墨烯薄膜。

其次,碳源的选择对石墨烯的生长有极大的影响。甲烷具有非常高的稳定性,制得的石墨烯层数可控,故被广泛用作碳前驱体。使用甲烷作为碳前驱体时,高温有助于促进石墨烯的生长并改善其质量,但由于高温条件会增加能耗,从经济角度考虑是不希望的。乙炔和醇可以用作碳前驱体以实现低温生长,它们的分解温度比甲烷更低。但是与甲烷衍生的方法相比,乙炔和醇的使用会使得石墨烯层数和质量的可控性大大减小。

基底预处理包括精细抛光和预退火,对降低石墨烯的成核密度至关重要。通过精确的基板预处理,可以形成额外的反应性成核位点,以解决无金属 CVD 石墨烯生长中的低催化问题。生长石墨烯之前,可在空气中对生长衬底进行高温活化的氧气辅助 CVD 工艺,形核位点增多,在硅片和石英上可获得高质量的多晶石墨烯。

2. 金属辅助生长

尽管直接生长方法可以在任意基底上生长,但是由非金属材料活性弱导致低的生长速率仍然是高效生长石墨烯的巨大障碍。通过金属辅助石墨烯生长的策略可以提高生长效率并提高石墨烯的质量。金属辅助生长按接触方式可以分为两类:涂覆金属辅助生长和远程金属辅助生长。

涂覆金属辅助生长是指在目标衬底上预沉积金属膜来合成石墨烯。石墨烯的生长机理也取决于涂覆金属的生长机理。镍催化石墨烯生长机理是溶解-解析-沉淀机理,在导电介质上镀镍是直接生长石墨烯的理想方法,因为碳原子可以溶解到镍中并直接沉淀到不含金属的衬底上。特别是,随着镍催化石墨烯生长的特殊扩散和沉淀机理,容易形成双层石墨烯,去除镍层后,直接在绝缘体上获得了双层石墨烯,而没有残留的聚合物。受生长机理的限制,镍辅助石墨烯的生长主要产生多层石墨烯。与镍催化的石墨烯 CVD 生长不同,铜作为一种低碳可溶金属催化剂,可以更好地控制石墨烯层的数量。远程金属辅助生长是指石墨烯的生长依靠金属蒸气催化而没有发生直接接触,这种方法可以免去耗时的金属去除的过程,可以通过使用铜箔升华而得的 Cu 原子来辅助在 SiO_2 上直接沉积石墨烯层,该方法无须后续的刻蚀,生长出来的石墨烯呈现出均匀而平坦的覆盖度,没有任何皱纹或波纹结构。

3. 等离子体增强生长

通常,石墨烯 CVD 在半导体或绝缘体上的生长需要高达 1 000 ~ 1 575 ℃ 的制备温度。在石墨烯生长过程中引入等离子体可以克服这些问题,并能够在介电表面上有效地进行低温生长(550 ~ 650 ℃)。通过等离子体的增强,前驱体气体分解成各种反应性自由基与氢原子发生碰撞,然后相互碰撞,并且石墨烯岛形核随之扩大。由于这种反应性自由基在高能等离子体环境中的形成和碰撞,且因此容易以较少的热能发生碳前驱体的分解,从而可降低生长温度。这种无催化剂的低温生长方法被认为是最有前途的高产量石墨烯制造方法，与当前的微电子技术具有高度的兼容性。如图4.15所示，哈尔滨工业大学的Qi等开发出一步PECVD法制备三维复合纳米电极，首先采用直流磁控溅射法在Si(100)衬底上沉积了厚度约为200 nm的铂薄膜，转移至PECVD系统中，首先将铂膜的表面处理成多孔结构，然后利用射频PECVD在多孔铂膜的表面上生长垂直取向石墨烯，该复合结构极大地增大了电极的有效比表面积，促进了离子的扩散和传输。

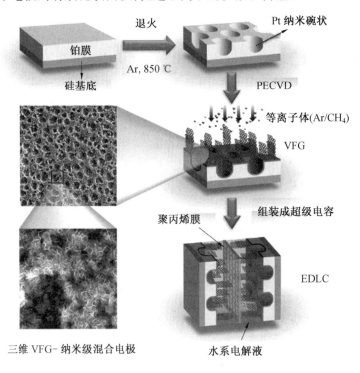

图4.15 三维复合电极的制备

4.5 垂直取向石墨烯

石墨烯作为集声光热力等优异性能为一体的二维碳材料，在电子器件、储能材料、催化、传感等领域展现出了广阔的发展前景，因而被大量研究和报道。然而，传统化学方法合成的石墨烯由于受到层间的范德瓦耳斯力的作用在干燥和转移过程中片层易堆叠、团聚，比表面积大大损失，因此在实际应用中难以发挥其优异的性能。垂直取向石墨烯一般是原位生长于基底表面，由于具有开放的层间结构与独特的垂直取向结构，因此能够充分利用石墨烯的超高比表面积和其他的优异性能，在很多应用领域展现出了其独特的优势。

4.5.1 垂直取向石墨烯的早期发展历程

垂直取向石墨烯(VFG)的发现最早可以追溯到2002年，在石墨烯这一概念提出之前。研究人员在生长碳纳米管时偶然发现生长过程中存在一些孤立的管状结构，通过调节基底在 PECVD 装置中的位置,他们意外地发现了碳纳米带,并且这些碳纳米带能够互相连接成完整的三维结构,他们将这种三维结构称为"碳纳米墙"。事实上这种碳纳米墙就是 VFG 的雏形。同年,研究学者开启了以碳纳米墙为模板制备其他各种纳米结构材料的研究,但当时该工作还没有引起过多的关注。

2004 年美国威廉玛丽学院的学者在 *Carbon* 上报道了他们采用 PECVD 方法,以 CH_4 为碳源在 H_2 气氛下合成了超薄的"碳纳米片"。这种制备方法无须使用催化剂,适用于金属、半导体和绝缘体等多种不同基底,是一种通用的碳纳米片的制备技术。随着 CH_4 浓度的提高或者基底温度的升高,该碳纳米片的拉曼(Raman)光谱中碳材料典型的 D 峰和 G 峰强度比值会随之升高,意味着碳纳米片结晶度的降低。但当时的学者并没有过于关注他们合成的碳纳米片与基底保持垂直取向的特点,事实上他们合成的这种碳纳米片就是 VFG。

2007 年威廉玛丽学院的 Zhu 等人对 PECVD 得到的碳纳米片的生长、结构和性能进一步研究,在 *Carbon* 上发表了关于碳纳米片形成机制的报道。与碳纳米管生长最大的不同在于,碳纳米片的生长只需要 CH_4 和 H_2 参与而无须使用额外的催化剂。他们在典型的纳米薄片沉积条件下,对生长时间进行了一系列调控,并给出了碳纳米片的生长模型。他们提出,碳纳米片原子级别的薄边缘是垂直基底的电场作用下氢刻蚀的结果。同时,碳纳米片近似垂直基底的取向也是垂直方向电场诱导的结果。

2009 年威廉玛丽学院的学者首次将生长在碳布上的 VFG 应用到超级电容器中。他们发现 VFG 纳米片的厚度和形态可以随着生长前体和衬底温度的变化而发生变化,并且该电极材料具有极低的面电阻。在 6 mol/L 浓度 H_2SO_4 电解液中,该电极的面电容值可以达到 $0.076 \ F/cm^2$。

2010 年美国凯斯西储大学的 Miller 和威廉玛丽学院的 Outlaw 以及美国国防部高级研究计划局的 Holloway 合作报道了基于 VFG 的双电层电容器。传统双电层电容器能够储存电荷,但在滤波电路中对于电压波纹的过滤效果表现不佳。但以垂直取向石墨烯构建的微型双电层电容器能够实现小于 200 ms 的电阻-电容(RC)时间常数,使得其能够应用在 120 Hz 频率的滤波电路中。该项研究成果发表在 *Science* 上,被引用次数超过 1 000 次,引起了学术界对于 VFG 这种特殊石墨烯结构的极大关注,也正是由于这篇文章的巨大影响力,此后大部分相关文献将这种特殊结构的石墨烯称为垂直取向石墨烯(vertically oriented graphene),如图 4.16 所示。

2011 年美国通用汽车公司首次将 VFG 应用到锂电池应用中。他们发现 VFG 的锂电行为更接近于石墨而非其他剥离的石墨烯结构。在 C/3 的倍率下 VFG 电极具有大约 380 mAh/g 的可逆比容量,但其首圈库仑效率仅为 50%,这可能与其高比表面积以至于形成了过多 SEI 膜(solid electrdyte interphase)有关。同时,VFG 电极具有良好的倍率性能,该研究小组通过电化学测试证明了优异的倍率性能来自于 VFG 短的扩散路径而非 Li^+ 扩散系数的提高。同时优异的动力学也得益于 VFG 原位制备所得到的极低的接触电阻。

2012 年美国威斯康星大学和我国浙江大学首次报道了原位生长于平面不锈钢基底表面的 VFG 的电容行为,并将其作为自支撑电极应用到超级电容器应用中。与传统的石

图 4.16　垂直取向石墨烯的扫描电子显微镜图像

墨烯基双电层电极制作方法相比,该方法具有以下优点:第一,该 VFG 电极制作无须有机黏结剂;第二,VFG 开放的通道结构有利于离子传输;第三,暴露的边缘面显著提高了材料对电解液的润湿性。基于这些优势,在 1 mol/L 浓度的四乙基四氟硼酸铵(TEABF$_4$)的乙腈(AN)有机电解质中,该 VFG 电极在 2.2 V 的电压窗口下表现出 132 F/g(50 F/cm^3)的比电容值。

　　基于 VFG 的电极具有极高的功率密度和稳定的电学化学性质,这是微型化电子和交流电滤波等应用所需要的,但 VFG 超级电容器的比电容值仍具有很大的提升空间。同时,VFG 的制备过程通常需要在高温下使用有害、昂贵的纯净烃类气体,且沉积的时间较长(20 ~ 45 min),这增加了制备工艺的成本。2013 年澳大利亚悉尼大学的学者率先提出使用价格低廉、易于涂抹且对环境无害的天然前体黄油(主要由乳脂、牛奶蛋白和水组成)涂覆泡沫镍,在较低的温度(400 ~ 450 ℃)下经过 Ar/H$_2$ 气氛下的 PECVD 处理 9 min 即可获得原位生长于泡沫镍的 VFG。该电极在 0.1 mol/L 浓度的 Na$_2$SO$_4$ 电解液中测试,比电容值在 10 mV/s 扫描速率下可达到 230 F/g。为了进一步提高这一自支撑 VFG 电极的比电容值,研究人员还在 VFG 表面电沉积了 MnO$_2$ 这一具有赝电容特性的材料,通过与 MnO$_2$ 的复合,该自支撑电极比电容值可以达到 280 F/g。同时,经过 1 000 次充放电循环,该电极可以保留 97% 的电容值,展现出极好的循环稳定性。

　　除了以天然黄油作为 VFG 生长的碳源外,研究人员还探索了其他生物碳类前体作为 VFG 生长的原料。2013 年在 *Carbon* 上发表了一篇以天然蜂蜜为原料在 Si 片表面原位制备 VFG 的文章。这篇文章详细研究了随着等离子体处理时间的延长,VFG 形貌结构的演变过程。在 VFG 生长的初期阶段,蜂蜜脱水碳化,有可能其中一些果糖被转化成羟甲基糠醛。随后蜂蜜中的葡萄糖、果糖和羟甲基糠醛与等离子体相互作用形成碳类物质。在 VFG 刚形成时其片层厚度较厚,随着等离子体处理时间的增加,可以观察到更多、更薄的 VFG 边缘片层,研究人员推测这可能是等离子体的刻蚀作用使得原先较厚的碳片层剥离成了少层的 VFG 结构。同时,研究人员通过 Raman 光谱表征发现,随着等离子体处理时间的延长,VFG 的缺陷也会进一步增加,这进一步证明了 Ar/H$_2$ 等离子体对于 VFG 的刻蚀作用。最后研究人员将 Si/VFG 材料应用到气体和生物传感器领域中,该材料表现出了可靠的传感性能。

2014年韩国成均馆大学的Yoon等人通过将氧化石墨烯薄膜卷曲折叠成圆柱体,然后通过低温切片的方式制备了一种另类的垂直取向石墨烯。他们通过GO切片得到的垂直取向石墨烯组装了一种具有高体积比容量的超级电容器,这种GO切片垂直取向氧化石墨烯具有高的堆积密度($1.18\ g/cm^3$),同时开放的结构保证了电解液离子高的离子迁移率,并且垂直的结构使得即使做成厚膜电极,依然能够保证电解液离子短的扩散路径,图4.17所示为该方法的示意图。

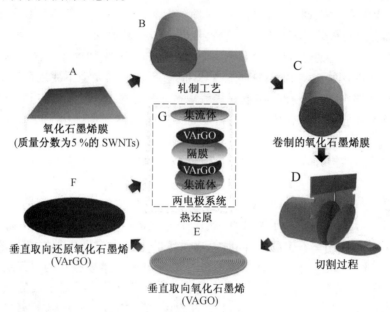

图4.17　GO切片氧化石墨烯制备垂直取向石墨烯示意图

4.5.2　垂直取向石墨烯的生长机制与缺陷演变

1. 生长机制

2007年威廉玛丽学院的学者率先对PECVD得到的VFG的生长机制进行了初步研究。他们通过调控生长时间研究了VFG的生长过程,发现VFG生长需要$2\sim4$ min的初始形核阶段,并且在垂直取向的碳纳米片生长前,基底表面会先形成一层与基底平行的碳层。直到这一平行方向的碳层发生卷曲后,后续的碳物质才会沿着垂直基底的方向生长成垂直基底的碳纳米片。对于碳层从平行到垂直取向发生改变的原因,他们认为这是等离子体鞘层局部电场作用的结果。由于局部电场方向垂直于基底,因此入射到表面的含碳物质在垂直方向具有更高的迁移率,在氢原子浓度较低的情况下,吸附在碳纳米片表面的碳物质将快速迁移到纳米片边缘并与边缘的碳原子形成共价结合。因此延长生长时间,纳米片会变得更高而不是变得更厚。而吸附在基底表面的碳原子将由于弱的范德瓦耳斯力结合重新挥发,因此底部碳层到一定程度就不再变厚。这种机制解释了观察到的PECVD在特定条件下得到的是垂直基底方向的石墨烯纳米片自组装,而不是平面方向上的石墨层生长。但由于缺少透射电子显微镜表征,因此这种VFG的生长机制没有得到原子尺度的验证。在 PECVD 系统中,使用乙炔/氢气气氛,相较于以往的甲烷/氢气气氛,VFG 生长的速度更快。

2014 年,苏州大学的研究人员对 PECVD 合成 VFG 的生长机理进行了更细致的研究。一般而言,二维(2D)材料的生长通常需要额外的支撑(衬底/基底),并且生长的二维材料薄膜通常与基底保持平行。而 VFG 作为石墨烯材料的一种,其垂直于衬底的生长现象显得尤为特殊。大量文献报道了石墨烯(单层或多层)可以通过化学气相沉积在 Cu、Ni、SiC 等基底上生长,但 PECVD 生长 VFG 的方式与 CVD 生长平面石墨烯的方式完全不同。在 PECVD 系统中,碳源气体与等离子体(通常是 Ar 或 H_2 等离子体)中的电子发生非弹性碰撞,形成许多不同种类的自由基、带电离子和其他活性物质。在 PECVD 生长其他碳材料如碳纳米管的过程中,碳单质是金属催化剂表面吸附的碳前体物质经过金属的催化作用解离得到的。但 PECVD 生长 VFG 的过程则可以完全不使用金属催化剂,这意味着碳前体能够在等离子体作用下直接解离产生碳单质物质,并且在 PECVD 系统中能够在较低的温度下制备具有特定取向和更高纯度的碳纳米片结构。以前的研究报道中 VFG 可以生长在包括 Si、SiO_2、Si_3N_4、Cu、不锈钢等不同基底的表面,并且 VFG 通常具有一个类似锥形的结构,即顶部边缘是 1～3 层的极薄的石墨烯片层,而 VFG 在靠近基底的部分片层数则更多一些。

VFG 生长机制的第一个难题在于其形核过程。此前的一些研究证明了 VFG 形核之前会在基底表面预先形成一层薄碳层,然后一些晶界处的顶部碳层会在向上的卷取力(curling force)的作用下发生翘曲,同时等离子体的电场也有助于碳纳米片的垂直生长。等离子体在 VFG 的生长过程中起着重要的作用。等离子体接触到的顶部层的温度会上升,同时电场引起的极化效应会降低扩散势垒,进而降低碳原子对表面的黏附/结合能。表面不均匀的电场能够有效提高碳物质的扩散系数。VFG 生长机制的第二个难题在于其锥形结构是如何形成的,哪些位置是碳纳米片生长的活性位点。一维结构的碳材料的生长可以分为顶部生长模式和底部生长模式两种,但二维碳材料的生长具有 3 种可能性。活性位点可能是石墨烯与基底的接触区(底部生长),也有可能是石墨烯暴露的边缘位置(沿着片层的二维方向生长),也有可能是石墨烯片的侧边(向厚度方向生长)。

通过对 VFG 进行透射电子显微表征,可以从微观尺度解释 VFG 的生长机制。如图 4.18 所示,VFG 和基底之间确实存在一个厚度约为 20 nm 的过渡碳层(由底部非晶碳与顶部石墨碳共同组成)。更重要的是,VFG 的根部是从这个薄碳层顶端的"洋葱碳"结构过渡过来的,这证明了 VFG 结构起源于过渡石墨层顶端的错配和弯曲区域。这一点也与等离子体在碳纳米结构中引入大量缺陷相互印证。所以,VFG 形核位点是洋葱碳表面的错配区,随后沿着洋葱碳的切线方向继续生长,因此得到类似花瓣结构的垂直取向石墨烯,石墨烯的厚度取决于洋葱碳错配处的层数。

关于 VFG 的极限尺寸,苏州大学研究人员认为其取决于两个因素。第一是相邻的 VFG 随着尺寸变大,其侧边将接触然后联结成一个无缝边,从而导致侧边生长的停止;第二是整个 VFG 片层的卷曲。任何 sp^2 碳的局部卷曲都可能导致更多缺陷(七边形和五边形),而这些缺陷位置会阻碍自由碳原子在 VFG 表面的输运,即碳原子在卷曲石墨烯的扩散距离小于在平整石墨烯表面的扩散距离,最终更卷曲的 VFG 具有较小的尺寸,而较平整的 VFG 具有更大的尺寸。但 VFG 中石墨烯的卷曲对于整个结构的机械支撑也是必需的,正是互相联结的无缝边和石墨烯的折叠结构保证了 VFG 的自支撑,从而保证了 VFG 的力学稳定性。否则如此薄的碳纳米片将会很容易发生整体的弯曲,同时闭合的无缝边可以极大地抑制 VFG 可能发生的层间剪切。

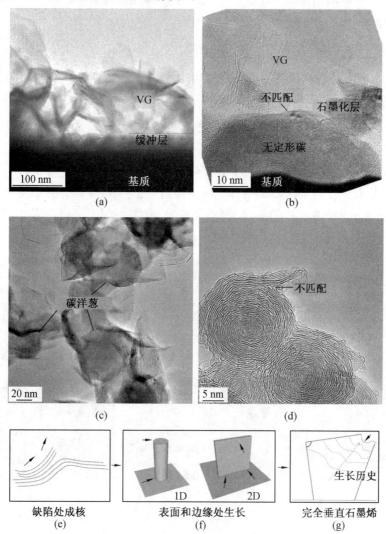

图 4.18　垂直取向石墨烯结构的形核和生长机制

2. 缺陷演变

为了对 Ar 等离子体刻蚀 VFG 形成的结构缺陷进行分析,研究人员先使用 Ar 等离子体刻蚀 VFG 使其产生较大密度的表面缺陷,然后利用 X 射线光电子能谱(XPS)和近边 X 射线吸收精细结构(NEXAFS)对其缺陷状态和对应的电容值进行了表征。通过调控 Ar 等离子体的刻蚀时间,他们发现 XPS 中 O 信号峰强度随离子轰击时间的延长而增强,说明 VFG 中缺陷与氧官能团(C—O 或 C ＝O 键)有关。另外,随着刻蚀时间增加 VFG 的比电容值也随之增大,因此他们认为缺陷密度的增加是 VFG 电容值增大的原因。

2014 年,研究人员通过拉曼光谱对不同生长时间的 VFG 缺陷状态进行了研究分析。他们发现,VFG 的生长机制是基于碳的直接吸附和表面扩散,而不是界面处碳化物的形成。同时,他们首次确定了 VFG 在生长过程中缺陷的类型和缺陷的演化过程。生长在石英基片上的 VFG 的缺陷以边界型缺陷为主。此外,缺陷的数量随着 VFG 生长时间的增加而显著减少。

4.5.3   垂直取向石墨烯的最新发展

VFG 虽然具有极低的接触阻抗和极好的导电性,但单一组分的石墨烯应用仍比较有限。但将 VFG 与其他功能材料复合,利用 VFG 良好的导电性和缺陷结构,使其他功能材料的性能得到充分发挥,这可以极大地拓宽 VFG 的应用前景,这也是 VFG 从 2015 年至今的发展方向。

如图 4.19 所示,2016 年中山大学的 Zhang 等人将 VFG 和水平堆叠石墨烯的电容性能进行了对比,证明了拥有开放结构和短离子传输路径的 VFG 具有更加优异的电化学性能,并且通过与 MnO_2 纳米片的复合,制备了具有三明治结构的 VFG/MnO_2 复合电极材料,该复合电极面积比电容值高达 500 mF/cm^2。

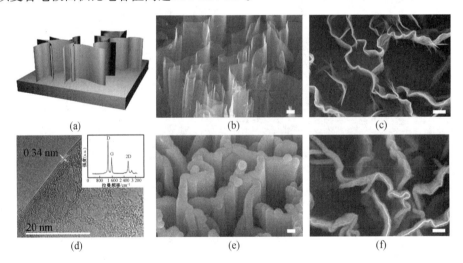

图 4.19   三明治结构 MnO_2/VFG 复合电极材料示意图及其扫描电子显微镜图像

针对纯碳材料双电层电容器能量密度较低的问题,可以在 PECVD 系统中的 CH_4 气氛中引入 N_2,制备掺杂 N 原子的 VFG 电极材料。这种掺杂 N 原子的 VFG 表面的 1 mol/L $TEABF_4$/PC 离子液体电解液中的稳定工作电势区间可以达到 -2.5 ~ 0 V。而无氧化官能团缺陷的 VFG 在相同离子液体电解液中的稳定工作电势区间可以达到 0 ~ 1.5 V。通过将无氧化官能团的 VFG 与掺杂 N 的 VFG 组装成非对称超级电容器,该非对称超级电容器的稳定工作电压窗口可以达到 4 V。由于电压窗口的极大扩宽,该非对称超级电容器的能量密度得到了极大地提高,为 VFG 超级电容器在实际中的应用提供了可能。

浙江大学涂江平等人在碳布基底表面制备了三明治核壳结构 $VFG/MoSe_2/N$ 掺杂 C

复合电极材料,将其应用到了 Na 离子电池当中。如图 4.20 所示,在这一复合材料中,$MoSe_2$ 作为主要的 Na 电活性材料提供充放电容量,而 VFG 作为具有极好导电性、极低接触电阻、极大比表面积的导电骨架,作为 $MoSe_2$ 形核生长核心。最后在 VFG/$MoSe_2$ 外表面沉积 N 掺杂 C 层用于保证电极的良好化学稳定性,同时也进一步增加了电化学反应活性位点,降低了离子穿透的能量势垒,并且 N 原子位点能够抑制多硒化物的穿梭效应,防止充放电过程中 Se 的损失。这一复合电极材料在 0.2 A/g 电流密度下表现出 540 mAh/g 的可逆比容量,并且经过 1 000 次循环充放电,容量相对于第二圈几乎没有衰减,展现出 VFG 在 Na 离子电池中巨大的应用潜力。

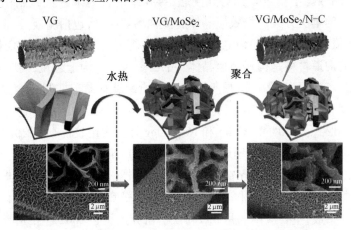

图 4.20 无氧化官能团的 VFG 与掺杂 N 的 VFG 组装成高电压超级电容器示意图

4.6 石墨烯的应用

近十年来,有关石墨烯的研究炙手可热,石墨烯也因其在能源、生物技术、航天航空等领域具有极其广阔的应用前景而被认为是"具有革命性意义的材料"及"21 世纪的材料之王"。石墨烯自发现以来就引起了各个领域研究者的广泛关注,这种一个原子厚度的碳材料集超高的机械强度、电导率、热导率和抗渗性等诸多优异性能于一身,这使得其在许多领域中都有较好的应用前景。由于石墨烯的性能优良、功能众多而被广泛应用于锂电子电池、超级电容、导电油墨、触摸屏、软性电子、散热、涂料、传感器等领域。此外,在高频电子、环保、光电、聚合物、海水淡化、太阳能电池、燃料电池、催化剂、建筑材料等领域,也能发现石墨烯的身影。本节着重阐述石墨烯在电子器件和能源等领域的应用。

4.6.1 石墨烯在电子器件领域的应用

50 多年来,硅一直是微电子领域的主导材料,具有相对简单的生产和加工路线,使其成为迄今为止大型市场中最方便和最具成本效益的半导体。由于石墨烯室温载流子迁移率可达 2×10^5 cm^2/(V·s),约为硅的 140 倍,因此石墨烯有望成为下一代集成电路的电极材料。华为总裁任正非曾预言这个时代将来最大的颠覆,是石墨烯时代颠覆硅时代。

石墨烯优异的光学和电学性质使得石墨烯可用于制造场效应晶体管（Graphene Field-effect Transistor，GFET）。石墨烯良好的透光性和导电性，又使其特别适用于光电器件透明电极。此外，石墨烯在传感器方面也有着非常广泛的应用。

1. 石墨烯场效应晶体管

石墨烯未来有望取代硅成为电子元件材料。石墨烯具有高晶体质量、高载流子迁移率和特殊能带结构，特别适用于场效应晶体管方面。从芯片的制造角度来看，7 nm 是硅材料芯片的物理极限，晶体管栅长一旦低于 7 nm，晶体管中的电子就会产生隧道作用，发生漏电，使得产品性能不稳定。针对此问题，寻找新的材料来替代硅制作 7 nm 以下的晶体管是一个有效的解决方案。场效应晶体管简称场效应管，包括栅极、连接源级和漏级的沟道，以及将栅极和沟道分开的介电层。高速晶体管需要对输入电压的变化快速响应，高载流子迁移率的沟道材料是构建高速晶体管的必要条件。沟道越短，响应越快，然而缩短晶体管的沟道会产生短沟道效应，减薄沟道区和绝缘层有助于抑制短沟道效应。石墨烯具有单原子厚度和高载流子迁移率，是理想的沟道材料。石墨烯场效应晶体管分为底栅、顶栅和双栅 3 种形式。2004 年，Geim 和 Novoselov 等首次用胶带剥离高定向热解石墨，制得的石墨烯的厚度约为 3 nm，石墨烯下侧厚度为 300 nm 的 SiO_2 层用作底栅电介质，掺杂的硅基底用作底栅，然而该装置存在寄生电容过大且难以与其他的元件集成等问题。相比之下，顶栅型石墨烯场效应晶体管则更为实用，顶栅型石墨烯场效应晶体管寄生电容小且可与其他元件集成，主要应用的是 SiC 衬底。研究人员于 2007 年报道首个顶栅型石墨烯场效应晶体管，这成为一个重要的里程碑，开启了石墨烯场效应晶体管的研究热潮，虽然石墨烯的发展历史比较短，但是石墨烯场效应晶体管已经显示出极强的竞争力。一般来说，应用于场效应晶体管的石墨烯的层数要小于 10 层，应用于场效应晶体管的石墨烯主要分为石墨烯纳米带、单层和双层石墨烯。目前，石墨烯场效应晶体管已应用于数字电路和模拟电路中。

2. 石墨烯传感器

传感器是一种将感受到的信息按照一定规律转换为电信号或者其他所需形式的信息输出的检测装置，可满足信息的传输、处理、存储、显示记录和控制等要求。石墨烯由于具有灵敏度高、体积小、表面积大、电子传输快、响应时间短、载流子迁移率高和易于固定蛋白质并保持其活性等特性有利于充分发挥传感器功能。石墨烯在传感器领域的应用主要包括石墨烯气体传感器、石墨烯压力传感器、石墨烯生物传感器、石墨烯电化学传感器、石墨烯生物小分子传感器、石墨烯酶传感器、石墨烯医药传感器等。石墨烯高光敏度传感器的应用研究仍处于初级阶段。2018 年，研究人员开发了一种石墨烯传感器，可防止酒后驾车，该产品是以废品和野草生产的石墨烯作为其主要成分之一。近日，加州理工学院的研究人员开发了一种可大规模制备的柔性石墨烯免疫传感器，用于监测汗液中的皮质醇浓度，进而实时评估精神压力状况。石墨烯超高的比表面积为固定更多生物识别位点提供了平台，且其优异的导电性为电子传递提供了良好的通道，进而达到识别极微量生物标志物的目的，该研究为柔性可穿戴实时监测皮质醇浓度提供了良好的借鉴作用。近几年，柔性石墨烯传感器在心跳、声音、运动、呼吸、体温识别等基本体征信号监测应用研究中都取得了重大突破。

3. 石墨烯光学器件

由于石墨烯具有良好的导电性、化学稳定性及优良的透光性，被广泛应用于光学器件，例如光电探测器、光调制器、光偏振控制器等。石墨烯的光透过率在整个光谱上维持着统一的分布。传统的透明电极材料为氧化铟锡（ITO），而铟为稀土金属，故石墨烯基光学器件的潜在优势十分显著。如图 4.21 所示，2010 年 6 月，韩国三星和 SKKU 实现了 CVD 法制备石墨烯的批量化，并联合报道了在铜箔上生长 76.2 cm 单层石墨烯。制得单层石墨烯的面电阻仅为 1 250 Ω/sq[①]，透过率高达 97.4%。经过化学掺杂改性，4 层石墨烯的面电阻仅为 300 Ω/sq，透光率达到 90%。这一性能已超过了传统的透明电极材料 ITO，在触控显示屏乃至柔性电子器件领域具备非常好的应用前景。

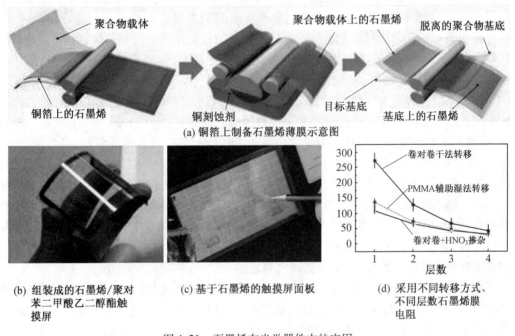

图 4.21　石墨烯在光学器件中的应用

石墨烯无能隙存在的结构在光电检测领域具有广阔的前景，可用于开发更加高效的近太赫兹光电检测器。由于石墨烯表面上的残留物，常规的石墨烯光电检测器的探测范围仅为可见光波长，即近红外光到紫外光波长之间。为克服此问题，研究人员于 2016 年提出了一种新型的桥式结构，使 p-n 结悬浮在衬底上方，从而实现基于石墨烯的 p-n 结与衬底的分离。该石墨烯器件的微波光电探测器可实现微波波长上工作，且该装置将石墨烯光电检测器的检测能级提升了十万倍。

---

① 　sq：平方英尺，1 sq≈0.09 m²。

4.6.2　石墨烯在能源领域中的应用

自 2004 年被首次分离以来,石墨烯已经成为材料科学领域最热门的话题之一,截至目前产生了大量的关于石墨烯的科技论文,在材料科学领域中,电化学能源领域的"石墨烯热"尤为突出。能源消费需求的不断增加和有限的能源存储是当前探索新的能量采集过程的主要推动力,目前石墨烯在能源领域的应用包括超级电容器、锂离子电池、太阳能电池、燃料电池、钠离子电池和锂硫电池等。在此,对石墨烯在超级电容器、锂离子电池、燃料电池、锂硫电池的应用做简要论述。

1. 石墨烯在超级电容器中的应用

超级电容器,也称为电化学电容器,是一种介于传统电容器和充电电池之间的新型储能装置,和二次电池相比,超级电容器具有较高的功率密度;和传统电容器相比,超级电容器具有较高的能量密度。根据储能机理不同,超级电容器可分为两种形式:电化学双层电容器(EDLC)和赝电容器,EDLC 是通过将离子吸附到电极表面的物理吸附存储能量,而赝电容器则是基于活性材料和电解液之间的快速的氧化还原反应。超级电容器具有长循环寿命(大于 10^5 次)、充放电快(1~30 s)、使用温度范围宽、环保无污染等特性,广泛应用于交通运输、工业、新能源存储等领域。

作为超级电容器电极材料时,石墨烯主要有以下几方面的优势:①单层石墨烯的理论比表面积为 2 630 cm^2/g,试验测得的单层石墨烯的比电容值为 21 $\mu F/cm^2$。由此计算得到,石墨烯基双电层电容器比电容密度最高为 550 F/g,远高于其他碳材料(活性炭、碳气凝胶、介孔碳等)制成的双电层电容器,因此石墨烯作为超级电容器电极可以获得较大的比电容密度和能量存储密度;②石墨烯的二维片层结构有利于电解液的浸润和离子的吸附/脱附,提高容器的储能密度和功率特性。三维互连石墨烯的分级结构,能缩短离子传输距离,增大双电层电容器电活性面积;③石墨烯具有优异的导电、导热性能和良好的结构稳定性,石墨烯基电极无须添加额外的导电剂(例如乙炔黑),可以有效降低电容器的内电阻并提高其散热性能,有助于提高电容器的充放电速率和功率密度。

石墨烯由于层间的范德瓦耳斯力极易发生堆叠,试验中制得 RGO 的比表面积通常在 300~1 000 m^2/g,远低于石墨烯的理论比表面积,导致其实际容量仅为 100~270 F/g(水系电解液)和 70~120 F/g(有机电解液)。此外,在电极制备和循环过程中,石墨烯层会自发地重新堆叠到一起,大大减小了电荷存储的有效比表面积,此外循环过程中官能团的降解也会降低电极的电容行为。有研究采用微波辅助剥离/热还原氧化石墨烯,然后直接氢氧化钾活化,活化后的石墨烯具有高度卷曲且连续的三维网状结构,比表面积高达 3 100 m^2/g,孔径分布广泛(1~10 nm)且导电性良好,可用作超级电容器的电极材料。

由于人们对于便携式储能期间的需求日益增加以及实际应用中受到空间的限制,电极材料的体积电容受到了极大的关注,具有高体积性能的紧凑型储能器件近期受到广泛的关注和研究。Yang 等利用离子液/挥发性有机液混合物构建石墨烯凝胶,并通过控制挥发性有机液的量,形成高堆积密度的石墨烯膜材料,基于器件的体积能量密度达到 60 (W·h)/L(图 4.22)。该方法既可有效使石墨烯堆集结构密实化,又可通过控制石墨烯层间的液体含量实现夹层结构的调控。然后,石墨烯结构的密实化却普遍地增大了离子从电解液主体向电极/电解液界面的输运阻力。有学者将氧化石墨烯与过氧化氢混合后水热还原,合成了一种三维蜂窝状石墨烯凝胶,以该凝胶压制成的薄膜具有高堆积密度,该薄膜同时兼具大比表面积、高效的电子/离子传递通道和高的堆积密度。与未经造孔处理的石墨烯进行性能对比,该多孔石墨烯材料表现出明显的性能优势,在有机电解液中实现了 298 F/g 和 212 F/cm^3 的高比容量。Mxene 由于末端氧原子的快速质子化和去质子化(贡献出赝电容)以及离子交换的储能机理(展现出良好的倍率性能),在酸性电解质中表现出优异的电化学性能。近期,研究人员首先采用质量分数为 0.01% 的二烯丙基二甲基氯化铵(PDDA)修饰 RGO 纳米片,使其带正电(电动电势为+63.0 mV),然后以带正电荷的 RGO 和带负电荷的碳化钛 MXene 纳米片为原材料,通过静电自组装法合成 MXene/rGO 复合材料。该复合材料的电导率高达2 261 S/cm,作为超级电容器电极材料,体积比电容高达 1 040 F/cm^3(3 mol/L H$_2$SO$_4$ 电解质),将其应用在对称超级电容器中,表现出超高的体积比能量密度32.6 (W·h)/L。

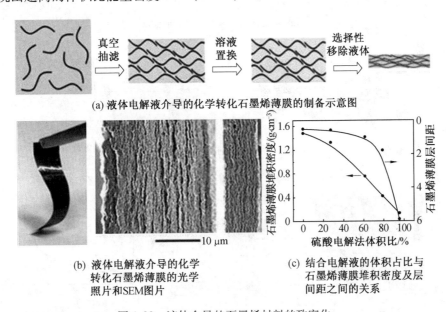

(a) 液体电解液介导的化学转化石墨烯薄膜的制备示意图

(b) 液体电解液介导的化学转化石墨烯薄膜的光学照片和SEM图片

(c) 结合电解液的体积占比与石墨烯薄膜堆积密度及层间距之间的关系

图 4.22 液体介导的石墨烯材料的致密化

近年来,可穿戴式、可植入式、轻量便携化、高度集成化电子设备及微机电系统(微型传感器、微型机器人)朝着小型化、柔性化和多功能集成方向快速发展,故迫切需要开发具有高储能密度、柔性化、功能集成化的微型储能器件。作为电化学能源存储领域的前沿方向,微型超级电容器不仅能够解决电解电容器能量密度不高和微型电池功率密度低的问题,而且有望为新一代的微量能量与功率源,与纳米电子器件直接融合集成。目前全世界对微型超级电容器的研究尚处于起步阶段,尽管其能量存储小于微型电池,但微型电容器具有卓越的充放电速率和循环寿命,具有极大的发展潜力,被认为是一种极具应用前景的微型能源器件。石墨烯由于大比表面积、高导电性、高容量、超薄等特性,是制备微型超级电容器的理想材料。如图 4.23 所示,Yue 等开发了一种具有自修复特性的 MXene-石墨烯复合气凝胶基三维微型电容器,他们首先采用冷冻干燥和激光切割的方法制备了

MXene-rGO复合气凝胶电极,通过将自修复羧基化聚氨酯包覆于气凝胶的表面,成功制备出具有自修复特性的微型超级电容器。在体积压缩至70%后释放负载可恢复至原始的状态。基于该自修复气凝胶组成的微型超级电容器的面积电容高达34.6 mF/cm²（1 mV/s）,且在循环15 000次后电容保持率高达91%。在5次自修复后,该电极的电容保留率还高达81.7%,展现出卓越的自修复能力。

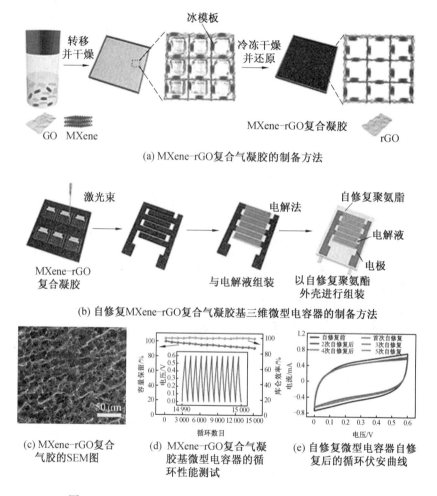

(a) MXene-rGO复合气凝胶的制备方法

(b) 自修复MXene-rGO复合气凝胶基三维微型电容器的制备方法

(c) MXene-rGO复合气胶的SEM图　(d) MXene-rGO复合气凝胶基微型电容器的循环性能测试　(e) 自修复微型电容器自修复后的循环伏安曲线

图4.23　MXene-rGO复合气凝胶（(c)~(e)彩图见附录）

2. 石墨烯在锂离子电池中的应用

锂离子电池具有高能量密度、高电压、无记忆效应、长循环寿命、环境友好等优点。锂离子电池的正极材料主要是富锂的层状过渡金属氧化物（如 $LiCoO_2$、$LiNiO_2$、$LiMn_2O_4$）,负极材料则选择电位尽可能接近锂电位的碳材料（基于嵌脱机制,例如石墨、碳纤维、中间相碳微球等）和过渡金属氧化物（基于转化机制）。人们将这种靠锂离子在正负极之间的转移来完成电池充放电工作的锂离子电池形象地称为"摇椅式电池",俗称锂电。1991年,日本索尼公司推出了首款商业锂离子电池。

目前,锂离子电池的负极材料主要是石墨,理论容量可达 372 mAh/g(形成 LiC_6),提高锂离子电池负极的容量是发展高能量密度当石墨烯参与能量存储机制时,可将其看作活性材料。1995 年,研究人员设想当单层石墨烯作为锂离子电池负极时,通过吸附作用容纳 Li^+ 的数量是常规石墨的两倍。当石墨烯的双侧都存储锂离子形成 Li_2C_6 时,容量可达 744 mAh/g,是石墨理论容量(372 mAh/g)的两倍。石墨存储锂离子是基于嵌入/脱嵌堆叠的层间,而单层石墨烯存储锂离子则是基于石墨烯片层对于锂离子的吸附,不仅仅是石墨烯的内表面,单层石墨烯自由排列而形成的纳米孔同样可以作为锂离子的存储位点,与无序碳类似,这一过程主要发生在低电位(小于 0.5 V vs. Li/Li^+)。石墨烯基负极储锂的数量很大程度上取决于材料和电极的制备方法,在替代石墨用于锂离子电池负极之前,保证石墨烯的质量至关重要。在许多的研究中,RGO 是锂离子存储的首选材料,首次嵌锂过程,RGO 表现出极高的容量(大于 2 000 mAh/g),超过了单层石墨烯的理论容量。然而,首次锂化过程存在着巨大的不可逆性,且这一现象同样存在于其他的负极材料,这主要是电解液的不可逆还原使得电解液在活性颗粒表面形成钝化层,即固体电解质膜(SEI膜)。SEI 膜的形成很大程度上取决于活性材料的比表面积,而石墨烯具有非常高的比表面积,故不可逆容量很大。在接下来的脱嵌周期内,石墨烯电极表现出高的可逆容量,主要发生在 1~3 V(vs. Li/Li^+),高于石墨烯负极(0~0.4 V),这就导致 Li^+ 嵌入/脱嵌过程中存在巨大的电压滞后,致使电极的能效差。

综上所述,纯石墨烯负极材料存在首次循环库仑效率低、充放电平台较高以及循环稳定性较差等缺陷,此外,为了提供首次充电过程中的不可逆容量,要求正极的质量格外大。

金属氧化物、Sn、Ge 和 Si 等负极材料由于理论容量高(大于 600 mAh/g),被广泛研究,然而这些材料的电导率差,循环过程中发生体积膨胀/收缩容易发生粉化导致循环性能差。石墨烯片层柔韧,在无外力作用下表面卷曲皱褶,这种特性使其能形成稳定的空间网络,可以有效缓冲金属类和硅基电极材料在充放电过程中体积的膨胀收缩,提高材料的循环寿命性能。石墨烯可作为导电基底锚定各种各样的电化学活性材料,例如合金/去合金化半导体材料和金属(Si、Ge、Sn 等)、过渡金属氧化物(SnO_2、TiO_2、CoO、Co_3O_4、FeO、Fe_2O_3、Fe_3O_4、MnO_2、Mn_3O_4、GeO_x、CuO、NiO、ZnO、Bi_2O_3、$ZnMn_2O_4$ 等)、过渡金属硫化物(SnS_2、In_2S_3、Ni_3S_4 等)、过渡金属氮化物(VN)和一些正极材料(V_2O_5、FeF_3、$LiFePO_4$、$LiMn_{1-x}Fe_xPO_4$、Li_2MnSiO_4),构建不同形貌和结构的石墨烯支撑混合材料,以提高锂离子电池的性能。这种混合材料的合成方法主要分为原位和非原位两种。非原位过程主要是通过使用官能团和/或连接分子对石墨烯片或纳米结构活性材料进行修饰,将预先合成的纳米结构活性电极材料附着或固定在石墨烯片上;而原位合成过程主要是将纳米结构的活性材料生长或沉积到石墨烯片上。石墨烯复合材料的制备关键是使纳米颗粒均一分散在单层或多层石墨烯表面及层间,其改性效果的好坏主要取决于两种材料的混合或复合效果。

如前文所述,除了负极材料外,石墨烯也可应用于锂离子电池正极材料,现有的正极材料的容量有限,仍是制约锂离子电池进一步突破的瓶颈。在过去的几十年里,人们致力于提高现有正极材料的容量和能量密度并探索其可能的替代品,以满足未来电子市场的高功率需求。石墨烯及其衍生物被广泛引入到正极来弥补正极材料的一些不足,如导电性差,电子和离子动力学传输缓慢,低容量和其纳米粒子团聚。

橄榄石结构的 $LiMPO_4$($M = Fe, Mn, Co$ 或 Ni)由于具有高容量、长循环寿命、良好的热稳定性、环保无污染、成本低等特性广泛用作锂离子电池正极材料。然而,这种正极材料具有固有的低离子/电子传输特性,极大地限制它的实际应用。一些研究表明 RGO/$LiFePO_4$ 复合正极材料可在一定程度上提高正极材料的倍率性能。除了改善正极材料的离子/电子传输特性,一些正极材料(例如 $LiMnO_4$)中的溶解也是一个严重的问题,石墨烯的引入则可缓解此现象,与单独的 $LiMn_2O_4$ 相比,$LiMn_2O_4$/RGO 的循环性能和倍率性能都得到极大的改善,该复合物的每圈容量损失仅为 0.19%。

2016 年,华为在第 57 届日本电池大会上推出了业界首个长寿命高温的石墨烯基锂离子电池。该电池采用了具有超强导热性的石墨烯,实现了锂离子电池与环境的高效散热,电池的使用上限温度相比普通的锂离子电池提升了约 10 ℃,此外,电池的寿命也比普通锂离子电池长 2 倍,未来有望应用于基站复杂恶劣的自然环境,也可应用于电动车、无人机等领域,但目前该研究只是有重大突破,目前并没有商用。2019 年,东旭光电在上海发布国内首款石墨烯基叉车锂离子电池,实现了石墨烯基锂离子电池技术从小型化快充电池到大动力电池应用的首次跨越。

3. 石墨烯在燃料电池中的应用

燃料电池,又称电化学发电器,是一种通过氧化还原反应将燃料所具有的化学能直接转化为电能的化学装置,具有高能量转换率、高功率密度、高能量密度、低排放和环境友好等特点。金属铂及其合金是燃料电池中最高效的氧化还原催化剂,但是铂资源成本高,资源有限,无法满足大规模应用的要求。因此,人们迫切寻找具有高催化活性和循环稳定性的非 Pt 基催化剂。全球对于石墨烯的应用主要集中在如何利用石墨烯改进燃料电池的电极催化剂。近期,研究人员证实了高纯度的石墨烯基本上没有任何电化学活性,OER 和 HER 催化效果几乎为零,杂原子(如氮、磷、硼、硫等)掺杂的石墨烯不仅表现出较好的催化活性,而且具有良好的稳定性和长循环性能,可以直接取代金属铂用作燃料电池电极,从而克服了铂电极成本高和催化剂中毒等复杂问题。杂原子掺杂可以在石墨烯的表面产生缺陷,从而将石墨烯的能带隙打开,提高其电化学性能。此外,石墨烯作为新一代催化剂载体,具有高电导率、高比表面积和高稳定性等优异的性质,能和催化剂纳米颗粒进行耦合,而且能可控地组装成三维结构。

4. 石墨烯在锂硫电池中的应用

锂硫电池被视为最具潜力的下一代储能电池之一,通过金属锂(负极)和单质硫(正极)的氧化还原反应($S_8 + 16Li \longleftrightarrow 8Li_2S$),其理论比能量高达 2 600(W·h)/kg,在电动汽车和便携式储能设备上具有巨大的应用潜力。自从 Linda F. Nazar 教授提出将 CMK-3 作为硫宿主材料以来,研究人员重点聚焦的科学问题在于活性物质硫,包括多硫化物的穿梭效应、活性物质体积变化,以及硫及其放电产物的绝缘性、循环过程中活性材料的损失和死硫的形成等。在放电过程中,锂金属负极被氧化形成锂离子和电子,分别通过电解质和外电路到达硫正极。在正极一侧,硫与锂离子和电子反应,还原成硫化锂。充电过程则与这一历程相反。

在放电过程中,

负极:

$$Li \longrightarrow Li^+ + e^-$$

正极:

$$S_8 + 16Li^+ + 16e^- \longrightarrow 8Li_2S$$

在充电过程中,

正极:

$$Li^+ + e^- \longrightarrow Li$$

负极:

$$8Li_2S \longrightarrow S_8 + 16Li^+ + 16e^-$$

列出的反应式看似简单,但是实际的充放电过程要复杂很多,锂硫电池在醚基电解质中通常具有双平台充电/放电电压分布曲线。在放电过程中,硫首先被锂化,形成一系列的中间相长链多硫化物($S_8 \rightarrow Li_2S_8 \rightarrow Li_2S_6 \rightarrow Li_2S_4$),贡献了锂硫电池总理论容量的25%（418 mAh/g）,易溶于醚类电解液,进一步锂化过程中,溶解的长链多硫化物形成短链的硫化物($Li_2S_4 \rightarrow Li_2S_2 \rightarrow Li_2S$),它们以固体的形式重新沉积到电极上,这一过程占据理论容量的75%（1 255 mAh/g）。放电过程与充电过程相反,但中间产物可能不同。总体来说,锂硫电池反应过程中经历了固相→液相→固相的转化,与其他的电池系统截然不同。这也正是锂硫电池更具挑战的部分原因。

锂硫电池的研究始于20世纪60年代,尽管经过了几十年的深入研究,依旧面临着以下几个问题:①单质硫的电子/离子导电性差,室温电导率仅为5.0×10^{-30} S/cm,不利于电池的高倍率性能;②锂硫电池的中间放电产物多硫化物(Li_2S_n,$8 \geq n \geq 4$)易溶于醚基电解液中,活性材料不断溶解于电解液中,放电结束后一部分仍旧溶解于电解液中,并未沉淀到正极形成硫化锂,导致活性物质损失,增加电解液的黏度,降低离子导电性,溶解的多硫化物在正负极之间迁移（Shuttle效应）,溶解的多硫化物会跨越隔膜扩散到负极,与负极发生反应,破坏负极的固态电解质界面膜（SEI膜）,导致锂硫电池在循环过程放电容量低且循环性能差;③最终放电产物Li_2S_n($n = 1 \sim 2$)电子绝缘且不溶于电解液,沉积在硫电极上,会导致电极表面钝化,降低电化学反应动力学速率,此外,循环过程中由于部分硫化锂脱离导电骨架,无法通过可逆的充放电过程反应变成硫或者是高阶的多硫化物,因此容量衰减;④硫和硫化锂的密度分别为2.07 g/cm³和1.66 g/cm³,在充放电过程中有高达79%的体积膨胀/收缩,这种膨胀会导致正极形貌和结构改变甚至粉碎,导致硫与导电骨架的脱离,从而造成容量的快速衰减;⑤电极的单位面积载量一般小于2.0 mg/cm²,且硫质量分数小于70%,在高负载的情况下,硫的利用率和限域效果难以令人满意。石墨烯具有比表面积大、机械强度高、导电性强等优点,同时石墨烯易于功能化,一方面,石墨烯可用作硫正极的导电载体,弥补硫导电性差的缺陷,比如石墨烯泡沫结构可以实现石墨烯与硫在纳米尺度上的均匀复合,可以为硫提供快速且高效的电子传输通道,同时纳米孔可以物理限域多硫化物;另一方面,通过合理的结构设计与表面改性,功能化的石墨烯能够抑制多硫化物的穿梭,B、N、O和S等杂原子上的孤对电子可以与多硫化物形成相对较强的静电吸引（Li键）,使其成为一种理想的硫正极封装材料。2011年,研究人员报道了一种炭黑修饰的石墨烯纳米片包裹聚合物(聚乙二醇)包覆的亚微米硫复合结构用作锂硫电池正极材料,聚乙二醇和石墨烯包覆层可缓解放电过程中硫颗粒的体积膨胀,捕获中间相多硫化物,提高整体的电子导电性,该复合电极的比容量高达约 750 mAh/g,在 0.2 C 循环 100 圈后,容量还能保持在约 600 mAh/g。如图 4.24 所示,Hu 等开发了这一种三维石墨烯膜(GF)/RGO 复合材料(3D GF-RGO),并将其和硫复合后作为锂硫电池的正极材料。该材料兼具石墨烯、RGO 的优势,具有多孔结构、高电导率和充足的活性位点以负载硫,低温热处理后的 RGO 残存一部分含氧官能团,可吸附多硫化物,降低穿梭效应,且该材料解决了电极低单位面积载量和低硫含量等问题,硫负载达到了 14.36 mg/cm^2,硫质量分数高达 89.4%。通过将氧化石墨烯与氨水 200 ℃下共热制得氮掺杂石墨烯,氮原子质量分数为 1.05%,电导率高达 1.02 S/cm,然后用硫代硫酸钠与盐酸反应将硫固定在氮掺杂石墨烯上,组装成复合电极的放电容量约达 854 mAh/g,在 0.4 C 循环 145 圈后电容保留率高达 93%。研究人员通过第一原理计算提出了硫化物(Li_2S_8、Li_2S_6、Li_2S_4 和 Li_2S)和氮原子之间存在极强的 Li-N 相互作用。

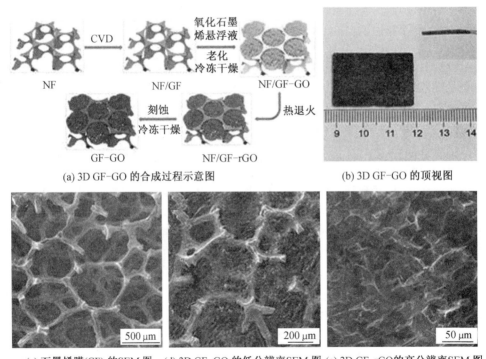

(a) 3D GF-GO 的合成过程示意图   (b) 3D GF-GO 的顶视图

(c) 石墨烯膜(GF) 的SEM 图   (d) 3D GF-GO 的低分辨率SEM 图 (e) 3D GF-rGO的高分辨率SEM 图

图 4.24 3D GF-rGO 复合硫正极

设计新颖的正极结构可以改善 Li-S 电池的整体性能,但这种策略不能完全抑制多硫化物的穿梭效应,并且不可避免地降低了电极的质量/体积能量密度,设计合适的功能化隔膜可以有效抑制多硫化物的穿梭并减轻容量衰减问题。近期,加州大学洛杉矶分校段镶锋教授在 *Joule* 期刊上提出了一种多功能石墨烯复合隔膜的制备方法,如图 4.25 所示,在商用聚丙烯(PP)隔膜上直接涂覆一层还原氧化石墨烯(rGO)/木质素磺酸钠(SL)复合材料。得益于多孔木质素网络中富含带负电荷的磺酸基团,可以通过电荷作用抑制负电性多硫化物离子的转移却不会对 Li^+ 的传输造成影响,实现锂离子的均匀传输。研究人员通过原位拉曼、密度泛涵(DFT)计算和光学显微成像技术证明了该复合隔膜对于对硫化物离子之间存在电荷排斥作用。制得的复合隔膜在循环 1 000 次后容量保持率依旧达到了 74%,该研究对锂硫电池储能体系的实际应用具有极大的意义。

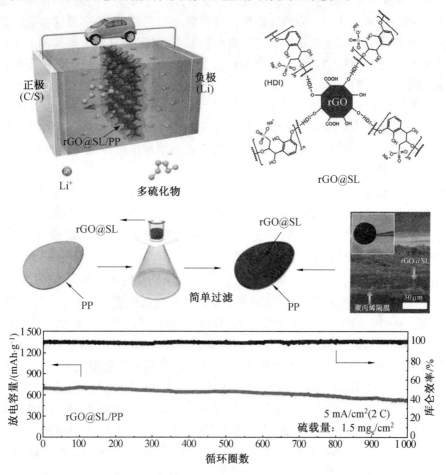

图 4.25 复合隔膜的合成过程示意图及其部分表征

5. 石墨烯在太阳能电池中的应用

太阳能电池是通过光电效应或者光化学效应直接把光能转化成电能的装置。目前广泛应用于太阳能电池透光电极的材料是导电玻璃,如氧化铟锡(Indium Tin Oxide,ITO)和氧化氟锡(Fluorine Tin Oxide,FTO),但 ITO 韧性差、价格昂贵、热稳定性差、污染环境且对红外光谱具有较强的吸收性极大地限制了 ITO 在太阳能够电池透光电极中的应用。石墨烯的表面积大,半导体本征迁移率高达 200 000 $cm^2/(V \cdot s)$,弹性模量约为 1.0 TPa,热传导率约为 5 000 $W/(m \cdot K)$,且透光率达到 97.7%,当石墨烯应用于太阳能电池材料中时,可充分发挥出石墨烯的基本特性。石墨烯在太阳能电池领域的应用主要分为透明电极材料导电电极、催化剂材料、光敏剂和电子传输材料。石墨烯的高透光率(97.7%)、优异的电导率,使其有望成为下一代透明导电电极,替代传统的 ITO 应用于光电子、显示器和光电领域。

6. 石墨烯在钠离子电池中的应用

钠离子电池(SIBs)与锂离子电池有类似的工作机理,但是与锂离子电池相比具有储量丰富(地球上有质量分数约为 2.75% 的钠和质量分数为 0.06% 的锂)和价格低廉等优势。可再生清洁能源风能和太阳能等能量具有间歇运行的特性,要实现这些能源的实际应用就需要大型固定式储能系统能够进行有效的储存和输出,这种大规模的电力存储需要生产大量的电池,材料丰富度、电池成本和安全性便成为主要问题,而钠离子电池可以满足大规模固定式储能系统的需求。此外,钠离子电池的工作温度范围宽($-30 \sim 55\ ^\circ\mathrm{C}$),可适应各种环境,具有高可靠性和安全性。钠离子电池正极材料开采、生产成本仅为锂离子电池的 1/100,从而将钠离子电池的整体成本控制到锂离子电池的 80% 左右。然而,相比于锂离子电池,较大的钠离子半径及其较高的标准电位使得其能量密度较低,循环性能较差。此外,相较于 $\mathrm{Li^+}$,$\mathrm{Na^+}$ 的质量较重。

钠离子电池这一概念于 1970 ~ 1980 年提出,$\mathrm{Na^+}$ 在室温下可以可逆地嵌入/脱嵌 $\mathrm{TiS_2}$。在锂离子电池商业化之前,几家美国和日本的公司试图商业化钠离子电池并设计了钠/铅合金负极和 $\mathrm{P_2}$ 型 $\mathrm{Na_xCoO_2}$ 正极,该电池可循环 300 次,然而平均放电电压却低于 3 V,低于锂离子电池(碳 $\|$ $\mathrm{LiCoO_2}$ 全电池的电压为 3.7 V),更重要的是当时缺乏合适的钠离子电池正极和负极材料,尤其是负极材料,$\mathrm{Na^+}$ 由于具有较大的离子半径($\mathrm{Na^+}$ 的直径约为 $\mathrm{Li^+}$ 的 134%)无法嵌入石墨,因此钠离子电池的研究被搁置了几十年。2000 年,钠离子电池出现了一个巨大的转折,研究结果表明硬碳具有良好的电化学嵌钠行为,可逆电容甚至高达 300 mAh/g,接近石墨电极储锂的容量(约 372 mAh/g)。虽然其较差的循环性能限制了其实际应用,但这一工作为钠离子电池的研究和商业化奠定了基础。2014 年,位于美国宾夕法尼亚州的 Aquion 能源公司实现了氧化锰正极和 $\mathrm{NaTi_2(PO_4)_3}$/活性炭负极。另一个例子来自 2015 年 11 月国家科学研究中心的一份报告,法国几所大学的研究人员在那里设计和制造了第一个能量密度为 80 ~ 90 (W·h)/kg 的 18650 型钠离子电池。近期,研究人员在 $\mathrm{Na_2C_6O_6}$ 正极中实现了 4 个钠离子的存储,其可逆容量高达 484 mAh/g,能量密度为 726 (W·h)/kg,能源效率超过 87%,超过了许多报道的 SIBs 正极候选材料。

尽管钠离子电池具有美好的前景,但目前钠离子电池在储能领域还不够成熟,存在着诸多挑战,例如能量密度低、循环寿命差和首次库仑效率低。钠离子电池的组成和能量存储机理与锂离子相似,但由于离子半径的差异,在概念理解、电极设计和材料合成路线等方面仍存在差异。由于 $\mathrm{Na^+}$ 的半径比 $\mathrm{Li^+}$ 大(0.102 nm vs. 0.076 nm),所以钠离子电池电极材料必须要有更大的层间距以适应更大的体积膨胀和极化。此外,钠元素有着更高的原子质量(23 g/mol vs. 6.9 g/mol)和更高的标准电极电势(Na,-2.71 V;Li,-3.02 V),使得钠离子电池的质量/体积能量密度无法和锂离子电池媲美。

钠离子电池目前的研究主要集中在开发合适的负极材料,硬碳和软碳由于具有较大的容量、性价比高、电势低而受到越来越多的关注,硬碳和软碳都属于无定型碳。结构无

序的硬碳可允许 Na^+ 嵌入/脱出且表现出高容量(约 300 mAh/g)和低的电压平台(0.1 V vs. Na/Na^+),但是其较低的电导率导致其倍率性能和循环性能较差。软碳的石墨化结构可容纳 Na^+ 嵌入/脱出,然而,软碳的比表面积有限,活性位点不足,储钠行为通常较差(低于 150 mAh/g)。正极材料面临着与负极材料相似的问题,层状氧化物(如 Na_2MnO_4、Na_3VO_4 和 $Na_3V_2(PO_4)_3$ 等)需要与导电基底混合或者嵌入导电基底已实现高性能。在此情况下,形态和尺寸可调的高电导石墨烯迎来巨大的机遇。广义的石墨烯具有不同的形态和尺寸,例如石墨烯量子点(GQDs)、还原氧化石墨烯(RGO)、石墨烯膜/纸、垂直取向石墨烯(VFG)、石墨烯气凝胶(GA)和石墨烯泡沫(GF)。

纯的石墨烯是一种六角形蜂巢晶格的二维材料,具有高比表面积、优异的化学稳定性和卓越的电/热导率。然而原始石墨烯片的 Na^+ 存储容量并不高,这是由于石墨烯的层间距太小。因此,增大石墨烯的层间距,获得高钠离子存储容量至关重要。采用改进的 Staudenmaier 方法制备的石墨烯纳米片的层间距可达 0.375 nm,以该材料制得的负极在 5 A/g 的高电流密度下容量高达 105 mAh/g。掺杂 N、B、P 和 S 等异质原子能够进一步增强石墨烯的电化学钠离子存储特性和导电性。杂原子掺杂通常会产生大量的缺陷位点来吸收更多的 Na^+,通过官能团化石墨烯表面来增加其亲水性,从而增强钠的存储能力,此外,功能化石墨烯的电导率增强,有助于提高倍率性能。此外,大量的研究成果证实,掺杂异质原子能够增大碳层层间距,促进钠离子的扩散及存储。研究人员通过煅烧聚苯乙烯/氧化石墨烯核/壳微球和三聚氰胺的混合物制得富氮石墨烯中空球,得益于其高氮掺杂量和中空微球结构,以该材料制得的负极在 10 A/g 循环 8 000 圈后容量达到了 77.8 mAh/g,具有卓越的倍率性能(66.7 mAh/g@ 20 A/g),高于大多数报道的碳材料。即便改性后石墨烯电极的电化学性能得到改善,但与石墨烯基复合电极相比,石墨烯电极的首轮库仑效率差、容量低、体积能量密度也处于劣势。因此,石墨烯更被适合用作导电基底或者涂层,与其他材料相结合组成的复合材料要比石墨烯或者石墨负极的钠存储容量要高得多。

三维石墨烯因其自身良好的导电性和机械性能以及超高的比表面积,不仅可以直接用作自支撑电极材料,还可以作为基底以负载其他活性材料得到复合电极材料。钠离子电池负极合金及转换型材料能够在钠电中表现出非常好的倍率性能,比如 Sn、Pb、Bi 的合金和 Si、Ge、P 准金属及其氧化物、硫化物、磷化物和硒化物等,然而此类电极材料导电性差,在充放电期间容易发生巨大的体积变化,材料易粉碎和聚集,导致电池倍率性能和循环寿命差,为了解决这一问题,目前常用的策略为活性材料纳米化或者将活性材料与其他导电框架(如碳材料)复合,石墨烯的引入能够有效缓解电极材料的体积膨胀和聚集问题,从而提高电极材料的倍率和循环性能。因此,石墨烯基纳米复合材料被认为是最有希望的钠离子电池电极材料之一。

第5章 石墨烯超级电容器

5.1 超级电容器简介

在能源短缺和环境恶化问题日益严重的今天,人类越发关注风能、太阳能、水能、海洋能等新型清洁可再生能源,这类能源取之不尽、用之不竭,对环境无害或危害极小,而且资源相对分布广泛,满足就地开发利用。但是,可再生能源本身受外界环境的限制,决定了这些新型可再生能源的发电方式往往受到气象、季节或本身所处地域的影响,在工作时性能输出具有明显的不稳定性,如风能和水能发电受地理环境的影响,太阳能在阴天时发电效率下降,夜间无法工作。同时,因为受外界环境的影响,这些可再生能源的发电波动较大,这对这些技术的大规模应用产生了一系列负面效应,很大程度上影响了该领域技术的进一步发展。因此,为了有效存储这些可再生能源产出的电量并按需供应,发展新型高效储能器件被认为是可再生能源普及的重要支撑技术,受到了各国政府及科研工作者的高度关注。

目前,镍氢电池、镍铬电池和锂离子电池受到了广泛的关注,最主要的原因是这类二次电池能量密度较高(锂离子电池大于 100 $(W \cdot h)/kg$。然而在实际应用的过程中,功率密度较低、充电速率较慢以及长时间使用失效等问题都极大地限制了其应用。传统电容器,如铝、钽等物理电容器,虽然具有快速充放电、循环寿命长等优势,其较低的能量密度不能满足日益增长的储能需求,限制了其在消费类产品中的应用。超级电容器,又被称为电化学电容器,是介于传统电容器和二次电池之间的先进电化学储能技术。比传统电容器更能满足高储能要求。同时,相比于锂离子电池等二次电池,其具有更高的功率密度和超过 10 万次的循环使用寿命。此外,超级电容器优异的快速充放电性能使得其可以互补使用在电动汽车启动、制动或上坡、下坡等场合,即启动放电、制动充电、上坡放电、下坡充电。超级电容器被认为是最有前途的电化学能量存储装置之一,能量转化效率高,环境友好,使用安全,具有替代能量存储应用电池的潜力,即用于可穿戴和便携式电子,电动和混合动力车辆等。目前,世界各国在超级电容器材料及应用相关领域投入了大量的研究精力。美国和俄罗斯专门投入资金设立了超级电容器的发展和管理机构,这一系列举措加速了超级电容器在世界范围内的进一步发展。随着经济的发展,我国已经成为世界第一大汽车生产国和消费国,石油资源的消耗快速增长,带来日益严重的能源危机问题和环境恶化问题。超级电容器作为新型高效环保储能器件,对可持续发展具有非常重要的意义。目前,国家已经明确把新能源汽车(纯电动汽车和燃料电池汽车)作为进一步的发展战略来实现节能减排。超级电容器作为纯绿色储能装置,满足了新能源发展和环境保护等方面的需求,展现出多层次的实际应用价值。

　　超级电容器的发展历史即电荷存储机制的发现历程。第一个电容器名为"Leyden jar"（莱顿瓶），它的出现可以追溯到 18 世纪中叶，由德国牧师 Ewald Georg Von Kleist 于 1745 年和荷兰科学家 Pieter Van Musschenbroek 于 1946 年各自发明。包括两块金属箔、水和一个玻璃罐内的导电链，如图 5.1 时间线中的莱顿瓶原理图所示，可以通过旋转玻璃罐产生静电。在此设计的基础上，后人提出了固态电极和液态电解液的界面处存储静电的概念。实际上，双电层初始概念的确立比 1880 年发明电池早 100 多年。

图 5.1　超级电容器开发的历史时间线

　　直到 19 世纪，人们对静电的性质仍然知之甚少。1853 年，Von Helmholz 首先研究了电容器中的电荷储存机制，并通过研究胶体悬浮液建立了第一个双电层模型。在 19 世纪和 20 世纪初期，一些界面电化学家 Gouy、Chapman、Stern、Grahame 等发展了两个金属电极和液体电解液之间的界面上的现代双电层电容理论。尽管自 20 世纪初以来，电双层电容的基本概念已为人所知，但是直到 1954 年通用电气的 Becker 才申请了第一个电化学电容器专利。该专利首次描述了水系电解液中多孔碳电极的能量存储装置，其在界面双电层中储存电能。但是，这项专利从未商业化。第一个非水系电解液电化学电容器是由俄亥俄州标准石油公司（SOHIO）的 Robert Rightmire 发明的。根据非水系电解液的较宽分解电压，相比于 Becker 的水系电化学电容器，该专利中描述的系统可以提供更宽的工作电压（$3.4 \sim 4.0$ V）和更高的能量密度。1978 年，日本电气公司（NEC）在获得 SOHIO 技术许可后，首先将一种名为"Super Capacitor"的电化学电容器商业化，这是现在广泛研究的超级电容器的原型。然后，NEC 成功开发了电化学电容器应用市场，即用于时钟芯片和电子产品内部的互补金属氧化物半导体（CMOS）存储器的备用电源，这仍然是当前超级电容器的主要应用之一。1971 年，基于过渡金属氧化物 RuO_2 发现了一类新的电化学电容器，称为赝电容超级电容器，其储能过程涉及法拉第过程。虽然 RuO_2 薄膜电极电荷存储机制本质上是法拉第性质的，但 RuO_2 的循环伏安图（CV）表现出一种矩形形状，表明了其典型的电容行为。赝电容超级电容器的发现开辟了一种提高电化学电容器电荷存储能力的新方法。在这一发现的基础上，Pinnacle 研究所（PRI）在 20 世纪 80 年代开发了一种基于钌/钽氧化物赝电容的高性能超级电容器，将其命名为 PRI 超级电容器。然而，由于贵金属钌价格昂贵，PRI 超级电容器仅用于军事领域，如激光武器和导弹发射系统。1989 年，美国能源部（DOE）开始支持高能量密度超级电容器的长期研究，用于电动传动系统，作为电动和混合动力汽车计划的一部分。之后，目前国际领先的超级电容器制造公司 Maxwell Technolgies 与美国能源部签订合同，开发高性能超级电容器，用于电动或混合动力汽车中的能量传输系统，其中超级电容器与燃料电池共同起作用，从制动过程中收集能量并在加速时释放电能。

　　超级电容器受到广泛研究可以通过图 5.2 进行直观说明，图 5.2 所示为几种典型的能量储存和转化器件的能量密度和功率密度关系图，称为 Ragone 图。锂离子电池具有高能量密度(接近 180（W·h）/kg)，目前广泛用于消费类电子产品。然而，缓慢的电子和离子传输过程中会产生大量损耗，因此电池在高功率运行时会产生热量和形成枝晶，从而导致严重的安全问题。一些由此引发的事故也广为人知，包括特斯拉制造的电动汽车和波音制造的梦想客机。超级电容器弥补了电池和传统电容器之间的空缺，可以在很低的能量密度下达到极大的功率密度，显著高于锂离子电池等低功率装置。

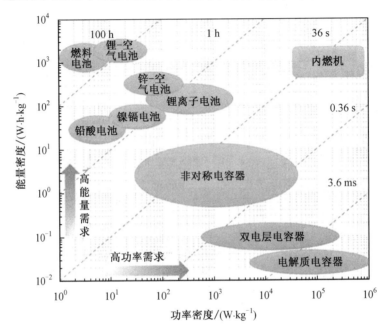

图 5.2　不同储能设备的 Ragone 性能对比图

目前，已有各种各样的超级电容器可供使用，每种类型的超级电容器都有其独特的特性和目标应用。例如，用作重载卡车或起重机的高功率电源，可提供超大电流的电力；用作车辆的启动电源，稳定性显著高于现在应用的铅蓄电池；用作车辆或电车的牵引能源，可以替代传统内燃机；用作军事设备，可应用于激光武器的脉冲能源，也可作为战车的启动电源，保证寒冷天气下使用稳定。正因为超级电容器扬长避短的特性，使其具有广泛的应用前景，世界各地的超级电容器公司，如 Nesscap（韩国）、ELTON（俄罗斯）、Nippon Chemicon（日本）和 CAP-XX（澳大利亚）一直在开发和生产具有广泛应用前景的超级电容器。美国 Maxwell、日本松下和 NEC 等公司凭借长期的研究积累，占据大部分民用超级电容器设备的市场。从技术水平而言，俄罗斯走在世界的前列，生产的产品均一性和稳定性均具有非常好的保证。为了减轻对石油进口的依赖，解决环境问题，国内超级电容器产业也受到了重视，目前国内已经有 50 余家公司从事大容量超级电容器的研究工作，其中 10 余家公司已经可以达到实用化水平并实现大批量生产。

总结来说，超级电容器与传统电容器及二次电池相比，具有以下几个优点：

（1）高功率密度和能量密度。

从储能机理上解释，超级电容器不仅可以在电极和溶液接触的界面处发生电荷储存过程，在电极材料内部也可以进行氧化还原反应储能，因此超级电容器可以展现出极高的功率密度(500~20 000 W/kg),远远高于二次电池的功率密度。同时,超级电容器能量密度可以达到10 (W·h)/kg,是传统电容器的100倍以上。

(2)充放电速率快。

超级电容器在使用中可以使用大电流进行充放电过程,整个过程耗时较少,可在几十秒内快速充电,比传统二次电池快几十倍以上。

(3)使用寿命长。

超级电容器在充放电过程中对电极材料的结构破坏较小,电化学可逆性好,因此通常可以稳定循环工作超过10万次。

(4)漏电流小。

超级电容器在充满电的情况下,内部不会发生额外的电化学反应,漏电电流十分微弱。这说明超级电容器具有优异的储能性能,经过长时间储存后,仍旧可以保留原有的性能指标。

(5)安全性高。

超级电容器所使用的电极材料和电解液材料在大部分情况下是安全无毒的,对环境基本没有污染。与此同时,超级电容器在使用的过程中不需要拆开维护,进一步保证了安全性。

(6)可组装,容量大。

单一超级电容器经过串联或并联后,可以满足不同能量转换器件的实际需求,具有很广泛的应用前景,因此对超级电容器领域的应用探索具有显著的意义。

5.2 超级电容器分类及工作原理

超级电容器是一类基于快速静电或法拉第电化学过程的储能装置。电荷主要存储在活性材料的电极-电解液界面,例如高比表面积的多孔碳、金属氧化物或导电聚合物。它们由浸在电解液中的一个正极和一个负极组成,并通过离子可通过的电子绝缘的隔膜分开。虽然电荷存储机制和原理与传统电容器大体相似,但超级电容器的比电容和能量密度比常规电容器增加了100 000倍甚至更大。这是由高表面积的活性电极材料、纳米尺寸的电极材料结构设计和快速法拉第反应产生的额外赝电容结合而实现的。因此,每个超级电容器甚至具有数千法拉的容量,远高于传统电容器存储的微法或毫法拉。

与电池相比,超级电容器可在数秒或数分钟的时间内提供更快的充电和放电速率,且能耗更低。除了高功率密度外,超级电容器还具有一些优于电池的优点,例如操作安全性高,循环寿命长,效率高和性能稳定性高。将超级电容器与电池区分开来的另一个主要电化学特性是,在恒定电流充电时,随着电荷存储(释放),电压始终线性增加(放电时减小),如图5.3所示。对电压扫描的响应,超级电容器通常显示出与电压无关的电容。因此,超级电容器的CV曲线应保持矩形,而在充/放电过程中电流几乎恒定。相反的,电池的CV曲线则应显示明显的峰,具有明显的法拉第反应。超级电容器的恒电流充/放电(GCD)曲线呈现具有恒定斜率值的斜线。相比之下,电池通常在恒定电压阶段表现出相对平坦的充/放电平台。同时,对于需要恒定输出电压的应用,超级电容器需要与DC-DC

转换器集成,以调节和稳定输出电压。电荷存储机制的差异还导致存储在这两种类型电极中能量的定义和单位(电容与容量)不同。

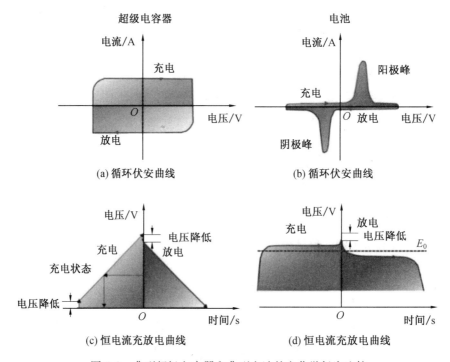

图5.3 典型超级电容器和典型电池的电化学行为比较

比电容值可以用来评价电容型电极存储电荷的能力,在给定电压下为常数,可以使用式(5.1)估算,即

$$C = \frac{-\Delta Q}{-\Delta U} \tag{5.1}$$

式中 ΔQ——存储的电荷量;

ΔU——施加在电极上的电压。

比电容值 C 可以通过特定电压窗口内的电荷存储能力来计算,该电压存储能力以法拉(F)为单位。同时,电池的容量是基于法拉第反应的电极的电荷存储量,以库仑(C)或 mAh表示。

超级电容器根据不同的储能机理可以分为两大类,双电层电容器和法拉第赝电容超级电容器。双电层电容器的储能主要是物理吸附过程,通过电极和电解液之间的界面吸引离子和电子来储存电荷;赝电容超级电容器主要是通过电极材料和电解液之间的法拉第反应储存能量。从器件的角度考虑,除了按储能机理进行分类,超级电容器还可以根据正负极材料进行分类,正负极材料储能机理相同的为对称超级电容器,正负极材料不同的则为非对称超级电容器。下面具体介绍不同种类超级电容器的储能机理及特点。

5.2.1 双电层电容器

当导电子的电极浸入导离子的电解液溶液时,由于电极–电解液界面处的电荷聚集而自发形成双电层。双电层电容器(Electric Double Layer Capacitor,EDLC)是最简单且最商业化的超级电容器,电荷静电吸附在电极和电解液之间的界面处,可以实现电荷的物理存储。EDLC 具有一个重要特征,在电极和电解液的界面之间没有电荷转移发生,即不发生法拉第过程。EDLC 的比电容很大程度上取决于电极材料的可接触表面积和表面性质。EDLC 电极的电容一般可根据式(5.2)估算,即

$$C = \frac{\varepsilon_r \varepsilon_0}{d} A \tag{5.2}$$

式中 ε_r——与所用液体电解液有关的相对介电常数;

ε_0——真空的介电常数;

A——电解液离子可接触电极的有效表面积;

d——双电层之间的有效电荷分离距离,即德拜长度。

根据物理吸附过程可知,双电层的形成和弛豫发生在非常短的时间范围内,约为 10^{-8} s,这远远小于氧化还原反应发生的时间范畴($10^{-4} \sim 10^{-2}$ s)。EDLC 的充电/放电过程仅涉及电荷重排,没有任何法拉第反应。因此,双电层可以立即响应电压的变化。

EDLC 之所以可以比传统介电电容器存储更多的电能,因为它们的有效表面积比纳米级电荷分离距离高出几个数量级。碳基材料,从商业活性炭、碳气凝胶、硬碳,到碳纳米材料,如碳纳米管和石墨烯都是用于 EDLC 的最广泛使用和研究的活性材料,因为它们具有高比表面积,理想的电化学稳定性和对电解液离子的开放孔隙。通常来说,双电层的有效厚度在 0.51 nm 的范围内,这取决于电解液离子和溶剂化层的浓度和尺寸。基于电解液介质的相对介电常数和碳基体系有效的双电层电容,碳基材料的比电容通常在 10 ~ 21 μF/cm² 之间。理论上,碳基材料由于高比表面积(1 000 ~ 3 000 m²/g)可以达到 300 ~ 550 F/g 的理论双电层电容。然而试验表明,由于导电性的限制以及结构上没有完全发挥高比表面积的优势,纯碳基 EDLC 实际可实现的比电容通常在 100 ~ 250 F/g。因此,基于 EDLC 电极材料的商用超级电容器的能量密度通常为 3 ~ 10 (W·h)/kg。

5.2.2 赝电容超级电容器

与 EDLC 相反,赝电容电极材料通过法拉第过程存储电荷,法拉第过程涉及电化学活性材料表面或近表面附近的快速、可逆氧化还原反应。这种机制与电子转移导致电极材料的价态变化有关。二氧化钌(RuO_2)是最早研究具有赝电容行为的电极材料。在 RuO_2 薄膜电极上通过电荷转移反应实现的电荷存储是一种法拉第反应,其 CV 曲线也呈现接近矩形的形状,这是典型的电容特性。术语"赝电容"通常用来形容一些电极材料,其电化学特征是电容性的,但电荷存储是由跨越双电层电荷的法拉第反应实现的。这个法拉第过程来自于快速可逆的表面氧化还原热力学过程,但电容来自于电量(ΔQ)与电位变化(ΔU)之间的线性关系。通常对赝电容有贡献的活性位点在金属氧化物表面附近,距离远小于 $(2Dt)^{1/2}$,其中 D 是电荷补偿离子的扩散系数(cm^2/s),t 是扩散时间范围(s)。与 EDLC 中单纯的静电作用以及电池型材料中法拉第反应主导的固态扩散相比,赝电容的能量存储表现出介于二者的中间电化学行为。EDLC 和不同类型的赝电容电极的电荷存储机制示意图如图 5.4 所示。

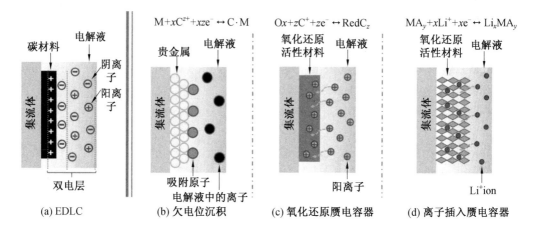

图 5.4 EDLC 和不同类型的赝电容电极的电荷存储机制示意图

不同的法拉第机制可以产生图 5.4(b)~(d)所示的电化学电容特征:①欠电位沉积,离子在金属-电解液界面上的沉积,发生在低于其可逆氧化还原电位的电位下(例如,Pt 上的 H^+ 或 Au 上的 Pd^{2+});②氧化还原赝电容,在法拉第氧化还原体系中(例如,RuO_2 或 MnO_2,以及一些导电聚合物),一定程度上还原产物的转化被电化学吸附到氧化产物的表面或近表面上(反之亦然);③插层赝电容,其中离子嵌入氧化还原活性材料中,晶体不发生相变,与电池的区别是这一反应过程发生在近 EDLC 的时间尺度,典型的电极材料是 Nb_2O_5。

众所周知,欠电位沉积用于在贵金属催化剂(包括 Pt、Rh、Ru 和 Ir)上吸附氢原子,以及金属阳离子的电沉积,其电位低于阳离子还原的平衡电位。该过程可由式(5.3)描述,即

$$M+xC^{z+}+xze^- \longleftrightarrow C \cdot M \tag{5.3}$$

式中 C——被吸附的原子(例如,H 或 Pd);

  M——贵金属(例如,Pt 或 Au);

  x——吸收原子的数量;

  z——被吸附原子的化合价,因此 xz 是转移的电子数。

施加的电压应低于阳离子氧化还原电位。例如,在 Pt 上欠电位沉积氢时,电位应该对可逆氢电极电位是正的。在这种情况下,可以实现非常高的比电容(约 $2\,200\ \mu F/cm^2$)。值得注意的是,对电极材料来说,充电和放电具有良好的动力学可逆性是获得赝电容材料高功率密度的主要因素。然而,赝电容超级电容器电极材料的工作电压范围通常很小,通常在 $0.3\sim0.6\ V$ 电压区间内,并且电容值可能取决于欠电位沉积过程。因此,相比于其他赝电容储能机理,其能量密度十分有限。

基于氧化还原反应的赝电容,利用氧化物质 O_x(例如 RuO_2、MnO_2 或 p 型掺杂导电聚合物)和还原物质 Red(例如 $RuO_2-z(OH)_z$、$MnO_2-z(OH)_z$ 或 n 型掺杂的导电聚合物)之间的氧化还原反应来实现。这些反应通常被描述为阳离子在氧化物质上的电化学吸附,随之发生的是跨越电极-电解液界面的快速可逆的电子转移,如式(5.4)所示,即

$$O_x + zC^{z+} + ze^- \longleftrightarrow RedC_z \tag{5.4}$$

式中　C——表面吸收的电解液阳离子 $C^+(H^+、K^+、Na^+、\cdots\cdots)$；

　　　 z——转移的电子数。

在这种氧化还原赝电容器系统中可达到的最大电容约为 5 000 F/cm^3，具体取决于反应物离子和反应物位点密度。这远大于高比表面积碳双电层电容器可达到的最大理论电容量(约 825 F/cm^3)。

在离子插入/嵌入层状晶体材料的情况下也可发生赝电容，如式(5.5)所示，即

$$MA_y + xLi^+ + xe^- \longleftrightarrow Li_xMA_y \tag{5.5}$$

式中　MA_y——层-晶格插层主体材料(例如，Nb_2O_5)；

　　　 x——转移的电子数。

插层伴随着金属离子价态的变化以保持电中性。对于阳离子插层赝电容超级电容器，电化学性能表现为介于锂离子电池和超级电容器之间的"过渡"行为。这两个过程之间的主要区别在于：插层赝电容的特征包括几个类似电容器的电化学特征，例如，快速离子传输动力学、短充电时间、高倍率性能和长循环稳定性，而电池材料受到固态扩散的限制，导致功率密度较低。由于离子插层赝电容材料相对高的电容、宽的电位窗口和良好的倍率性能，自发现以来已引起越来越多的关注。为了确定离子嵌入型赝电容的起源，研究人员已经开始区分"本征"与"非本征"赝电容材料。本征赝电容材料的赝电容电荷存储特性与它们的晶粒尺寸或形态无关。有趣的是，在块体状态下表现为扩散控制型容量的一些电池类材料，常见的如 $LiCoO_2$ 和块体 V_2O_5，也可以在颗粒尺寸减小到纳米尺寸时表现出赝电容行为。这种材料被认为是非本征赝电容材料。因此，即使相同类型的材料也可根据其粒径的不同具有赝电容或电池型的能量存储特性。

总体来说，对于离子嵌入型电荷存储体系，全部存储的电荷可以分为 3 个部分：①来自固态扩散主导的离子嵌入过程的法拉第贡献；②表面上的法拉第电荷转移；③静电离子吸附/解吸的非法拉第 EDLC 贡献。因此，有必要区分电容贡献和锂离子嵌入过程存储的电荷。尽管赝电容材料中的电荷存储过程本质上是法拉第的，但电容特征(例如，电荷存储与电位窗口之间的线性关系)是用于区分赝电容电荷存储过程与离子嵌入过程的重要动力学特征。

为了区分赝电容和离子嵌入材料的电荷存储机制，以低扫描速率 CV 测试结果作为电流响应与扫描速率的关系，电荷储存机理可以用式(5.6)来表征，即

$$i = av^b \tag{5.6}$$

式中　i——特定扫描速率 v 下获得的电流；

　　　 $a、b$——可调参数。

对于严格的离子嵌入型法拉第反应，离子嵌入受到固态离子扩散过程的限制。因此，伏安电流 i 应与扫描速率的平方根成比例。其关系可以用式(5.7)来描述，即

$$i = nFAC \cdot D^{\frac{1}{2}} v^{\frac{1}{2}} \left(\frac{\alpha n_a F}{RT}\right)^{\frac{1}{2}} \pi^{\frac{1}{2}} \chi(bt) \tag{5.7}$$

比较式(5.6)和式(5.7)，当斜率 $b = 1/2$ 时，则满足 Cottrell 方程(式(5.8))，即

$$i = av^{1/2} \tag{5.8}$$

因此,电流响应表示在离子嵌入型材料中发生半无限扩散主导的电荷存储过程。

对赝电容电极材料来说,电容型电流响应与扫描速率呈线性关系($b = 1.0$),即

$$i = vC_dA \tag{5.9}$$

式中　C_d——电容。

在这种情况下,电荷存储的特征表现为类似电容器的行为。Wang 等人利用该方法讨论了锐钛矿相 TiO_2 的电容贡献。图 5.5(a)所示为从 10 nm TiO_2 膜的 CV 曲线计算得到的 b 值。公式 $\lg i = \lg a + b \lg v$ 可以根据式(5.6)导出,因此不同电势下的 b 值总是可以根据 $\lg i$ 关于 $\lg v$ 直线的斜率计算,如图 5.5(a)插图所示。在 CV 曲线的峰值电位 1.70 V 处 b 值为 0.55,表明电流的主要贡献来自固态扩散控制的嵌入。在其他电位下,b 值在 0.8 ~ 1.0 的范围内变化,这说明电荷存储主要由赝电容过程产生。

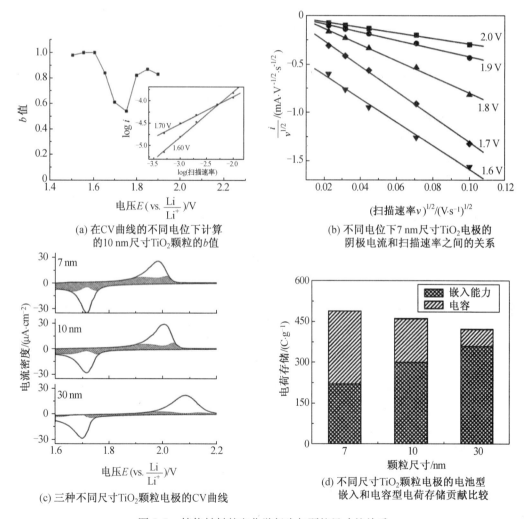

(a) 在CV曲线的不同电位下计算的10 nm尺寸TiO₂颗粒的b值

(b) 不同电位下7 nm尺寸TiO₂电极的阴极电流和扫描速率之间的关系

(c) 三种不同尺寸TiO₂颗粒电极的CV曲线

(d) 不同尺寸TiO₂颗粒电极的电池型嵌入和电容型电荷存储贡献比较

图 5.5　储能材料的电化学行为与颗粒尺寸的关系

在基于先前研究和 CV 结果的相关分析中,给定电位处的电流是由电容贡献和扩散控制的锂离子嵌入引起的两种类型的电荷存储贡献的总和。伏安电流 i 可以通过

式(5.10)分成两部分,即

$$i = k_1 v + k_2 v^{1/2} \tag{5.10}$$

式中 $k_1 v$、$k_2 v^{1/2}$——对应于来自电容过程的电流贡献(包括赝电容和 EDLC)和扩散控制的离子插入过程。

可以将式(5.10)写为

$$\frac{i(V)}{v^{1/2}} = k_1 v^{1/2} + k_2 \tag{5.11}$$

试验上,可以从采用不同扫描速率(v)的 CV 测试中获得不同电位的电流值,然后在不同的电位(2.0、1.9、1.8、1.7、1.6 V)处得到 $i(v)/v^{1/2}$ 与 $v^{1/2}$ 的直线图,其斜率和 y 轴截距即为 k_1 和 k_2 值,如图 5.5(b)所示,CV 曲线扫描速率为 0.5~10 mV/s。在这种情况下,电位范围在 1.6~2.0 V 之间,这涵盖了氧化还原反应峰的区域。之后,很容易区分电容($k_1 v$)和扩散控制($k_2 v^{1/2}$)贡献之间的关系。图 5.5(c)所示为 3 种不同 TiO_2 颗粒尺寸电极的 CV 曲线,扫描速率为 0.5 mV/s,灰色区域表示电容电流贡献与 CV 曲线中的总电流的比较。图 5.5(d)所示为不同 TiO_2 颗粒尺寸电极的电池型嵌入和电容型电荷存储贡献比较,在 7 nm、10 nm 和 30 nm 尺寸的 TiO_2 基电极中电容贡献分别占存储的总电荷的 55%、35% 和 15%。显然,相比之下,较小尺寸的 TiO_2 纳米颗粒具有更高的电容贡献率。这表明活性表面积暴露越多、离子扩散距离越短,会导致离子嵌入过程更快,存储系统中电容性电荷贡献越多。

值得注意的是,这些与赝电容行为有关的讨论仅仅适用于单个电极。当将双电层电容型电极与赝电容电极组合时,很难区分电极是属于赝电容还是电池型机制。当离子插层型电极与双电层电容电极组合时,CV 曲线仍可能呈现近似矩形的形状。

5.2.3 电容式非对称超级电容器与混合电容器

与赝电容行为的定义不同,关于"非对称"和"混合"的讨论仅针对器件,而不是单个电极。普遍的观点认为,混合电容器描述了两个电极具有两种不同电荷存储机制的情况:一个为双电层型,另一个为赝电容型。理论上,非对称超级电容器的覆盖范围更广,它包括两种不同的电极材料(这意味着如果活性材料具有不同的电荷存储机制或者电极材料上具有不同比例的氧化还原活性位点,其中就可以包含混合电容器),不同的氧化还原活性电解液,或者仅仅含有具有不同表面官能团的 EDLC 碳材料。在任何情况下,毫无疑问混合超级电容器是一种特殊的非对称电容器。此外,由法拉第电极(例如,$Ni(OH)_2$ 或 Co_3O_4)和碳电极组成的器件代表一种典型的混合电容器器件。

图 5.6 所示为电池、非对称超级电容器和混合电容器的相应 CV 和 GCD 曲线。在图 5.6(a)和(d)中,两个电极和一个完整器件的 CV 和 GCD 曲线均表现出明显的法拉第峰和充/放电平台。相比之下,对于非对称超级电容器,两个电极都显示电容特性,从而产生理想的矩形 CV 曲线,且整个器件显示出三角形的 GCD 曲线(图 5.6(b)和(e))。完全基于电容型电极的非对称超级电容器的电化学性能可以根据从 $\Delta Q / \Delta U$ 计算得到的电容来评价。对于混合电容器,双电层型和离子插层电极都已组装成一个器件。尽管其中一个电极是有明显氧化和还原峰的电池型电极,整个器件的 CV 和 GCD 曲线却表现出更多类

似电容的行为,但与理想电容特性有明显偏差,如图5.6(c)和(f)所示。在这种情况下,使用式(5.1)($\Delta Q/\Delta U$)评价混合电容器的电化学性能可引起误差。

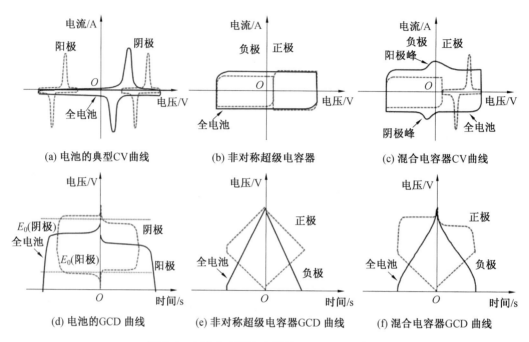

图5.6 电池和不同电容器的 CV 和 GCD 曲线

5.2.4 电解液

通常,超级电容器中使用的电解液可分为3种类型:①水系电解液,例如 Na_2SO_4、KOH、LiCl 等;②有机电解液;③离子液体(IL),纯液态盐。电解液是决定超级电容器工作电压的关键参数之一。倍率性能和循环性能不光受到电极材料自身性质的影响,电解液离子电导率和电化学稳定性也会显著影响倍率性能和循环性能。含水电解液可分为酸(例如 H_2SO_4)、碱(例如 NaOH)和中性(例如 Na_2SO_4)电解液。它们通常具有高离子电导率(高达约 1 S/cm)、低成本、易操作性和不燃性的优点。由于水系电解液具有更好的电子传导性,更高的介电常数和更大的电解液离子可浸润表面,因此相同的电极可以在水系超级电解液中获得更高的电容。然而,由于水的热力学稳定窗口小且在长期循环使用期间稳定性和耐久性不足,因此仍存在电压范围的限制(通常小于水的分解电压(1.23 V))。此外,在选择碱性或酸性电解液时,需要特别注意集电极的选择以避免腐蚀。虽然水系超级电容器电压窗口小,很难实现较高的能量密度,但在大功率密度、低成本、优异的安全性等方面仍表现出大规模应用的优势。

近年来,一些研究报道中性水系电解液可能具有 1.6~1.9 V 的宽电位窗口,这明显超过了水分解电压的理论极限。如此高的工作电压是由于在中性水系电解液中较高的析氢(H_2)过电位和 OH^- 产生电位。根据能斯特方程($E_{red} = -0.059$ pH),当 pH 增加时,电位值将会降低。

　　虽然早期的超级电容器使用水系电解液,但有机电解液和基于 IL 的超级电容器目前在商业市场中占据主导地位,因为它们的工作电位通常分布在 2.5 ~ 2.8 V 和 3.5 ~ 4.0 V 之间,具有较宽的电压区间,可以充分满足有高输出电压需求的能量存储器件,同时宽电压窗口可以显著提高超级电容器的能量密度。在实际应用中,高电压区间的超级电容器可以显著减少所需的串联器件数量。值得注意的是,有机电解液和 IL 的电化学稳定电位窗口取决于几个关键因素,包括溶剂、导电离子的类型(即阳离子和阴离子)和杂质,尤其是痕量的水。

　　在不同类型的有机电解液中,乙腈(ACN)和碳酸丙烯酯(PC)是两种最常用的溶剂。ACN 是一种非常好的电解液溶剂,因为它可以溶解大量的电解液盐,并且可以提供比任何其他有机溶剂更好的离子导电性,但是 ACN 具有较大毒性,会在电池的制造和回收过程中带来环境污染问题。相比之下,PC 作为溶剂更加环保,同时可以提供更大的电压窗口、更宽的可用温度区间和相对优异的离子电导率。对于有机电解液来说,水分含量的要求非常严格,需要保持在 0.000 3% ~ 0.000 5% 以下,否则将导致性能严重下降,甚至带来安全隐患。

　　IL 具有一系列特性,包括低蒸气压、低可燃性、高化学稳定性和热稳定性,以及 2 ~ 6 V(通常为 4.5 V)的宽电化学电位窗口。虽然其离子电导率低于水系和有机体系,约 10 mS/cm,但仍然可以满足要求。这些特性使 IL 在高性能超级电容器电解液的应用中展现出巨大优势。作为一种无溶剂的电解液系统,IL 中没有溶剂化层的存在。

　　当超级电容器使用有机电解液或 IL 时,仍然有一些问题需要特别关注。一方面,与水系电解液相比,有机电解液和 IL 通常具有较低的离子电导率和较高的黏度,会阻碍离子浸润;另一方面,由于非水系电解液的离子电导率比水系电解液低至少一个数量级,因此超级电容器的内阻更高。超级电容器若使用有机或基于 IL 的电解液,电容通常不超过 200 F/g,并且功率密度相对较低。同时,IL 的高成本以及有机电解液的高可燃性、挥发性和毒性进一步限制了非水系超级电容器的发展。对非水系超级电容器来说,当施加的电压高于稳定电位窗口时,可能发生电解液分解和电极材料氧化等副反应,会分解逸出一些气体,例如正极的 CO_2 和/或 CO 以及负极的 H_2、丙烯、CO_2 和/或 CO。这些副反应会加速电解液的失活以及电极材料的老化,甚至使超级电容器损坏。通常情况下,为了确保超级电容器的正常使用,有机电解液通常需要在严格的环境中进行复杂的纯化和组装过程,其中氧气和水分杂质的量更是需要严格控制。

5.2.5　电压窗口的热力学和动力学因素

　　表征赝电容要从考虑电势 E 与电极/电解液界面上产生电荷之间的关系开始,即

$$E \approx E^0 - \frac{RT}{nF}\ln\left(\frac{X}{1-X}\right) \tag{5.12}$$

式中　E^0——氧化还原的标准电势;

　　　　R 和 T——理想气体常数和温度;

　　　　n——转移的电子数;

　　　　F——法拉第常数;

　　　　X——电荷覆盖率分数。

因此,在充/放电过程中,赝容电极的实时电势随着有源电极表面的电荷覆盖率分数 (X) 的变化而变化。根据式 (5.13),可以在 E 与 X 呈线性关系的电势范围内定义电容为

$$C = \left(\frac{nF}{m}\right)\frac{X}{E} \tag{5.13}$$

式中　　m——活性物质的分子量。

　　　　E 与 X 的曲线可能不是线性的。当假设 X 为 1 时,可以根据式 (5.13) 计算赝电容材料的理论电容。

　　　　尽管对电势和赝电容的热力学分析很重要,但动力学因素对电压窗口和电化学性能同样重要。由于赝电容涉及法拉第反应,因此必须考虑导致赝电容材料发生极化的动力学因素。3 种不同的极化效应分别为:①伴随法拉第电荷转移过程的活化极化;②与电解液中的电子和离子阻抗以及集流体和活性材料之间的接触电阻有关的欧姆极化;③由电化学过程中的质量传输引起的浓差极化。基于这些极化过程和/或表面氧化还原反应的影响,钝化层总是在电极材料和电解液的界面处形成。该钝化层可能对活性材料的电位窗口和比电容产生重大影响。

　　　　图 5.7(a) 所示为一些常见电极材料的氧化还原电位窗口,有助于研究人员确定合适的电极材料和合适的电解液,以获得高性能的非对称超级电容器。值得注意的是,电压窗口可能随电解液(pH 或离子类型)或活性物质结构(晶相或粒径)的不同而变化。理论比电容也可能不是最大电容,尤其是对于某些多孔,具有高比表面积的法拉第赝电容电极材料。由于氧官能团可发生法拉第反应,碳超级电容器可以表现出 1% ~ 5% 的赝电容特性,根据其氧官能团的量,某些活性物质甚至可以更高。类似地,赝电容也总是表现出一定的 EDLC 成分,通常与其有效的电化学活性表面积成正比。因此,超级电容器材料的实际电容应为赝电容和 EDLC 的贡献之和。这也就很好地解释了部分电极材料的性能超过其理论比电容值的现象。

　　　　除了电极材料的固有稳定氧化还原电压窗口的限制,电解液是确定超级电容器稳定电压窗口的另一个关键成分。电解液需要提供足够的阳离子和阴离子以及电化学过程中所需的离子传输路径,因此每种电解液只能在一定的电位范围内稳定工作。电解液的稳定电位范围取决于几个因素,包括导电离子(阳离子和阴离子)的类型、溶剂及其纯度水平。从图 5.7(a) 可以看出水系非对称电池的电位窗口及其与电极活性材料和电解液的相对电子能量的关系。最低未占据分子轨道(LUMO)与最高占据分子轨道(HOMO)之间的能量间隔 E_g 是水系电解液的热力学稳定范围。如图 5.7(b) 所示,正极和负极具有自己的标准电极电势 μ_p 或 μ_n,对于法拉第反应,根据电荷转移方向,必须将电极材料费米能级与反应物中合适的空位(LUMO)或占据(HOMO)轨道相匹配。同时,需要施加电势 V,以达到在电势 V 处进行电子转移的平衡条件。这个电势 V 为特定活性物质的标准电极电位 μ。如果正极的 μ_p 高于 HOMO,则电解液将被氧化,除非它形成钝化层以减少电子从电解液的 HOMO 到正极的转移。同时,当负极施加的电压低于 LUMO 时,除非钝化层阻止电子从负极材料转移到电解液的 LUMO,否则电解液将被还原。因此,在没有任何钝化层的情况下,电极电化学势 μ_p 和 μ_n 应该位于电解液的理论稳定的窗口之内。在水

系电解液中,工作电压窗口范围通常受水分解电压的限制。然而,对于实际的电化学系统,通常在电极/电解液界面处形成钝化层,该钝化层可以提高电化学系统的动力学稳定性以扩大整个器件的电压窗口。换言之,如果形成钝化层,则整个器件的电压窗口可能会超过热力学稳定的电解液窗口的极限。

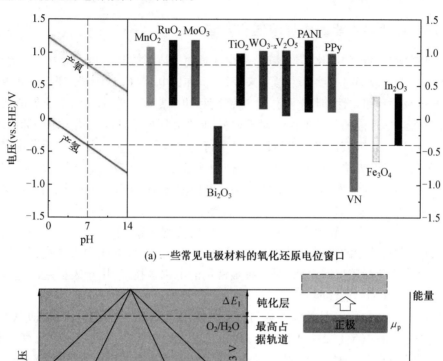

(a) 一些常见电极材料的氧化还原电位窗口

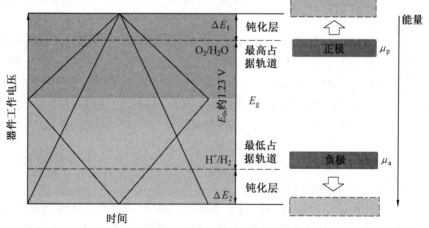

(b) 水系非对称电容器电压窗口的示意图

图5.7　水系电容器特性

在水系电化学体系中,可以分别根据在负电极和正电极上产生 H_2 和 O_2 的过电势来进一步扩展工作电压。整个超级电容器的电压窗口可由式(5.14)给出,即

$$E_{器件} = E_{正} - E_{负} \tag{5.14}$$

总体而言,超级电容器的工作电压由 3 个关键因素决定:电解液的稳定电位窗口,每个电极的标准电势范围以及在电极/电解液界面处形成的钝化层。对于超级电容器器件,在充电期间,两个电极的电势沿相反的方向延伸,直到每个电极达到大致相同的容量。因此,整个器件的电势窗口取决于正极的上限电势和负极的下限电势。常规的对称超级电容器由具有相同类型电极材料和相同质量负载的电极组成,这意味着超级电容器的稳定

电位窗口仅覆盖单一类型活性材料的较窄的电位范围。非对称超级电容器成为解决对称体系的窄电位窗口和相对较低能量密度问题的一种方法。在非对称体系中,正极上的 O_2 逸出的过电势 ΔE_1(例如,RuO_2 或 MnO_2)和负极上的 H_2 逸出的过电势 ΔE_2(例如,碳、VN 或 Fe_3O_4),将超级电容器的实际电势窗口扩展到热力学极限之外,甚至最高可达 2 V。

5.2.6 电化学性能的表征原理和方法

在表征超级电容器的电化学性能时,需得注意使用适当的测试和评价方法。通常,超级电容器的性能可以通过一些基本参数来表征,例如比电容(C)、工作电压(V)和等效串联电阻(ESR)、循环稳定性、时间常数、能量密度和功率密度。学术界和工业界的研究人员提出了表征这些性能的各种方法。对于材料、制造和器件设计参数均固定的商用产品,将活性材料性能与基准表征方法进行比较是可行的。但是,研究人员仍在开发许多新颖的材料和先进的制造方法。因此,考虑到多种表征指标、测量方法、影响因素以及它们之间的相互关系,利用学术界和/或行业间不同的电极制备、组装和评估方法,对于不同实验室中相同活性物质的测试结果,也不可避免地会出现不一致的情况。由这些不一致引起的一些混淆不仅不利于最新研究成果与标准器件的合理比较,而且也成为新的研究成果向商业应用转化过程中的障碍。因此,需要建立并广泛执行标准化的表征指标。通常来说,CV、GCD 和电化学阻抗谱(EIS)是 3 种最常用的电化学技术,用于表征超级电容器单个电极或整个器件的储能性能。

对于单电极,比电容 C 是关键参数,它反映在给定电压下存储的电荷量,即总电荷存储能力。比电容由式(5.1)$\Delta Q/\Delta U$ 定义,即超级电容器在特定电压内的电荷存储能力。通常,可以从 3 种电化学测量结果中计算出该值。在大多数应用中,当外加负载作用于超级电容器时,GCD 的工作特性与电化学特性的关系更为密切。因此,GCD 测试是确定电容最常用和最准确的方法,可以通过式(5.15)来计算,即

$$C = \frac{I}{\mathrm{d}V/\mathrm{d}t} \tag{5.15}$$

式中,放电电流 I 和 $\mathrm{d}V/\mathrm{d}t$ 由 GCD 放电的斜率得出。

由于内阻的存在,放电曲线的初始部分显示出 IR 电压降。为了获得更准确的结果,V 的电位范围是放电时的电压降(不包括 IR 电压降)。然而,根据比电容的定义,对于非线性 GCD 曲线,不能使用相同的公式来计算其比电容。换言之,对于非线性 GCD 曲线,不能应用式(5.15)。此时,可以使用式(5.16)通过积分 CV 曲线来计算比电容,即

$$C = \frac{\int I\mathrm{d}V}{v\Delta V} \tag{5.16}$$

式中　　I——放电电流,即 X 轴以下的电流;

　　　　v——扫描速率,而 ΔV 是工作放电电势范围。

对于完整的器件,还可以从 CV、GCD 和 EIS 测量中估算出关键参数,例如电容、ESR、工作电压以及时间常数、能量密度和功率密度。根据这些电容的计算方法,可以使用式(5.17)计算两电极(或三电极)体系的器件或活性材料的比电容,即

$$C_s = \frac{C}{\Pi} \tag{5.17}$$

式中 Π——有效质量、面积或体积。

如果 C_s 指单电极的电容，则 Π 是单电极的活性材料参数；如果 C_s 指整个器件，则 Π 为一个器件的整体值，包括两电极体系中的电极、电解液和隔膜。器件的能量密度，可以通过 GCD 曲线的积分来计算。对于具有线性充/放电曲线的 EDLC 和赝电容器，积分变成了三角形面积的计算。因此，能量密度可以通过式(5.18)来计算，即

$$E = \int Q \mathrm{d}V = \int_0^{V_0} CV\mathrm{d}V = \frac{1}{2}CV^2 \tag{5.18}$$

但是对于 GCD 曲线非线性(图 5.6(f))的混合型电容器，由于 V 的非线性变化，不能简单地使用式(5.18)来计算能量密度。在这种情况下，应在初始 IR 电压降之后，将所有放电时间和放电电压($V_{(t)}$)都考虑在内。修改方程式为

$$E = \int Q \mathrm{d}V = \int_{t_1}^{t_2} IV_t \mathrm{d}t \tag{5.19}$$

式中 t_1——初始 IR 压降之后的时间；

t_2——放电结束的时刻；

I——施加于超级电容器的恒定电流。

值得注意的是，能量密度的参数应基于两电极体系而不是单电极来计算。

为了准确地评估性能，在制备和测试非对称超级电容器时需要牢记几个原则。在表征非对称超级电容器的电化学特性时，首先要使用三电极体系进行 CV 测试，以估算正负电极的稳定电压范围和比电容。以石墨烯/MnO₂//石墨烯非对称超级电容器为例进行分析。MnO₂/石墨烯电极和纯石墨烯电极均在三电极体系中以铂作为对电极，饱和甘汞电极(SCE)作为参比电极进行测试。如图 5.8(a)所示，石墨烯/MnO₂ 电极和纯石墨烯电极的 CV 曲线在 0~1.0 V(vs. SCE)和-1.0~0.4 V(vs. SCE)的电位窗口上均显示出类似矩形的形状和基本对称的电流响应，因此表明两个电极均具有理想的电容特性和稳定的电位窗口。如图 5.8(b)所示，该非对称超级电容器的稳定工作电压已扩展至 2.0 V，这是正负电极电位范围之和，其中石墨烯/MnO₂ 电极上限为+1.0 V，石墨烯电极下限为-1.0 V，并未观察到气体逸出。当工作电压移至大于 2.0 V(例如 2.1 V)时，在 CV 曲线的末尾会出现一个尖锐的峰，表明在电化学测试过程中有氧气逸出。

除了获得最佳性能外，还应在正极和负极之间进行电荷平衡计算。存储在每个电极中的总电荷由每个电极的比电容($C_{\text{electrode}}$)、活性物质负载量和电位窗口(ΔE)确定，可以根据式(5.20)进行估算，即

$$Q_{\text{电极}} = C_{\text{电极}} \times m \times \Delta E \tag{5.20}$$

为了达到正负电极之间的电荷平衡 $Q_+ = Q_-$，需要遵循式(5.21)的质量平衡原则，即

$$\frac{m_+}{m_-} = \frac{C_{\text{electrode}} \times \Delta E_-}{C_{\text{electrode}} \times \Delta E_+} \tag{5.21}$$

因此，可以调整两个电极之间的最佳质量比 m_+/m_-，以获得非对称超级电容器的最佳性能。

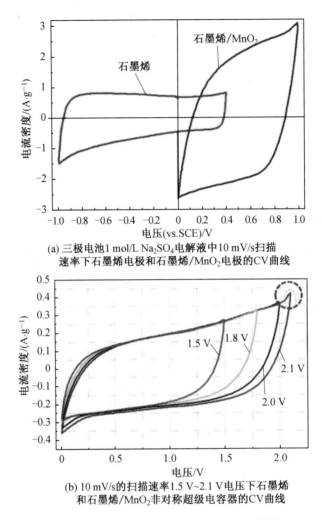

(a) 三极电池1 mol/L Na₂SO₄电解液中10 mV/s扫描
速率下石墨烯电极和石墨烯/MnO₂电极的CV曲线

(b) 10 mV/s的扫描速率1.5 V~2.1 V电压下石墨烯
和石墨烯/MnO₂非对称超级电容器的CV曲线

图 5.8　石墨烯和石墨烯/MnO₂ 电极 CV 曲线

近几年,研究者对电化学电容器的广泛关注使得该领域快速发展。同时,由于表征和评价电化学电容器的材料和规格不同,存在一些不一致之处。电化学活性物质负载量低为表征所有电化学材料性能的一个常见的问题,甚至有些研究中没有给出该值,但这是一个非常重要的参数。当使用低质量载荷(小于 0.5 mg/cm²)时,质量归一化的能量密度和功率密度不能代表器件真实性能,因为该器件包括集流体、电解液和隔膜的质量,即当结果对于极薄的电极和/或仅包含非常少量的活性材料时,可能会导致该材料的电化学性能的明显高估。普遍认为,活性物质的负载质量为 1 ~ 10 mg/cm² 时是较为稳妥的。另一个值得考虑的因素是提供体积或面积归一化的值,后者对于薄膜能量存储设备非常有效。此外,必须基于超级电容器整体计算能量密度和功率密度,其中包括集流体、电解液和隔膜的质量、面积或体积。否则,由于使用了薄膜和/或低负载量的电极,许多活性材料的优异性能无法转化为实际的设备。特别是,当比较 Ragone 图中的电化学性能以获得不同器件的结果时,应根据包括超级电容器每个组件在内的整个器件来计算各个性能。总而言之,由于不同的性能测试方法、测试和计算的参数选择以及电极制作方法,不同研究机构报告的结果以及学术界和工业界之间的矛盾几乎不可避免。导致性能不一致的其他常见原因还有：①不同的测量设备、三电极、对称或非对称的两电极体系；②含/不含导电添加剂和黏合剂的电极制备过程，电极尺寸(例如，尺寸、厚度或负载质量、密度)的差异；③选择不同的计算单位，例如体积、面积或质量，仅基于活性物质或基于器件(包括添加剂、电解液和包装)计算；④不同的电化学测试参数设置，例如 CV 中的不同扫描速率和 GCD 测量中的不同电流密度。因此，有必要提出用于标准化非对称超级电容器的表征和计算程序的标准，还应详细提供与电极和器件结构有关的参数。

5.3　石墨烯超级电容器

超级电容器由于其高功率密度、高充电/放电速率和长循环寿命性能引起了广泛的关注，对于 EDLC，电容源于电极-电解液界面处的电荷累积。因此，控制比表面积和孔径，增强电子电导率是实现高存储容量的有效途径。赝电容的能量储存是通过在电解液和电极之间传递法拉第电荷来实现的，这是由于可逆的多电子氧化还原法拉第反应，与 EDLC 相比，它通常表现出更高的电容和能量密度。然而，通常已知的赝电容电极中的导电性差会限制法拉第反应，因此导致电化学性能和循环寿命不理想。

石墨烯是众所周知的由全 sp^2 杂化碳组成的二维单层碳材料，具有一些引人关注的特性，即轻质，高导电性和导热性，高比表面积(高达 2 675 m^2/g)，高机械强度(约1 TPa)和化学稳定性。这些出色的属性使石墨烯和石墨烯基材料适用于高性能纳米复合材料、电子产品、能源生产和储存设备。优秀的物理、机械和化学性能相结合使石墨烯基材料在锂离子电池、燃料电池、超级电容器、太阳能电池等电化学能量存储领域有广阔的应用前景。单层石墨烯的理论比电容约为 21 $\mu F/cm^2$，当整个表面区域得到充分利用时，其比电容约为 550 F/g。但是，纯石墨烯由于在制备和使用过程中严重团聚，实际的比电容要低于理论值。因此，提高石墨烯基材料的整体电化学性能仍然是一个巨大的挑战。

作为提高过渡金属氧化物，氢氧化物和导电聚合物的氧化还原反应速率的导电网络，石墨烯基材料已得到广泛研究。实际上，这些由石墨烯和过渡金属氧化物/氢氧化物或导电聚合物组成的纳米复合电极显示出优异的电化学性能，是由石墨烯层和金属氧化物/氢氧化物之间的协同效应导致的。

5.3.1　石墨、氧化石墨烯和石墨烯

石墨是一种天然矿物，在结构和功能方面具有高度各向异性，面内电导率和热导率比面外方向高 1 000 倍。类似地，由于两个方向上键的类型不同，石墨的面内强度和模量远大于面外的强度和模量。一些生产大规模不同质量石墨的技术得到应用，石墨因此成为各种结构、功能、化学和环境应用中最广泛使用的材料之一。石墨还用于储能应用。Mitra 等人通过使用石墨作为电极开发了固态电化学电容器，比电容值为 0.74 ~ 0.98 mF/cm^2，具有较长的循环寿命和快速的充放电能力。

石墨烯是单层石墨，可以通过多种技术制备。Geim 等人首次用石墨剥离制备石墨烯，并展示了一种制备单层原子级厚度石墨的试验方法，将获得的材料称为石墨烯。从

此,石墨烯由于其固有的优异电气/电子和光学特性(即可调谐带隙,优异的电子传输行为,优良的导热性,高机械强度和高比表面积)受到研究者的广泛研究。此外,一些用于合成石墨烯的化学和物理技术也已经开发出来。氧化石墨烯(GO)是石墨烯系列中的另一个重要成员,被认为是石墨烯的衍生物。它们可以很容易地由石墨制成,具有典型的层状结构。根据合成技术的不同,氧化石墨烯的表面基团种类及在表面上的分布会有不同。例如,含氧官能团(羟基(C—OH)、羧基(C═O)和环氧基团(C—O))位于石墨烯片的边缘并对二维石墨烯片层起到了稳定的作用。氧化石墨烯可以很容易地通过不同的还原过程转化为石墨烯。图 5.9 所示为化学方法制备石墨烯的流程图。作为合成石墨烯的前驱体,GO 可以容易地从大规模且低成本的天然石墨的氧化中获得。GO 的还原是一种生产石墨烯的低成本技术。GO 的原子层通常包括面上的酚环氧基和环氧基团以及边缘周围的可电离羧酸基团。电离边缘上的酸基团能够使 GO 通过周围环境中的弱偶极子和范德瓦耳斯相互作用以单片层形式稳定在水分散体中。这使 GO 在溶液中具有高度的分散能力并提供了便利的大规模生产石墨烯基材料的方法。

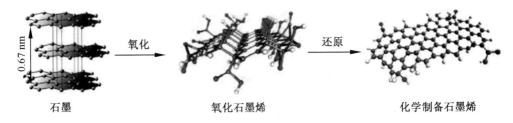

图 5.9 化学方法制备石墨烯的流程图

对于能量存储和转化领域,石墨烯片的可控合成受到了广泛的关注,其中常用的方法可分为以下几类:①采用外延生长和化学气相沉积的方法在衬底上生长石墨烯,例如,在 SiC 和匹配金属表面的衬底上;②石墨的机械剥离,例如,使用 AFM 或者胶带机械剥离石墨;③石墨在有机溶剂中的化学剥离;④微波等离子体反应器中石墨烯片的气相合成;⑤通过电弧放电合成多层石墨烯。在这些生产方法中,通过 CVD 制备的石墨烯能够具有更好的性能,这是由于 CVD 法制备的石墨烯具有较大的晶畴,可以保证石墨烯片的单层结构,同时石墨烯片中较少的缺陷对于提高载流子迁移率十分有益。除了机械剥离,Firsov 等人用 AFM 悬臂实现了石墨的机械剥离。然而,AFM 剥离的产率低,限制了石墨烯的大规模生产。因此,近些年来,研究的重点是开发低成本、高产率和高质量生产石墨烯的方法。一般来说,石墨化学剥离生成 GO,然后将 GO 用还原剂(如水合肼)可控地还原成石墨烯被认为是最有效和低成本的方法,其中最具有代表性的方法是 Hummer 法制备石墨烯。虽然在还原过程中部分单层石墨烯片会发生明显的团聚现场,但是化学剥离的 GO 仍然可以保证几百平方米每克的高比表面积,是一种非常具有应用潜力的储能装置电极材料。

Ruoff 等人开创了化学修饰石墨烯(CMG)作为电极材料的方法,在水系和有机体系电解液中分别实现了 135 F/g 和 99 F/g 的比电容值。Ajayan 等人报道了一种"两步法"制备石墨烯的方法,即通过 $NaBH_4$ 脱氧和浓硫酸脱水制备石墨烯。为了保持性能,在氧化和还原过程中需要保护二维石墨烯片层结构不被破坏。同时,为了降低还原剂的毒性去解决化学还原过程中的环境问题,有一些研究人员致力于用无毒剂制备石墨烯。目前广泛使用的无毒性还原剂大部分集中在蔗糖和抗坏血酸等几种物质。此外,也有使用褪黑素、维生素 C、牛血清白蛋白和绿茶的茶多酚等"绿色"材料来生产还原氧化石墨烯(rGO)的研究工作。类似地,为了彻底改变化学还原过程中还原剂带来的问题,还相继出现了一些新型制备 rGO 的方法,例如闪光灯法、热溶剂还原法、水热脱水法、催化还原法和光催化还原法等。总体来说,一步水热法是生产 rGO 的通用且低成本的方法。Shi 等报道了通过一步水热法还原 GO 的方法。此方法制备的 rGO 在水系电解液中显示出高电导率(5×10^{-3} S/cm)和 175 F/g 的高比电容。然而,在水热条件下,完全还原 GO 是有一定难度的,一些含氧表面基团在水热的较低温度下很难被彻底消除。

5.3.2 石墨烯基超级电容器电极材料

二维石墨烯片层可以组装成几种不同的结构,零维的颗粒、一维纤维或线、二维薄膜和三维泡沫结构。石墨烯电极材料宏观结构的复杂性决定了石墨烯基超级电容器性能的多样性。

1. 零维石墨烯基超级电容器电极材料

零维石墨烯颗粒可以通过石墨化学剥离生成 GO,然后利用还原剂(例如水合肼)可控地还原 GO 来制备。但这种合成方法有两个弊端,一是合成得到的石墨烯颗粒容易变得团聚,二是还原剂还原的方法使得 rGO 变得疏水,这严重影响了 rGO 在含水条件下的可加工性能,也严重影响了这种材料在水系超级电容器中的应用前景,表面疏水的特性使得 rGO 作为电极材料和电解液的有效接触面积减小,从而严重影响其性能。相比之下,GO 具有独特的结构,片层边缘带有亲水性的负电荷,片层表面带有疏水的正电荷,这种结构特征使得 GO 具有独特的亲水亲油特性。这种特性使 GO 能够选择性地与某些表面活性剂相互作用,调节 GO 的亲水亲油特性并控制 rGO 的组装过程。Zhang 等人研究了四丁基氢氧化铵(TBAOH)、十六烷基三甲基溴化铵、十二烷基苯磺酸钠等表面活性剂稳定石墨烯基材料的性能。他们发现表面活性剂可以将 rGO 片层插层,其中 TBAOH 作为稳定剂时,制备的超级电容器电极材料性能优异,电流密度为 1 A/g 时,比电容可以达到 194 F/g,这是由于在表面活性剂插层的作用下,rGO 的堆积程度降低,润湿性增加。此外,通过表面活性剂的改性可以将 rGO 在水溶液中均匀地分散成单层或几层。这些特性允许 rGO 与水溶剂中的第二相之间发生化学反应。在众多表面活性剂的研究中,商用嵌段共聚物:聚环氧乙烷-聚亚苯基-聚环氧乙烷(PEO_{106}-PPO_{70}-PEO_{106}(F127))由于其良好的化学性质而被广泛研究。这种嵌段共聚物可以在含水环境中通过氢键和疏水双亲相互作用自组装形成囊泡,可用作制造介孔碳材料的软模板。Ke 等人在水热过程中将三嵌段共聚物 Pluronic F127(F127)嵌入 GO,然后进行热退火,实现结构重构。这种表面活性剂改性的石墨烯中具有 696 m^2/g 的比表面积,其大约是原始 GO 的 3 倍(即200 m^2/g)。

在 6 mol/L KOH 电解液中以 1 mV/s 的扫描速率测量,得到其最大比电容为210 F/g,以及良好的循环稳定性(1 000 次循环后剩余 95.6% 的初始容量)。

尽管由纯石墨烯制成的超级电容器电极材料由于高表面积和良好的导电性而通常显示出较高的功率密度,但是由于纯石墨烯电极储能机理为双电层储能,是电荷吸附的物理过程,因此这种电极材料的实际比电容通常受到限制(约 200 F/g)。从器件的角度来说,纯石墨烯材料的能量密度和整体性能普遍有待提高。相反,一些过渡金属氧化物(如 MnO_2、RuO_2、NiO、Co_3O_4 和 Fe_3O_4)或氢氧化物($Ni(OH)_2$ 和 $Co(OH)_2$),以及导电聚合物(如 PANI、聚吡咯和聚噻吩)通常表现出赝电容的性质,由于电极表面可逆的法拉第氧化还原反应,显示出比纯石墨烯材料更高的比电容,但是这类材料通常面临导电性较差,电荷传输路径较长以及容易团聚的问题。为了有效地协同双电层材料和赝电容材料,一种有效的方法就是将金属氧化物/氢氧化物或导电聚合物与石墨烯网络结合来开发复合电极。在复合电极中,石墨烯将作为电荷转移的导电通道,从而提高了总电导率,而赝电容则由金属氧化物/氢氧化物或导电聚合物提供。

在所有金属氧化物的复合材料中,石墨烯–MnO_2 复合电极以其独特的优势得到了广泛的研究。Yang 等人设计了一种利用水热法制备还原石墨烯–MnO_2 复合材料的简单方法。他们的试验结果显示石墨烯–MnO_2 复合材料在 2 mV/s 的扫描速率下显示出 211.5 F/g的比电容值,且在 1 mol/L Na_2SO_4 电解液中进行 1 000 次充电/放电循环后电容保持约 75%。Dai 等人在石墨烯片上合成了 $Ni(OH)_2$ 纳米片。复合电极材料在充电和放电电流密度为 2.8 A/g 时具有 1 335 F/g 的高比电容,在 45.7 A/g 时具有 953 F/g 的比电容,且具有高功率密度和能量密度。但是,相比于 MnO_2,$Ni(OH)_2$ 的稳定工作电压窗口较窄,这限制了能量密度的提高。总体来说,这些石墨烯基金属氧化物/氢氧化物复合电极的制备方法如下,首先制备 GO,然后通过化学还原、热还原等手段制备 rGO,然后通过化学合成等方式复合赝电容材料。然而,石墨烯材料优异的导电性和独特二维结构带来的巨大的比表面积可能由于发生团聚而得不到充分的利用。例如,化学法剥离的 GO 片层通常具有很高的表面积,但是由于 GO 片层独特的二维结构,其表面能较高,GO 片层往往会发生重新堆叠现象,从而大大减小比表面积。为了充分发挥石墨烯片的潜力,一种有效的方法是在石墨烯表面上适当复合一些氧化物/氢氧化物纳米晶体,这不仅能够提供赝电容,还能缓解石墨烯片层之间的团聚与堆叠问题。Ke 等人报道了一种制备 Fe_3O_4-rGO 纳米复合材料的简便方法,该方法利用 Fe_3O_4 与 GO 纳米颗粒的静电相互作用合成 Fe_3O_4-GO 纳米复合电极,随后通过水热法将 GO 还原为 rGO。这种纳米复合材料在 6 mol/L KOH 电解液中,电流密度为 1 A/g 时的比电容为 169 F/g,远大于没有 rGO 复合时 Fe_3O_4 的比电容(相同条件下为 68 F/g)。这种纳米复合电极材料也表现出良好的循环性能,在 1 000 次循环后保留超过 88% 的初始容量。同样,Wu 等人研制了一种由 $Co(OH)_2$ 直接生成,在 rGO 网络中分散良好的 Co_3O_4 纳米复合材料,并进行了热处理。纳米复合电极在 6 mol/L KOH 水溶液中,电压范围为 0.4 ~ 0.55 V 时,在1 A/g电流密度下的比电容为 291 F/g,并且具有优异的倍率性能和循环性能。

　　虽然石墨烯的化学还原方法是一种有效且低成本的相对大规模生产石墨烯的方法，但得到的材料表现出的导电性仍有待提高，并且材料通常缺乏电化学能量储存需要的微孔结构。因此，人们一直在努力提高石墨烯的电导率和比表面积。Yoon 等人设计了一种模板导向工艺，以 Ni 纳米颗粒为模板合成空心石墨烯球（GBs）。在该方法中，使用渗碳工艺促进碳与多元醇溶液一起转移到 Ni 纳米颗粒中，然后使用热退火工艺使碳偏析，在 Ni 纳米颗粒的表面上形成石墨烯层。由这种方法得到的 GBs 在热退火过程中会保持球形并分散良好，不发生团聚现象，即使在去除 Ni 纳米颗粒的核心模板后，也会产生由多层石墨烯组成的空心 GBs。同样，Lee 等人通过前驱体辅助 CVD 方法开发出可大规模生产的介孔石墨烯纳米球（MGB）技术。Sho 研究了前驱体辅助 CVD 法制备的聚合物球和 MGB 的形貌变化。图 5.10 所示为通过前驱体辅助 CVD 方法制备的聚合物球和 MGB 的 SEM 与 TEM 表征。在图 5.10(a) 中，直径在 250 nm 左右的聚合物球在尺寸和形貌上几乎是均匀的。在图 5.10(c) 和 (d) 中，MGB 是介孔的，平均介孔直径为 4.27 nm，比表面积为 508 m^2/g。以 MGB 为电极的超级电容器器件在循环 10 000 个周期之后表现出了 206 F/g 的比电容和大于 96% 的电容保持率。最近，Park 等人将石墨烯纳米片整合到微/宏观粉末结构中，使用喷雾辅助自组装工艺，通过使用高温有机溶剂喷雾的方式制备球形的石墨烯球，得到的超级电容器电极在 10 mV/s 的扫描速率下显示出151 F/g的电化学性能。

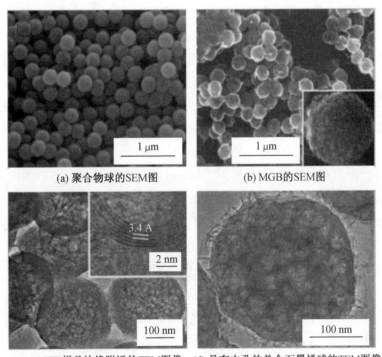

(a) 聚合物球的SEM图　　　　　(b) MGB的SEM图

(c) MGB样品边缘附近的TEM图像　(d) 具有中孔的单个石墨烯球的TEM图像

图 5.10　聚合物球和 MGB 的 SEM 与 TEM 表征

2. 一维石墨烯基纤维状超级电容器电极材料

一维石墨烯基纤维具有体积小、柔韧性强、编织性能好等优点,在可穿戴设备、便携式设备、电动车和下一代超级电容器等方面具有广阔的应用前景。碳基材料,如碳纤维、碳纳米管、石墨烯等可以制成各种纤维和线状结构。不仅如此,它们还可以与特定的具有法拉第赝电容的活性材料复合制备复合电极,比如金属氧化物、氢氧化物和导电聚合物(例如,聚吡咯、PANI、聚(3,4-二乙氧基噻吩,PEDOT))。

为了获得较轻的电极材料,拓宽超级电容器在便携式设备上的应用前景,Meng 等人开发了一种纯石墨烯纤维状超级电容器,其中以 rGO 作为芯,并将石墨烯纳米片电化学沉积到 rGO 骨架上。所制备的石墨烯纤维的密度为 0.23 g/cm^3,比常规碳纤维(大于 1.7 g/cm^3)降低 86%,比常规 Au 导线(约 20 g/cm^3)降低 92%。由于石墨烯的三维贯通多孔网络,石墨烯纤维具有较高的电导率和较大的比表面积。可以使用 H_2SO_4-PVA 凝胶电解液将石墨烯纤维制备成任意形状的固态超级电容器,使得该超级电容器具有高度可压缩和可拉伸的机械性能。尽管所得的石墨烯纤维是轻质、高柔韧性和导电性的,但是各个石墨烯片之间的相互堆叠显著降低了石墨烯片较大的初始表面积。最近的研究表明,将二维石墨烯片与一维碳纳米管结合起来的复合材料具有协同效应,其电学、热导率和机械柔韧性与单个组分相比有很大的提高。程等人用 CVD 法在二维石墨烯上生长一维碳纳米管,制备了复合纤维(CNT-G)。制备的碳纳米管-石墨烯杂化纤维的面积电容为 $1.2 \sim 1.3$ mF/cm^2,即使经过 200 次弯曲循环,性能依旧十分稳定。然而,上述的纤维超级电容器是"裸露的",因此当彼此接触时很容易短路,即使在涂覆一层聚乙烯醇(PVA)固体电解液后也很容易短路。为了解决这一问题,Kou 等设计了一种同轴湿纺组装工艺,制备了聚合物电解液为包裹的石墨烯-CNT 芯鞘纤维(图 5.11),聚合物电解液的鞘层有效地避免了短路的危险。Yu 等报道了一种可扩展的方法来合成分层结构的碳纤维,该碳纤维由具有优异电导率(即 102 S/cm)的 SWNT/氮掺杂 rGO 制成,具有大的表面积(即 396 m^2/g)。得到的纤维状超级电容器在硫酸和 3% 聚乙烯醇(PVA)/H_3PO_4 电解液中的比容量分别为 305 F/cm^3 和 300 F/cm^3。为了进一步提高纤维状器件的能量密度,基于石墨烯纤维的非对称超级电容器也在世界范围内广泛研究。Wang 等人制备了以 Co_3O_4 包覆钛丝和碳纤维石墨烯为阳极和阴极的固态超级电容器。该器件的稳定工作电压窗口可以增加到 1.5 V,能量密度提高到 0.62 (mW·h)/cm^3,功率密度提高到 1.47 W/cm^3。此外,通过在 rGO-CNTs 复合纤维表面引入 MnO_2 涂层,和原始的 rGO-CNTs 组装成非对称电极,提供高达 1.8 V 的稳定工作电压窗口,显著提高了功率密度(929 mW/cm^3)和能量密度(5 (mW·h)/cm^3)。最近,Seyed 等人利用超大型 GO 液晶分散相固有的软装配特性开发了一种用于制造高度多孔的 GO 和 rGO 纤维的工艺,制得的纤维具有很好的机械强度,优良的导电性和大的比表面积(2 210 m^2/g)。该结构展示了具有连续离子传输路径的开放网络结构,因此导致电荷存储容量较高(1 A/g 时为

409 F/g)。未来的工作应集中在减少不必要的石墨烯片堆叠和石墨烯内微孔结构的调节上,进一步将石墨烯状纤维材料应用于分层结构纳米复合电极材料的发展。

(a) 2 根用棉纤维编织
的完整同轴纤维

(b) (a) 图的光学宏观图像

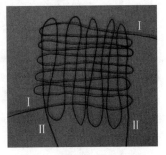

(c) 由 2 根同轴纤维编织
而成的碳布

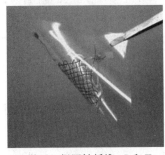

(d) 基于 2 根同轴纤维(Ⅰ和Ⅱ)
制成的超级电容器装置

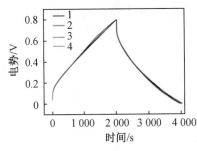

(e) 超级电容器的 GCD 曲线

(f) 材料的不同变形情况

图 5.11　双层 YSC 的形貌表征与性能测试图

3. 二维石墨烯薄膜基超级电容器电极材料

石墨烯因其独特的结构和性能特征而被认为是下一代柔性薄膜超级电容器最有希望的材料之一,主要原因有以下几点:

(1)二维结构可以提供较大的表面积,它可以作为电解液传输的有效平台。

(2)石墨烯片的高电导率可实现低扩散电阻,因此可提高功率和能量密度。

(3)优异的力学性能使石墨烯薄膜易于组装成具有较强机械稳定性的自支撑薄膜。

在石墨烯基二维薄膜中,石墨烯的厚度、结构柔性、轻量化、电化学性能等方面成为人们关注的焦点。因此,大量的研究工作致力于探索石墨烯基薄膜的新加工方法,包括旋涂法、Langmuire-Blodgett 法、沉积法、界面自组装法和真空抽滤法。在与其他石墨烯基材料相似的情况下,石墨烯薄膜电极材料加工的最大阻碍是石墨烯片层之间 π—π 键的相互作用和范德瓦耳斯力,这会大大减小表面积并限制电解液离子在石墨烯片层间的扩散行为,影响了电解液对石墨烯薄膜的浸润。目前开发了许多打破此瓶颈问题的方法,概括下来有以下 3 点:①在石墨烯片层之间加入阻隔物;②设计合适的石墨烯生长模板调控石墨烯片层的距离;③将石墨烯片层设计成合理的褶皱结构。

通过在石墨烯片层中引入适当的阻隔物是一种有效改善石墨烯片堆叠的方法。研究最广泛的阻隔物是碳基材料(例如,碳颗粒、碳纳米管)、金属(例如,Pt、Au)或金属氧化物(例如,SnO_2)以及其他赝电容材料(例如,过渡金属氧化物、氢氧化物和导电聚合物)。Li等人报道了一种用碳纳米管作为间隔物的柔性石墨烯薄膜,以防止片间的堆叠。这种多层石墨烯结构使复合电极在1 mol/L硫酸溶液中,电流密度为0.1 A/g时具有140 F/g的高比电容。Si等人以Pt为间隔物分离石墨烯片,发现与原始石墨烯薄膜相比,Pt分离的石墨烯片的电容明显增大。Paek等将SnO_2颗粒在石墨烯片层中充分分离,用来改性石墨烯片的性能,由于石墨烯片层间距扩大,电容得到了很大的提高,从而提高了储能能力。目前来看,随着石墨烯片堆叠问题的部分解决,具有碳基材料或金属纳米颗粒阻隔物的石墨烯薄膜的质量比电容可以提高到约300 F/g。

为了进一步提高能量密度,将具有大比电容的赝电容材料作为石墨烯片层的阻隔物,是如今研究的重点方向。Wang等人研究表明,将单晶六角形$Co(OH)_2$纳米片插入石墨烯片层后,可以作为有效的阻隔物,同时石墨烯片优异的导电性有助于充分发挥$Co(OH)_2$的赝电容特性。Li等人进一步发展了一种可弯曲的薄膜电极材料,将$Ni(OH)_2$纳米片嵌入在密集堆积的石墨烯片层(GNiF)之间(图5.12),该电极材料的质量比电容为537 F/g,体积比电容为655 F/cm^3。MnO_2作为一种常见的赝电容材料也常常被应用于石墨烯片层之间的阻隔物,也能保证电极材料的环境友好和低成本的特性。Choi等人采用过滤法将石墨烯与MnO_2混合制备成薄膜型电极,所得纳米复合薄膜在1 mol/L $NaSO_4$电解液中的比电容值达到389 F/g,1 000次循环后电容保持率达95%。Yang等人用Fe_2O_3和MnO_2纳米粒子在大孔石墨烯膜电极上组装成非对称结构,稳定工作电压窗口最高可达1.8 V,能量密度为41.7 (W·h)/kg,功率密度为13.5 kW/kg。

在石墨烯片层中,除了发展固相阻隔物外,基于液相的阻隔物也被广泛研究,以减少石墨烯片的团聚。Li等人实现了以水作为阻隔物来防止石墨烯片的堆叠,石墨烯-水复合物是通过溶剂中石墨烯层之间的排斥相互作用和片层间π—π吸引力的相互平衡而产生的。溶剂化的石墨烯薄膜具有215 F/g的高比电容和良好的保持能力,在高电流密度1 080 A/g的情况下可以保持156.5 F/g的电容量,并且在100 A/g的电流密度下,循环10 000次后,保留了大于97%的电容量。基于溶液的阻隔方法可以扩展到其他类型的液体。Park等用全氟磺酸对石墨烯进行功能化,并将功能化的石墨烯组装成薄膜应用于电容器电极材料。全氟磺酸是一种同时具有亲水和亲油性质的分子,可以防止石墨烯片的聚集,改善电极和电解液之间的界面润湿性,促进离子的快速运输。全氟磺酸改性石墨烯薄膜显示出118.5 F/g的比电容,这是原始rGO薄膜的两倍,并且在30 A/g的高电流密度下可以实现90%的保留率。Li等人在挥发性和非挥发性液体电解液条件下,通过化学转化石墨烯的毛细管压缩,研制出了一种柔性、多孔、但致密的石墨烯凝胶膜(CCG)(图5.13)。与传统的多孔碳相比,这种石墨烯薄膜的堆积密度几乎翻了一番(约1.33 g/cm^3),其在水系电解液中体积电容为255.5 F/cm^3。

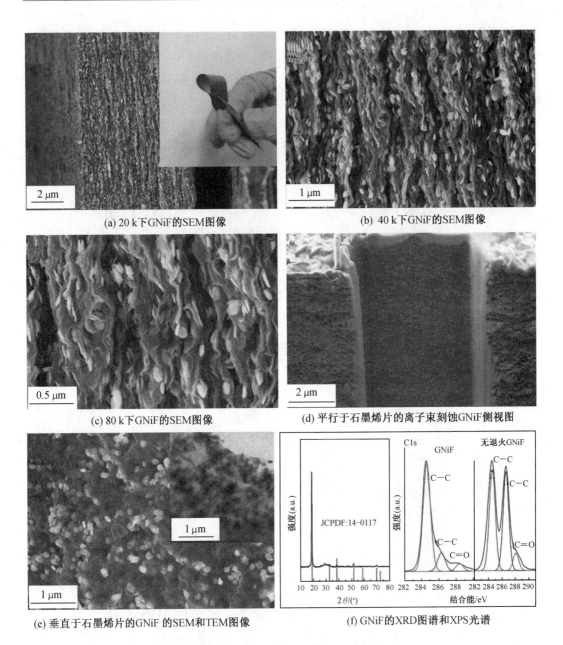

(a) 20 k下GNiF的SEM图像

(b) 40 k下GNiF的SEM图像

(c) 80 k下GNiF的SEM图像

(d) 平行于石墨烯片的离子束刻蚀GNiF侧视图

(e) 垂直于石墨烯片的GNiF 的SEM和TEM图像

(f) GNiF的XRD图谱和XPS光谱

图 5.12　GNiF 的 SEM 与 XPS 表征

石墨烯与导电聚合物插层也被研究人员广泛地进行了研究。Cheng 等人报道了一种通过原位电化学聚合的方法在石墨烯薄膜表面制备了聚苯胺,实现了石墨烯–聚苯胺复合薄膜的制备,这种复合型薄膜可实现的质量电容为 233 F/g,体积电容为 135 F/cm³。类似地,Wei 等人通过原位聚合方法合成了石墨烯/PANI 复合物,其中石墨烯(质量分数约 15%)均匀地涂覆在 PANI 片材上。该电极材料展现了优异的电化学性能和倍率性能(1 046 F/g的比电容,当电流密度从 10 A/g 增加到 100 A/g 时,保持原始比电容值的96%)。Zhang 等人通过在石墨烯层间插入 PPy 球,设计出一种石墨烯基薄膜,从而创造出一种理想的结构。这种纳米复合膜型电极表现出较强的电化学性能,在 5 A/g 的充放电电流密度下,电容值为 500 F/g。进一步,对 PEDOT[聚(3,4 乙烯二醇二噻吩)]及其派生物的研究表明,其在相对较宽的电位窗口中具有较高的电导率,化学和热力学稳定性。Lehtimaki 等人证明,PEDOT 和 GO 可以通过简单的电聚合过程在柔性衬底上结合,并通过电化学还原进一步还原成 rGO,制备的 PEDOT/rGO 材料的电容为14 F/cm²,这主要是因为 rGO 具有较大的活性电化学表面及 PEDOT 提供的额外的赝电容贡献。

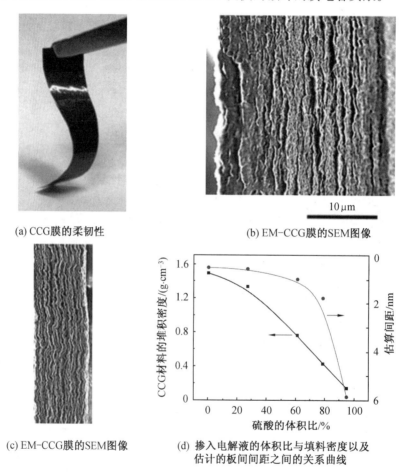

(a) CCG膜的柔韧性

(b) EM-CCG膜的SEM图像

(c) EM-CCG膜的SEM图像

(d) 掺入电解液的体积比与填料密度以及估计的板间间距之间的关系曲线

图 5.13　CCG 膜的形貌表征与性能测试曲线

4. 三维石墨烯基超级电容器电极材料

石墨烯基纳米复合薄膜将阻隔物引入二维石墨烯片层中有利于减少石墨烯的团聚,石墨烯的团聚会显著影响离子在二维材料内部的扩散过程。为了进一步解决这个问题,人们做出了巨大的努力来开发具有三维网络的基于石墨烯的宏观结构,如石墨烯气凝胶、石墨烯泡沫和石墨烯海绵材料。这些基于三维石墨烯的材料,有着微观和宏观互连的孔隙、高比表面积和快速的离子/电子传输通道,对于探索高能量和功率密度的超级电容器器件性能是非常理想的。事实上,这些基于三维石墨烯的结构在电化学储能领域展现出了非常大的优势,引起了研究人员的广泛兴趣。

目前已经有数种可用于制备三维石墨烯基超级电容器电极材料的技术,其中最典型的是利用模板辅助的自组装方法制备三维大孔石墨烯泡沫状结构。

Cheng 等人使用单分散的聚甲基丙烯酸甲酯(PMMA)球作为硬模板,然后在 800 ℃下煅烧将其除去,由此形成的三维气泡石墨烯结构提供了可控且相当均匀的大孔和可调节的整体微结构。因此,在将扫描速率提高到 1 000 mV/s 时,可实现 67.9% 的高电容保持率(图 5.14)。但是,高温(约 800 ℃)下的退火过程会导致石墨烯片的团聚,从而导致比表面积减小至 128.2 m^2/g。在进一步的工作中,Choi 等人使用聚苯乙烯胶体颗粒作为模板,随后用甲苯去除,这种低温溶液技术避免了石墨烯片的再沉积和多孔结构的崩塌,显示出良好的电导率(1 201 S/m)。将这种三维石墨烯泡沫作为骨架,在其表面生长一层薄薄的非晶态 MnO_2(图 5.15),这种结构具有相互连接的三维骨架,大的表面积和高导电性,三维石墨烯有助于实现快速离子和电子传输,MnO_2 提供了增加电化学性能的赝电容

(a) GO–PMMA复合膜的SEM图像

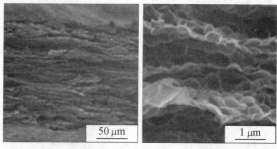

(b) MGF不同放大倍率下的SEM图像

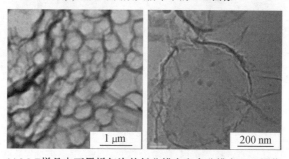

(c) MgF样品中石墨烯气泡的低分辨率和高分辨率TEM图像

图 5.14　样品的 SEM 与 TEM 表征

贡献,因此这种材料显示出卓越的电化学特性,在 1 A/g 时的电容值为389 F/g,在电流增加至 35 A/g 时的电容保持率为97.7%,以三维石墨烯泡沫作为负极,已生长了 MnO_2 的三维复合结构作为正极组装非对称超级电容器,该器件的稳定工作电压窗口为2.0 V 时,能量密度可达到 44 (W·h)/kg,功率密度可达到 25 kW/kg。在这种制造过程中,生成的三维石墨烯泡沫是由化学还原的 GO 组成的,在合成和还原过程中会引入额外的缺陷,因此,这种方法可以大大提高所制备石墨烯泡沫的电导率。

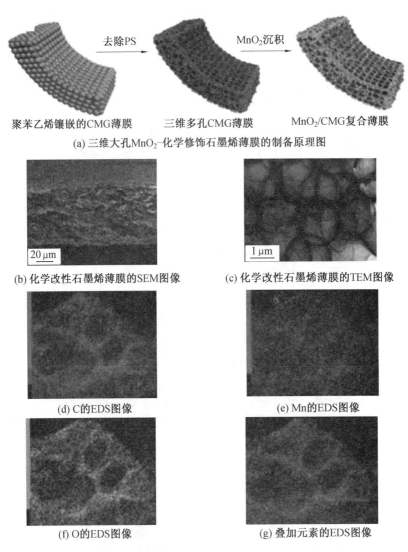

(a) 三维大孔MnO_2-化学修饰石墨烯薄膜的制备原理图

(b) 化学改性石墨烯薄膜的SEM图像

(c) 化学改性石墨烯薄膜的TEM图像

(d) C的EDS图像

(e) Mn的EDS图像

(f) O的EDS图像

(g) 叠加元素的EDS图像

图 5.15　样品的制备方案、SEM 表征与 EDS 图谱

除了使用聚合物球作为模板制备三维石墨烯泡沫结构外,在泡沫状金属基底(如泡沫镍)表面通过 CVD 的方法制备三维石墨烯泡沫结构是另一种典型且有效的方法。用这种方法制备的三维石墨烯结构界面缺陷较少,呈现大尺寸的无缝连接并具有极高的导电性,可作为骨架材料直接用于制造三维纳米复合型电极材料。Zhang 等通过以乙醇为碳

源的便捷 CVD 工艺,以泡沫镍为模板,制备出具有网络结构的三维石墨烯(图 5.16)。三维石墨烯网络结构是制备石墨烯-NiO 三维纳米复合电极的优良模板。高电导率几乎可以与完美石墨烯相媲美,并且比表面积巨大,可以促进电解液离子快速进入 NiO 表面,并促进了超级电容器中活性材料与集流体之间快速的电子传输。NiO-石墨烯三维纳米复合电极在 5 mV/s 的扫描速率下具有约 816 F/g 的高比电容,并具有优异的循环性能,在 2 000 次循环后不会产生太大的衰减。Dong 等人用泡沫镍作为模板通过 CVD 的方法制备三维石墨烯网络结构,并通过化学合成的方法在三维石墨烯网络表面生长出具有多孔结构的 Co_3O_4 纳米线,该电极材料在 10 A/g 的电流密度下可提供约 1 100 F/g 的比电容,并在 500 次循环后具有更高的比电容。Xie 等人报道了通过电化学方法开发的石墨烯-MnO_2 三维纳米复合电极材料,使用镍泡沫作为模板,将 MnO_2 沉积物以 9.8 mg/cm^2 的质量负载(整个电极质量的 92.9%)沉积到三维石墨烯中。这种柔性的纳米复合电极在 2 mV/s 的扫描速率下显示 1.42 F/cm^2 的面积比电容,并具有一定的可弯折的能力,这表明三维石墨烯网络结构是一种极好的电化学活性材料的骨架材料。

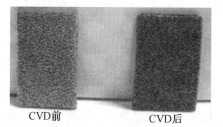

(a) 石墨烯生长前后的泡沫镍

(b) 去除泡沫镍后用CVD法获得的三维石墨烯网络

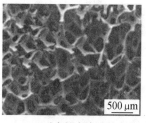

(c) CVD后生长在泡沫镍上的三维石墨烯网络SEM图像

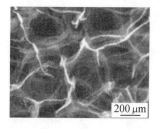

(d) 去除泡沫镍后的三维石墨烯网络SEM图像

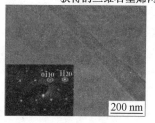

(e) 石墨烯片TEM图像

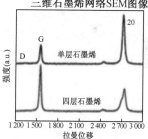

(f) 三维石墨烯网络拉曼光谱

图 5.16 石墨烯的宏观/微观形貌表征与拉曼光谱

石墨烯气凝胶(Graphene Aerogel,GA)是一种新型的超轻多孔碳基材料,具有极高的强度/质量比,大的比表面积/体积比。GA 的三维多孔骨架可以提供多维的离子/电子传输路径,甚至可以轻松将固态电解液渗入内部,最大限度地减小电极自身与电解液之间的传输距离。这些特性使 GA 在电化学储能器件中通常被用作无添加剂/无黏结剂的电极。Mullen 等人基于一步水热还原工艺开发了三维氮和硼共掺杂的 GA(图 5.17),制备的氮和硼共掺杂的 GA 电极具有约 62 F/g 的比电容,良好的倍率性能,约 8.65 (W·h)/kg 的能量密度和约 1 600 W/kg 的功率密度。同样,有人通过用抗坏血酸钠化学还原 GO 分散液来制备三维自组装 GA。Shi 等人报道,上述方法制备的 GA 具有良好的三维多孔结构,合理的孔隙尺寸分布(从亚微米到微米)和优异的导电性,在 1 mol/L 的 H_2SO_4 电解液中,当放电电流密度为 1.2 A/g 时,比电容为 240 F/g。

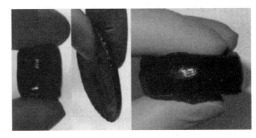

(a) HGO水分散液(2 mg/mL)
和制备的HGH

(b) 大小和形状不同的HGH

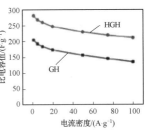

(c) 冷冻干燥的HGH内部
微观结构

(d) 高倍SEM图像

(e) 比电容与电流密度曲线

图 5.17 HGH 的制备与表征图

为了进一步提高三维石墨烯电极材料的性能,现在的研究热点集中在将某些聚合物掺入 GA 中。An 等人利用多氧化还原蒽醌衍生物茜素(AZ)分子对三维自组装 GA 进行非共价功能化改性,所得的三维复合电极在电压窗口为 1.4 V、1 mol/L H_2SO_4 电解液中表现出优异的比电容及高倍率性能(200 A/g 处的比电容是 1 A/g 处比电容的 61%)。值得注意的是,当合成的三维复合电极被组装为对称超级电容器时,就能实现理想的自协同和自匹配行为。与水系电解液中的其他对称超级电容器(小于10 (W·h)/kg)相比,该对称器件在 700 W/kg 时可提供 18.2 (W·h)/kg 的高能量密度,并表现出非凡的倍率性能,当电流密度从 1 A/g 增加到 50 A/g 时,保留了原始比电容值的 64%。Chen 等人研制了一种具有独特结构的新型电极材料,即将低导电聚对苯二酚(PHQ)涂覆到高导电性三维多孔 GA 中,在温和条件下,通过氧化石墨烯与对苯二酚一步反应制备了三维纳米复合电极材料。由于 PHQ 的大比电容和三维多孔结构的贡献,三维纳米复合电极材料在 24 A/g 的电流密度下显示出 490 F/g 的比电容。

尽管可以通过一步水热法轻松制备这些块状三维石墨烯凝胶,但它们柔性结构和机械强度仍旧需要进一步的提高。最近,Duan 等人展示了独立式多孔石墨烯(HGF)框架,它是通过将大块 GA 压成高密度 GA 薄膜来制备的,该薄膜附着在柔性集流体上,将其与聚乙烯醇(PVA)凝胶电解液组装成全固态柔性超级电容器,可展现的质量比电容为 298 F/g,在有机电解液中为 212 F/cm^3,在 10 000 次循环后电容保持率为 87%。

零维、一维、二维和三维等不同形式的石墨烯基材料已被广泛认为是电化学能量存储和转化系统(例如,超级电容器)电极材料中最佳的候选材料。近年来,研究人员在结构设计、材料制造、性能评价以及对观察到的关键电化学现象的理解等方面做出了很大的努力。为了实现预期的大规模实际应用,电极材料的质量和生产能力都必须进一步提高。生产石墨烯基材料的低成本、高效方法是将石墨化学剥离成 GO,再将 GO 还原为 rGO。然而,在这种简便的加工方法大规模应用于电化学储能设备之前,必须先解决两个问题,一个是石墨烯片重新堆叠的问题,另一个是单层或多层石墨烯片在不同溶剂中的稳定性及其特性的保留等问题。

为了制造石墨烯颗粒的超级电容器材料,通常采用浆料涂覆法,通过将活性材料粉末与聚合物黏合剂和导电添加剂混合再涂覆在集流体上。但是,这些聚合物和导电添加剂通常对总电容的贡献很小,降低了电极的体积电容和质量电容。与独立的零维石墨烯颗粒相比,由一维纤维型和二维石墨烯基薄膜作为电极制成的超级电容器可以做到无黏合剂和无集流体,这些一维和二维结构具有很高的导电性和良好的柔韧性。然而,由于有限的多孔结构和石墨烯片层的不同程度的堆叠,会影响电解液离子的有效扩散,这会影响材料的倍率性能和功率密度。在三维石墨烯泡沫结构中可以实现不同尺度的相互连接的石墨烯网络和可调多孔结构,尽管它们的机械强度还需要进一步提升,但是三维石墨烯泡沫结构可以更好地解决石墨烯片层的堆叠,从而提高石墨烯的倍率和功率性能。

开发石墨烯基材料作为超级电容器电极并将其应用扩展到其他能源存储设备,应考虑以下几个方面:

(1)具有不同结构的石墨烯基电极材料表现出不同的物理、机械和化学性能,因此影响其在能量存储器件中的性能。与零维、一维和二维结构相比,进一步探索具有可调谐的连通孔结构的三维石墨烯网络结构更值得关注,相比之下,三维结构具有更大的内表面积,更多的离子/电荷通道,能避免结构的坍塌。

(2)由石墨烯基材料和赝电容材料组成的纳米复合电极材料,即石墨烯/导电聚合物、石墨烯/金属氧化物或氢氧化物材料,很有可能达到人们期待的高功率密度和高能量密度的要求。因此,有必要在未来继续探索,阐述石墨烯与赝电容材料之间的界面相互作用,以改善整个界面的法拉第过程,从而增强电化学性能。

(3)柔性电子产品的快速发展需要柔性且可变形的储能装置。因此,今后的研究重点是开发便携式可穿戴超级电容器器件。

(4)多功能或自供电的混合动力系统将对未来的发展产生重大影响。因此,石墨烯超级电容器与其他电子和能源装置(如太阳能电池、锂离子电池、电致变色装置和纳米发电机)的集成研究是相当有价值的,同时也是一个挑战。

5.4　石墨烯量子点超级电容器

石墨烯量子点(GQD)是纳米碳材料家族的最新成员,它是一种零维的石墨烯材料,其特征在于 GQD 是原子级的石墨平面(通常由 1~2 层石墨烯组成,厚度小于 2 nm,横向尺寸小于 10 nm)。与其二维对应物石墨烯片相比,GQD 具有一些独特的优点,例如由量子限域效应导致的能带劈裂现象,在溶液中优异的分散性,更丰富的活性位点(边缘、官能团、掺杂剂等),在化学物理特性方面具有更好的可调性,并且与生物分子的大小相当,这些特性使得 GQD 在很多领域具有广泛的应用前景。

有研究者认为,GQD 只是一种巨大的多环芳烃分子,但是与多环芳烃族分子(例如,芘)相比,GQD 尺寸更大并且携带丰富多样的功能性基团,明显具有更多的性质,例如更窄和更复杂的带隙结构,更强的催化能力等。然而在现有的研究中,GQD 和另一种零维碳材料(碳点、Carbon Dots、CDs)经常被从概念上混淆。值得注意的是,GQD 和 CDs 的形态和性质完全不同。通常来说,CDs 是球形的碳颗粒,是由无定形状态的 sp^3 碳包裹的 sp^2 碳核心。从尺寸上来说,CDs 的直径大于 3 nm,并且由于无定形碳的存在,在 XRD 中通常具有非晶峰导致的较宽的衍射峰,而且与 GQD 不同,完全无定形的 CDs 在高分辨率透射电子显微镜(HRTEM)下不存在晶格。此外,GQDs 的电子带隙结构很大程度上受量子限域效应的影响,而 CDs 的带隙结构只受表面能阱的影响,由于这些差异,在现有研究与应用中,必须明确 GQD 和 CDs 的区别,因为对研究方法和应用前景来看,二者不完全相同。在能源储存与转化领域,GQD 以其独特的性质成为一种新型的具有广泛研究意义的材料。

很多二维材料,尤其是过渡组金属二硫化物,都有稳定的零维量子点状态。这些二维材料范围很宽,包括绝缘体(例如,h−BN 和 HfS_2)、宽带隙半导体(例如,C_3N_4、MoS_2 和 WS_2)、窄带隙半导体(例如,黑磷)和金属化导体(例如,VSe_2)。与 GQD 相比,这些二维材料的量子点具有不同结构、电子状态、厚度以及其他性质。对这些二维材料的量子点来说,目前最广泛的应用是生物医学成像,主要是由于其在可见光范围内的独特的荧光效应,其中研究最成熟的是 MoS_2 量子点。但是这些二维材料的量子点存在的最主要的问题是它们在水溶液中不稳定且分散性较差,从功能材料的角度来说,这样非常不易于功能化,因此应用前景受到了很大的限制。

除了在电子设备上,纯净 GQD 的应用十分受限制,因为从合成和在溶剂中分散的角度来说,都很难实现。事实上,是化学基团、缺陷、掺杂的共存使 GQD 变得有趣和多样化。许多研究表明,GQD 能够促进电荷转移和传输,这种电荷转移和传输发生在电解液、反应物或其他纳米材料的界面上,并由局部官能团或 sp^2 碳占据主导作用。从 2015 年起,GQD 在生物学方面的应用已经取得了令人兴奋的成就,包括细胞动态成像过程、体内成像、用灵敏荧光检测设计新治疗方案等。在新的应用维度,尤其是能源和催化领域,为充分发挥 GQD 的独特优势,基于 GQD 的新型应用仍有待被深入开发。

5.4.1　合成方法

GQD 的制备方法主要分为两种,一种是剪切大尺寸的石墨烯材料(自上而下的方法),另一种是由小尺寸的前驱体分子合成(自下而上的方法)。自上而下的方法包括氧化剪切法、还原剪切法、物理研磨法、研磨和剪切相组合的方法等。Müllen 小组首次采用自下而上的方法制备了 GQD,选取树枝状聚亚苯(DPPs)为前驱体,经过逐步的有机合成和最终的脱氢反应,成功制备 GQD,这种方法可以产生具有精确结构和大小的单分散GQD。然而,这种方法非常烦琐且造价昂贵,具有很低的产率。同时,经过这种方法制备的 GQD 是纯净的 GQD,由于表面不含有官能团,制备的 GQD 非常容易由 π—π 键的作用产生堆叠现象,从而严重限制了其实际使用。相比之下,自上而下的方法可以使用廉价的碳材料作为前驱体,并且理论上可以应用于任何石墨烯材料。但自上而下的方法通常具有相对低的产率,需要更长的反应时间并且不易一次性溶于强氧化剂。

1. 自上而下的方法

氧化剪切法最常用于从较大的石墨烯碳材料(如石墨、炭黑、碳纤维、石墨烯或氧化石墨烯)进行 GQD 合成。有时从 GO 片层衍生的 GQDs 称为氧化石墨烯量子点或还原氧化石墨烯量子点。为避免混淆,在此统称为 GQD。氧化剂通常选用强酸。在所有碳材料前驱体中,煤是最便宜的。与石墨相比(图 5.18(a)),煤可以更容易地裂解,因为它含有由非晶碳弱连接的纳米石墨化碳(图 5.18(b))。最开始的合成策略中使用了高浓度硝酸和硫酸的混合物,但是去除硫酸增加了合成成本,同时是一个环境不友好的过程。从原理上讲,纯硝酸也应该起作用。与石墨相比,作为廉价的碳材料,炭黑可以更容易被酸裂解。对于大规模工业生产来说,得益于成本和生产过程,煤和炭黑的氧化裂解制备 GQD 比其他材料更有优势。作为自由基引发剂的非酸性氧化剂(例如,H_2O_2)也已用于制备 GQD(图 5.18(c)),与强酸相比,这些氧化剂对环境的危害较小并且成本相对较低。值得注意的是,氧化剪切的 GQD 带有丰富的氧化基团(主要是—COOH、—OH、C—O—C),带有的含氧官能团的种类以及比例取决于所用的氧化剂的种类。电化学剪切 CVD 生长的三维石墨烯、碳纳米管、石墨、焦炭和石墨纸可以以高产率生产具有单层的均匀尺寸的 GQD,但是在试验过程中必须使用有机溶剂,有机溶剂的处理可能会带来新的环境问题。虽然氧化剪切法制备 GQD 具有极高的效率和产量,但是从成本上来说,CVD 法制备的石墨烯和 CNT 都是价格极为昂贵的前驱体,因此,从低成本、高产量角度而言,以石墨为原材料的电化学剪切法最有可能实现低成本高质量的 GQD 生产。

为了替代氧化剪切法,还原剪切法得到了广泛的发展,其原理是还原剂(如肼、烷基胺、氨水和 DMF 等)打破环氧基团中的 C—O 键将碳氧前驱体剪切成 GQD(图 5.18(d)),还原剪切法将引入含氮官能团并减少含氧基团,制备效率和所生产的 GQD 尺寸取决于前驱体材料上环氧官能团的丰度。最近,有研究表明 GO 片层可以在水热条件下在超临界水中被还原并剪切成 GQD,这种制备方法是完全绿色的且产生的 GQD 只具有少量的含氧基团,但是目前这种方法还没有报道产量。还有试验利用研磨加超声波处理或微流化器产生的强剪力进行物理剪切(图 5.18(e)),由此可以产生具有少量化学基团和缺陷的 GQD。

2. 自下而上的方法

使用 Na 作为催化剂,甲苯和六溴苯可以合成不含化学基团的 GQD(图 5.18(f)),但因为 Na 化学性质活泼,甲苯具有致癌性,合成过程十分危险,并且会同时产生不希望看到的石墨烯纳米带。目前,柠檬酸(或柠檬酸钠)水热生产 GQD 是最广泛和简易的制备 GQD 的方法,该方法依靠分子间形成氢键和后续的脱水反应产生 sp^2 碳网络而形成 GQD(图 5.18(g))。需要注意的是,当反应时间延长时,会产生 CD 而不是 GQD。在微波辐射下去甲肾上腺素分子 Adv(一种激素分子)的聚变也会形成 GQD(图 5.18(h))。在含 1,3,6-三硝基丙烯的碱性溶液中可以水热合成含羟基的 GQD,具有高产率和扩大生产的可能性(图 5.18(i))。可以推断,碱性水热条件促进 1,3,6-三硝基丙烯的脱硝和脱氢,然后将所得的悬挂碳键共价连接,使得前驱体中的 sp^2 键融合。

在高温和惰性气体氛围下,许多有机分子或有机材料可以碳化成石墨烯材料,用于随后的 GQD 制备。该方法的优点是可以通过从有机前驱体中继承来实现多个杂原子的掺杂。例如,使用生物分子 ATP 作为前体,可以获得双光子上转换发光明亮的 N、P 共掺杂 GQD(图 5.18(j))。

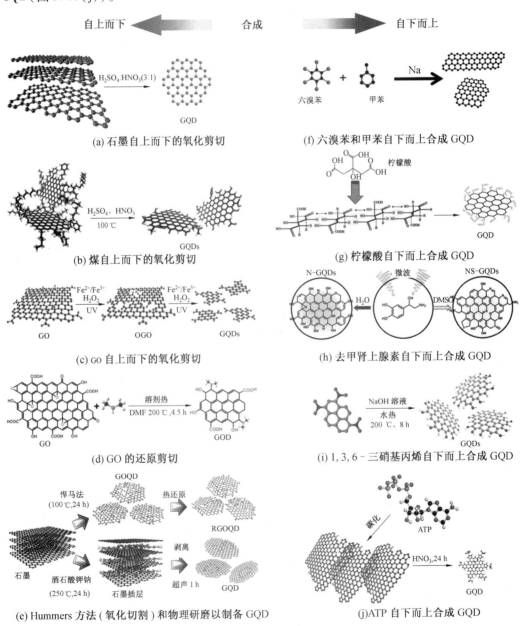

图 5.18　自上而下和自下而上合成 GQD

5.4.2 性能控制

1. GQD 尺寸

纳米级量子点的粒度分选是决定其性能的重要因素之一。自上而下制备 GQD 是通过氧化还原过程将缺陷引入碳基原材料。但是,控制官能团和缺陷的位置并不容易,所以由上而下制备的 GQD 大小不一。因此,想要得到尺寸均匀的 GQD 需要进一步提纯,常用且简单的方法是通过过滤和透析来进行分类。通过选用不同孔径可轻易分离 GQD,并观察到尺寸对其结构和使用性能的影响。具体来说,GQD 的带隙与尺寸有关(图 5.19(a))。GQD 的尺寸可以通过反应时间、温度(图 5.19(b))和反应物体积分数(图 5.19(c))来控制。GQD 合成,特别是通过自上而下方法产生的 GQDs 具有广泛的尺寸分布。这种不均匀性会导致产生激发波长依赖性的光致发光光谱。通过使用具有确定孔径的膜超滤或使用凝胶电泳法,可以实现不同大小的 GQDs 分级。较大的尺寸会导致较小的带隙,从而使荧光发射波长较长。

2. 含氧官能团

在 GQDs 上构建含氧基团,通过引入中间 n 轨道会使其光致发光光谱(PL)红移,但同时其充当非辐射中心会损害 PL 量子产率。相反,使用还原剂去除含氧基团会使光谱蓝移并增加 PL 量子产率,但同时会牺牲 GQD 的分散性。氧化基团的丰度可通过改变氧化切割时间、氧化剂强度或合成后再还原来控制,而含氧基团的成分则由用于合成的特定氧化剂或还原剂决定。提供不同的含氧物质可以提供不同的功能,GQD 上的—C＝O 和—COOH 基团可一起作为过氧化物酶模拟物,而—COOH 和—SO₃H 基团可作为许多反应的酸催化剂。

3. 杂原子掺杂

掺杂杂原子赋予 GQDs 改变电子带隙结构和催化的能力。杂原子掺杂可以通过后合成过程实现,例如,通过在氨气下加热 GQDs 或在氨溶液中水热处理 GQDs 进行 N 掺杂。N 掺杂使带隙变窄,因此扩大了光吸收(图 5.19(e))并延长了 PL 的寿命(因为电荷复合的抑制)。用 NaHSe 水热处理 GQDs 会产生橙色荧光 Se 掺杂的 GQDs,其量子产率高达 29%,但后合成掺杂的效率很差。

在合成期间掺杂通常可以获得更高的效率。通过引入杂原子源或直接使用含掺杂原子的氧化剂或还原剂,可以在自上而下切割合成期间实现杂原子掺杂。通过在离子液体 1-甲基-1-丙基哌啶鎓双(三氟甲基磺酰基)酰亚胺中超声处理和微波加热 CNTs 制备 N、F、S 共掺杂的 GQDs。有趣的是,掺杂大大提高了 PL 量子产率。在高温管式炉中用硼酸蒸气和氨气切割 GO 产生 B、N 共掺杂的 GQDs,具有良好的氧还原催化能力。在含 P 的植酸钠电解液中电化学切割石墨,会得到 P 掺杂的 GQDs。P 掺杂赋予 GQD 良好的清除自由基的能力。或者,裂解含杂原子的石墨烯前体直接产生掺杂的 GQDs。例如,混合硫酸和硝酸,在超声波作用下切割氟化石墨烯形成转换发光的 F 掺杂 GQDs。在水热条件下用 NaOH 切割聚噻吩产生 S 掺杂的 GQDs,其能够产生单线态氧,进行深红色发射(680 nm)和强光吸收。通过水热处理 pol(3-烷基噻吩)(P3ATs)制备 S 掺杂的 GQD,其显示出深达 700 nm 的深红色发射。此外,可以通过改变 P3ATs 的烷基链长度来调节这种 S-GQDs 的发射峰。

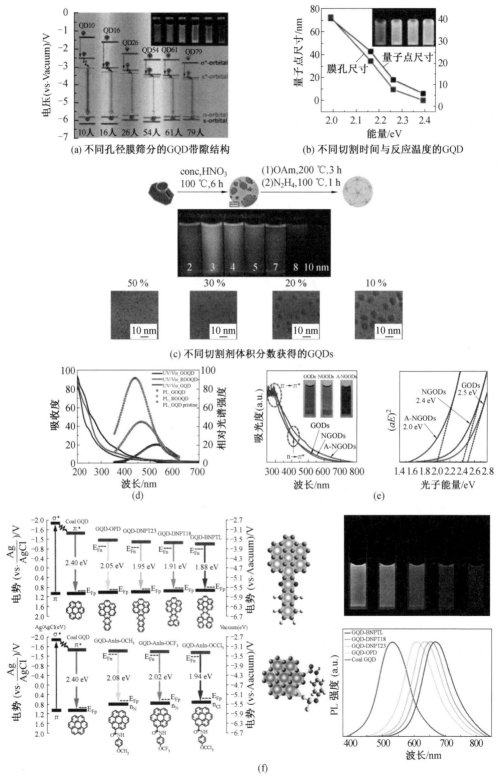

(a) 不同孔径膜筛分的GQD带隙结构

(b) 不同切割时间与反应温度的GQD

(c) 不同切割剂体积分数获得的GQDs

(d)

(e)

(f)

图 5.19 控制 GQDs 特性(彩图见附录)

在自下而上合成期间,使用含掺杂物的有机前体或添加掺杂源可以容易地引入杂原子掺杂。与其他掺杂方法相比,在基础碳晶上掺杂相对容易。例如,在水中微波辐射含 N 的去甲肾上腺素获得 N 掺杂的 GQDs,而在含 S 的 DMSO 中则会获得 N、S 共掺杂的 GQDs。基于 1,3,6-三硝基丙烯前体的融合,在硫脲和 NaOH 存在下,用 DMF 溶剂热法可获得 N、S 共掺杂的 GQD s,而在 3-巯基丙酸存在下水热获得 S 掺杂的 GQDs。

基于柠檬酸分子的缩合,在含 N 的三(羟甲基)氨基甲烷存在下获得 N 掺杂的 GQDs,在含 N、S 的 L 半胱氨酸存在下获得 N、S 共掺杂的 GQDs。在 4-乙烯基苯硼酸和硼酸存在下,用溶剂热法可获得 B 掺杂的 GQD。这种 B-GQDs 显示出强磁共振和上转换发光特性。在最近的一项研究中,S 掺杂的 GQDs 可由榴莲肉中的有机分子合成。提高反应温度会导致更高的掺杂百分比,从而导致更长的发射波长(从蓝色到橙色)。

4. 表面/边缘功能化

表面钝化(例如,用 PEG 处理)可以控制表面缺陷,从而使量子产率增加。由于从官能团到 GQD 的电荷转移,PEG(或 PEI)也因带隙变窄而出现光谱红移。

受以往研究的启发,最近 Yan 等人提出了两种截然不同的方法,系统地使用带有更宽电子带隙的原始 GQDs,将其带隙不断变窄(图 5.19(f))。由于原始 GQD 的带隙(π 和 π^* 轨道之间的距离)与 sp^2 域的大小成反比,他们通过将 GQDs 与多芳族分子结合以扩大 π-共轭的 sp^2 碳网络来实现带隙变窄。共轭多芳族分子越大,得到的 GQD 带隙越窄(PL 发射波长越长)。可以推测,这种策略对 CDs 或其他 QDs 不起作用,因为它们的带隙对量子限制不太敏感。另一种方法是在给电子化学基团接枝时在 π 和 π^* 轨道之间引入中间 n 轨道来实现带隙变窄,化学基团给电子能力越强,得到的 GQD 带隙越窄。

5.5　超级电容器应用

当今社会能源需求日益膨胀,电化学电容器、锂离子电池和太阳能电池等电化学器件引起广泛关注。目前,多种金属氧化物和导电材料已被设计应用于能源相关应用。许多研究人员尝试将 GQD 应用于能源相关环保产品,使其具有高透明度、大表面积等特性,这方面研究意义重大。

因为 GQDs 具有较大的比表面积(图 5.20(a)),已被用于超级电容器。高效赝电容性能取决于边缘、缺陷、官能团和掺杂剂(图 5.20(b))。N 掺杂的 GQDs 和胺官能化的 GQDs 分别实现了 509 F/g 和 595 F/g 的高比电容。已经证明,通过修饰 GQDs 可以在很大程度上增强三维石墨烯的电容量(图 5.20(c))。柔性透明的 GQD-石墨烯微超级电容器拥有 9.09 μF/cm² 的比电容,同时具有高稳定性。通过使用化学气相沉积在 MnO_2 纳米片上生长 GQDs 来制造异质结电极,同时由于 Mn—O—C 键的形成具有良好的界面键合效果(图 5.20(d))。由于两种材料功函数不同导致内建电场产生,GQDs 将电位窗扩展至 1.3 V。在 5 mV/s 的扫描速率下,比电容可达到 1 170 F/g。Mondal 等报告了 GQD 基超级电容器的优异电容值,其赝电容来源于苯胺化学氧化得到的掺杂聚苯胺复合材料。他们成功地由 GO 薄片制备出约 6 nm 的 GQD,并且合成的聚苯胺(GQDP)复合材料为纳米纤维或碳纳米管,其内径可以由 GQD 与苯胺的质量比控制。该 GQDP 复合材料在

1 A/g电流密度下比电容值约为 1 044 F/g,循环 3 000 圈比电容可保持80.1%。此外,Liu 等报告了基于 GQD 的微型超级电容器,其中 GQD 通过简便的一步溶剂热法合成。他们尝试了两种不同类型的电容器,对称和非对称超级电容器。GQD/GQD 水系和离子液体对称超级电容器通过简单的电沉积方法制备。此外,他们以 MnO₂ 纳米线为正极、GQD 为负极组建了 GQD/金属氧化物——MnO₂ 水系非对称超级电容器。GQD 基电容器的特殊结构有助于电解质离子传输并为电荷转移提供丰富表面积。该非对称电容器性能优异,相同水系电解液下,比电容和能量密度可达到 GQD/GQD 对称电容器的 2 倍。此外,在 0.5 mol/L Na₂SO₄ 水溶液中,它倍率性能良好,扫描速度高达 1 000 V/s,功率响应时间短,小电阻电容(RC)的响应时间常数为103.6 μs,比电容为468.1 μF/cm² 并且循环稳定。此外,在2 mol/L EMIMBF4/ACN(1-乙基-3-甲基咪唑四氟硼酸酯/乙腈)电解质中,GQD/GQD 对称超级电容器显示 2.7 V 的电压窗口,较小的 RC 时间常数为 53.8 μs,并且能量密度为 Na₂SO₄ 电解质的 7 倍。非对称电容器比电容又可达到对称电容器比电容(1 107.4 μF/cm²)和能量密度 0.154(μW·h)/cm² 的 2 倍。

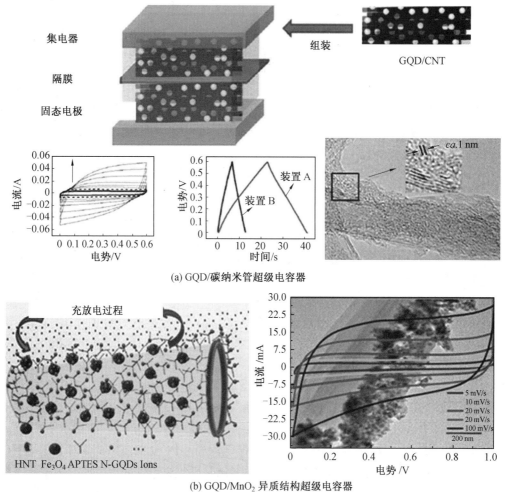

(a) GQD/碳纳米管超级电容器

(b) GQD/MnO₂ 异质结构超级电容器

图 5.20　GQD 基超级电容器(彩图见附录)

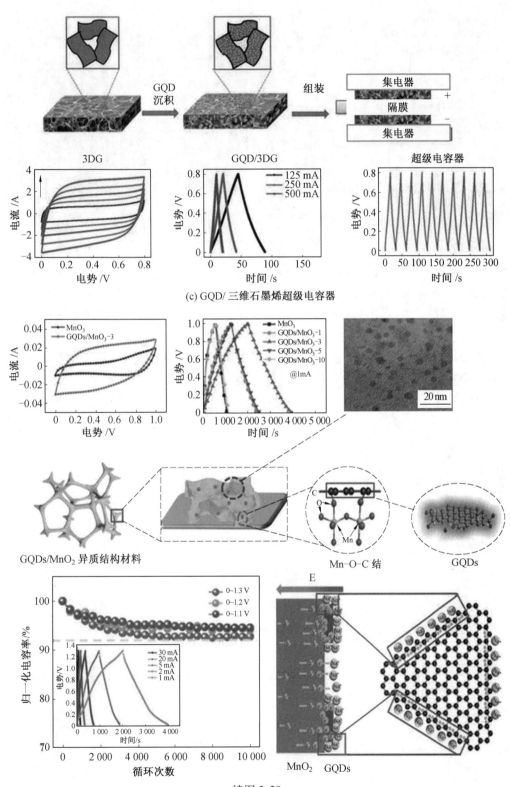

(c) GQD/ 三维石墨烯超级电容器

续图 5.20

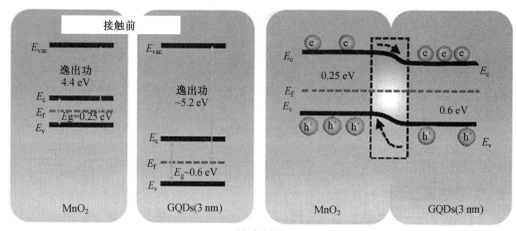

(d) GQD/MnO₂ 异质结构超级电容器

续图 5.20

GQD 有望应用于包括电容器、锂离子电池、电极和太阳能电池等各种设备。要想实现 GQD 的广泛应用,量产至关重要,尤其是在低成本、简单工艺、样品性能一致和高产量等方面的进一步突破。同时,在今后的研究中,有必要找到简易的提纯方法来消除可能破坏碳基表面的残留试剂和/或寻找新颖的方法实现极高的产率。此外,需要采取新的策略来实现 GQD 的粒径分选从而获得统一性能。同时,为了充分发挥性能,在发展新策略时必须充分发挥 GQD 的高溶解度。

第6章 电池类型电极材料及其在水系混合器件上的应用

6.1 概 述

随着目前社会的经济及人口的迅猛发展,能源紧张问题将不可避免地成为未来社会进一步发展的一大阻碍因素。目前,越来越多的学者投入到可再生、清洁能源的研究和开发利用中。但是,可再生、清洁能源(例如,风能、太阳能和潮汐能等)面临着间歇性、不可控等缺陷,因此必须采用相对应的能量存储设备合理保存这些清洁能源,进而运用在实际生产和生活中。目前,铅蓄电池、锂离子电池、超级电容器等电化学储能设备是广泛运用的能量存储设备。在众多能量存储设备中,超级电容器凭借其高的能量密度、高的功率密度、较长的使用寿命、较好的动力学特性、较宽的工作温度区间及绿色环保等诸多优点得到了广泛关注。图6.1所示为能量-功率密度关系的Ragone曲线,和其他的储能装置相比较,传统的双电层电容器(EDLC)虽然拥有较高的功率密度,但是其能量密度仍然偏低,进而显著地制约其实际运用。

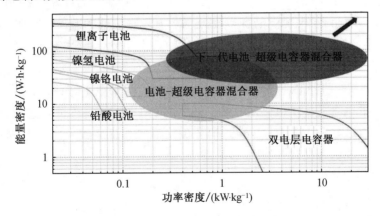

图6.1 各种锂离子电池(Li-ion battery)、双电层电容器(EDLC)与电池-超级电容器混合器件(BSHs)的能量-功率密度关系的Ragone曲线

根据超级电容器的能量密度公式($E = 1/2\ CV^2$),可以发现其能量密度和比电容值成正比,和工作电压区间的平方成正比。因此,可以得知提高超级电容器的能量密度的两大手段是提高电极材料的比电容值和增大器件的工作电压窗口。显而易见,增大器件的工作电压窗口是更加有效的提高其能量密度的方法。目前,水系电解液往往受到水的分解电位的影响,在理论上水系电解液的电化学稳定窗口无法超过1.23 V。实际运用中,有

机电解液或者离子电解液体系往往展现出较大的工作电压区间(-3~4.5 V),进而显示出较大的优越性,并且在商业化的器件中得到运用。但是,水系电解液组成的电容器仍具有其独特的优势,例如较高的离子电导率、较高的电化学安全性、较低的器件制备技术要求(水系电解液组成的器件无须特殊的气氛要求和有机溶剂的使用要求)和较低的制备成本,这些优点使其具有广泛的商业化运用潜力。

目前,由高容量的电池型电极和高功率的电容型电极组合而成的电池-超级电容器混合器件(Battery Supercapacitor Hybrids,BSHs)具有电化学性能优越、经济、安全、环保等一系列优势,是可以满足未来多功能电子设备等能量存储需求的不可或缺的储能体系之一。这种电池-超级电容器混合器件在未来电动汽车、智能电网方面的潜在应用,已经引起了人们的广泛关注。即使是小型的电子/光电器件等,只要设计合适,BSH 就会带来例如高性能、低成本、安全、环保等独特优势。

6.2 电池类型电极材料的储能机理

传统的观点将超级电容器的电极材料分为两类,一类是通过静电作用将正负电荷存储在电极板上的双电层电容器,另一类是利用氧化还原反应储能的赝电容器。但是,近来越来越多的文献报道了纳米化的电极材料在电池、电容器等储能器件上的运用。纳米化的出现使得越来越多的赝电容材料,例如过渡金属氧化物、氢氧化物、硫化物、碳化物、氮化物、导电聚合物等,得到了进一步探究和运用。但是,这些材料显示出的电化学特性既不是纯电容行为也不是纯法拉第行为,进而模糊了这两种能量储存方式之间的区别,易产生混淆。因此,定量讨论电化学电容器、赝电容器和电池之间的差异是非常有必要的。近来,美国化学学会的 *ACS Nano* 杂志的 Yury Gogotsi 和 Reginald M. Penner 用一个简短的标准列表区别真正的电化学电容器、赝电容和电池。Yury Gogotsi 认为赝电容材料(例如,RuO_2 和 MnO_2)存在两种电荷存储方式,一种是通过法拉第电子转移,主要是通过这些氧化物金属中心的两个或多个氧化还原状态(例如,Mn(Ⅲ)和 Mn(Ⅳ))进行储能;另一种是通过存在于这些材料表面双电层中进行非法拉第的电荷存储。其中,法拉第电子转移主要发生在氧化物的表面附近,其扩散距离为

$$L \ll (2Dt)^{1/2}$$

式中　D——扩散系数,cm^2/s;

　　　t——时间,s。

法拉第反应与非法拉第反应在电化学上是无法进行区分的。换言之,这两个过程都以电流 i(A)为特征参数,其与充放电速率 v(V/s)成正比,即 $i = Cv$,其中电容 C 的单位是法拉。这两个电荷存储方式的电容值总和包括材料的非插入电容。通过这种储能机制存储的电荷可以用下列公式进行计算,即

$$Q = C\Delta E$$

式中　ΔE——两个充电过程的电位差。

这个公式仅用于具有电容式响应的材料,其循环伏安曲线如图6.2(a)、(b)所示,呈现一种近似矩形的形状。同时,其恒定电流充放电曲线如图6.2(c)所示,呈现一种三角形曲线的形状。

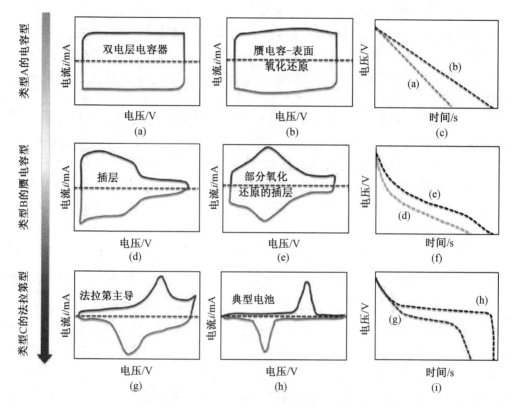

图6.2　不同类型储能材料的循环伏安曲线和对应的充放电曲线示意图

对于赝电容材料的储能机理与其他二者不同,其占据双电层电容器(EDLC)和电池的中间地带。双电层电容器储能主要通过电极和电解质界面构成的电化学双层结构进行能量存储,而电池的储能主要依赖于法拉第电子转移到金属中心,即通过插入电荷补偿离子如 Li^+ 或 Na^+ 实现这一点。图6.2 所示为不同储能机理的电荷存储模式的分类。对于 EDLC 而言,其随着电位的增加显示出与电位无关的电容,因此也显示出与电势无关的电流(图6.2(a)、(b))。另外,电池显示出突出且广泛分离的峰,而这些峰涉及电荷存储中的金属中心的还原氧化反应(图6.2(g)、(h))。同时,从恒定电流的充放电曲线可以看出,EDLC 放电产生电位 E 和时间 t 之间呈现线性关系(图6.2(c))。而对于电池而言,放电产生电位 E 和时间 t 之间呈现非线性关系(图6.2(i)),且具有一个显著的放电平台,其对应发生在金属中心的氧化或者还原的电位。而介于这两种极端信号的特征曲线则表明存在赝电容(图6.2(d)~(f))。传统类型的固态电解电容器,其显著的特点是可以在微秒到毫秒的时间范围内充电和放电。这个快速充电的特性使得超级电容器和赝电容器可在短时间(少于 1 min)内实现充电/放电。

因此,利用赝电容既可以实现双电层电容器的电荷存储容量的提高,也可以提高电池的功率。Yury Gogotsi 认为随着储能材料的临界尺寸减小到纳米级,离子的扩散路径长度减小,并且用于非插入电荷存储的表面积显著增强,这两种效应共同增加了电池材料的赝电容特性,这种现象可以称为外在的赝电容。简单地使用赝电容容易混淆电容器和电池的概念。一种包含赝电容的材料且通过 EDLC 增强其容量,也将会表现出类似电池的电流–电压关系(图 6.2(g)),同时在许多情况下,其显著地降低了充放电速度和功率。通过增加电化学活性表面积可增加电池电极的功率,进而扩大其分离峰(图 6.2(g)中的电流与电压行为),或使其具有独特的电位与时间特性(图 6.2(i))。但是,它仍然是一个独特的电池,而不是电容器。

Yury Gogotsi 等人认为在对新纳米材料进行电化学数据分析时,研究人员应该问的第一个问题是材料是电池类型还是电容器类型。任何具有强烈和明显的分离氧化还原峰(图 6.2(g)、(h))的循环伏安图,或具有明显平台期的恒流充电/放电曲线(图 6.2(i))应归类为电池型电极材料。另外,具有电容器响应的材料将显示矩形伏安图(图 6.2(a))和恒流放电期间的线性电压响应(图 6.2(c)),应归类为电容型电极材料。电池型电极的峰值电流(i)与扫描速率的平方根($i \sim v^{1/2}$)成比例,而电容器型材料依赖于扫描速率的线性电流响应($i \sim v$)。一旦电极材料被分类,Yury Gogotsi 等人认为研究人员应该量化并计算材料储存和输送的总电荷 Q,其中 $Q = \int i \times t$。如果电极材料属于超级电容器/赝电容器类别,则必须将该电荷转换为电容。对于在充电/放电期间具有明显平台的电池类材料(图 6.2(i)),则电容的定义不适用。相反,应计算容量。从图形来说,能量密度的计算需要点压与比容量曲线的面积。通过计算放电和充电曲线下面积的比值,可以计算出器件的能量效率,超级电容器的能量效率应该接近 100%。如果采用电容器的公式计算一些电池类型材料的能量密度,往往会导致计算出的能量密度值高出一个数量级。因此,Yury Gogotsi 等人建议根据纳米材料的能量储存机制进行电化学分析,这些机制通常不符合简单的电池或电容器定义。

与此同时,刘金平等人撰写 *Definitions of Pseudocapacitive Materials:A Brief Review* 一文对赝电容类型材料进行深入的讨论,将电化学储能系统分类为电池类型电极(battery electrode)、双电层电容器(EDLC)和赝电容类型电极(pseudocapacitive),如图 6.3 所示。在同时追求高能量和高功率的基础上,提出了赝电容材料。赝电容材料的电化学特性既不是纯电容也不是法拉第(图 6.3)。涉及装置在 EDLC 和电池之间占据中间地带,而在经典定义中,赝电容材料的能量存储主要依赖于法拉第电子转移到金属中心的表面,这通过电荷补偿离子的嵌入或吸附而成为可能。赝电容可以被认为是双电层电容器的互补形式,因为它不是静电源,而是具有与双电层电容器类似的循环伏安(CV)和恒电流充放电(GCD)形状。因此,加以"赝"前缀用于将其与双电层电容器区分开。而对于表面或近表面电荷转移导致赝电容器的表面发生法拉第反应,其不同于电池储能机理,而是类似于双电层电容器的超快反应动力学。因此,赝电容电极材料基本上呈现出近矩形的 CV 曲线和几乎线性的 GCD 曲线。

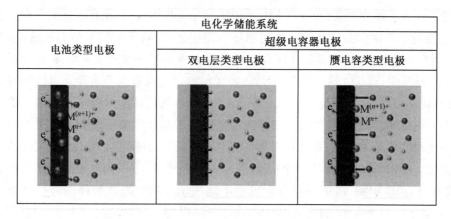

图 6.3 不同类型电化学储能系统的储能原理示意图

但是,目前随着尺寸减小到纳米级,通常显示出强氧化还原反应的一些法拉第电极材料表现出类似于赝电容材料的特性,这是指 CV 曲线中氧化还原峰消失和 GCD 曲线中出现平台的特征。对于一些其他电池电极材料,尽管尺寸减小不能显著改变 CV 和 GCD 曲线,但它们的氧化还原动力学与整体的氧化还原动力学完全不同。这可以通过非常快速的充电速率和大大降低的电压极化来反映,甚至接近赝电容动力学。因此,刘金平等人提出了采用定量动力学分析来阐明电极的电荷储存机制,进而准确区分赝电容和电池材料。

为了理解新开发的"赝电容"定义和相关材料,刘金平等认为动力学的量化是最重要的方法之一。众所周知,具有氧化还原反应的电极材料会展示出对应的特定电化学特征,例如在 CV 曲线中电压扫描的响应,在 GCD 曲线中的恒定电流和电化学阻抗谱中的交流电。特别是在 CV 曲线中,电流对扫描速率的响应会根据氧化还原反应是否受离子扩散控制而变化。实际上,已经报道了许多用于电极材料的扩散控制过程和非扩散限制过程的反卷积方法。Dunn 等人提出了 CV 曲线的动力学分析的归一化公式,即

$$i(V) = k_1 V + k_2 V^{1/2} \tag{6.1}$$

式中　　V——电位;

　　　　v——扫描速率,mV/s;

　　　　k_1、k_2——区分扩散电流和电容电流。

式(6.1)通常简化为

$$i(V) = av^b \tag{6.2}$$

可以通过计算 b 值,进而定量地确定扩散控制的贡献和电容贡献。例如,在较宽的扫描速率范围内,MnO_2 的峰值电流随扫描速率线性变化($b=1$),这显然证明 MnO_2 是赝电容类型电极材料。而 $LiFePO_4$,其计算出来 b 值为 0.5,则显示电池特征。自报道以来,这种分析方法已被广泛用于评估各种纳米电极材料的动力学性能。

为了帮助准确地区分赝电容和电池材料刘金平等人提出了一种方法,其考虑电化学特征(CV 和 GCD 曲线)和定量动力学分析作为补充($i(V) = av^b$ 中 b 的计算),如图 6.4 所示。对于 EDLC 材料,毫无疑问 CV 曲线是矩形的,GCD 的电位相对于时间是线性的。而 b 值是对于赝电容材料,一般来说,它应该显示近似矩形的 CV,因此,GCD 曲线在电位和

时间之间呈现几乎线性关系,并且与 EDLC 相比存在一些拐点,但没有明显的平台。计算 b 值时,它接近 1,F 用作电荷存储能力的单位。相比之下,对于电池类型的电极材料,典型的 CV 具有明显的氧化还原峰,并且 GCD 有明显的平台状态。关于 b 值,在传统的大容量电池电极材料中,通常 b 等于 0.5。然而,纳米材料电池电极或具有特定电极工程和结构设计的那些电极材料,b 值也可以大于 0.5,其条件是氧化还原过程不再受离子扩散的限制。为了正确地使用上述标准,应该强调的是所有的电化学特征应该在很宽的范围内呈现出电流密度和电流密度,并且对于真实的电容性材料,其特征不应随材料尺寸或薄膜厚度而变化。使用 Dunn 的方法估计 b 值,刘金平等人建议:①以相对较低的扫描速率分析 CV 曲线,已经认识到,这种定量分析可能不适用于不能忽略欧姆降的高扫描速率的 CV 曲线。②正确理解 $b \approx 1$ 的含义,$b \approx 1$ 表示电容(EDLC 或赝电容)或由于小材料尺寸/电极厚度(纳米尺寸效应,表面处理)或特定材料结构工程而不受离子扩散限制的过程。请不要单纯考虑 $b \approx 1$ 作为电容的指示。③当电池材料所估计的 $b \approx 1$,它意味着电池材料的氧化还原动力学与赝电容材料一样快,这只是一种效应。

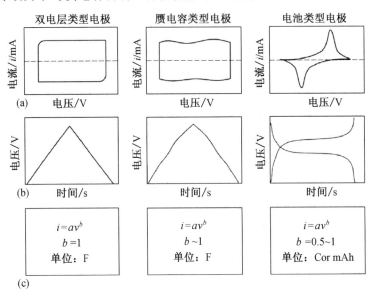

图 6.4 不同类型电极材料的判别标准

在上述讨论的基础上,刘金平等人还阐明两种典型的超级电容器件(非对称超级电容器(asymmetric device)和混合型超级电容器(hybrid device))的定义。如图 6.5 所示,4 个可能的电极材料配置可以被认为是不对称超级电容器:EDLC 正极和赝电容负极,赝电容正极和 EDLC 负极,EDLC 正极 A 和 EDLC 负电极 B(A 和 B 不是同种材料),赝电容正电极 A 和赝电容负电极 B(A 和 B 不是同种材料)。混合型超级电容器具有一个电池类型电极和一个电容类型电极。同样,混合装置也有 4 种情况:EDLC 正极和电池类型负极,电池类型正极和 EDLC 负极,电池类型正极和赝电容类型负极,赝电容类型正极和电池类型负极。在所有配置中,电解质可以是水性、有机、离子液体或甚至(准)固态,这取决于使用哪种电极材料。

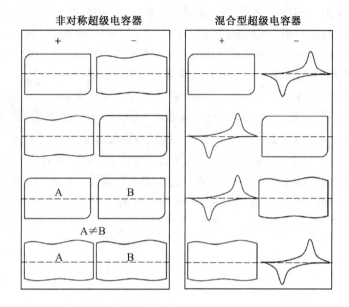

图 6.5　对于不同电化学器件的特征循环伏安曲线

　　同时,刘金平等人也在其综述文章中将这种由高容量电池型电极和高功率电容型电极组合的混合器件称为"电池-超级电容器混合器件(Battery Supercapacitor Hybrids, BSHs)"。考虑到电极材料、电解液、两电极配置的多样性,设计各种类型的 BSH 有很多可能性。在此,刘金平等人将 BSH 设备分为锂离子 BSH、钠离子 BSH、酸性 BSH、碱性 BSH、带有氧化还原电解液的 BSH、带有赝电容电极的 BSH。如图 6.6 所示,刘金平等人还总结了不同类型的候选电极/电解液材料。一般来说,由于电池型电极的高容量,BSH 器件能够超越传统电容器的能量密度,并且能够克服由于电容型电极的存在以及电池型电极的先进设计对电池功率密度的限制,来确保快速电化学动力学。刘金平等人认为通过以下两种方法可以提高 BSH 器件的能量密度:①容量提升,由于电池型电极的容量比电容型电极的容量高出许多倍,与对称的超级电容器相比,BSH 设备的容量通常可以提高大约两倍(甚至更多);②扩大 BSH 的工作电压区间,对于对称的超级电容器,全电池的工作电压通常不能超过其电极的最大工作电位范围,即全电池中存储的最大比容量只是其电极的一半。通过选择合适的工作在分离电位范围内的电池型电极,可以利用电容型电极的全电容,而且可以增大全电池 BSH 设备的输出电压。

　　BSH 的电解液可以是有机、水性、凝胶聚合物或离子液体。有机电解液通常包括锂离子电池电解液($LiPF_6$ 和 $LiBF_4$)或钠离子电池电解液($NaClO_4$ 和 $NaPF_6$)。而水性电解液可以是酸性(H_2SO_4 和 CH_3SO_3H)、碱性(KOH 和 NaOH)和中性(Li_2SO_4 和 Na_2SO_4)。酸性电解液通常用于铅酸电池和超级电容器的混合;碱性电解液应用于具有一个碱性电池电极(如 $Ni-/Fe-/Bi-$氧化物/氢氧化物)和一个纳米碳基容量电极的混合设备;中性电解液主要用于水性锂离子和钠离子的 BSH。有机电解液有一个宽且电化学稳定的电压窗口,甚至允许 BSH 的工作电压高达 4.5 V(如"活性炭/石墨烯"装置),但它们具有挥发性和易燃性。离子液体作为非挥发性、高稳定的电解液,可以取代传统的有机电解液用于

BSH 应用。但是有机电解液和离子电解液显著的缺点就是缺乏安全性,且其组装成器件需要较为苛刻的操作环境(例如隔绝氧气和水)和设备(例如手套箱)。最后,凝胶聚合物电解液可以被引入 BSH 中,用于压紧和安全能量存储,同时它们也非常适用于设计灵活的、可拉伸的甚至智能的 BSH。考虑到电解液、电极类型和材料资源,水系 BSH(酸性、碱性 BSH、水性锂离子、氧化还原 BSH 等)通常可能比有机电解液和离子液体基 BSH 更便宜,考虑到成本低且无须特殊的组装环境和设备,无论是 EDLC、赝电容电极,还是电池类型电极,都会是非常有运用前景的且可以长期大规模使用的。对于水系 BSH 器件而言,利用正负极不同的电位窗口来达到工作电压最大化,这是最常用的提高 BSH 器件能量避免的方法。但是在组装水系 BSH 器件的时候,精确地调控正负极活性材料质量,进而实现正负极电荷平衡。同时,在组装水系 BSH 器件时也需要主要正负极电极材料的电压区间的选择,尤其是涉及氧化还原反应的电极材料的电压区间,其区间不同容量值会有很大变化。

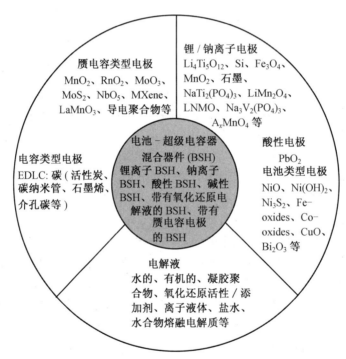

图 6.6　不同类型的电池-超级电容器混合器件(BSHs)及其电极材料和电解液

6.3　电极电池类型电极材料的最新进展

超级电容器虽然构造简单,其电化学性能的影响因素却很多,但最主要的因素还是取决于电极材料的性能。虽然碳材料是最先被发现进而被应用的超级电容器的电极材料,碳材料具有很好的稳定性能,低廉的成本,超高的比表面积,优异的导电性,是一种优异的超级电容器的电极材料。然而,随着不断地研究发现碳材料的比电容很有限,无法得到进一步提高,这在一定程度上限制了它的应用范围。过渡族电池类型电极材料是目前最有发展前景的电极材料,它拥有高的理论比容量,良好的循环稳定性,并且资源丰富。在储能方式上,过渡族电池类型电极材料主要是利用在电极活性物质的表面与电解液接触的位置发生氧化还原反应进行存储电荷。过渡族电池类型电极材料主要包括过渡族金属氧化物、金属氢氧化物、羟基氧化物、金属硫化物、金属磷化物以及它们的复合电极材料。

6.3.1 过渡族金属氧化物

过渡族金属氧化物是目前研究较为广泛的电池类型电极材料,随着电极材料的不断开发已经作为电池类型电极材料的过渡族金属氧化物主要包括 NiO、Co_3O_4、CoO、$NiCo_2O_4$ 等,其中以镍钴基氧化物为研究的热点。

刘俊峰等人通过 Zn-Ni 双氢氧化物阵列作为前驱体制备分级介孔结构的 NiO 纳米阵列,极大地改善 NiO 电极材料的电化学性能。如图 6.7 所示为一种新的自模板牺牲法制备的一系列有序的介孔 NiO 纳米阵列。首先在泡沫 Cu 基底上制备层状镍-锌氢氧化物纳米阵列,考虑到 Ni^{2+} 和 Zn^{2+} 在相同的碱性溶液中的沉淀速率不同,由于 Zn 的氢氧化物在碱性溶液中较低的溶解度,Zn^{2+} 沉淀物优先析出。因此,在竞争性共沉淀作用下,富锌菱面体棒状阵列首先形成于铜泡沫,随着 Zn^{2+} 浓度的降低,在富锌菱面体上连续生长出富 Ni 纳米片状"叶子"树干,最后形成杆-板分层结构(图 6.7)。最后,利用 Zn 和 Ni 氢氧化物对碱性溶液的不同稳定性,通过在浓 NaOH 溶液中浸泡 ZnO/NiO 样品,腐蚀去除不稳定的电化学非活性氧化锌,进而获得所需的介孔 NiO 纳米阵列(NiO-HMNAs)。从 NiO-HMNAs 样品的 SEM 和 TEM 图像中可以看出经过煅烧和碱性蚀刻工艺处理后的每个"树干"都有一个边长为 1.6 μm 的菱形,同时平均厚度为 10 nm 的纳米片均匀地排列在树干上。从其 TEM 图可以看出 NiO-HMNAs 纳米片具有多孔性结构,且其孔径为 5 ~ 10 nm。如图 6.8(a)所示,电化学测试结果表明,NiO-HMNAs 纳米阵列可以得到 1 807 F/g 的比电容值,同时当电流密度从 5 增加 50 mA/cm^2,其电容保留率达到了

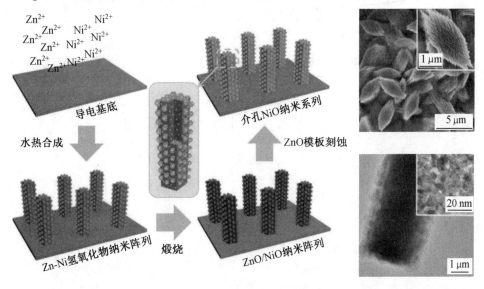

图 6.7 不分级介孔结构的 NiO 纳米阵列的制备示意图及其对应的 SEM 和 TEM 图

58.0%,表明 NiO-HMNAs 纳米阵列具有良好的倍率性能。值得注意的是,NiO-HMNAs 纳米阵列的比电容和倍率速率性能显著优于其他的对照样品,这说明了分级结构和适当的孔隙率有利于在高扫描速率条件下充放电过程中进行物质传输和活性物质的充分利用。图 6.8(b)所示为用循环充放电法考查 NiO-HMNAs 纳米阵列在电流密度为 30 mA/cm² 下的稳定性。结果表明,经过 4 000 次充放电循环后,NiO-HMNAs 纳米阵列电极仅仅衰减了 12.4%,表明其较好的结构稳定性。进一步,刘俊峰等人通过电化学活性面积(ESA)和电化学阻抗谱探究 NiO-HMNAs 纳米阵列的优异电化学性能的原因。如图 6.8(c)所示,NiO-HMNAs 纳米阵列的 ESA 值测量值为 432 mF/cm²。这表明通过介孔设计可有效增加 NiO-HMNAs 纳米阵列的电化学活性表面积。如图 6.8(d)的电化学阻抗谱所示,NiO-HMNAs 纳米阵列在高频区域具有较低的体电阻(通过估计和 Z' 轴的截距得到)和较低的界面传输电阻(通过估计在高频区的半圆直径得到)。同时,在低频区域 NiO-HMNAs 纳米阵列显示出更垂直的线,表明其扩散阻力较低。较低的界面传输和扩散阻力归因于多孔结构分层 NiO 阵列可以有效地缩短电子传输距离和促进电解质渗透进入宿主材料。同时,直接生长在金属衬底可提高电子输运效率且保证了结构的稳定性。因此,NiO-HMNAs 纳米阵列通过几乎充分利用电双层电容和增强法拉第电容,进而使其显示出超高的比电容、优异的倍率性能和出色的循环稳定性,其在电化学储能装置中具有良好的应用前景。因此,刘俊峰等人将 NiO-HMNAs 纳米阵列作为正极,大孔石墨烯整体

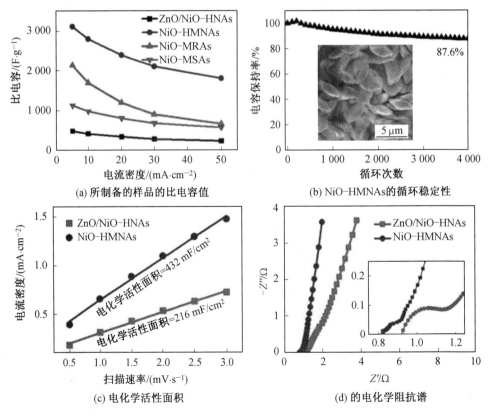

(a) 所制备的样品的比电容值

(b) NiO-HMNAs的循环稳定性

(c) 电化学活性面积

(d) 的电化学阻抗谱

图 6.8 不分级介孔结构 NiO 纳米阵列的制备示意图及其对应的 SEM 和 TEM 图

（MGMs）作为负极,进而组装成的混合器件如图6.9(a)所示。电化学测试结果表明,这种混合器件的电压区间扩大到了1.6 V(图6.9(b)),进而可以显著地提高其能量密度。经过计算表明,这种混合器件可以在320 W/kg的功率密度条件下展示出高达67.0 (W·h)/kg的能量密度(图6.9(c))。

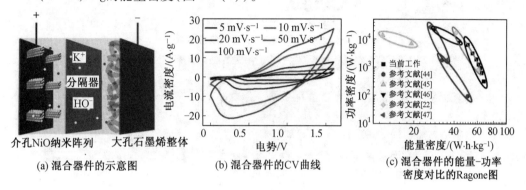

(a) 混合器件的示意图　　(b) 混合器件的CV曲线　　(c) 混合器件的能量-功率密度对比的Ragone图

图6.9　NiO-HMNAs 混合器件的电化学性能(彩图见附录)

Co基过渡族金属氧化物的化合物较为稳定,在能量存储方面,人们研究较多的有Co₃O₄。目前已有研究报道了几种具有特定形状和形貌的新型纳米结构Co基过渡族金属氧化物,如具有零维纳米晶、一维纳米线、二维纳米片和三维微结构,但是单一的纳米化难以改善Co₃O₄较差的导电性。因此,孙东亚等人通过一种简单和环保的方法制备了具有三维网状结构的Co₃O₄/C复合电极材料。如图6.10(a)所示,以芦荟汁为载体,采用溶剂热法制备了三维网络碳模板,然后再浸泡在硝酸钴中,利用三维网络碳模板富氧官能团去连接Co基纳米晶,最后在700 ℃的条件下退火处理得到了三维网状的Co₃O₄/C复合电极材料。电化学测试表明,Co₃O₄/C复合电极材料在三电极测试条件下具有高达1 345.2 F/g的比电容值且具有良好的循环稳定性,经过10 000次循环后,电容保持率为92.7%。此外,如图6.11所示,利用所制备的Co₃O₄/C复合电极材料和活性炭组装成混合器件,其展示出了良好的电化学性能,在功率密度为549 W/kg的条件下拥有高达68.17 (W·h)/kg的能量密度且具有优良的循环性能。

双组分金属氧化物是一类有前途的低成本电池类型电极材料,其具有多个价态的金属,可以发生更多种的氧化还原反应,展示出比单组分金属氧化物更高的容量。例如,NiCo₂O₄、ZnCo₂O₄和Zn₂SnO₄等具有多种氧化还原反应和高电导率等优势,目前得到了广泛的研究。其中,双组分金属氧化物(AₓBᵧOᵤ)作为电池类型电极材料,通常包括几种类型的AB₂O₄、ABO₄、A₃B₂O₈等,A和B分别代表低氧化态和高氧化态的金属元素,金属元素A和B都在电化学储能过程中起作用。Chen等人对于双组分金属氧化物在超级电容器方面的应用进行了总结。其中,具有AB₂O₄的构型尖晶石结构的金属氧化物,因其中两种金属在电荷存储过程的作用正成为有希望的电极材料。特别是钴酸镍(NiCo₂O₄),因其较金属镍或钴氧化物具有更好的导电性和更高的电化学活性而成为研究热点。

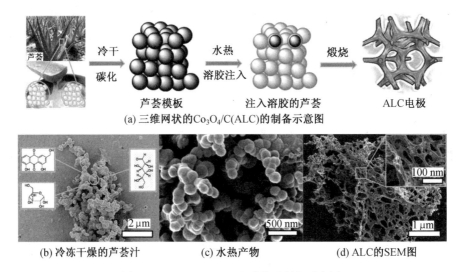

(a) 三维网状的Co_3O_4/C(ALC)的制备示意图

(b) 冷冻干燥的芦荟汁　　(c) 水热产物　　(d) ALC的SEM图

图6.10　Co_3O_4/C(ALC)形貌及制备示意图

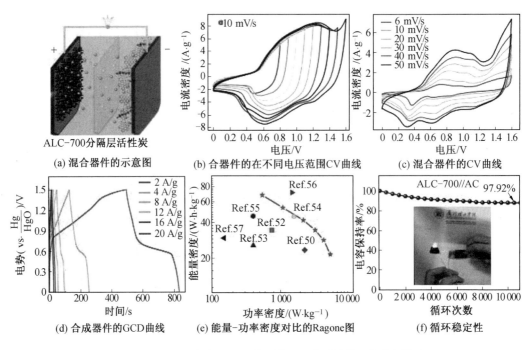

(a) 混合器件的示意图　　(b) 合器件的在不同电压范围CV曲线　　(c) 混合器件的CV曲线

(d) 合成器件的GCD曲线　　(e) 能量-功率密度对比的Ragone图　　(f) 循环稳定性

图6.11　Co_3O_4/C复合电极混合器件的电化学性能(彩图见附录)

　　如图6.12所示,杨维清等人采用一种溶剂热合成方法,以Ni^{2+}、Co^{2+}和尿素为原料,经过水热反应和熟化过程形成纳米花状的镍钴层状双氢氧化物(NiCo-LDH)的沉淀,最后在空气中煅烧成所需要的纳米花状的$NiCo_2O_4$相。这种纳米花状的$NiCo_2O_4$在相邻的花瓣间具有丰富的中孔结构和宏观孔隙,有利于促进电解质离子作为离子储层的聚集,也提供了三维连续电子传输通道。如图6.13(a)所示,经过这种微纳结构的设计,材料的储能可以从初始的电池式插层原理部分转化为表面氧化还原过程。如图6.13(b)所示,对于 NiCo$_2$O$_4$ 的 CV 曲线中出现的两对氧化还原峰可归因于相转变诱导的 NiCo$_2$O$_4$ 到 NiOOH/CoOOH 和 NiO/CoO$_2$ 的转化。同时,其采用扫描伏安法从扩散控制动力学中分离电容过程的结果如图 6.13(c)所示。对于 NiCo-LDH 电极,所计算出来的 b 值为 0.54,表明其具有电池特性。而对于在 300～500 ℃退火温度之间得到的 NiCo$_2$O$_4$,b 值分别为 0.59、0.72、0.78 和 0.97。这个结果表明了电荷的扩散控制过程的存储过程转换表面电容效应。同时进一步分析(图 6.13(d)),可以发现对于在 300～500 ℃退火温度之间得到的 NiCo$_2$O$_4$ 样品,其总电荷存储贡献中电荷电容逐渐增加。对于 NiCo$_2$O$_4$-300 的电容电荷仅占总存储电荷的 54.1%,而 NiCo$_2$O$_4$-350 达到 78.9%,NiCo$_2$O$_4$-500 达到了 93.5%,这一结果表明电容贡献得到了显著提升。如图 6.13(e)所示,NiCo$_2$O$_4$ 超薄纳米花瓣中的介孔结构可以进一步促进通过促进离子扩散反应,而且这些纳米瓣自组装的三维花状纳微结构中的大量间隙不仅可以改善电容性能,还增加了电子转移。因此,由于大量的表面位点用于存储电荷,进而依赖于电荷状态的电势将会变为线性储存,同时抑制相变。

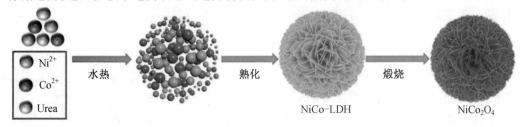

图 6.12　纳米花状的 NiCo$_2$O$_4$ 的合成示意图(彩图见附录)

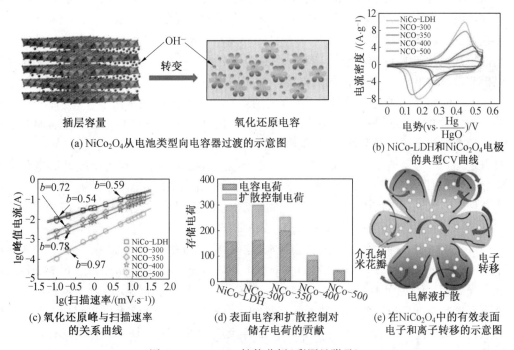

图 6.13　NiCo$_2$O$_4$ 性能分析(彩图见附录)

6.3.2 金属氢氧化物、羟基氧化物

过渡族金属氢氧化物、羟基氧化物是目前研究较为广泛的电池类型电极材料,随着电极材料的不断开发已经作为电池类型电极材料的过渡族金属氧化物主要包括 $Ni(OH)_2$、$NiOOH$、$Co(OH)_2$、$CoOOH$、层状双金属氢氧化物等。目前,过渡族金属氢氧化物、羟基氧化物凭借价态丰富、成本低、环境友好等优势成为近年来研究的热点。在过渡族金属氢氧化物、羟基氧化物中,层状双金属氢氧化物(Layered Double Hydroxides,LDH)是一种阴离子插层的层状材料,其分子式可以写作 $[M_{1-X}^{2+} M_X^{3+} (OH)_2]^{X+} [A_{X/n}^{n-} \cdot mH_2O]^{X-}$,这里的 M^{2+} 与 M^{3+} 分别代表二价和三价金属离子,A^{n-} 是插层阴离子。显然地,这些层状双金属氢氧化物的结构和性能受到其金属离子种类和数量、插层阴离子类型和层间水分子等因素的影响,进而其稳定性、化学成分、电化学性能可以进一步调控。这些层状双金属氢氧化物在一定温度下受热容易发生分解,水分子优先脱除,然后对应的层间阴离子和羟基随后脱出,最后形成对应的层状双金属氧化物。与此同时,这些层状双金属氢氧化物具有一定的记忆效应,其在高温煅烧后形成对应的双金属氧化物,仍然可以在一定的条件下恢复成为原来的层状双金属氢氧化物。

Liu 等人采用一种低廉和简单的工艺在泡沫镍基底上生长超薄 $Ni(OH)_2$ 纳米片,用作储能电极材料。首先,将泡沫镍用 3 mol/L HCl 和水清洗并储存在密封玻璃瓶中,为后来的 $Ni(OH)_2$ 纳米片生长提供镍源。然后,将清洗好的泡沫镍浸泡在 NaOH 和 $(NH_4)_2S_2O_8$ 的混合溶液中,通过这种简单的化学浴方法即可以快速地得到 $Ni(OH)_2$ 纳米片。电化学性能测试表明,$Ni(OH)_2$ 纳米片显示出优异的性能,在 1 A/g 电流密度条件下其容量可以达到 1 288.1 F/g 且具有良好的循环稳定性。这种优异的电化学性能主要归因于其独特的纳米结构,这可能有助于在电极表面快速离子传输,使这样三维纳米结构电极非常适合低成本、高性能超级电容器的应用。

Yamauchi 等人通过氧化处理,使得碳纳米管均匀地分散在水溶液中,进而采用简便的一步化学共沉淀法制备镍同轴碳纳米管/氢氧化镍(CNT/Ni(OH)$_2$)复合电极材料。经过化学共沉淀法可以显著地发现,碳纳米管表面均匀地生长在碳纳米管上。同时,在复合材料之间具有丰富的多孔空间,将有助于提供更多的反应位点,有利于提升其电化学性能。采用 CNT/Ni(OH)$_2$ 复合材料作为正极,还原氧化石墨烯(RGO)作为负极,组装成混合器件。在水系电解液中,这种混合器件的工作电压区间被扩大到 1.8 V,在功率密度为 1.8 kW/kg 时,其能量密度可以达到 35 (W·h)/kg。

Lee Jong-Min 等人采用溶剂热法和水热法相结合的方法,首次制备了介孔 NiOOH 纳米片/石墨烯水凝胶(H-NiOOH/GS)并对其电化学性能进行了研究。如图 6.14 所示,冷冻干燥处理后的 NiOOH/GS 水凝胶具有相互连接的三维多孔网络,近距离观察可以清楚地显示这些框架由厚度为几十纳米的片状结构组成。这种三维多孔结构可以有效促进电解质离子流入整个电极,有利于增强电荷储存反应。将这种 NiOOH 纳米片/石墨烯水凝胶直接作为电极材料,在 1 A/g 时可以提供 1 162 F/g 的高电容,同时具有优异的倍率性能。

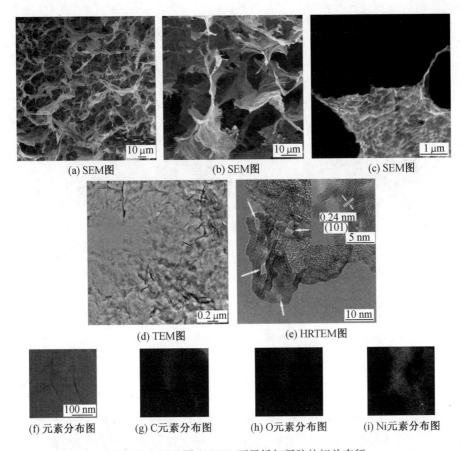

(a) SEM图   (b) SEM图   (c) SEM图

(d) TEM图   (e) HRTEM图

(f) 元素分布图   (g) C元素分布图   (h) O元素分布图   (i) Ni元素分布图

图 6.14   SEM 图 NiOOH/石墨烯气凝胶的相关表征

有学者采用两步软化法在泡沫镍制备超薄的 CoOOH 纳米片阵列。首先,利用化学浴的方法在泡沫镍基底上制备 Co(OH)F 纳米棒阵列,然后引入强氧化剂(KBrO$_3$)将其转变成为 CoOOH 纳米片。图 6.15(a)~(f)展示了 Co(OH)F 纳米棒阵列在不同反应时间条件下逐渐转变成 CoOOH 纳米片的形貌演变过程。如图 6.15(g)所示,随着反应时间的延长,可以看出其形貌逐渐从表面光滑的四边形棱柱结构转变成表面带有超薄纳米片的棱柱结构,这些超薄纳米片具有更大的比表面积和活性位点,有利于电子或离子的输运。电化学测试结果证明,这种 CoOOH 纳米片阵列可以在 1.25 A/g 实现高达 2 550 F/g 的容量,同时具有良好的循环稳定性。

有学者采用表面修饰的 CNT 作为基底,原位制备了 NiMn-LDH/CNT 复合电极材料。如图 6.16(b)所示,NiMn-LDH 纳米片均匀地生长在 CNT 表面,可以显著地增加其电化学活性面积。通过精细地调控 Ni 和 Mn 的原子比,电化学测试结果表明 Ni 和 Mn 的原子比为 3∶1 的 NiMn-LDH 具有最佳的电化学性能,其在 1.5 A/g 条件下容量可以达到 2 960 F/g,且具有优秀的倍率性能和循环稳定性。利用 NiMn-LDH 和还原氧化石墨烯/碳纳米管复合薄膜分别作为正极和负极,组装成为全固态混合器件,该器件的能量密度最高可达 88.3 (W·h)/kg。

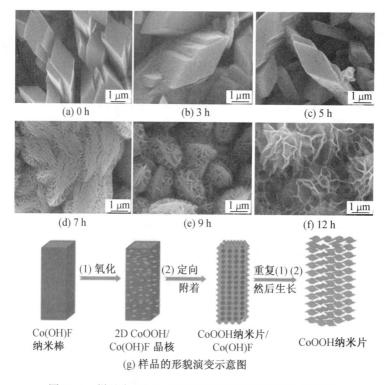

(a) 0 h　　(b) 3 h　　(c) 5 h

(d) 7 h　　(e) 9 h　　(f) 12 h

(g) 样品的形貌演变示意图

图 6.15　样品在 KBrO$_3$ 溶液中不同反应时间下的 SEM 图

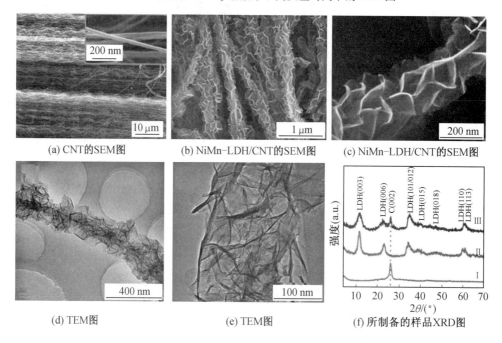

(a) CNT的SEM图　　(b) NiMn-LDH/CNT的SEM图　　(c) NiMn-LDH/CNT的SEM图

(d) TEM图　　(e) TEM图　　(f) 所制备的样品XRD图

图 6.16　CNT 的样品形貌及物种分析

Ⅰ—原始 CNT；Ⅱ—NiMn-LDH；Ⅲ—NiMn-LDH/CNT

6.3.3 金属硫化物

金属硫化物由于结构多样性、电化学活性强,因此受到了能源存储领域的广泛关注。金属硫化物独特的物理和化学性质,使其具有比金属氧化物更高的导电性和电化学活性,这些性质都有助于提高比容量。

Zhao 等人报道了一种具有分层(球形)微/纳米孔结构的过渡金属硫化物。通过一种阴离子-阳离子交换方法,以精确地制造具有高比表面积的创新的硫化钴分层多孔纳米球。首先,在 120 ℃的温度下由甘油($C_3H_8O_3$)分解产生的甘油酯($C_3H_5O_4^-$)会吸引 Co^{2+} 形成共甘油酯($Co(C_3H_5O_4)_2$))核。由于均相的成核机理,可以合成圆形且均匀的 Co-甘油酸酯纳米球。然后在溶剂热条件下的阴离子-阳离子交换方法用于将甘油三酸酯固体前体转化为 CoS-HPNs。在阶段 B,富含 Co-甘油酸酯固体球的 Co^{2+} 在 85 ℃下与原始 Co 的表面上由硫代乙酰胺分解的 S^{2-} 反应 0.5 h。硫化过程可以看作是甘油三酸酯和硫代乙酰胺之间的阴离子、阳离子交换反应。在阶段 C,硫化 1 h 后,向内扩散的 S^{2-} 和向外扩散的 Co^{2+} 为硫化钴壳的生长提供源源不断的供应,从而在壳和内部甘油三酸酯之间形成了明确定义的间隙空间。在阶段 E,随着硫化 15 h 的进行,内部的甘油三酸酯固体球的体积变得更小,而硫化钴的壳变得更厚。硫化 24 h 后,甘油三酸酯球最终消失,在阶段 F 结束时最终获得了一个完整的硫化钴厚壳。有学者提出"布朗雪球机制"来解释 CoS-HPN 的高球形性,通过第一性原理计算表明,向外的 Co 扩散要快于向内的 S 扩散,这意味着在前驱体的壳外表面上形成了 CoS 卵黄壳结构,这证明了布朗雪球机制。

与单金属硫化物相比,多金属硫化物表现出更丰富的氧化还原反应以及更高的电子电导率,从而导致电化学性能的显著提高。此外,多金属硫化物还具有比混合金属氧化物更好的电化学性能,因为它们不仅具有相似的富氧化还原反应,而且具有更高的电子电导率。以 $NiCo_2S_4$ 为例,它显示出比相应的单金属硫化物(NiS_x 和 CoS_x)高得多的比电容,并且电导率约为 $NiCo_2O_4$ 的 100 倍。得益于两种金属离子的高电导率,丰富的氧化还原化学作用和协同效应,多金属硫化物已成为锂离子电池、电极以及超级电容器的有前途的电极材料。

Lee 等人开发了一种简单的两部策略,通过在多孔 3D 泡沫镍上生长二元金属硫化物 Zn-Co-S。首先在泡沫镍基底上生长 Zn-Co 前驱体,然后通过一步水热法形成 Zn-Co-S 纳米线阵列(图 6.17(a))。合成后的 Zn-Co-S NW 在 3 mA/cm² 的电流密度下可提供 0.9 mAh/cm² 的超高面积容量(比容量 366.7 mAh/g),具有出色的倍率能力(在 40 mA/cm² 的极高电流密度下的比容量为 227.6 mAh/g)和出色的循环稳定性(10 000 次循环后约 93.2 % 的容量保持率)。此外,Lou 等人通过使用金属有机框架为模板设计了 Zn-Co-S 的菱形十二面体。在这个策略中(图 6.17(b)),首先合成了 Zn/Co 沸石咪唑酸酯骨架(ZIF),然后通过单宁酸进行化学刻蚀形成双层的 Zn/Co ZIF,然后通过水热硫化反应制备了双壳层的 Zn-Co-S 菱形十二面体笼。通过扫描和投射结果可以清楚地看出双壳层结构(图 6.17(c)~(h))。由于结构和成分上的优势,双壳层的 Zn-Co-S 表现出了高的性能,具有高的比容量(在 1 A/g 的电流密度下容量可以达到 1 266 F/g)和长的循环性能(在 10 000 次循环后容量保持 91%)。

Zhang 等人通过一步电沉积方法成功地将 Ni-Co-S 纳米片阵列沉积到了石墨烯泡沫（GF）上。在这个过程中，首先通过 CVD 的方法在泡沫镍骨架上沉积了一层薄石墨烯，为了提高润湿性，通过氧等离子体处理了石墨烯框架，然后通过 5% 的 HCl 和 1 mol/L 的 $FeCl_3$ 刻蚀掉 Ni 衬底，石墨烯泡沫具有 3D 互连的孔，可为电活性材料的沉积提供高的比表面积，并可以促进电解质离子的捕集，在充电/放电过程中减少电解质离子的扩散路径。最后通过电化学方法和化学方法将 PPy 和 Ni-Co-S 沉积在石墨烯泡沫上。然后非对称电容器通过 PPy/GF 和 Ni-Co-S/GF 组成负极和正极。非对称超级电容器的 CV 曲线在 2~100 mV/s 的不同扫描速率下具有一对氧化还原峰，可能归因于 Ni-Co-S/GF 的法拉第电容。超级电容器在 1~20 A/g 的各种电流密度下的 GCD 曲线如图 6.18（c）所示。根据 GCD 曲线计算出的超级电容器的比电容在电流密度分别为 1 A/g、5 A/g 和 10 A/g 时分别为 209.82 F/g、118.2 F/g 和 93.0 F/g。电化学阻抗谱

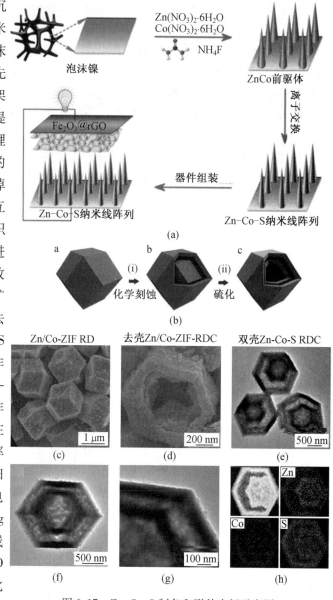

图 6.17　Zn-Co-S 制备和形貌表征示意图

（图 6.18（d））表明，阴极、阳极和 ASC 器件的电荷转移电阻值分别为 1.2 Ω、1.4 Ω 和 2.3 Ω。图 6.18（e）为其对应的 Ragone 图，将能量密度和非对称电容器的功率密度联系起来。Ni-Co-S/GF‖PPy/GF 非对称电容器的电压窗口为 1.65 V，当功率密度为 825 W/kg 和 16 100 W/kg 时，能量密度能达到 79.3 （W·h）/kg 和 37.7 （W·h）/kg。组成柔性非对称电容器持续 5 min 地从 180°弯曲到 15°仍然可以保持高的性能。

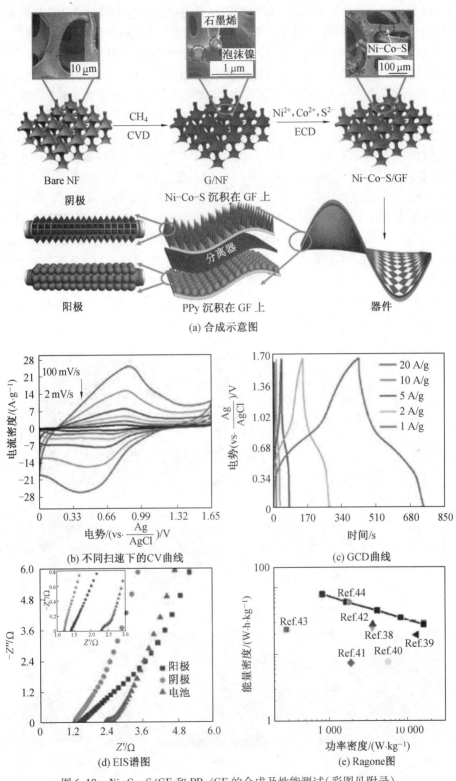

图 6.18 Ni-Co-S/GF 和 PPy/GF 的合成及性能测试(彩图见附录)

将金属硫化物与导电基质结合可以有效提高其电化学活性和稳定性。各种碳基材料，例如活性炭、石墨烯、碳纳米管和生物质碳，由于其大比表面积和出色的导电性等突出优势而被广泛用作支撑基材。金属有机框架(MOF)由于其高比表面积和可设计的多孔结构而被认为是超级电容器有前途的材料。微观结构的多级配置可提供较大的表面积和良好连接的纳米孔结构，从而能够有效地促进电荷转移和电解质在电极内的扩散。重要的是MOF可以作为自模板通过自身的金属转化成金属硫化物。如图6.19所示，An等人通过使用MOF作为前驱体通过高温退火获得了N掺杂的碳骨架，具有快速的离子传输能力和高的导电性，然后通过原位硫化过程获得 $Ni_3S_2@Co_9S_8/N-HPC$。通过$Ni_3S_2@Co_9S_8$和3D互连的多层多孔碳的协同作用所得到的 $Ni_3S_2@Co_9S_8/N-HPC$ 复合材料在电流密度为 0.5 A/g 时显示出 1 970.5 F/g 的超高比电容(图6.19(c))。此外，在 10 A/g 的电流密度下循环 5 000 次电容量可以保持89.5%(图6.20(c))。通过计算获得的 $Ni_3S_2@Co_9S_8/N-HPC$ 复合材料的 b 值为 0.6~1.2，这意味着复合材料在 KOH 电解质中的电化学反应与扩散控制(电池型)和表面控制(电容型)过程都有关。通过计算材料的 k_1 和 k_2 值可以定量计算扩散控制和表面控制的占比，结果表明表面电容电荷贡献随着扫描速率的增加而增加，并且在 5 mV/s 的扫描速率下占表面电荷存储总量的 71.5%，在 50 mV/s 的扫描速率下占表面电荷总量的85.3%。在高电荷放电速率下，表面电容行为主导着电荷存储。

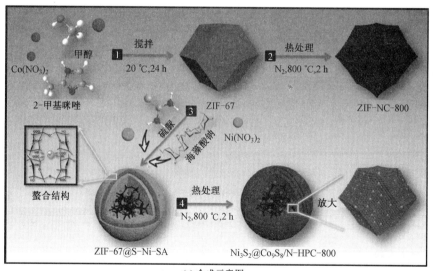

(a) 合成示意图

(b) TEM图像　　(c) HRTEM图像　　(d) 能谱面扫结果

图6.19　$Ni_3S_2@Co_9S_8/N-HPC$ 复合材料的合成及表征

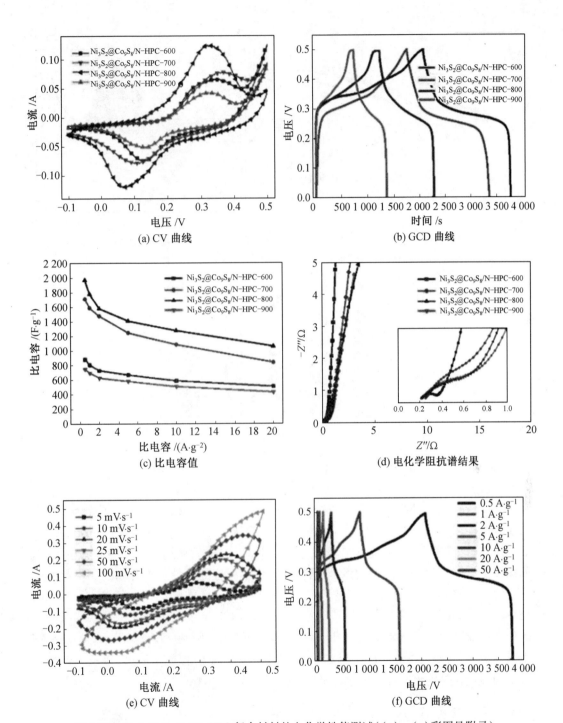

图 6.20 $Ni_3S_2@Co_9S_8/N-HPC$ 复合材料的电化学性能测试((a)~(g)彩图见附录)

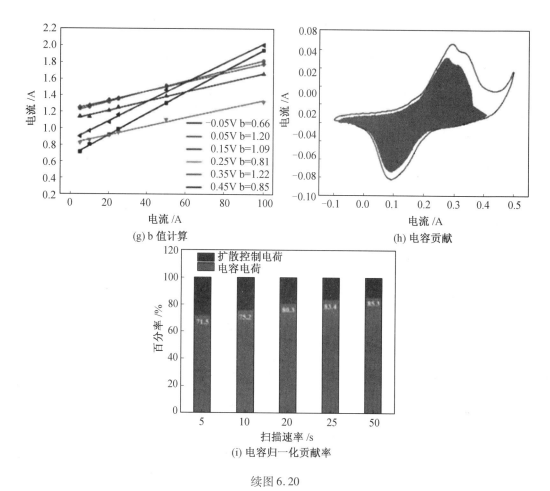

(g) b 值计算

(h) 电容贡献

(i) 电容归一化贡献率

续图 6.20

此外,Zheng 等人还报道了一种将金属硫化物 CoS 包覆在低成本 MnO$_2$ 上作为超级电容器复合电极的方法。首先通过电沉积的方法在泡沫镍基底上沉积了 MnO$_2$ 纳米阵列,然后通过在 Ar 气中退火形成具有丰富氧空位的 MnO$_{2-x}$,最后通过电沉积的方法在 MnO$_2$ 表面涂覆少量的 CoS。CoS 涂层有效地增加了电化学反应的活性位点并增强了材料的电导率,从而导致容量和循环性能的显著改善。在 2 mA/cm^2 的电流密度下,MnO$_{2-x}$@CoS 的比容量要比 MnO$_{2-x}$ 和原始 MnO$_2$ 高得多,高达 781.1 C/g。通过使用 N/O 共掺杂的多孔碳作为负极,MnO$_{2-x}$@CoS 作为正极,成功组装了超级电池。在 597.24 W/kg 的功率密度下具有 1 064 mF/cm^2 的高面电容和 34.72 (W·h)/kg 的大能量密度,以及出色的循环性能和容量在高电流密度下经过 9 000 次循环后保持 89.6%。

6.3.4 金属磷化物

考虑到 P 原子具有较低的电负性和丰富的化学价态,目前越来越多的金属磷化物(M$_3$P、M$_2$P、MP,其中 M 为金属)在储能材料领域得到了广泛的关注。金属磷化物具有丰富的自由电子且导电性良好,是一种潜在的电池类型电极材料。为了最大限度地发挥磷元素对导电性能的贡献,Dong 等将分级双金属镍钴磷化空心球封装在磷掺杂的还原氧化石墨烯(PrGO)中,获得了优异的电化学性能。如图 6.21 所示,以镍基甘油微球为牺牲模板,通过水热法及后续的磷化反应制备了 Co/Ni 比例可控的空心球。具有垂直分枝的空心壳结构是由实心、蛋黄壳结构再到空心的形态演变而成。通过水热合成和磷化工艺将空心球包裹在 PrGO 网络中,制备了 PrGO/Ni-Co 磷化复合材料(PrGO/NiCoP)。由于其独特的形貌和组分,Ni/Co 物质的量比为 1∶1 的复合材料具有更强的电容性能。从储能机理上阐明材料优异电容性质的原因,Dong 等使用峰值电流强度和扫描速率的关系表达式 $i = av^b (b=1)$ 表明赝电容行为,而 $b = 0.5$ 表明电荷存储遵循电池行为。相应的扫描速率与峰值电流强度对数关系如图 6.21(f)所示,线性拟合后得知 $b = 0.83$。说明制备的 PrGO/NiCoP 电极的电荷存储机理包括非扩散控制的表面氧化还原反应和扩散控制的电池式插层/脱层反应。进一步计算扩散控制的贡献和电容的贡献的比例,如图 6.21(g)所示,电容性贡献率为 58.9%。另外由 PrGO/NiCoP 和活性炭组装的非对称超级电容器在 49.7 (W·h)/kg 的能量密度下。

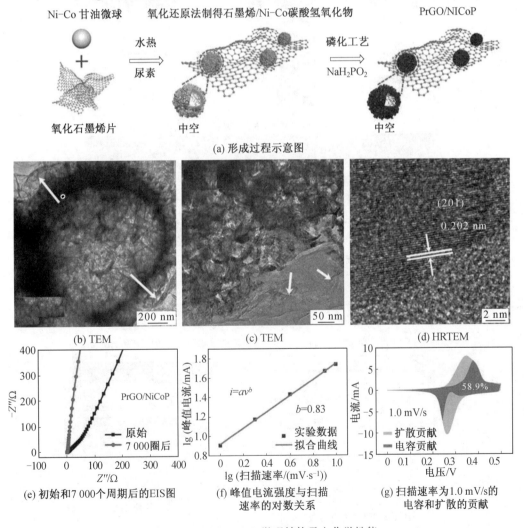

(a) 形成过程示意图

(b) TEM (c) TEM (d) HRTEM

(e) 初始和 7 000 个周期后的 EIS 图

(f) 峰值电流强度与扫描速率的对数关系

(g) 扫描速率为 1.0 mV/s 的电容和扩散的贡献

图 6.21 PrGO/NiCoP 微观结构及电化学性能

　　另有学者考虑到阴阳离子合金化的思想去构建磷化物以提升电极材料电化学性能。如图 6.22 所示,Li 等利用阴离子(磷)和阳离子(锌和镍)对钴基氧化物进行合金化处理制备了 ZnNiCo-P 分级结构纳米片。由于其组成和结构上的优势,相比于所制备的参比钴磷体系,ZnNiCo-P 电极的电化学性能有了明显的改善,可达 958 C/g 的比容量,和杰出的倍率性能(20 A/g 下可达 787 C/g)。密度泛函理论计算表明用 P 以及 Zn/Ni 部分取代 Co 和 O 可以同时改善电荷转移行为,促进 OH^- 吸附以及质子化/脱质子化过程。此外,基于自支撑 ZnNiCo-P 纳米片电极组装的非对称超级电容器在能量密度为 60.1 (W·h)/kg 下功率密度可达 960 W/kg,并具有优越的循环性能(在 10 A/g 下 8 000 次循环后,初始比电容仍可保留 89%)。这些发现为多组分优化设计过渡金属化合物提供了有价值的见解。

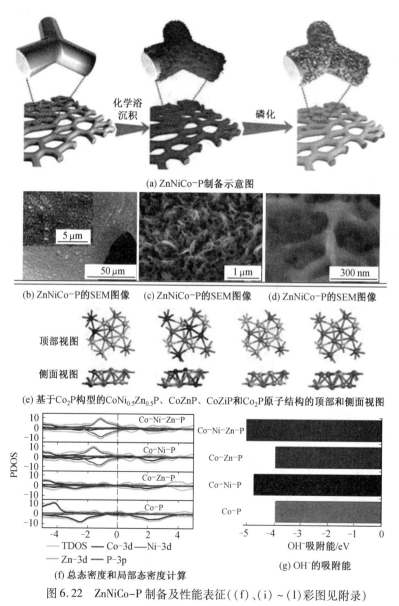

(a) ZnNiCo-P 制备示意图

(b) ZnNiCo-P 的 SEM 图像　　(c) ZnNiCo-P 的 SEM 图像　　(d) ZnNiCo-P 的 SEM 图像

(e) 基于 Co_2P 构型的 $CoNi_{0.5}Zn_{0.5}P$、CoZnP、CoZiP 和 Co_2P 原子结构的顶部和侧面视图

(f) 总态密度和局部态密度计算

(g) OH^- 的吸附能

图 6.22　ZnNiCo-P 制备及性能表征((f)、(i)~(l)彩图见附录)

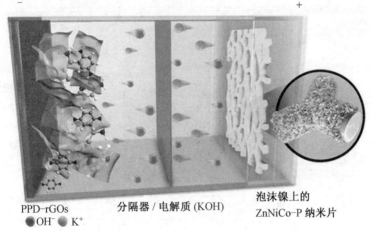

(h) ZnNiCo-P 纳米片 / 泡沫镍 //PPD-rGOs 示意图

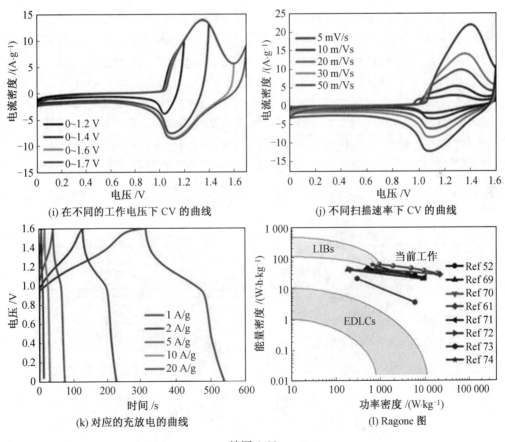

(i) 在不同的工作电压下 CV 的曲线

(j) 不同扫描速率下 CV 的曲线

(k) 对应的充放电的曲线

(l) Ragone 图

续图 6.22

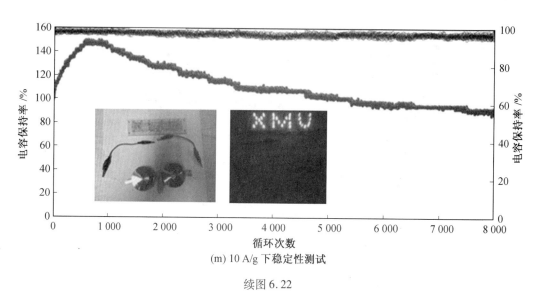

(m) 10 A/g 下稳定性测试

续图 6.22

另外有学者将磷化物应用到构建具有良好导电性和巨大储能能力的可拉伸纺织品（STs），为未来可穿戴电子服装做准备。如图 6.23 所示，Sun 等采用两步化学沉积法制备了一种具有良好导电性能和电化学性能的拉伸涂层氨纶织物。它具有 0.19 Ω/sq 的低阻力属性和 532 S/cm 的高电导率。镍钴合金外壳可有效地提高电导率和日常使用的稳定性。此外，镍钴双金属磷化物具有较高的赝电容性，其面积电容可达 877.6 mF/cm²，质量电容可达 713 F/g。在此基础上，设计了一种具有良好机械和电化学稳定性的可拉伸非对称超级电容器。最后，将自供电系统安装在实验室外套上，在阳光照射下为电子表提供连续电力，在未来可穿戴储能服装和电子产品方面具有巨大的潜力。

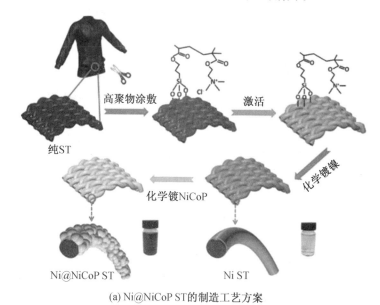

(a) Ni@NiCoP ST的制造工艺方案

图 6.23 Ni@NiCoP 制备及性能表征

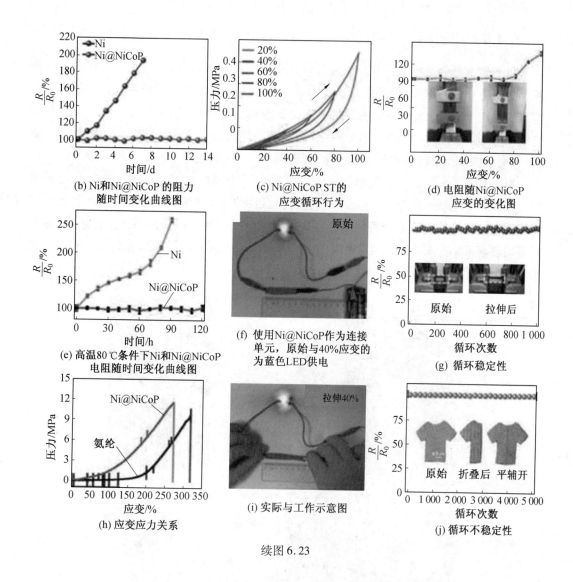

(b) Ni和Ni@NiCoP的阻力　(c) Ni@NiCoP ST的　(d) 电阻随Ni@NiCoP
随时间变化曲线图　应变循环行为　应变的变化图

(e) 高温80℃条件下Ni和Ni@NiCoP　(f) 使用Ni@NiCoP作为连接　(g) 循环稳定性
电阻随时间变化曲线图　单元,原始与40%应变的
为蓝色LED供电

(h) 应变应力关系　(i) 实际与工作示意图　(j) 循环不稳定性

续图 6.23

6.4　电池类型电极材料的改性策略

目前评价电极材料的性能主要有 5 个方面:①高的容量;②可控的孔隙度;③良好的电化学导电性;④理想的电活性位点;⑤高的化学稳定性。近来,常见的电极材料修饰手段主要包括两种:一种是对微观纳米结构进行设计和调控,进而显著改善其电化学反应位点,实现性能的改善;另一种是通过精细地调控材料的电子结构,改善本征活性,进而提高电化学性能。本节着重讨论电池类型电极材料的改性策略,主要包括电极材料形貌设计、元素掺杂、多组分复合电极、复合碳纳米材料、自支撑电极材料、表面修饰、异质界面调控和缺陷调控。

6.4.1 电极材料形貌设计

目前最常见的策略就是通过电极材料的形貌设计和调控,以期增加其电化学活性面积和构筑适当的孔隙率,进而提高其电化学性能。从纳米维度的数量可以将其简单分为零维、一维、二维、三维。例如一维的纳米线,二维的纳米薄膜、纳米片等,三维的壳−核复合纳米阵列等。此外,在实际合成中往往会出现一些较为复杂的复合纳米结构,如中空结构、核壳结构等。下面将根据一些已报道的文献进行具体论述。

Xiao Dan 等人通过一种简单的回流方法制备了香菇状的 Co_3O_4 纳米线复合电极材料。如图 6.24 所示,这种复合电极材料主要由直径约为 3.2 μm 的纳米线组成,且这种纳米线具有多孔结构。这个独特的三维蘑菇状复合电极材料可以提高离子扩散速率,进而显著地改善 Co_3O_4 材料的电化学性能。在 6 mol/L KOH 的电解液中,香菇状的 Co_3O_4 纳米线复合电极材料的比电容最高可以达到 787 F/g。

图 6.24 香菇状的 Co_3O_4 纳米线复合电极材料的 TEM 图

Yuan 等人通过利用二氧化硅球作为硬模板合成了完全由厚度为几纳米的超薄纳米薄片组装而成的空心 $NiCo_2O_4$ 亚微球。这种空心 $NiCo_2O_4$ 亚微球具有高度的均匀性且可以通过强烈的对比清楚地显示出其形貌无明显的崩塌,表明空心球具有良好的结构稳定性和完整性。同时,可以从局部放大图看出,这种空心 $NiCo_2O_4$ 亚微球主要由大量超薄的纳米片组成。电化学测试结果表明,电流密度分别为 1 A/g、2 A/g、3 A/g 和 10 A/g 时,空心 $NiCo_2O_4$ 电极的比电容分别为 678 F/g、660 F/g、648 F/g 和 540 F/g。这说明当充放电速率从 1 A/g 增加到 10 A/g 时,仍能保留 79.6% 的电容。

同时,三维微纳中空结构得到了越来越多的关注,其可以提供强大的化学和机械性能稳定性,有效地防止电极材料在充放电循环过程中的堆叠。Ma 等人通过自模板法制备了如图 6.25 所示的分级纳米结构的 $NiCo_2O_4$ 四方微管。其采用丙二醇作为溶剂,金属源为 Ni 和 Co 盐,利用一锅溶剂热法合成 NiCo LDH 微管。如图 6.25(a)~(c)所示,这种微管为空心结构,同时这种三维空心结构是由厚度为几纳米的纳米片构成。经过退火处理后,这种三维空心结构得到了保留。受益于独特的分层结构,所制备 $NiCo_2O_4$ 四方微管作为电池型电极,显示出优异的电化学性能和良好的循环寿命。

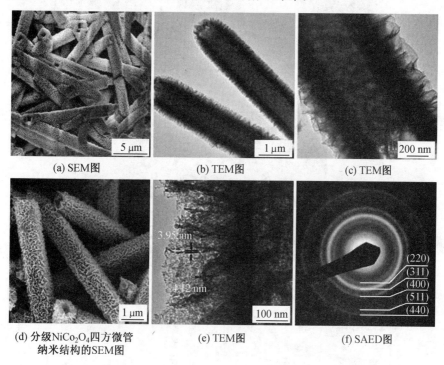

(a) SEM图 (b) TEM图 (c) TEM图

(d) 分级$NiCo_2O_4$四方微管纳米结构的SEM图 (e) TEM图 (f) SAED图

图 6.25 分级 NiCo-LDH 四方微管和分级 $NiCo_2O_4$ 四方微管的形貌特征

Wang 等人报道了一种通过水热法在泡沫镍上合成高度有序的三维分层 $NiCo_2O_4$@$NiCo_2O_4$ 核-壳纳米锥阵列($NiCo_2O_4$@$NiCo_2O_4$)。在这个策略中(图 6.26(a)),制造三维 $NiCo_2O_4$@$NiCo_2O_4$ 的路线包括两步水热过程。最初,通过便捷的水热合成方法(步骤 ⅰ)获得了在 Ni 泡沫上垂直生长的 $NiCo_2O_4$ 前体。退火后,形成对齐的原始 $NiCo_2O_4$ 纳米锥体(步骤 ⅱ)。然后,通过调节反应条件,二次水热法将 $NiCo_2O_4$ 纳米片涂覆在所获得的 $NiCo_2O_4$ 前体的表面上(步骤 ⅲ)。最后,在随后的退火(步骤 ⅳ)之后,在泡沫镍上制造了分层的核-壳 $NiCo_2O_4$@$NiCo_2O_4$ 纳米结构。通过 SEM 结果(图 6.26(b))表明,$NiCo_2O_4$ 纳米阵列显然被装饰有宽度约 70 nm 的 $NiCo_2O_4$ 纳米片壳的"纸",形成了独特

的 NiCo₂O₄@NiCo₂O₄ 核-壳结构。TEM 结果显示,NiCo₂O₄@NiCo₂O₄ 具有核壳结构。当
作为超级电容器负极材料时,NiCo₂O₄@NiCo₂O₄ 核-壳层级纳米结构在电流密度为 1 A/g
时表现出 2 045.2 F/g 的电容。

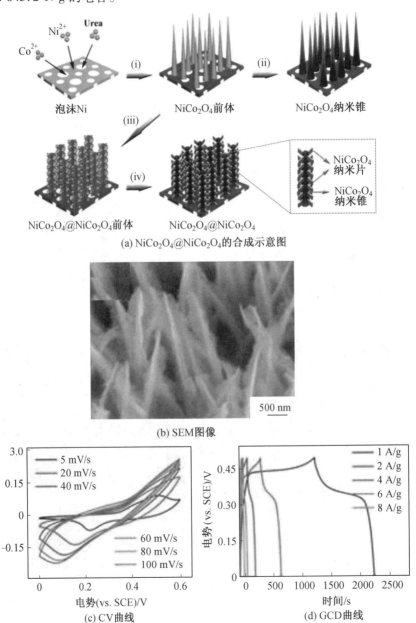

(a) NiCo₂O₄@NiCo₂O₄ 的合成示意图

(b) SEM图像

(c) CV曲线

(d) GCD曲线

图 6.26　NiCo₂O₄@NiCo₂O₄ 的制备及性能表征((c)、(d)彩图见附录)

如图 6.27 所示,Liu 等采用水热法和化学浴沉积两步法在泡沫镍上制备了三维多层
镍基核壳纳米片阵列以用于高性能混合器件。与 NiCo₂O₄ 纳米片阵列相比,核壳结构电
极在 2 mol/L KOH 中表现出更好的赝电容行为,在 2 mA/cm² 时表现出 1.55 F/cm² 的高

面积比电容,在 40 mA/cm² 时表现出 1.16 F/cm² 的高面积比电容,并具有良好的循环稳定性。在电流密度为 5 mA/cm² 的情况下,比电容可以达到最大值 2.20 F/cm²,经过 4 000 次循环后,仍然可以保持在 2.17 F/cm² 的水平(98.6% 的保持率)。其独特的三维核壳结构提供了快速的离子和电子转移通道、大量的活性位点,并有利于释放循环过程中的应力,因而赝电容性能得以大大增强。

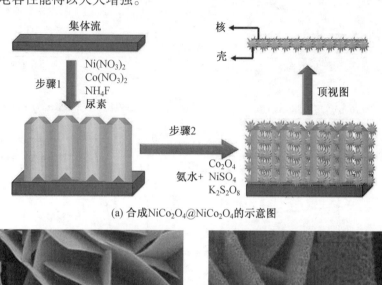

(a) 合成 NiCo₂O₄@NiCo₂O₄ 的示意图

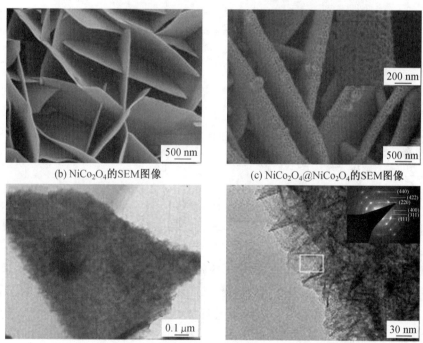

(b) NiCo₂O₄ 的 SEM 图像

(c) NiCo₂O₄@NiCo₂O₄ 的 SEM 图像

(d) NiCo₂O₄@NiCo₂O₄ 的 TEM 图像

(e) 外壳 TEM 图

图 6.27　NiCo₂O₄@NiCo₂O₄ 混合器件制备及性能表征((f)~(i)彩图见附录)

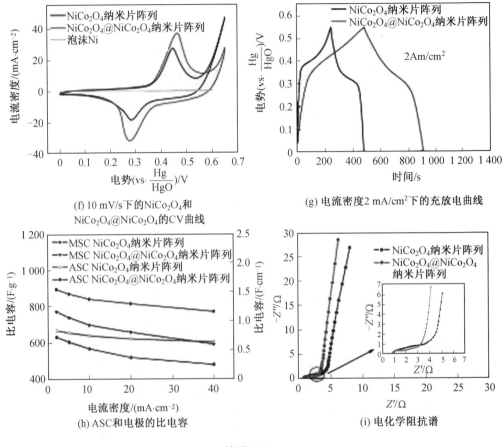

(f) 10 mV/s下的NiCo₂O₄和
NiCo₂O₄@NiCo₂O₄的CV曲线

(g) 电流密度2 mA/cm²下的充放电曲线

(h) ASC和电极的比电容

(i) 电化学阻抗谱

续图 6.27

6.4.2 元素掺杂

元素掺杂已被证明有助于改善电极材料(如碳材料、金属氧化物和磷化物等)的电导率和表面性质。各种掺杂剂,包括非金属元素、金属元素和多元元素,被用来促进电极材料的电化学性能。

过渡金属氧化物中的 F 离子掺杂已被证明是调节金属氧化物电极的电化学和电学性质的有效方法。Liu 等人开发了 F 掺杂和富含氧空位的 $CoMn_2O_4$ 纳米线(F-$CoMn_2O_{4-x}$)作为超级电容器的电极材料。从 TEM 结果(图6.28(a)、(b))可以清晰地看到 F-$CoMn_2O_{4-x}$结构,纳米线的结构由许多 5~10 nm 的纳米晶体组成。HRTEM 结果和选区电子衍射(SAED)图的结果(图6.28(c)、(d))对应 F-$CoMn_2O_{4-x}$的物相。能谱结果(图6.28(e)~(i))显示所有元素均一分布在纳米线中。$CoMn_2O_4$、$CoMn_2O_{4-x}$、F-$CoMn_2O_4$ 和 F-$CoMn_2O_{4-x}$的状态密度如图6.29(a)~(h)所示。引入 F 掺杂和氧空位可以显著降低带隙,带隙的减小导致电子电导率的增加并提供增强的反应动力学。理论研究表明,通过引入 F 掺杂剂和氧空位,协同提高电导率并提供丰富的法拉第氧化还原化学作用,可以有效地调节 F-$CoMn_2O_{4-x}$的结构和电子性能。所得的 F-$CoMn_2O_{4-x}$在 1 A/g

下可获得 269 mAh/g 的高比容量(图 6.29(i)、(j))。

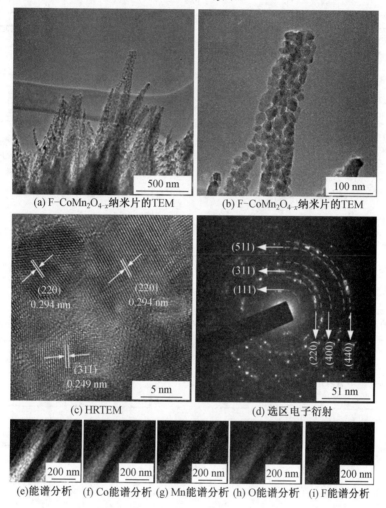

(a) F-CoMn₂O₄₋ₓ纳米片的TEM   (b) F-CoMn₂O₄₋ₓ纳米片的TEM

(c) HRTEM   (d) 选区电子衍射

(e)能谱分析 (f) Co能谱分析 (g) Mn能谱分析 (h) O能谱分析 (i) F能谱分析

图 6.28   F-CoMn₂O₄₋ₓ纳米片的形貌表征

  此外,Meng 等人报道的通过 P 掺杂也可以用来提高 Co-Ni-S 的电容器性能。他们首先在泡沫镍基底上通过水热生长除 Co-Ni-LDH 纳米片,然后通过阴离子交换获得了 Co-Ni-S 纳米片,最后通过 P 化过程获得了 P 掺杂的 Co-Ni-S。P 源的存在显著增强了电子从硫化物表面到电解质的转移。P 掺杂 Co-Ni-S 纳米片阵列的无黏结剂电极在 1 A/g时具有 3 677 F/g 的超高比电容,并且具有优异的倍率性能(20 A/g 时呈现了 63% 的电容保持率)和相当好的循环性能(10 000 次循环后保持 84% 的电容保持率)。研究显示,S 掺杂可以通过提高离子的扩散速率和降低电荷转移电阻来提高金属磷化物的电容性。金属磷化物由于存在多个电子轨道而显示出更多的准金属特性,并且因为好的导电性能和高容量成为超级电容器的电极材料。但是金属磷化物特别差的循环性能限制了它们的应用。Wang 等人报道了 S 掺杂的策略来提高金属磷化物的整体性能,通过 S 掺杂的 CoP 比纯 CoP 高 1.78 倍的容量,并且表现出优异的循坏性能(在 10 000 次循环后可以保持99%的电容量)。

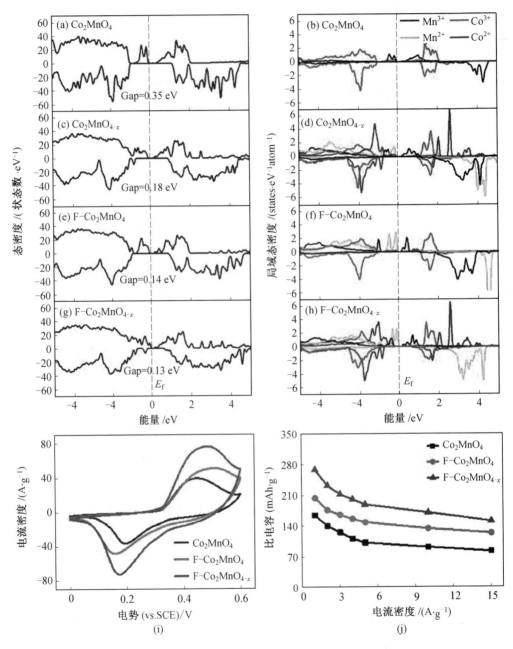

图6.29　F-Co$_2$MnO$_4$ 的电化学性能(彩图见附录)

除非金属元素外,掺杂金属元素还可以提高电极材料的电化学性能。掺杂过渡金属氧化物/氢氧化物的金属阳离子可以缩短带隙并提高电导率,从而提高电化学性能。掺杂阳离子到电极材料的合理设计对于提高下一代超级电容器的电化学性能非常重要。Peng等人报道了 Zn 取代 NiCo$_2$S$_4$ 碳纳米管形成 Zn-Ni-Co-S 纳米片包覆 NiCo$_2$S$_4$ 碳纳米管直接设计在导电碳布上。这个策略主要是通过在碳布基底上设计出 $NiCo_2S_4$ 碳纳米管结构，然后通过电沉积过程通过 Zn 取代在碳纳米管上形成 Zn–Ni–Co–S 纳米片，最终形成了 $NiCo_2S_4$@Zn–Ni–Co–S 分级结构。从 SEM 结果(图 6.30(a)~(c))可以看出，这种分级的碳纳米管生长在碳布上，碳纳米管的表面被很多纳米片包覆。这种分级的多孔结构装载大量的 Zn–Ni–Co–S 纳米片，有利于快速电荷存储和转移，此外 Zn 元素的引入可以提高导电性并有利于增强电极材料的活性。最终实现了高比电容(1 A/g 时为 1 201 C/g、2 668 F/g)、高倍率性能(在 50 A/g 时为 704 C/g、1 564 F/g)和出色的循环稳定性。

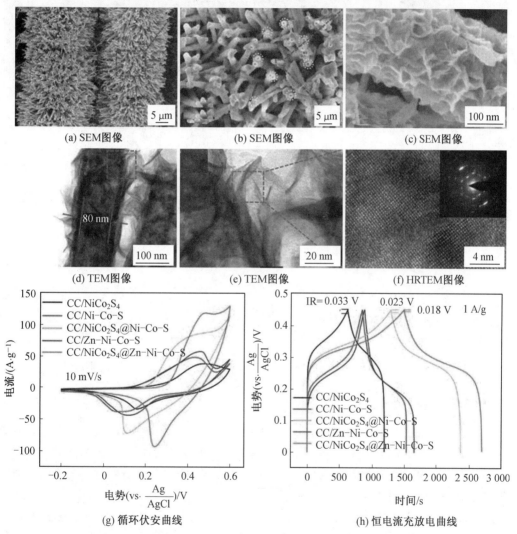

图 6.30 $NiCo_2S_4$@Zn–Ni–Co–S 碳纳米管的形貌表征及性能测试((g)、(h)彩图见附录)

Huang 等人报道了一种分层的核壳结构，Co 掺杂的 CoS 纳米片包覆 Ni 碳纳米管生长在碳布基底上(CC/H–Ni@Al–Co–S)。首先以 ZnO 纳米棒作为前驱体，包覆一层 Ni 之后刻蚀掉 ZnO 形成 Ni 碳纳米管阵列，然后在 Ni 碳纳米管上生长一层 Al 掺杂的 CoS 纳米片(图 6.31(a))。从 SEM(图 6.31(b))和 TEM(图 6.31(c))结果中可以清楚地看到这种分层结构,镍碳纳米管的厚度为 200 nm,包覆的 Al-Co-S 厚度为 71 nm。Ni 碳纳米管的高导电性和紧密连接的 Al 掺杂的 CoS 纳米片之间的协同作用提高了电化学性能,使 CC/H-Ni@Al-Co-S 电极具有出色的电化学性能、高比电容(在 1 A/g 的电流密度下电容量可以达到 2 434 F/g)和速率能力(在 100 A/g 下容量保持率为 72.3%)。

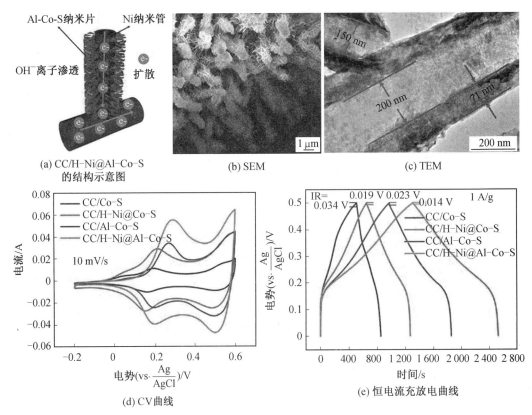

图 6.31　CC/H-Ni@Al-Co-S 的形貌表征及性能测试((d)、(e)彩图见附录)

6.4.3　多组分复合电极

多组分复合电极是指电极材料由多个组元构成的一种复合电极材料。目前多组分复合电极可以大致分为两大类,一种是每个组分都具有电化学活性,利用组分之间的协同作用,使得复合电极材料的性能实现"1+1>2"的目标;另一种是一部分组分主要作为导电网络,进而优化电子传输路径,最终实现电化学性能的提升。

例如,He 等以镍钴为前驱体,通过简单的硫化工艺成功地设计和合成了泡沫镍(NF)上的三维网状超薄多孔 $Ni_3S_2/CoNi_2S_4$ 纳米复合材料电极。$Ni_3S_2/CoNi_2S_4/NF$ 的三维纳米片阵列的边缘位点是通过 S^{2-} 的刻蚀作用实现的,这使得 $Ni_3S_2/CoNi_2S_4/NF$ 的表面具有脊状特征。结构/成分上的优势赋予了三维自支撑 $Ni_3S_2/CoNi_2S_4/NF$ 电极优异的电化学性能,在电流密度为 2 A/g 时比电容为 2 435 F/g,在 20 A/g 时,可达到 80% 的出色倍率性能。优秀的电化学性能归因于各个组分的协同作用,确保了丰富的氧化还原反应的发生并赋予材料高电导率,以及多孔而坚固的结构。此外,Zhao 等设计了 $NiCo_2O_4/$

Ni(OH)$_2$复合组分阳极材料。SiC 纳米线(SiC NW)骨架上的混合纳米片阵列(NiCo$_2$O$_4$/Ni(OH)$_2$ HNAs)具有出色的抗氧化和腐蚀性能,良好的导电性,以及较大的比表面积。SiCNWs@ NiCo$_2$O$_4$/Ni(OH)$_2$ HNAs 在 4 A/g 电流密度下可达到 2 580 F/g,即在 4.8 mA/cm^{2}电流密度下为 3.12 F/cm^2。此项工作为合理构建高性能 SiC 基纳米电极材料提供了一个有前景的策略,并为制造下一代高能量存储和转换系统提供了一条新的途径。

如图 6.32 所示,Zhang 等设计了一个灵巧并低成本的方法,在碳纳米管纤维上直接生长三维自支撑锌镍钴氧化物 ZNCO@ Ni(OH)$_2$ 纳米线阵列,在电流密度为 1 mA/cm^2 下可达到 2 847. 5 F/cm^3(10. 678 F/cm^2)的超高比电容,大约 5 倍于 ZNCO 电极(2.10 F/cm^2)以及 4 倍于 Ni(OH)$_2$ 电极(2.55 F/cm^2)。这项工作为构建下一代可穿戴储能设备的超大容量电极材料积累了经验。

(a) ZNCO@Ni(OH)$_2$NWAs图　　　　　　(b) 微分电荷密度等值面

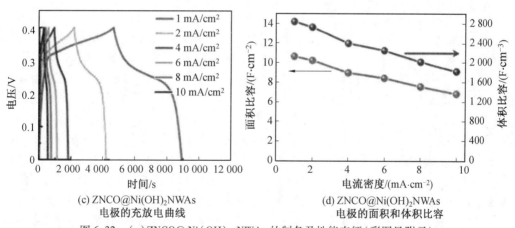

(c) ZNCO@Ni(OH)$_2$NWAs　　　　　　(d) ZNCO@Ni(OH)$_2$NWAs
电极的充放电曲线　　　　　　　　　电极的面积和体积比容

图 6.32　(a)ZNCO@ Ni(OH)$_2$ NWAs 的制备及性能表征(彩图见附录)

如图 6.33 所示,Veerasubramani 等利用实验室废纸制成蜂窝状多孔炭(通过水热反应和炭化法制备)并以其为基底成功将 CoMoO$_4$@ Co(OH)$_2$ 核-壳结构(电化学沉积制备)进行沉积,最终样品整体呈"三明治"结构。其多级核壳结构和蜂窝状多孔碳提供了较大的电化学活性表面积,最终获得了 265 μAh/cm^2 的高面积比容量和 227 F/g 的高比电容值,且在氢氧化钾(KOH)电解液中的循环稳定性良好。更进一步,制成的柔性超级电容器在不同的弯曲条件下表现出良好的适应性并显示出显著的循环稳定性,即使在长周期循环后仍有大于 98% 的电容保持率。此外,该设备可通过将其与太阳能电池集成来驱动各种类型的发光二极管(led)和 7 段显示屏。该工作为液体电解质在储能设备中的应用提供了设备灵活性和可移植性的相关策略。

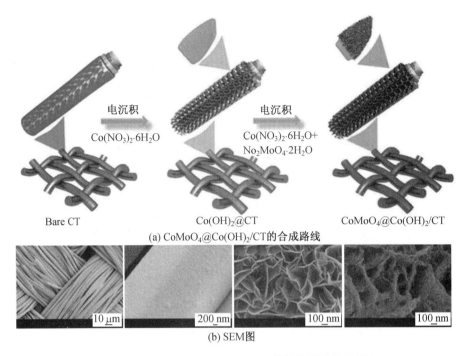

(a) CoMoO₄@Co(OH)₂/CT的合成路线

(b) SEM图

图 6.33 CoMoO₄@ Co(OH)₂/CT 的制备及形貌表征

6.4.4 复合碳纳米材料

迄今为止,大量的碳材料被开发出来,例如:零维(0D)的碳纳米球、碳纳米颗粒等,一维(1D)的碳纳米纤维、碳纳米管等,二维(2D)的石墨烯和三维(3D)的石墨烯气凝胶、碳纳米泡沫框架等。这些碳材料具有高电导率、高电荷转移能力、大的介孔率和高电解质可及性,这使得碳纳米材料复合电极材料具有广阔的前景。在这种碳纳米材料/活性物质复合电极中,碳纳米结构不仅可以作为活性物质的物理载体,而且还提供了电荷传输的通道。碳纳米材料的高电子电导率有利于大充电/放电电流下的倍率性能和功率密度。活性物质作为主要的存储电荷和能量的主要来源,活性物质的电活性有利于提高纳米材料/活性物质复合电极的高比电容和高能量密度。纳米材料和活性物质的协同作用可以降低材料成本,通过两者之间的成分组成、微观结构和物理性质影响超级电容器的性能。

零维碳纳米材料主要是指长径比接近 1 的圆形颗粒,主要包括超细的活性炭、碳纳米球和介孔碳等。它们具有高的比表面积并且可以调控多孔结构和尺寸分布,这使得零维碳纳米材料适合于支撑活性物质电极。Yu 等人利用硬模板法制备了中空的具有分层结构的 Co₃O₄/氮掺杂的碳空心球(Co₃O₄/NHCSs)。首先,利用 SiO₂ 作为牺牲模板可以刻蚀去除,包覆一层碳作为前驱体,然后通过水热过程包覆一层 Co 前驱体,最后通过碳化过程形成 Co₃O₄/NHCSs 空心结构(图 6.34(a))。通过 SEM 和 TEM 表征 Co₃O₄/NHCSs 的形貌,结果如图 6.34(b) ~ (d)所示。从图像可以清楚地看到 Co₃O₄/NHCSs 的空心球状结构并在球的表面有很多 Co₃O₄ 纳米片。在这种分级的结构中,首先,NHCSs 不仅可以为电子转移提供传导途径,而且可以防止外部 Co₃O₄ 纳米片聚集;其次,内部空隙可以用作离子缓冲储存器,以促进电解质离子在电极中的扩散;再次,垂直固定在 NHCS 表面的

Co_3O_4 纳米片可以增加与电解质的接触面积并提供大量的电活性位点,以进行有效的赝电容反应;最后,氮的杂原子掺杂可以增强 HCS 的电导率和表面润湿性。因此,具有独特结构的分级 Co_3O_4/NHCS 由于独特的结构,展现了高比电容和出色的循环稳定性。Co_3O_4/NHCSs 电极在 1 A/g 的电流密度下展现了 581 F/g 的比容量,远远高于纯 Co_3O_4(318 F/g)并且还表现出高的倍率性能,在 20 A/g 的电流密度下可以保持 91.6%。

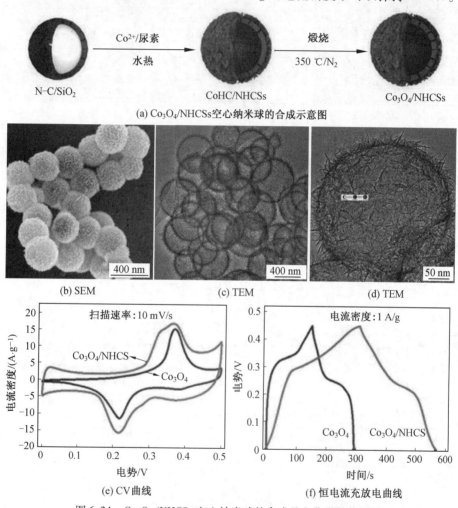

(a) Co_3O_4/NHCSs 空心纳米球的合成示意图

(b) SEM (c) TEM (d) TEM

(e) CV 曲线 (f) 恒电流充放电曲线

图 6.34 Co_3O_4/NHCSs 空心纳米球的合成及电化学性能测试

一维碳纳米材料被定义为具有高长径比的纤维状材料。例如碳纳米管、碳纳米纤维和碳纳米线。它们高的长径比和良好的电子传输能力,有望促进电化学反应的动力学。Fu 等人通过水热法和硫化法合成了碳纳米材料–$CuCo_2S_4$ 复合材料。从图 6.35(a)可以看出,碳纳米管明显潜入了 $CuCo_2S_4$ 复合材料中。这可以为能量存储过程中的电子转移和离子扩散提供有效的途径,因此有利于 $CuCo_2S_4$/CNTs 复合材料表面上的法拉第氧化还原反应。图 6.35(b)所示为 $CuCo_2S_4$/CNT 的 TEM 图像。显然,复合物中有许多纳米孔,它们可以显著增加电极材料与电解质之间的接触面积。此外,能谱面扫结果(图 6.35(d))显示几种元素均匀分布在复合结构中。$CuCo_2S_4$ 复合材料中适当数量的 CNT 可以增加比表面积,降低串联和电荷转移阻力并在长期充放电期间增强循环稳定性。当复合物中 CNT 的质量分数为 3.2% 时,$CuCo_2S_4$/CNTs 复合物的比电容从 1 A/g 处的原始 $CuCo_2S_4$ 的 373.4 F/g 增加到 557.5 F/g。

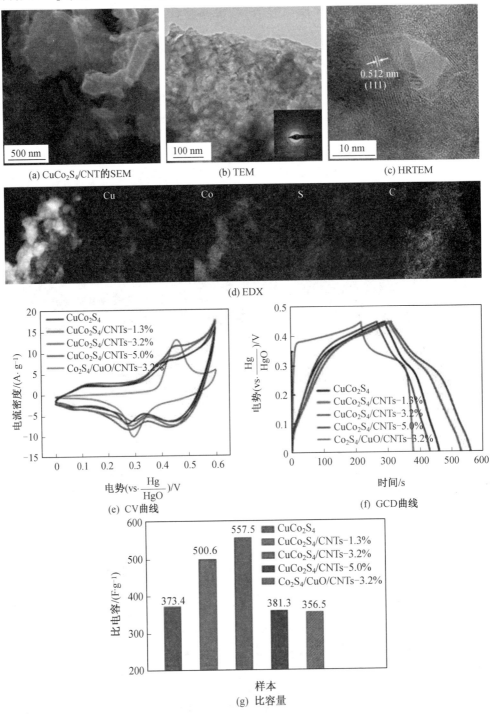

(a) $CuCo_2S_4$/CNT的SEM   (b) TEM   (c) HRTEM

(d) EDX

(e) CV曲线   (f) GCD曲线

(g) 比容量

图 6.35 $CuCo_2S_4$/CNT 的形貌表征及性能测试((d)~(g)彩图见附录)

二维纳米材料被定义为具有高纵横比的片状材料,石墨烯是典型的二维碳纳米材料的代表。Angaiah 等人通过原为水热法制备了均匀负载在石墨烯纳米片上的硒化镍纳米颗粒,形成了 NiSe-G 纳米复合物。从 SEM 和 TEM 结果(图 6.36(a)、(b))可以看出,硒化镍纳米颗粒均匀地分布在石墨烯表面上。石墨烯可以优先地防止 NiSe 纳米颗粒团聚,NiSe 在石墨烯上的均匀分布使 NiSe-G 纳米杂化物具有更快的电荷传输和扩散以及丰富的可利用的电化学活性位。二维石墨烯为电解质离子提供了更大的比表面积,具有更短的离子扩散路径并促进了电子向电极的更快传输,从而显著降低电阻并改善电极材料的结构稳定性。金属硒化物显示出高度可逆的氧化还原反应并促进更多的电荷存储。NiSe-G电极表现出良好的电化学性能,在 1 A/g 的电流密度下具有 1 280 F/g 的高比电容,在 2 500 次循环后的电容保持率为 98%。

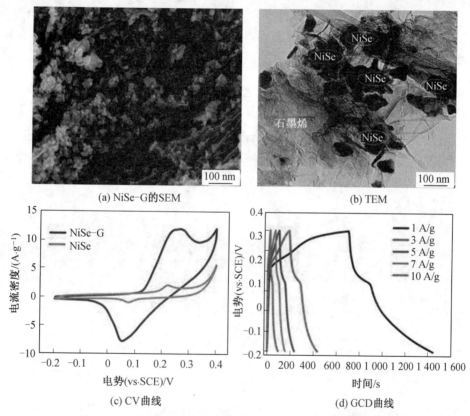

(a) NiSe-G的SEM

(b) TEM

(c) CV曲线

(d) GCD曲线

图 6.36　NiSe-G 的形貌表征及性能测试((c)、(d)彩图见附录)

三维的碳纳米材料是指由低维材料构架的三维架构,主要包括碳纳米泡沫、复合碳材料等。这种电极具有高的比表面积、大的电解质-电极截面面积和高效的电子传输路径。Wang 等人报道了一种将 Co_3O_4 纳米颗粒沉积在垂直生长的石墨烯上。石墨烯纳米片具有高的导电性和比表面积,是搭载过渡金属氧化物的良好骨架。通过将垂直石墨烯固定在导电基底上(图 6.37(a)),然后通过水热的方法将 Co_3O_4 纳米颗粒沉积在垂直阵列的石墨烯纳米片上(Co_3O_4/VAGN)。图 6.37(b)所示为 Co_3O_4/VAGN,可以看到与原始的VAGN 有明显区别,纳米片的厚度变厚。从 TEM 结果(图 6.37(c)、(d))中可以看出 Co_3O_4 纳米颗粒锚在石墨烯纳米片的两侧。此外,VGNS 的开放空间会降低内部电阻并促进电解质向电极内部的扩散,两者的协同作用将复合材料的比电容增强到 3 480 F/g,接近于理论值(3 560 F/g)。

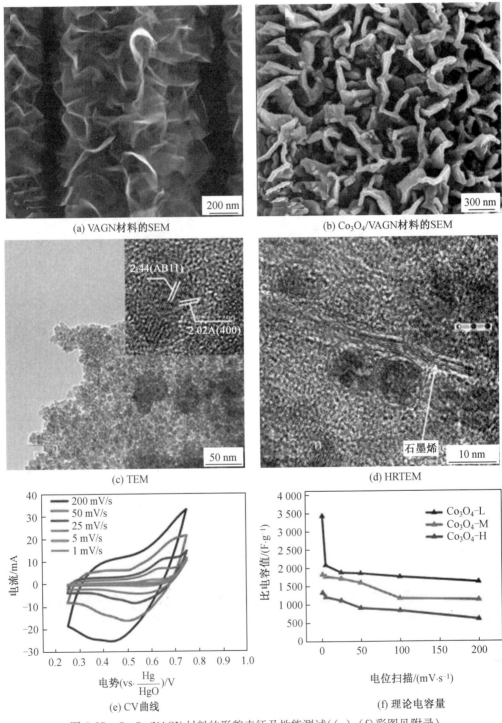

(a) VAGN材料的SEM

(b) Co_3O_4/VAGN材料的SEM

(c) TEM

(d) HRTEM

(e) CV曲线

(f) 理论电容量

图 6.37　Co_3O_4/VAGN 材料的形貌表征及性能测试((e)、(f)彩图见附录)

6.4.5 自支撑电极材料

考虑到传统类型的粉末电极材料在实际测试和运用过程中,往往需要电极制备过程,不可避免地需要引入聚合物黏结剂,进而容易导致活性物质与集电极之间的界面传输电阻显著增大,同时电极材料和电解液的有效接触面积受限,不利于电极性能的提高。此外,在长时间测试的过程中,粉末电极材料难以及时排出产生的气体,容易恶化电极材料稳定性。基于这些因素的考虑,越来越多的研究学者采用原位生长策略,合理设计自支撑电极材料直接作为电池类型电极材料用于水系混合式电容器上。这种自支撑电极可以保证活性物质与集流体之间实现紧密的界面接触,有利于电荷的转移。同时,这种自支撑电极材料有利于和电解液充分接触,保证了丰富的电化学活性位点。

Wang 等人通过简单的水热和煅烧过程在碳布上生长了 $NiMoO_4$ 纳米线。这个过程主要分为两个步骤,首先在碳布表面上生长浅绿色的 $NiMoO_4$ 前驱体,然后通过煅烧形成 $NiMoO_4$ 纳米线,合成过程如图 6.38(a)所示。图 6.38(b)所示为 $NiMoO_4$ 纳米线的 SEM 照片,可以看到 $NiMoO_4$ 纳米线均匀地生长在碳布上。进一步,通过透射可以清楚地看出单个的 $NiMoO_4$ 纳米线。选取电子衍射衍射(SAED)结果表示 $NiMoO_4$ 纳米线具有好的结晶性。$NiMoO_4$ 纳米线展现了高电容性,在 5 mA/cm 的扫描速率下电容量可以达到 1 587 F/g,并且具有高的倍率性能(30 mA/cm 的扫描速率下电容量可以达到 951 F/g)。试验结果表明碳布支撑的 $NiMoO_4$ 纳米线电极具有出色的性能,可以满足高电流密度下的高 ASC 和长循环寿命的要求,这是高性能超级电容器的基本特性。$NiMoO_4$ 纳米线电极出色的电化学性能可归因于以碳布为骨架,一维 $NiMoO_4$ 为活性材料的独特电极结构。在碳布上生长的一维 $NiMoO_4$ 具有出色的附着力和电接触性,加速了电荷的转移。此外,$NiMoO_4$ 纳米线/碳布确保了较大的表面积和相邻纳米线之间的开放空间,从而大大增加了电解质与 $NiMoO_4$ 电极的接触面积,从而改善了电子/离子传输,增强了氧化还原反应的动力学。

Lou 等人在导电泡沫镍上生长了超薄的 $NiCo_2O_4$ 纳米片,作为超级电容器的电极。在这个策略中,主要涉及两个步骤,首先镍钴氢氧前驱体经过共电沉积到泡沫镍基底上,然后在空中煅烧获得 $NiCo_2O_4$ 纳米片。前驱体生长在泡沫镍上的形貌如图 6.39(a)所示,仍然可以保持泡沫镍基底的三维网状结构。图 6.39(b)所示为 $NiCo_2O_4$ 纳米片的 TEM 图像,$NiCo_2O_4$ 纳米片表现出具有透明特征的折叠丝状形貌,为超薄的性质。由于横向尺寸比厚度大得多,可以清楚地观察到弯曲、卷曲和褶皱的形态,厚度仅有 $2 \sim 4$ nm。$NiCo_2O_4$ 纳米片表现出高电容量(2 A/g 的电流密度下可以提供 2 010 F/g 的比容量)和倍率性能(20 A/g 的电流密度下可以提供 1 450 F/g 的比容量)。这表明泡沫镍支撑的超薄 $NiCo_2O_4$ 纳米片有望实现快速的电子和离子传输,大的电活性表面积以及出色的结构稳定性。

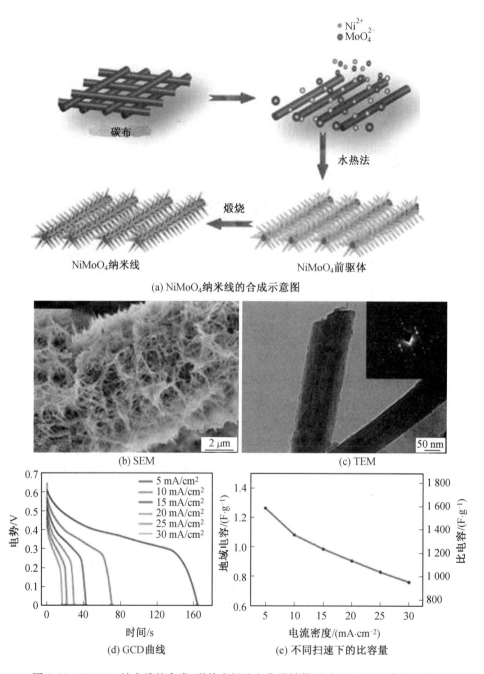

(a) NiMoO₄纳米线的合成示意图

(b) SEM

(c) TEM

(d) GCD曲线

(e) 不同扫速下的比容量

图6.38 NiMoO₄ 纳米线的合成、形貌表征及电化学性能测试((d)、(e)彩图见附录)

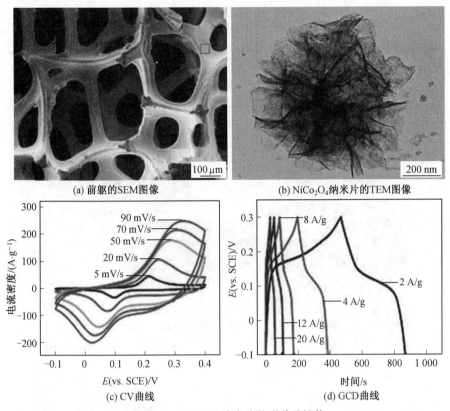

(a) 前驱的SEM图像

(b) NiCo₂O₄纳米片的TEM图像

(c) CV曲线

(d) GCD曲线

图 6.39　NiCo₂O₄ 纳米片的形貌及性能

6.4.6　表面修饰

众所周知,电池类型电极材料的氧化还原反应需要足够的电活性位点和较高的表面反应活性,因此电极表面状态将会显著地影响其电化学性能。在基于表面控制电荷存储机制的高性能超级电容器应用中,利用纳米级表面工程提升材料电化学活性至关重要。一般而言,表面功能化本质上是在基体表面引入具有特定功能的基团,进而提升电极材料的电化学性能。表面修饰主要包括以下两方面内容:通过引入特殊阴、阳离子进行表面改性及利用活性物质对表面进行修饰。下面将通过具体案例对两方面进行简要说明。

Liu 等人开发了一种利用聚吡咯(PPy)功能化 CoO 纳米线阵列(CoO@PPy)的策略。三维 CoO@PPy 纳米线电极的合成过程如图 6.40(a)所示。首先,采用镍作为集电器,经过水热和退火过程生长 CoO 纳米线阵列。然后利用过硫酸铵(APS)作为氧化剂和甲苯磺酸酸(p-TSA)作为掺杂辅助剂,从而使得均匀 PPy 修饰在 CoO 纳米线表面。从图 6.40(c)可以看出,泡沫镍骨架上均匀地被 CoO@PPy 纳米线阵列所覆盖。从局部放大图(图 6.40(d1)、(d2))可以看出,PPy 的修饰并不会破坏纳米线阵列的有序结构,但是可以增加纳米线表面的褶皱。从其对应的 TEM 图(图 6.40(g))中可以看出这种纳米线呈现一种核壳结构,即 PPy 作为壳层包裹在 CoO 上。电化学测试结果表明,从 CV 曲线上(图 6.40(h))可以发现 CoO@PPy 的面积明显大于原始的 CoO,表明经过表面修饰后其比容量得到了明显增加。通过计算其面电容和比电容(图 6.40(i)),可以发现 CoO@PPy 在 1 mA/cm² 的条件下可达到 4.43 F/cm² 的比容量,相当于 2 223 F/g,远高于原始的 CoO 样品。

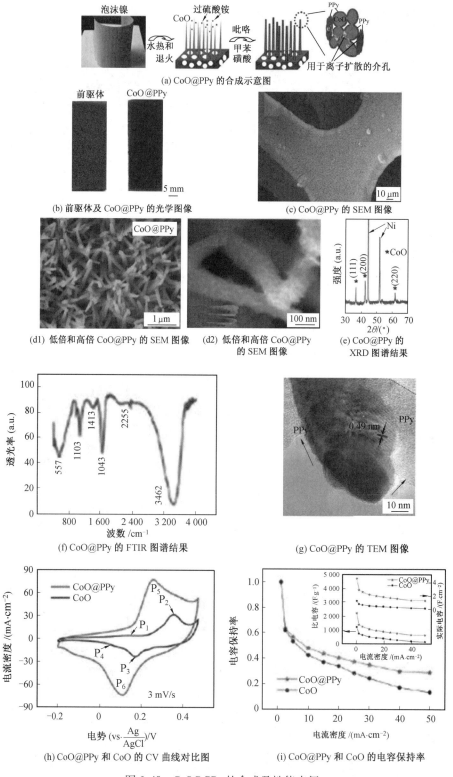

(a) CoO@PPy 的合成示意图

(b) 前驱体及 CoO@PPy 的光学图像

(c) CoO@PPy 的 SEM 图像

(d1) 低倍和高倍 CoO@PPy 的 SEM 图像

(d2) 低倍和高倍 CoO@PPy 的 SEM 图像

(e) CoO@PPy 的 XRD 图谱结果

(f) CoO@PPy 的 FTIR 图谱结果

(g) CoO@PPy 的 TEM 图像

(h) CoO@PPy 和 CoO 的 CV 曲线对比图

(i) CoO@PPy 和 CoO 的电容保持率

图 6.40　CoO@PPy 的合成及性能表征

此外,Zhai 等人利用磷离子表面功能化的策略改善 Co_3O_4 超薄纳米片的电化学性能。图 6.41(a)所示为磷酸盐离子功能化 Co_3O_4(PCO)超薄纳米片的合成示意图。首先在碳布基底上经过水热和退火处理后,原位生长 Co_3O_4 纳米片阵列。然后利用 $NaH_2PO_2 \cdot H_2O$ 在 Ar 气氛中进行热退火,将磷酸盐离子($H_2PO_4^-$ 和 PO_3^{3-})引入 Co_3O_4 纳米片表面。

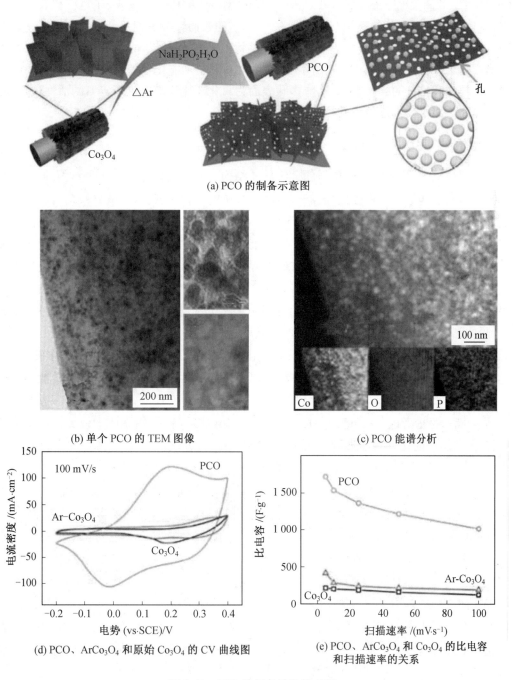

(a) PCO 的制备示意图

(b) 单个 PCO 的 TEM 图像

(c) PCO 能谱分析

(d) PCO、$ArCo_3O_4$ 和原始 Co_3O_4 的 CV 曲线图

(e) PCO、$ArCo_3O_4$ 和 Co_3O_4 的比电容和扫描速率的关系

图 6.41 PCO 的制备及性能表征

考虑到在 Ar 气氛条件下，$NaH_2PO_2 \cdot H_2O$ 分解导致在管式炉中有足够的气态 H_2O。当 PH_3 气体和 H_2O 体共存时，CO_3O_4 被还原为 Co_3O_{4-x} 且表面覆盖 H_3PO_4。这个过程中气态的 H_2O 起到关键性的作用，进而导致获得的是 PCO，而不是磷化钴。众所周知，较低的溶解度积常数（K_{sp}）值的材料在反应中比具有更高 K_{sp} 值的材料更容易在反应中得到。因此，$Co-H_2PO_4$（$K_{sp} = 10^{-31}$）更可能存在，而不是 $Co-OH$（$K_{sp} = 10^{-15}$）。一旦 H_2PO^{4-} 在表面被吸收，H_2PO^{4-} 和 OH^- 之间的离子交换出现在 Co_3O_{4-x} 的表面。考虑到两者之间的扩散速率不同，更快的 OH^- 向外扩散会在表面形成多孔结构，更慢的 H_2PO^{4-} 向内渗透，进而导致在表面形成纳米颗粒。如图 6.41（b）所示，经过磷酸盐离子功能化处理后，PCO 表面主要由一些纳米颗粒和均匀的圆孔组成，这些多孔表面为氧化还原反应提供了丰富的活性位点，同时也提高了离子插入过程中的结构稳定性。

6.4.7　异质界面调控

在超级电容器领域，电极材料的分级异质结构纳米阵列具有增大比表面积，加速电容器的工作离子和电子的输运过程，调节循环过程中的体积膨胀。此外，异质结构还有利于增强内部电场来调节电子结构。所有这些特点皆有利于电化学反应的进行以及电极材料的电化学稳定性，进而改善超级电容器的性能。异质结构主要通过各种界面效应来发挥作用。在异质结构中，核心层和壳层之间的界面存在电荷不连续性，内建电场对电荷流有显著的影响，因而对法拉第（氧化还原）反应产生深远影响。例如，有学者通过控制从无定形到结晶态的相转变而引入界面，随后证明了离子和电子在此处的加速转移。重要的是，异质结构的形态和结构也可以通过合理设计和调整界面/表面条件来改变。

Ke 等通过加氢热处理 TiO_2 增强其表面化学活性，通过化学浴沉积合成了多孔的 $H-TiO_2@Ni(OH)_2$ 超薄纳米片核-壳结构，表现出良好的柔韧性和优异的电化学性能。如图 6.42 所示，加氢热处理后的样品的比容量值明显高于未处理的样品，$H-TiO_2@Ni(OH)_2$ 最大容量高达 306 mAh/g，几乎是 $TiO_2@Ni(OH)_2$ 的两倍。DFT 计算揭示了加氢热处理后 TiO_2 的化学活性来源。吸附的 H 和 TiO_2 表面之间发生了强烈的电荷转移过程，从而在表面附近形成了带电层。再结合 XPS 光谱分析可获知 $H-TiO_2@Ni(OH)_2$ 中氢化诱导的带电缺陷（$[Ti^{3+}]'Ti^{4+}$）的存在，这些缺陷可促进 TiO_2 的表面活性提高，从而影响 $Ni(OH)_2$ 的生长。纳米结构核壳材料的形成通常受界面条件的影响，包括在核-基底界面处的微观结构、晶格取向或晶格失配，这些条件会导致具有不同自由能的异相成核。除了这些晶体学特征外，表面电荷的引入（例如，空穴或缺陷）还能够控制沉积材料的生长，因为较强的静电力可以选择性地将带电粒子黏附到带极性的表面上。换句话说，局部表面电荷被认为是锚定原子核的活性位点，原子核随后生长并产生所需的纳米结构表面形态。对于 $H-TiO_2$ 表面，氢化过程通过引入 Ti^{3+} 物种有效地改变了 TiO_2 NWs 的表面化学活性。这些负电荷位缺陷倾向于通过静电相互作用吸收 Ni^{2+} 的正电荷离子。与 TiO_2 相比，$H-TiO_2$ 具有更多的固定 $Ni(OH)_2$ 晶种的活性位，从而更有利于生长超薄纳米片。

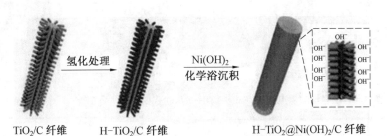

(a) 合成 H-TiO₂@Ni(OH)₂/C 异质结纳米阵列示意图

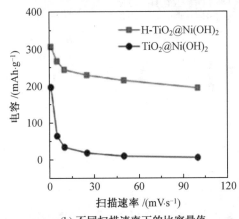

(b) 不同扫描速率下的比容量值

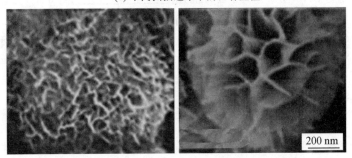

(c)H-TiO₂@Ni(OH)₂ 和 H-TiO₂@Ni(OH)₂ 的 SEM 图

图 6.42　H-TiO₂@Ni(OH)₂ 的制备及性能表征

如图 6.43 所示, Liu 等设计了一种超级电容器电极材料, 该电极由三维自支撑的多层 MnCo 层双羟基结构 Ni(OH)₂(MnCo-LDH@Ni(OH)₂)导电泡沫镍核壳异质结构成。由此得到的 MnCo-LDH@Ni(OH)₂ 结构在电流密度为 3 A/g 时比电容为 2 320 F/g, 在高电流密度为 30 A/g 时电容为 1 308 F/g, 具有优越的寿命周期。以 MnCo-LDH@Ni(OH)₂ 为正极、活性炭(AC)为负极组装非对称混合器件, 电压为 1.5 V, 功率密度为 750.7 W/kg, 最大能量密度为 47.9 (W·h)/kg。能量密度稳定在 9.8 (W·h)/kg 下的功率密度为 5 020.5 W/kg 且具有良好的循环稳定性。

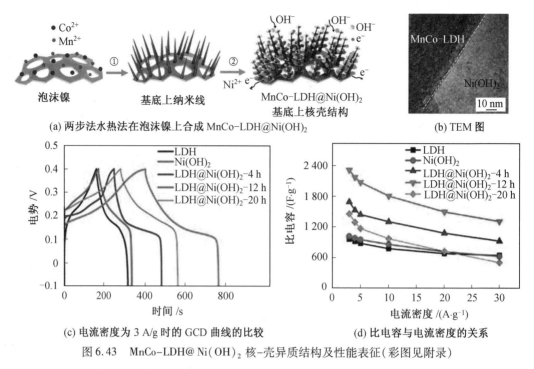

(a) 两步法水热法在泡沫镍上合成 MnCo-LDH@Ni(OH)₂   (b) TEM 图

(c) 电流密度为 3 A/g 时的 GCD 曲线的比较   (d) 比电容与电流密度的关系

图 6.43   MnCo-LDH@Ni(OH)₂ 核-壳异质结构及性能表征(彩图见附录)

6.4.8 缺陷调控

金属氢氧化物和氧化物是一种很有前途的电极材料,但其导电性较差。为了解决这一问题,利用包括氧空位、硫空位在内的缺陷工程可以显著提高电极材料的电化学性能。这些内在缺陷可以在电极材料的带隙中引入杂质态,导致不同程度的导电性修饰,同时作为表面反应的活性位点。空位是过渡金属氢氧化物及氧化物的基本和固有缺陷,在大多数金属氧化物(如 TiO₂ 和 Bi₂O₃)中充当浅层供体。例如,金红石 TiO₂ 中氧空位的能级为 0.75 ~ 1.18 eV(低于其导带)。氧空位的调制可以有效地控制施主密度,加速表面氧化还原反应的动力学,有利于提升其电容性能。

氧在缺氧气氛中经过一定温度的退火可以从金属氧化物中逸出,并且很容易获得具有氧空位的非化学计量的金属氧化物。在缺氧环境下热退火金属氧化物已被证明能够在金属氧化物中产生生氧空位。如图 6.44 所示,Cheng 等将电化学腐蚀后的 Co 箔置于空气中分别在 250 ℃、300 ℃、350 ℃、400 ℃下进行退火,实现了由 CoC₂O₄·2H₂O 到富含氧空位的 Co₃O₄ 的相转变,发现 250 ℃下退火的样品含有最高的氧空位浓度。氧空位提升了载流子浓度进而改善了电极材料的导电性,同时带来了更多的 Co²⁺ 位点和 CoOOH 物种,有助于改善法拉第反应,最佳样品达到了 739 F/g 的高比电容值。

除氧空位外,引入硫空位等其他缺陷也是提高金属化合物导电性的有效途径。如图 6.45 所示,Golberg 等最近合成了具有合理硫空位的尖晶石结构的硫化镍钴(NiCo₂S₄)纳米材料,发现这些硫缺陷可以通过改善电导率来增加比电容。当电流密度为 2.5 A/g 时,NiCo₂S₄ 纳米材料的最高比电容为 2 363.1 F/g。后来,用 NiCo₂S₄ 电极作为正极,再加上 RGO 作为负极,组装成 ASC,在 1.6 A/g 时,比电容提高了 111.5 F/g。

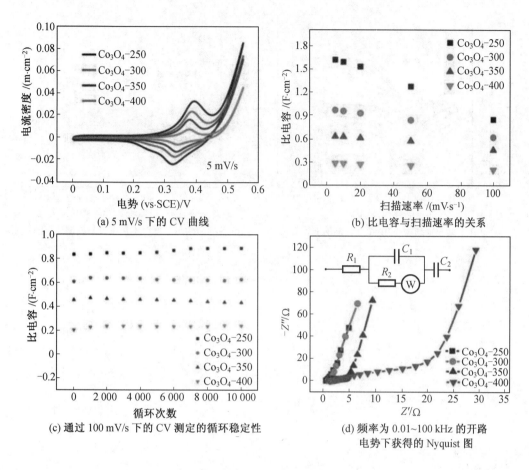

(a) 5 mV/s 下的 CV 曲线

(b) 比电容与扫描速率的关系

(c) 通过 100 mV/s 下的 CV 测定的循环稳定性

(d) 频率为 0.01~100 kHz 的开路
电势下获得的 Nyquist 图

图 6.44　4 种电极的电化学测试（彩图见附录）

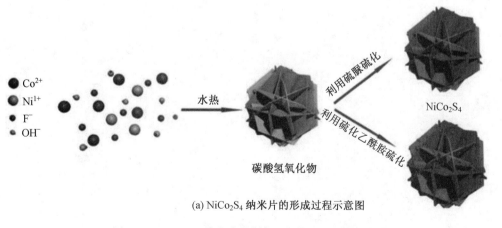

(a) $NiCo_2S_4$ 纳米片的形成过程示意图

图 6.45　$NiCo_2S_4$ 纳米片的制备及性能表征（彩图见附录）

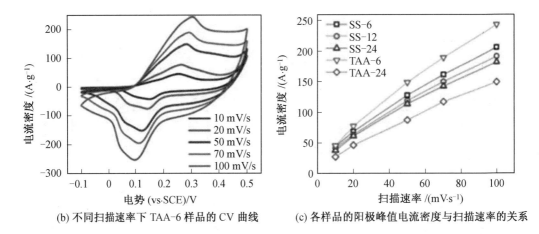

(b) 不同扫描速率下 TAA-6 样品的 CV 曲线　　(c) 各样品的阳极峰值电流密度与扫描速率的关系

续图 6.45

第7章 锂电池工作原理及电极材料

7.1 锂离子电池简介

随着人类社会的快速发展,能源对人们的日常生活变得越来越重要。在过去的一个世纪里,大部分能源都是由化石燃料提供的。化石燃料存储数量有限并很容易造成环境污染,此外化石燃料主要靠石油进行运输。2008 年的石油危机和全球气候变暖的问题使人们对石油的依赖产生了疑问,并且现阶段对能源的开发已经出现了明显的转变,即开发能够将太阳能、风能和核能等绿色能源转化为电能的技术。然而,开发能够便携存储能量的技术也变得同样重要。锂离子电池不仅使各种便携式通信、娱乐和计算等电子设备成为可能,而且在电动汽车和混合动力汽车等交通运输领域也得到大力应用。因此,锂离子电池存储技术的改进是从化石燃料向绿色可持续能源过渡的关键环节。

7.1.1 电池的发展简史

1780 年,意大利的解剖学家伽伐尼(Luigi Galvani)在解剖青蛙时,偶然发现同时使用两种不同的金属器械接触青蛙的大腿,可以产生"生物电"使青蛙腿部肌肉抽搐。这一发现在当时引起了物理学家们的关注,其中来自意大利的物理学家伏特(Alessandro Volta)尝试了很多次试验,最终研制出了世界上第一个电池"伏特电堆",开始了人们对电池的认识。1836 年,英国的丹尼尔改良了"伏特电堆"并研发出"丹尼尔电池"。1860 年,法国的雷克兰士(George Leclanche)发明的碳锌电池相比之前的电池更容易制造。到 1887年,英国的赫勒森(Wilhelm Hellesen)发明了最早的干电池,这种干电池的电解液为糊状,不会溢漏,便于携带,受到了广泛的应用。但是在干电池不断发展的过程中,新的问题又出现了,干电池虽然带来了很多便利,但是用完即废,大量的废电池对环境造成了严重的污染。因此能够多次充电的二次电池成为新的研究热点。

1860 年,法国的普朗泰(Gaston Plante)发明了"蓄电池",这种电池可以进行反复充电,可重复利用。1890 年,爱迪生发明了可充电的铁镍电池,可充电的铁镍电池到 1910年实现了商业化生产。到了 20 世纪中叶,锂电池受到了人们的关注,但是锂金属化学性质非常活泼,锂金属的使用对环境要求特别高。直到 1958 年,Harris 提出使用有机电解质作为锂电池的电解质,很好地解决了这一问题。1970 年,日本松下电器公司合成了碳氟化物正极材料,随后氟化碳锂电池实现了量产,推动了锂电池的发展。1975 年,日本三洋公司开发了 Li/MnO_2 电池,但是在充放电过程中金属锂负极容易产生枝晶造成短路,从而引起安全问题。1980 年,Armand 提出用可嵌入式材料替代金属锂作为负极材料,锂离子可以在体系中往返嵌入脱出,这种电池被形象地称为"摇椅电池"。随后,1980 年 Goodenough 提出了把层状的氧化钴锂($LiCoO_2$)作为锂充电电池的正极材料,1985 年把碳材料作为锂离子电池的负极材料,发明了锂离子电池。随后发现使用具有石墨结构的碳材料作为负极材料,用锂和过渡族金属复合的氧化物(如氧化钴锂)作为正极材料,可以有效地解决使用锂金属作为负极材料带来的安全隐患。到 1991 年,索尼公司最早实现了可充电锂离子电池的商业化,推动了锂离子电池的商业化进程。

7.1.2 锂离子电池原理和特点

锂离子电池是依靠锂离子在正极和负极之间发生往返移动的可充放电的二次电池,它的正极材料一般为含锂的化合物($LiCoO_2$、$LiMnO_2$),负极通常采用石墨负极,电解质为含锂盐($LiPF_6$、$LiClO_4$)的有机电解质。锂离子电池充放电原理图如图 7.1 所示,在充电过程中,Li^+ 从层状的电极材料脱出,经过电解质嵌入到负极的石墨层间。放电时整个过程相反,Li^+ 从负极脱出,经过电解质之后嵌入到正极材料中。锂离子电池(以石墨和 $LiCoO_2$ 为例)的电极反应为

正极:

$$LiCoO_2 \longleftrightarrow Li_{1-x}CoO_2 + xLi^+ + xe^- \tag{7.1}$$

负极:

$$6C + xLi^+ \longleftrightarrow Li_xC_6 \tag{7.2}$$

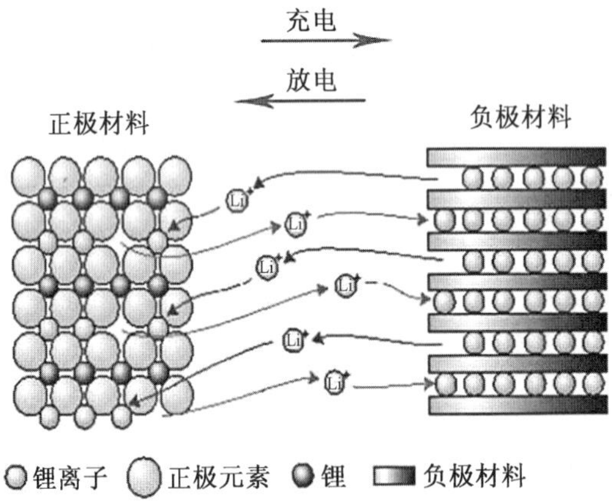

图 7.1 锂离子电池充放电原理图

在正极中,充电时锂离子从 $LiCoO_2$ 中脱出,其中 Co^{3+} 氧化为 Co^{4+};放电时锂离子重新回到 $LiCoO_2$ 中,Co^{4+} 还原为 Co^{3+}。

锂离子电池的特点如下:

①工作电压高,单体电池的工作电压可以达到 $3.7 \sim 3.8$ V,是 Ni-Cd、Ni-MH 电池的 3 倍。

②能量密度高,容量为同等镍铬电池的 $3 \sim 4$ 倍,是镍氢电池的 $2 \sim 3$ 倍。

③循环寿命长,循环充放电可高达 1 200 次以上,当使用磷酸铁锂作为正极,循环寿

命可以高达 3 000 次。

④安全性高,锂离子电池具有抗冲击,抗振动,抗过充、过放等特点。

⑤自放电小,室温下充满电的情况下,一个月自放电率为 2% 左右。

⑥工作温度范围宽,锂离子电池可以在 −25 ~ 50 ℃ 温度范围下工作。

⑦无环境污染,电池体系中不存在镉、铅等重金属,对环境友好。

⑧快速充放电,1 C 充电 30 min 可以达到标称容量的 80% 以上。

7.1.3 纳米结构设计在锂离子电池负极材料中的应用

锂离子电池负极材料的选择不仅取决于它们的晶体结构、物理性质(机械稳定性、比容量和电导率等)、化学性质(插层、转换型、合金型)等,材料的尺寸和形状对负极材料性能影响特别大。锂离子在材料中的嵌入/脱出速率很大程度上取决于锂离子的扩散速率。锂离子在材料中的扩散速率往往取决于扩散系数和扩散长度,扩散系数取决于材料的性质,但是扩散长度主要取决于材料的尺寸。因此,高性能、高功率、高倍率性能的负极材料在一定程度上取决于材料的尺寸。纳米材料在锂离子电池中的应用能够在尺寸上实现锂离子在材料中的高效扩散。此外,纳米材料不仅减小了锂离子的扩散距离,材料的纳米化还可以展现更大的比表面积,从而产生更大的电解质/电极材料接触面积。

除了材料的纳米化,纳米结构的设计在电极材料的设计中也尤其重要。通常,可以将纳米级的材料分类为 0D、1D、2D 和 3D 纳米结构。由于材料的表面和结构不同表现出各种低维材料的独特的性质。0D 结构的纳米材料通常是指长径比接近于 1 的材料,这种材料具有较短的扩散长度和较大的电解质电极接触面积。1D 结构是指拥有较大的长径比的碳纳米管/纳米线/纳米棒,它们表现出沿一维方向的快速电子传输,沿径向方向的短离子扩散长度。2D 材料是指厚度特别小的材料,2D 材料之间宽的层间距缓解了循环过程中的体积膨胀;较大的体表面积拥有更多的活性位点;薄的厚度为它们提供了良好的机械柔韧性,适合于开发薄、柔韧性好和可拉伸的电池。3D 材料是指由低维材料构架的三维架构,这种材料具有高的比表面积,大的电解质/电极材料接触面积和高效的电子传输路径。然而,这些纳米材料之间非常容易发现团聚而导致活性物质不能充分利用,限制了纳米材料大的比表面积的优点。此外,在充放电过程中,巨大的体积膨胀也限制了电极的使用寿命。克服这些障碍的一种有效方法是构造纳米结构。通过合理的纳米结构设计,不仅可以保持纳米材料的固有特性,而且可以在不同尺寸范围内展现出其他的结构特征,包括大的尺寸,更多的微孔,大的空隙空间以及高的比表面积。下面就几种典型的纳米结构进行讨论。

1.3D 多孔网络结构

3D 多孔网络结构的制造方法主要分为两类:模板辅助法和无模板法。

一种方法是利用聚苯乙烯作为可牺牲模板,产生孔径为 100 nm ~ 2 mm 的多孔结构。Huh 等人通过这种方法制备了具有大比表面积、高孔隙率和机械稳定性的 2D 石墨烯网络。这种结构有效地防止了 rGO 薄片的团聚,有足够的空间搭载其他物质。图 7.2(a)所

示为制备 Co_3O_4/rGO 的示意图,通过带正电的 PS 球和带负电的 rGO 悬浮液制备 PS/rGO 复合膜。然后用甲苯刻蚀掉 PS 模板,剩下的就是多空的 rGO 薄膜。最后通过简单的浸渍方法将纳米 Co_3O_4 颗粒沉积到多孔的 rGO 表面上。通过高角环形暗场像(HAADF-STEM)和 HRTEM 可以证实纳米 Co_3O_4 颗粒整合到了 rGO 膜上。试验也证明了在没有 rGO 的作用下,Co_3O_4 纳米颗粒团聚现象特别严重。电化学测试结果(图 7.2(b)、(c))表明,Co_3O_4/rGO 展现出优异的循环性能(在 50 mAh/g 的电流密度下循环 50 次电池容量保持 90.6%)和高的倍率性能(在 1 000 mAh/g 电流密度下保持原始的 71%)。

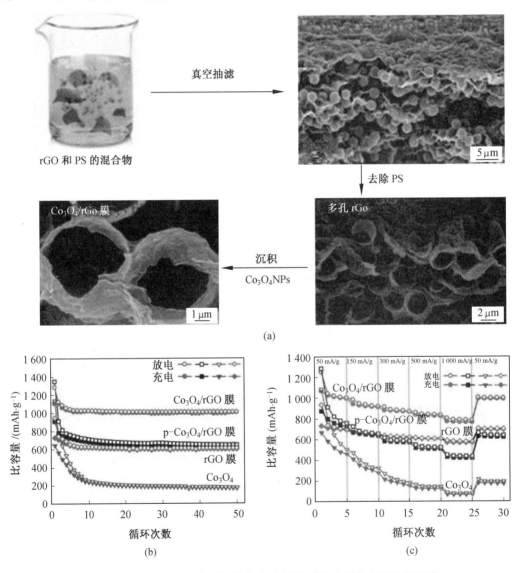

图 7.2　Co_3O_4/rGO 复合材料的合成示意图、形貌表征及电池性能测试

水热法是合成 3D 多孔网络结构最常用的无模板方法,已经被广泛使用。He 等人通过水热法合成了超薄的 MoS_2/石墨烯纳米片构成的三维分层结构的气凝胶(3DMG)作为无添加剂、聚合物黏结剂和金属集流体的锂离子电池负极材料。图 7.3(a)所示为 3DMG

的合成示意图,使用三氧化钼(MoO₃)、氧化石墨烯(GO)和硫氰酸钾(KSCN)作为前驱体,在水热过程中,三氧化钼和氧化石墨烯被硫氰酸钾还原为 MoS_2 和石墨烯,其中 GO 充当 MoS_2 成核和生长的底物。合成的 3DMG 的 SEM 图像如图 7.3(b)所示,通过引入石墨烯可以防止 MoS_2 纳米片的团聚。HRTEM(图 7.3(c))的结果清楚地显示出了 rGO 和 MoS_2 复合的结构。由于三维多孔结构和超薄 MoS_2/rGO 的集成,3DMG 气凝胶负极具有高可逆容量和出色的高倍率容量。3DMG 气凝胶阳极在 1 A/g 电流密度下循环 200 次可保持 870 mAh/g 的容量,这表明 3DMG 气凝胶在高电流密度下具有出色的长循环性能。

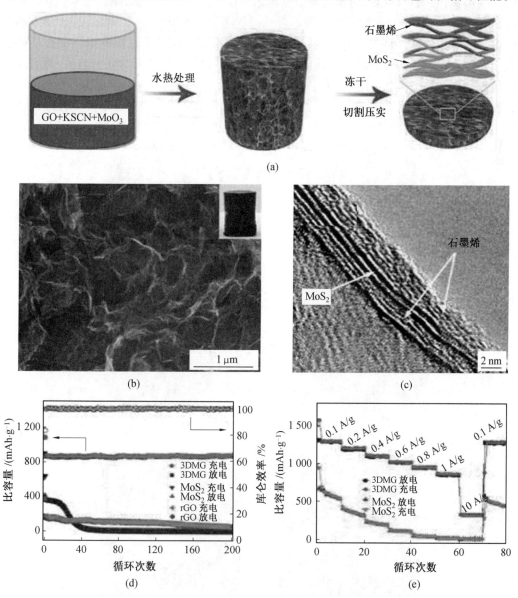

图 7.3 3DMG 的合成示意图、形貌表征及电池性能测试((d)、(e)彩图见附录)

2. 空心纳米结构

目前,具有各种几何形状的多种分级中空结构,例如球形、管状和其他多面体中空纳米结构已经被广泛研究。一般来说,这些空心结构的合成方法可以分为3类:模板辅助法、牺牲模板法、无模板法。

模板辅助方法是构建中空结构的最常见策略,包括在模板表面包覆或者沉积纳米材料,然后通过煅烧或化学蚀刻选择性去除模板芯。构建球形中空结构的常用模板之一是 SiO_2 硬模板,然后可以通过氢氟酸选择性刻蚀掉模板。Cong 等人准备了一个中空的石墨球,它是利用球形 SiO_2 硬模板制备的。合成过程如图7.4(a)所示,主要通过3个步骤合成中空的石墨烯球。首先, SiO_2 球通过聚乙烯亚胺修饰表面并通过静电组装和石墨烯组合获得氧化石墨烯包覆的二氧化硅球,然后通过 Na–NH_3 还原去除含氧官能团,最后经过浓氢氟酸刻蚀掉二氧化硅核,得到空心的 rGO 球体(rGO-sp)。从 TEM 结果(图7.4(b)、(c))可以看出,所得到的 rGO-sp 保持了球状的结构并呈现出中空的结构。合理设计的中空石墨烯纳米结构具有纳米尺寸的中空内部、互连的导电网络和大的比表面积。

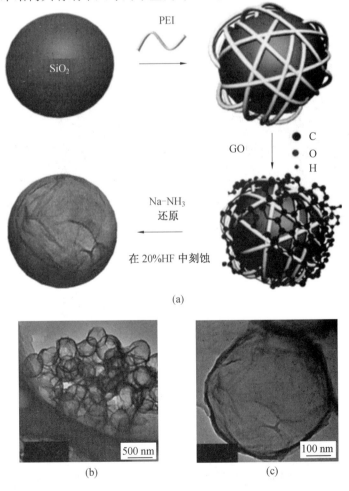

(a)

(b)　　　　　(c)

图7.4　石墨烯中空球的合成示意图以及形貌表征

曹国忠团队利用一种自模板的方法构建一维管状 MoO_2,这个方法通过使用容易合成并容易去除的 MoO_3 纳米棒作为自牺牲模板。图 7.5(a)所示为管状 MoO_2 的合成示意图,在步骤 1 中,Mo-多巴胺络合物可以很容易地附着在 MoO_3 的表面上,形成分层的 MoO_3/Mo-多巴胺核壳结构。在步骤 2 中,Mo-多巴胺壳可以在氨的帮助下进一步聚合为 Mo-多巴胺分层碳纳米管。同时,MoO_3 核逐渐溶解在氨溶液中。最终,如步骤 3 所示,在 Ar 下将 Mo-聚多巴胺在 700 ℃下退火 2 h 后得到分层的管状 MoO_2 纳米复合材料。通过 SEM 和 TEM 揭示了微观结构,从图 7.5(b)中可以看到中空的管状结构,每个碳纳米管由朝向不同的弯曲纳米片组成。这样的结构使纳米片的重新堆叠最小化,从而暴露出更多的活性位点。图 7.5(c)中的 TEM 表明,所制备的管状 MoO_2 空心腔体直径为 100 nm,展示了高的倍率性能,在 0.1 A/g 的电流密度下电荷容量为930 mAh/g,当电流密度上升到 10 A/g,电荷容量仍可以保持 270 mAh/g。此外,在 2 A/g 的电流密度下循环 200 圈容量保持 98%。

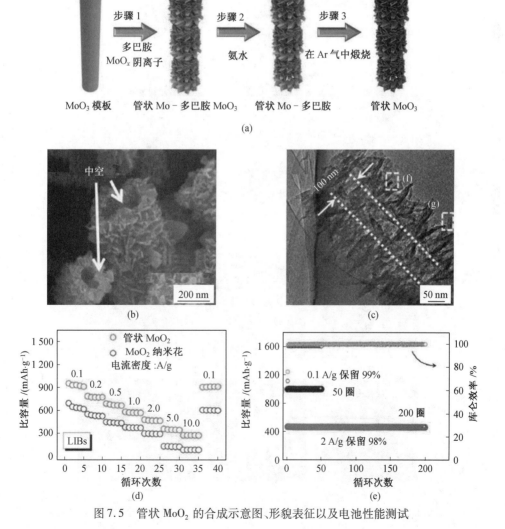

图 7.5 管状 MoO_2 的合成示意图、形貌表征以及电池性能测试

尽管单壳空心结构具有优势,但多余的空间大大降低了活性材料的振实密度,导致低体积能量和功率密度。为了克服这些缺点,有学者提出了具有多层结构的中空纳米结构,包括蛋黄壳、多壳和多室结构。这些复杂的设计更好地利用了中空结构的内腔,以有效地增加电化学活性物质的质量分数。此外,多层结构可以作为物理支撑,进一步增强结构稳定性。此外,这些中空结构内的空隙空间可以确保电解液渗透到内部区域,适应重复充放电循环期间的体积变化。

楼雄文课题组报道了一种通过精确控制不同含量的三氧化二异丙醇钒(VOT),可以将沸石咪唑酯骨架结构-67(ZIF-67)前驱体刻蚀形成单层、双层和 3 层中空结构的纳米立方体。通过将不同含量的 VOT 和 ZIF-67 混合及溶剂热反应可以获得不同壳层的 ZIF@$Co_3V_2O_8$ 前驱体,在这个过程中,由 VOT 产生的钒酸根阴离子(VO_4^{3-})被认为通过离子交换逐渐取代 ZIF-67 中的 2-甲基咪唑阴离子,形成了 $Co_3V_2O_8$ 壳。最后通过在空气中煅烧将内核的 ZIF 转化成 Co_3O_4。通过 TEM 表征(图 7.6(b)~(d))可以清楚地看到形

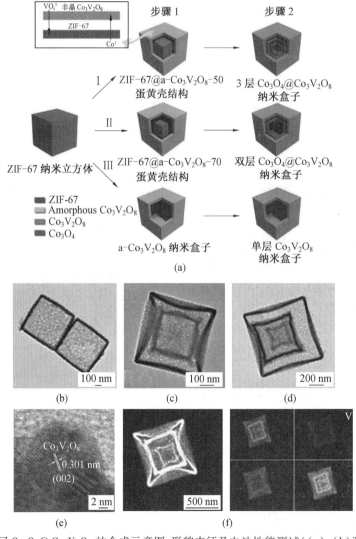

图 7.6　3 层 Co_3O_4@$Co_3V_2O_8$ 的合成示意图、形貌表征及电池性能测试((a)、(h)彩图见附录)

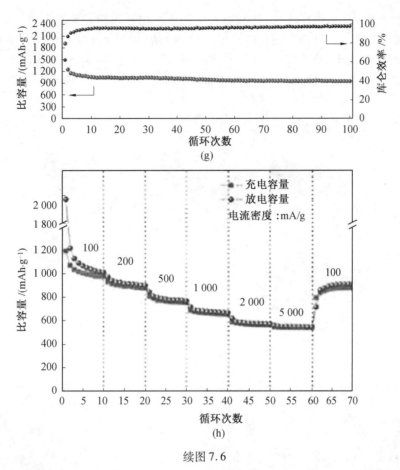

续图 7.6

成界线清晰的单层、双层和 3 层结构。重要的是,多层结构在不同的壳中拥有不同的组成,可以从 EDX 能谱中清楚地看到 V 元素主要分布在壳中。当作为锂离子电池负极材料时,3 壳层的 $Co_3O_4@Co_3V_2O_8$ 纳米结构在 100 mA/g 的电流密度下循环 100 次以后仍可以保持 948 mAh/g。经过 5 A/g 的大电流密度,仍然可以回到 100 mA/g 时的容量,表现出优异的倍率性能和电化学性能,这归因于和多壳层结构可以有效地防止纳米颗粒团聚,在电化学过程中可以暴露更多的活性位点;多个壳层保证了与电解质的进一步接触,从而提高了容量和倍率性能;比起单组分的电极材料,复杂的纳米结构多种成分的杂交会增强电/离子传导性、比容量和机械性能。

3. 自支撑纳米阵列

近年来,自支撑纳米阵列已经成为一个快速发展的研究领域。大规模生产、低成本、环境友好的高质量分级纳米阵列对于能源存储的实际应用具有重要意义。纳米阵列电极的性能很大程度上取决于分级纳米阵列的形态和结构,这可以通过调节合成方法和生长条件来容易地调节。到目前为止,近年来已经开发了多种合成分级纳米阵列的方法,例如电化学沉积法、化学浴法、化学沉积法、化学气相沉积法及其组合。

赵乃勤课题组通过简单的水热方法在碳布上制备了自支撑的纳米阵列。合成过程如图 7.7(a)所示,首先通过将碳布放在 $FeCl_3$ 和 Na_2SO_4 混合水溶液中,通过水热方法在碳

布表面上生长 Fe_2O_3 纳米棒阵列,然后通过水热法利用葡萄糖碳源在 Fe_2O_3 纳米棒阵列外表面包覆一层碳。具有内部连接的三维碳网络的最终复合材料(表示为 $Fe_2O_3@C$)生长在碳布基底上,由 Fe_2O_3 纳米棒和外碳层组成,可以避免 Fe_2O_3 直接暴露于电解质中,提高电导率,在重复的锂插入/脱出过程中显著抑制了活性物质的粉碎。从图 7.7(b) 可以看出 $Fe_2O_3@C$ 的纳米线结构,在图 7.7(c) 可以看出外部的碳层。从电化学测试结果可以看出包覆碳之后的性能明显优于包覆碳的结果。

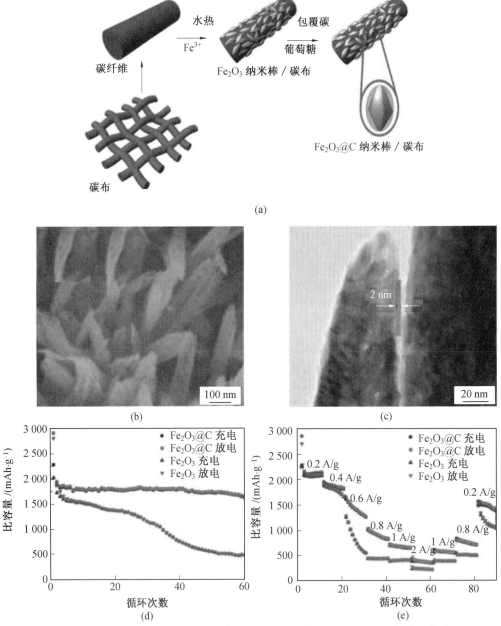

图 7.7 $Fe_2O_3@C$ 的合成示意图、形貌表征及电池性能测试((d)、(e)彩图见附录)

化学沉积法是用于在溶液浸渍的衬底上产生分级纳米阵列的技术。有学者借助 Cu(OH)₂纳米棒,通过两步化学沉淀法制备了三维分级管状 CuO/CoO 核壳异质结构阵列(图 7.8)。首先通过泡沫铜与碱性溶液(2.5 mol/L氢氧化钠和0.1 mol/L 过硫酸铵)的化学反应制备以 Cu(OH)₂为骨架的复合材料。然后,通过 Co^{2+} 与 OH^- 和 CO_3^{2-} 反应获得的钴前驱体纳米片,采用化学沉积法均匀生长在Co(OH)₂纳米棒骨架上。随着溶液中 NH_4^+ 和 H^+ 浓度的增加,内部 Cu(OH)₂纳米棒核逐渐被消耗,形成分级管状 Cu(OH)₂/CoO 前驱体核/壳阵列。退火后,成功制备了三维分级管状 CuO/CoO 核壳阵列。显然,CuO 具有中空的内部,CoO 纳米片均匀而紧密地锚定在 CuO 碳纳米管的表面上。通过测试三维分级管状 CuO/CoO 核壳阵列在不同扫描速率下的电化学性能,在 100 mA/g 的电流密度循环 50 圈之后展现1 364 mAh/g 的容量,在 1 A/g 的电流密度下循环 1 000 圈可以保持1 078 mAh/g,甚至在 2 A/g 的电流密度下循环 2 000 圈仍然可以保持466 mAh/g。CuO/CoO 无黏结剂纳米阵列可以提供足够的空间缓解体积变化,缩短电子/锂离子的扩散路径,从而增加电容量。

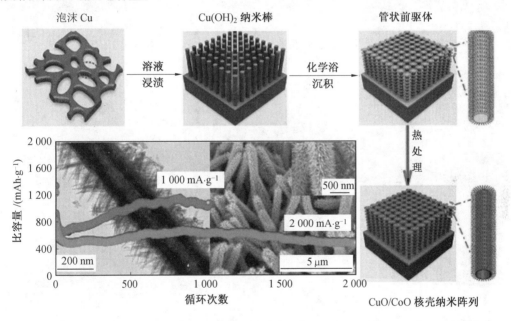

图 7.8　CuO/CoO 核壳阵列合成示意图(彩图见附录)

除了水热法和化学沉积法之外,也可以通过静电纺丝构建自支撑电极,不需要任何聚合物黏结剂。有学者通过将四硫代钼酸铵((NH₄)₂MoS₄)加进静电纺丝的溶液中,纺织成碳纳米纤维,再通过退火过程获得 MoS₂/碳纳米纤维结构(MoS₂-CNF)。从图 7.9(a)、(b)中可以看出 MoS₂-CNF 拥有非常光滑的一维纳米纤维,图 7.9(c)、(d)显示了 MoS₂-CNF 膜具有出色的膜柔韧性,可以很容易地切成圆盘,成为独立的、无黏结剂的电极。从 HRTEM(图 7.9(e)、(f))结果中可以看出具有分层结构的 MoS₂ 纳米片均匀地分布在表面上或嵌入到 CNF 框架中。图 7.9(f)中标记的箭头表明 MoS₂ 的层间距为0.64 nm。此外,通过静电纺丝纺织成的碳纳米纤维拥有更细的直径,通过水热包覆纳米片之后,可以展现更多的比表面积。Zhang 等人通过静电纺丝纺织成柔性的碳纳米纤维,再通过化学浴沉积成 Ni(OH)$_2$ 纳米片,然后通过水热硫化获得 CNF@NiS 纳米纤维。获得的分层结构通过 SEM 观察到的图片如图 7.9(h)、(i)所示,从图中可以看到直径为 30~70 nm 的 NiS 纳米颗粒均匀地分布在纳米纤维上,从而防止了 NiS 纳米颗粒的聚集并提供了 3D 的大孔结构,特别是在锂化/脱锂过程中,锂离子会迅速扩散以进入活性物质。CNF@NiS 结构可以有效地防止 NiS 纳米颗粒的团聚并减轻其在重复循环过程中的体积膨胀。另外,导电 CNF 芯可以提供电子的有效传输,以用于电化学活性 NiS 鞘的快速锂化/脱锂。此外,源自纳米纤维网络的 3D 大孔结构可以显著提高孔隙率,促进锂离子的快速扩散,以接近 NiS 纳米颗粒。由于 CNF 和 NiS 之间的协同作用,优化的电纺 CNF@NiS 芯/鞘杂化膜表现出 1 149.4 mAh/g 的高可逆容量以及出色的循环稳定性和倍率性能。

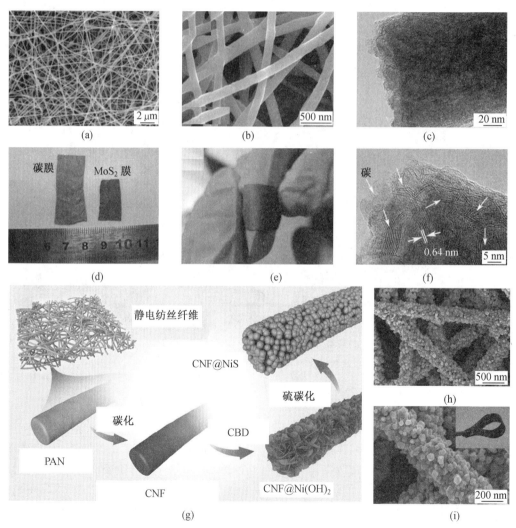

图 7.9 MoS$_2$–CNF 纳米纤维的系列表征、CNF@NiS 的合成示意图及 SEM 表征

7.2　锂离子电池的电极材料

锂离子电极材料可以分为正极材料和负极材料,正极材料一般是可以在较高电势下与 Li 离子进行某些电化学反应的材料,负极材料则是在较低电势下与 Li 离子发生电化学反应的材料,通过将正极和负极配对就可以组成一个完整的全电池,全电池的电压由正极与负极之间的电势差决定。关于锂电池电极材料的选择,美国佐治亚理工学院 Gleb Yushin 等人综合考虑了不同材料的容量、电位和成本做了如下总结。

图 7.10 所示为可用于锂电池中电极材料的元素评估。图 7.10(a)给出了不同的元素(单质)价格以及在地壳中的元素丰度。尽管锂电池电极通常并不是由某些元素单质组成,但图中的元素单质价格还是显示出了不同元素在锂电池电极中的成本差异。金属 Mn 比金属 Co 便宜,因而高 Mn 含量的锂电池电极成本比高 Co 含量的电极成本更低。元素的丰度表示对元素可用性的限制。虽然实际的可用性还取决于供应和需求关系,但图 7.10 能够展现出某些元素的优势。例如,P 元素和 S 元素丰度远远高于其他 V 族和 VI 族的导电元素。能与 Li 发生转换反应的元素单质的理论比容量和体积比容量如图 7.10(b)所示。

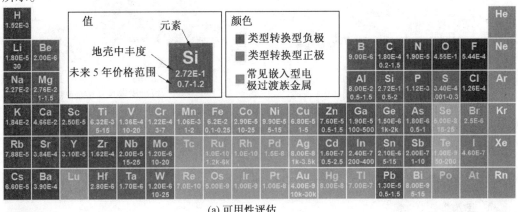

(a) 可用性评估

(b) 元素作为 Li 宿主的理论放电容量评估

图 7.10　可用于锂电池中电极材料的元素评估(彩图见附录)

尽管元素周期表的形式比较适合评估锂电池负极材料,但大多数锂电池正极材料是化合物。图 7.11 是一种比较全面的常用图表,它描述了锂电池电极的比容量以及电化学反应时的平均电位。

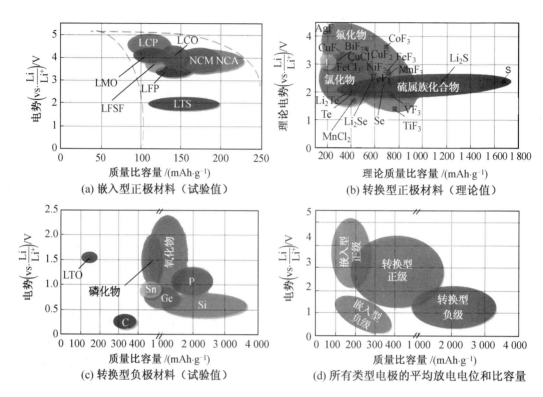

图 7.11 锂电池电极材料近似范围内的平均放电电位和质量比容量(彩图见附录)

7.2.1 正极材料

1. 嵌入型正极材料

嵌入型正极是一类可以存储客体离子的宿主材料。客体离子可以在主体结构中进行可逆的插入和从脱出。在锂离子电池中,Li$^+$是客体离子,而宿主化合物包括金属硫化物、过渡金属氧化物和聚阴离子化合物等。正极材料中的宿主化合物可分为层状、尖晶石、橄榄石和磷酸盐型等几种晶体结构,其中层状结构是最早作为锂离子电池嵌入型材料的一种选择。金属硫族化合物(包括 TiS$_3$ 和 NbSe$_3$)作为插层阴极材料的研究也由来已久。而 TiS$_3$ 在嵌锂/脱锂过程中只表现出部分的可逆性,这是充放电过程中材料三棱柱体配位到八面体配位的不可逆结构变化导致的。NbSe$_3$ 则表现出良好的可逆电化学行为。在众多不同种类的金属硫族化合物中,LiTiS$_2$(LTS)由于具有较高的质量比、能量密度以及良好的循环寿命(超过 1 000 个充放电循环)被广泛研究,最终由 Exxon 实现商业化。然而,过渡族金属氧化物和聚阴离子型化合物具有更高的开路电压,因此具有更高的能量密度。通常嵌入型正极材料具有 100~200 mAh/g 的比容量和 3~5 V 的平均电压平台(相对于 Li/Li$^+$)。

（1）过渡族金属氧化物。

由 Goodenough 教授提出的钴酸锂（$LiCoO_2$、LCO）是最早也是商业化最成功的一种锂离子电池正极材料。它最早由索尼公司进行商业化生产，这种材料现在仍然用于大多数商业锂离子电池中。Co 和 Li 位于交替层状分布的八面体位点，呈六方对称。正极材料 $LiMO_2$（M = Ni、Co）均为层状盐矿结构（α-$NaFeO_2$ 结构），为 R3m 点群，氧离子按照 ABC 立方堆垛形式紧密排列，而阳离子占据在 O 八面体间隙。Li^+ 和 Co^{3+} 交替排列在立方结构的（111）晶面，引起点阵畸变形成六方对称性。Li^+ 和 Co^{3+} 分别位于（3a）和（3b）位置，O^{2-} 位于（6c）位置。由于 Li、Co、O 的相互作用，在 Li–O–Co–O–Li 的原子链中，Co^{3+} 和 O^{2-} 之间的化学结合最强烈，而不同的 CoO_6 八面体单元组成的层与层之间则以较弱的静电相互作用束缚在一起。其结构如图 7.12（a）所示。LCO 由于具有高达 274 mAh/g 的理论质量比容量，1 363 mAh/cm³ 的体积比容量，较低的自放电效应，较高的放电平台和优异的循环稳定性，因此在商业化中成为最先大获成功的正极材料。

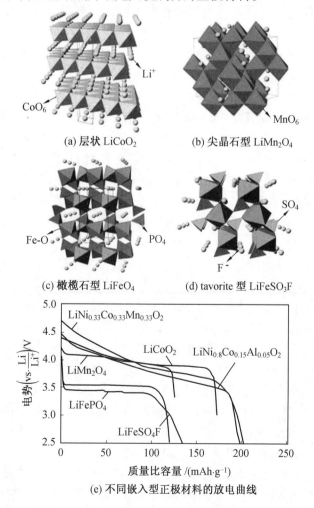

(a) 层状 $LiCoO_2$　　(b) 尖晶石型 $LiMn_2O_4$

(c) 橄榄石型 $LiFeO_4$　　(d) tavorite 型 $LiFeSO_3F$

(e) 不同嵌入型正极材料的放电曲线

图 7.12　典型嵌入型正极材料的晶体结构及其放电曲线（彩图见附录）

LCO 主要面临的问题在于其制备成本较高(单质 Co 价格昂贵),热稳定性较差以及在进行深度充放电循环时容量衰减很快。这里的热稳定性是指当锂氧化物正极材料加热到一定温度以上时晶格氧的释放能力。当 LCO 材料温度升高时,其晶格氧很快被释放,从而导致整个电池的产气膨胀和燃烧。热失控问题是锂离子电池面临的最大挑战之一。虽然热稳定性较差的问题广泛存在于各类嵌入型正极材料中,但 LCO 材料的热稳定性在各种嵌入型材料中是最差的。尽管电池包的设计和电池包尺寸同样可能带来热失控问题,但由于充放电过程中的放热反应,伴随着晶格氧的释放及其与有机电解液的反应,LCO 材料常常温度会超过 200 ℃,这意味着 LCO 具有较明显的潜在安全隐患。这里的深度充放电循环是指当 LCO 脱 Li 至电位达到 4.2 V(此时大概有 50% 的 Li 从 LCO 中被释放),太多的晶格 Li 从宿主材料中脱出,导致晶格骨架的畸变,引起晶格由六方对称向单斜对称的转变,这种晶格畸变将造成电池性能迅速恶化。为了改善 LCO 材料的深度充放电循环性能,人们研究了许多不同类型的金属(Mn、Al、Fe、Cr)对 Co 进行掺杂/部分取代,这种策略起到了一定的正面作用但改善程度仍然有限。各种金属氧化物涂层(Al_2O_3、B_2O_3、TiO_2、ZrO_2)也被用于改善 LCO 材料的深度循环性能,这种策略能够更有效地增强 LCO 的稳定性和深度循环性能。因为金属氧化物涂层具有良好的机械和化学稳定性,这有助于减少 LCO 材料的结构变化及其与电解质的副反应。

镍酸锂($LiNiO_2$、LNO)和 LCO 具有相同的晶体结构,LNO 的理论质量比容量高达 275 mAh/g。与 LCO 材料相比,LNO 类似的高能量密度和较低的制备成本是其主要的研究驱动力。但是单相的 LNO 材料并不适合直接用于锂电池正极材料,因为在 LNO 的合成以及脱 Li 过程中 Ni^{2+} 具有取代 Li^+ 位置的趋势,这将阻塞 Li^+ 扩散的路径。单相 LNO 同样存在热稳定性较差的问题,甚至 LNO 的稳定性较 LCO 更差,这是因为 Ni^{3+} 比 Co^{3+} 更容易被还原。使用 Ni 对 LCO 材料中的 Co 进行部分取代是降低阳离子无序度的一种有效手段。高荷电状态(State of Charge,SOC)下的热稳定性较差问题可以通过 Mg 掺杂或者 Al 掺杂得到有效改善。

因此,三元锂电池材料应运而生。$LiNi_{0.8}Co_{0.15}Al_{0.05}O_2$(三元镍钴铝,NCA)材料被广泛应用于各类商业化电子产品中,例如日本的松下公司为 Tesla 的电动汽车供应此类电池。NCA 具有较高的稳定放电容量(约 200 mAh/g),其循环寿命也可以与传统的 LCO 材料匹敌。然而,有报道称在高温(40~70 ℃)下固态电解质相(Solid Electrolyte Interphase,SEI)的生长和晶界微裂纹的生长可能导致 NCA 材料容量的严重衰减。

锰酸锂($LiMnO_2$、LMO)同样极具吸引力,因为单质 Mn 的价格和毒性都远远低于 Co 和 Ni。无水和具有化学计量比的层状 LMO 材料很早就被制备出来,这改善了之前 LMO 材料物相不纯、化学计量比不同、结晶性差以及循环过程中不理想的结构变化等问题。但是 LMO 的循环性能依然不够理想。首先是因为在 Li 离子脱嵌过程中 LMO 的层状结构有向尖晶石结构转变的趋势,其次是因为 LMO 材料循环过程中 Mn 元素的严重溶解问题。Mn^{3+} 会发生歧化反应形成 Mn^{2+} 和 Mn^{4+},这一过程在所有含锰的正极材料中都可以观察到。歧化反应产生的 Mn^{2+} 在溶解于电解液的同时将降低负极 SEI 膜的稳定性。在含 Mn 正极和不同负极配对组成全电池进行充放电时,人们观察到在电解液中 Mn 元素的浓度和负极 SEI 膜的厚度都随着时效而增长。除此之外,随着 Mn 的溶解,碳基材料负极的阻抗也随之增大,但这一现象在钛酸锂($LiTiO_2$、LTO)中可观察到。这可能是因为 LTO 具有几乎可以忽略不计的 SEI 膜。不同的试验和理论研究了 LMO 的阳离子掺杂稳定性,但即使如此,LMO 较差的循环稳定性(特别是在高温下)阻碍了其实现大规模商业化。

人们对寻找可以替代 LCO 材料的廉价正极材料的迫切期望推动了三元锂电材料 $Li(Ni_{0.5}Mn_{0.5})O_2$(镍锰氧,NMO)的出现。NMO 不仅可以保持与 LCO 相近的能量密度,而且可以通过使用成本较低的过渡族金属原料降低制备成本。镍的存在使得 NMO 具有较高的脱 Li 容量。然而,镍锰阳离子混合可能导致较低的 Li^+ 扩散率,从而导致较差的倍率性能。理论计算预测低价的过渡族金属阳离子(Ni^{2+})能够提供 Li^+ 快速扩散通道和较低的整体应变,这是层状正极 NMO 实现高速率能力的关键因素。通过离子交换法制备出的具有低缺陷密度的 NMO,其在 6 C 的高倍率充放电模式下仍具有高达180 mAh/g 的质量比容量值。

向 NMO 材料中添加 Co 被证明是进一步提高材料结构稳定性的有效方法。$LiNi_xCo_yMn_zO_2$(三元镍钴锰,NCM)的质量比容量和放电平台电压可以达到与 LCO 相近的水平甚至超过 LCO,并且由于降低了原料中 Co 的使用量,NCM 材料的制备成本要比 LCO 更低。$LiNi_{0.33}Co_{0.33}Mn_{0.33}O_2$ 是目前电池市场中最常用的一种 NCM 材料,一些具有大孔结构的 NCM 材料的可逆充放电质量比容量可以达到234 mAh/g 并且能在 50 ℃ 的温度下实现良好的充放电循环。

Li_2MnO_3 具有与 LCO 相似的层状岩盐结构,它的分子式也可以表示成 $Li[Li_{1/3}Mn_{2/3}]O_2$,这种传统的层状材料形式稳定的 $LiMO_2$($M = Mn,Ni,Co$)同样可以在较高的放电平台(4.5～3.0 V)下实现超过 200 mAh/g 的高质量比容量。Li_2MnO_3 这一材料在常规的电压区间(低于4.5 V时)并不发生电化学嵌锂/脱锂反应,但在充电电压上升至超过 4.5 V(vs. Li^+/Li)时,Li_2MnO_3 会生成 Li_2O 而提供额外的 Li^+。剩余的 Li_2MnO_3 也可以在促进 Li^+ 扩散的同时充当 Li 宿主的作用。相比于正常的层状 Li 宿主材料,这一类材料由于具有更多额外 Li 离子,因此被称为富锂层状氧化物。近期,一种具有浓度梯度分布的、平均组成为 $LiNi_{0.68}Co_{0.18}Mn_{0.18}O_2$ 的化合物引起了人们的关注。这种材料内部体为富 Ni 的层状氧化物 $LiNi_{0.8}Co_{0.1}Mn_{0.1}O_2$ 以实现高能量密度与功率密度(高含量的 Ni 能使得更多 Li 脱嵌时不发生结构退化),而这种材料外层是由 Mn 和 Co 取代的 NMC($LiNi_{0.46}Co_{0.23}Mn_{0.31}O_2$)组成,这一包覆层可以实现更好的循环性能和安全性。因为外层 Mn^{4+} 的稳定性减轻了 Ni 离子和电解液之间的产气反应。也有研究者研究了原子层沉积(ALD)的氧化铝涂层对于高能镍钴锰氧化物($Li_{1.33}Ni_{0.27}Co_{0.13}Mn_{0.60}O_{2+d}$,HE-NCM)正极电化学性能的影响。结果发现氧化铝涂层可以有效抑制 HE-NCM 中的过渡金属溶解效应,而且在与石墨组成全电池时,与氧化铝/HE-NCM 配对的石墨表面的 SEI 层更加稳定,阻抗较低。这说明氧化铝涂层不仅能够通过抑制过渡金属溶解来稳定正极结构,还能通过抑制过渡金属溶解来稳定全电池中对应负极的 SEI 层,降低负极 SEI 层阻抗。

尖晶石结构的 $Li_2Mn_2O_4$(锂锰氧,LMO)由于 Mn 元素的高丰度、价格低廉以及环境友好而受到人们的关注。在这一化合物中,Li 占据了四面体的 8a 位点,Li 占据了八面体的 16d 位点。其结构如图 7.12(b)所示。Li^+ 能通过空缺的四面体位点和取代的八面体位点进行扩散。但其不理想的长循环稳定性通常认为来自于四点:第一是其与电解液的不可逆反应,第二是 $LiMn_2O_4$ 在脱 Li 时晶格氧的损失,第三是 Mn 的溶解效应,第四是高倍率充放电时材料表面四方晶型 $Li_2Mn_2O_4$ 的形成。通过将材料纳米化缩短 Li^+ 的扩散和电子的传输路径,能够有效提高 Li_2MnO_4 的倍率性能。许多研究者合成了一维纳米结构和大孔结构的 LMO,得到了良好的结果。虽然纳米化在缩短离子扩散路径的同时也会加剧材料的溶解问题,但这一问题可以通过不同的策略加以抑制,比如 ZnO 表面涂层,富 Mn 层状结构,金属掺杂,氧化学剂量调控,与不同正极材料混合使用,调控形成更稳定的 SEI 层。另外,具有有序介孔的富 Li 的 $Li_{1.12}Mn_{1.88}O_4$ 尖晶石材料对比与块体尖晶石相显示出了显著提高的电化学性能。

(2)聚阴离子型材料。

在开发探索新型正极材料方面,研究人员开发了一种新型的正极材料,即一类称为聚阴离子型的新化合物。大体积的阴离子 $(XO_4)^{3-}$($X=S,P,Si,As,Mo,W$)聚阴离子占据了晶格位置,提高了正极材料的氧化还原电势,同时稳定了材料结构。$LiFeO_4$(磷酸铁锂,LFP)是其中橄榄石结构的代表性材料,其具有良好的热稳定性和优异的功率性能。在磷酸铁锂中,Li^+ 和 Fe^{2+} 占据在八面体位点,而 P 占据在四面体位点在整个晶体骨架中 O 呈略微扭曲的六方密堆排列,如图 7.12(c)所示。磷酸铁锂主要的问题是其较低的电位平台以及较差的电子和离子导电性。在过去数十年来的深入研究中,LFP 的性能和对其储 Li 机制理解都有了显著的提高。减小颗粒尺寸同时包覆碳涂层以及阳离子掺杂都被发现是提高其倍率性能的有效手段。值得注意的是,如果正极中颗粒尺寸为均一的纳米尺寸,和导电的纳米碳添加剂一起使用则不需要碳涂层也可以获得良好的电化学性能。例如以病毒基因为模板制备的非晶磷酸铁/CNT 复合物,显示出了良好的倍率性能。另外,关于磷酸铁锂作为锂离子电池正极材料的一个重要问题在于,近乎绝缘的磷酸铁锂材料内部是怎样发生氧化还原反应的。在经过一些理论计算预测后,研究人员通过试验证明了 Li^+ 在磷酸铁锂内部是通过 [010] 晶向的弯曲一维通道来实现快速扩散的。然而,一般而言,纳米结构的 LFP 电极密度较低,较低的平均电位限制了 LFP 电池堆的能量密度。另外,有研究人员报道了一种新型的非橄榄石型 LFP,其电化学行为与橄榄石 LFP 有本质的不同。

其他的橄榄石型材料包括磷酸锰锂($LiMnPO_4$,LMP)能够提供比橄榄石型 LFP 高 0.4 V 的放电平台,因此能实现更高的能量密度。但相较磷酸铁锂而言,磷酸锰锂的导电性更差。$LiCoPO_4$、$LiNi_{0.5}Co_{0.5}PO_4$,以及 $LiMn_{0.33}Fe_{0.33}Co_{0.33}PO_4$(LCP、NCP、MFCP)同样被开发出来并显示出了有价值的结果。但进一步提高橄榄石型电极材料的功率密度、循环稳定性以及能量密度仍是非常必要的。新颖的 $Li_3V_2(PO_4)_3$(LVP)显示出了较高的放电平台(4.0 V)和良好的容量(197 mAh/g)。值得关注的是,尽管 LVP 较差的电子导电性(类似于 LFP),但 LVP/C 复合结构在 5 C 的高倍率放电情况下实现了 95% 的理论容量值,这一结果令人印象深刻。

硫酸氟铁锂($LiFeSO_4F$,LFSF)是 2010 年 N. Recham 等人首次制备出的新型正极材料。由于硫酸根离子和氟离子电负性更强,因此 LFSF 较 LFP 具有略高的电极电位。虽然其理论比电容值(151 mAh/g)略低,但它的离子/电子导电性比 LFP 更好,因此不强烈依赖于纳米化或者碳包覆。由于原料来源广泛,LFSF 的成本也比较低。LFSF 由两个稍微变形的 $Fe^{2+}O_4F_2$ 氟氧化物八面体组成,不同的八面体通过共 F 顶点相互连接,沿 c-轴方向成链,Li$^+$位于(100)、(010)、(101)三个方向,结构如图7.12(d)所示。通过仿真模拟以及研究报道结果,tavorite结构正极材料中,氟代硫酸盐和氟代磷酸盐材料是最具发展前景的。而氧硫酸盐化合物作为正极材料最不适合。研究表明,具有一维扩散通道的tavorite结构材料活化能较低,允许Fe(SO$_4$)F和V(PO$_4$)F能够在高倍率充放电情况下进行快速充放电,其性能可以与小尺寸的橄榄石型Fe(PO$_4$)颗粒相媲美。含有元素V的材料如LiVPO$_4$F循环性能好、放电平台高、容量高,但其毒性和对环境的危害较大。有趣的是,Li$^+$能在大约1.8 V的电位下嵌入。因此这种材料既可以作为锂离子电池的负极材料(Li$_{1+x}$VPO$_4$,x在0~1之间),又可以作为电池的正极材料(Li$_{1-x}$VPO$_4$,x在0~1之间)。综上所述,相关正极材料性质与发展水平在表7.1中进行了对比。

表7.1 典型正极材料性质与发展水平

晶体结构	化合物	容量/(mAh·g^{-1})(理论/试验/商业化水平)	体积容量/(mAh·cm^{-3})(理论/商业化值)	平均电位/V	发展水平
层状	LiTiS$_2$	225/210	697	1.9	商业化
	LiCoO$_2$	274/148/145	1 363/550	3.8	商业化
	LiNiO$_2$	275/150	1 280	3.8	实验室
	LiMnO$_2$	285/140	1 148	3.3	实验室
	LiNi$_{0.33}$Mn$_{0.33}$Co$_{0.33}$O$_2$	280/160/170	1 333/600	3.7	商业化
	LiNi$_{0.8}$Co$_{0.15}$Al$_{0.05}$O$_2$	179/199/200	1 284/700	3.7	商业化
	Li$_2$MnO$_3$	458/180	1 708	3.8	实验室
尖晶石型	LiMn$_2$O$_4$	148/120	596	4.1	商业化
	LiCo$_2$O$_4$	142/84	704	4.0	实验室
橄榄石型	LiFePO$_4$	170/165	589	3.4	商业化
	LiMnPO$_4$	171/168	567	3.8	实验室
	LiCoPO$_4$	167/125	510	4.2	实验室
tavorite型	LiFeSO$_4$F	151/120	487	3.7	实验室
	LiVPO$_4$F	156/129	484	4.2	实验室

2. 转换型正极材料

转换型正极材料在锂化/去锂化过程中发生固相的氧化还原反应,同时发生晶体结构的改变并伴随化学键的断裂重组。这类材料一般包括金属卤化物以及第六主族单质(S、Se、Te)。转换型正极材料的电化学反应一般包括两种类型:第一种是某些金属化合物(一般是金属卤化物)与Li反应得到锂化物和金属单质的反应;第二种是某些元素单质直接与Li进行化合得到锂化物的反应。反应方程式为

类型 I

$$MX_z + yLi \Longleftrightarrow M + zLi_{(y/x)}X \tag{7.3}$$

类型Ⅱ

$$yLi+X \longleftrightarrow Li_yX \tag{7.4}$$

对于正极材料来说,类型 Ⅰ 的反应通常发生在高价(价态为2或更高)的金属卤化物中,以提供更高的理论容量值。图7.13(a)所示为典型转换型正极的放电情况,F^- 从 FeF_2 相扩散出来形成 LiF 相,在原 FeF_2 中留下纳米尺寸的单质 Fe。这导致首次 Li 化后形成了金属纳米颗粒分散在 LiF"海"中的结构。对于所有属于类型Ⅰ的材料,可以或多或少地观察到相同的机理,尽管某些活性物质会形成一些 Li 的中间相。

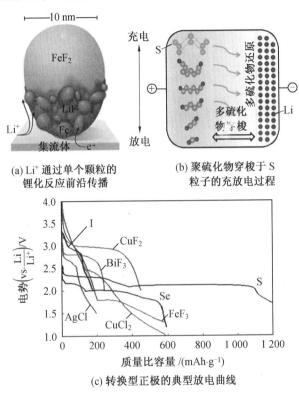

(a) Li^+ 通过单个颗粒的锂化反应前沿传播

(b) 聚硫化物穿梭于 S 粒子的充放电过程

(c) 转换型正极的典型放电曲线

图7.13 典型转换型正极的放电情况

S、Se、Te 和 I 单质则发生类型 Ⅱ 的锂化反应。在这些元素中,S 单质被研究得最多,因为其具有最高的理论容量值(1 675 mAh/g),同时具有成本低、丰度高的优势。图7.13(b)所示为 S 单质作为锂电池正极材料的转换反应示意图,从图中可以看到这个过程涉及了中间反应物多硫化物(polysulides)的形成与溶解问题。图7.13(c)所示为典型转换型正极的放电曲线。BiF_3、CuF_2 在较高的电位下显示出了典型的放电平台。而 Li_2S、S 和 Se 单质则在相对较低的电位下显示出非常平坦和长的放电平台,表明这些物质的固相 Li 化反应具有优异的反应动力学过程。

(1)氟化物和氯化物。

由于较高的电压平台以及高的理论容量值,金属氟化物以及氯化物近年来得到了广泛的研究。然而,金属氟化物和氯化物也面临着导电性差,大的电压滞后(voltage hysteresis),严重的体积膨胀,不理想的副反应以及活性物质的溶解问题。金属与 F 原子之间强离子键特性诱导的宽带隙使得 FeF_3 和 FeF_2 在内的大多数金属氟化物的电子导电性都比较差。然而其开放的结构使得其具有良好的离子导电性。由于类似的原因,氯化物同样面临着电子导电性差的问题。由于不理想的导电性和离子迁移率,目前所有报道的金属氟化物和金属氯化物都显示出大的电压滞后问题。

此外,类型 Ⅰ 的转换型正极材料在完全 Li 化状态下会形成纳米金属单质。据报道,BiF_3 和 FeF_2 在相对较高的电压下进行充放电循环会催化碳酸盐物质发生分解,从而降低循环稳定性。另外,Cu 纳米颗粒可以通过电化学过程转化成 Cu^+,然后溶解在电解液中。即使这些副反应没有发生,金属纳米颗粒在多次循环充放电后会融合在一起,使得电压滞后现象更加严重。

许多离子型的化合物会溶解于极性溶剂中,氟化物也存在类似的问题。金属氯化物(包括 LiCl)更容易在各种不同的溶剂中溶解,包括常用的锂电池电解液。同时,通过室温下材料 Li 化前后的密度计算出的金属氟化物和金属氯化物的体积膨胀率相对较低。相关数据见表 7.2。研究比较广泛的金属氟化物和氯化物体积膨胀率介于 2% ~25% 之间。虽然这一数值相对于类型 Ⅱ 的转换型正极以及转化/合金型材料来说比较低,但这依然有可能导致材料破裂以及失去电接触的问题。

表 7.2 转换型正极面临的导电性、体积膨胀、电压滞后以及溶解问题的挑战

材料	电子导电性 /(S·m⁻¹)	理论电位 /V	体积膨胀率 /%	电压滞后 (vs. Li/Li⁺)/V	在有机溶剂中的溶解性
FeF_2	绝缘	2.66	16.7	0.7 ~1	—
FeF_3	绝缘	2.74	25.6	0.8 ~1.6	—
CoF_2	差	2.85	21	0.8 ~1.2	可溶解
CuF_2	绝缘	3.55	11.6	0.8	—
NiF_2	差	2.96	28.3	0.8 ~2	—
BiF_3	差	3.18	1.76	0.5 ~0.7	可溶解
$FeCl_3$	差	2.83	22.6	—	可溶解
$FeCl_2$	差	2.41	19.9	—	可溶解
$CoCl_2$	差	2.59	23	1	可溶解
$NiCl_2$	差	2.64	30.3	—	可溶解
$CuCl_2$	差	3.07	21.1	1.2	可溶解
AgCl	差	2.85	19.4	0.25	不可溶
LiCl	差	—	—	—	可溶解
S	绝缘 5×10^{-30}	2.38	79	0.12 ~0.4	中间体可溶解
Li_2S	绝缘	2.38	—	0.12 ~0.4	中间体可溶解
Se	半导体	2.28	82.5	0.2 ~2.0	中间体可溶解
Li_2Se	差	2.28	—	—	中间体可溶解
Te	半导体	1.96	104.7	0.3	—
I	差	3.01	49.3	0.2	可溶解
LiI	差	3.01	—	—	可溶解

为了克服这些材料导电性差的问题,合成纳米尺度的转换型正极材料以缩短电子、离子传输路径是一个有效的途径。对于金属氟化物和金属氯化物,活性物质通常被分散或被包裹于导电基体中以制备其复合物来提高电极整体的导电性,目前已有的相关报道包括 FeF_3/CNT、$FeF_3/$石墨烯、$AgCl/$乙炔黑以及 $BiF_3/MoS_2/CNT$ 复合物等。电解液的成分调控对于减少不同充放电状态下电解液与电极材料之间的副反应同样重要。

(2)硫单质与硫化锂。

硫单质具有高达 1 675 mAh/g 的理论质量比容量,同时成本低,在地壳中元素丰度高。然而,以 S 单质为主体的正极材料也面临着许多挑战。比如相对于 Li/Li^+ 电位比较低,导电性差,中间产物(多硫化物)易溶解于电解液中,同时 S 单质蒸发温度较低,这将导致电极在真空干燥时造成一定的 S 损失。S 单质还具有高达 80% 的锂化体积膨胀率,这有可能导致 S-C 复合电极中电接触的受损。为了减轻 S 正极面临的溶解和体积膨胀率高的问题,S 单质可以被包封在一个带有富余空腔体积的空腔结构中。聚乙烯吡咯烷酮(PVP)聚合物、碳和 TiO_2 中空壳层结构通过渗透法和化学沉淀法来填充负载 S 单质。在半电池测试中,这些复合电极物具有超过 1 000 次循环的寿命。

为了避免体积膨胀带来的负面效应,阻止 S 在烘干过程中的挥发,同时为了和无 Li 负极材料组装全电池(安全性更高),S 基正极电极通常也以 Li_2S 的形式制备。Li_2S 由于熔点比 S 单质更高,因此不像 S 单质那样容易通过渗透法填充到宿主材料中。但 Li_2S 在各种环境友好型溶剂(如乙醇)中的溶解性较高,这有利于制备各种 Li_2S 的纳米复合物。例如 Li_2S 纳米颗粒镶嵌的导电碳复合物,因为已经完全 Li 化的 Li_2S 不会再发生任何体积膨胀,所以在复合结构中不再需要空腔结构。在一些报道中,碳包覆的 Li_2S 在经过 400 次循环充放电后形貌没有明显改变。

电解液改性同样是解决多硫化物溶解问题的一个有效途径。$LiNO_3$、P_2S_5 等电解液添加剂的使用有助于在 Li 金属表面形成良好的 SEI 层,阻止多硫化物的进一步还原和沉淀。此外,还可以通过在电解液中加入多硫化锂来暂时降低 S 基正极的溶解度。许多研究者还使用了高浓度的电解液,有效地阻止了多硫化物的溶解现象。最后,固态电解质的使用也可以降低多硫化物的溶解,降低 Li 枝晶刺破隔膜的风险,提高全电池的安全性。

(3)硒单质与碲单质。

近年来,硒单质和碲单质由于比硫单质具有更高的电子导电性,二者在完全嵌 Li 时分别具有高达 1 630 mAh/cm^3 和 1 280 mAh/cm^3 的高理论体积比容量,因此吸引了一批锂电池研究者的目光。由于极佳的导电性,相比于 S 单质,Se 和 Te 单质不仅对于电极活性物质的利用率更高,而且也具有更好的倍率性能。和 S 单质类似,Se 基正极材料同样面临着多硒化物的溶解问题,多硒化物的溶解将会导致容量的快速损失,差的循环稳定性以及低的库仑效率。而目前关于多碲化物的溶解问题还未见报道。同时,Se 单质与 Te 单质作为锂电正极材料也有体积膨胀率高的问题。而好的一方面在于,与 S 单质类似,Se 单质与 Te 单质有着较低的熔点,这有利于其通过浸渗法负载于多孔碳宿主中或分散与其他导电性基质中,以提高其电极性能。但是,Te 元素对于实际应用来说过于昂贵,而且 Se 和 Te 元素在地壳中的丰度与贵金属 Ag 和 Au 相近,这使得它们不太可能被用于大规模的生产制造当中。

（4）碘。

LiI 在锂碘一次电池中被用作固体电解质（Li^+ 电导率约为 10^{-9} S/cm），可以获得较小的自放电效应以及较高的能量密度，同时锂碘电池也是植入式心脏起搏器的重要能量来源。研究者通过对组装的 Li–I 半电池进行循环伏安测试，提出了如下的反应机制：

I 单质与三碘离子的还原反应为

$$I_2 + 2/3e^- \longleftrightarrow 2/3I_3^- (3.55 \text{ V, vs. } Li^+/Li) \tag{7.5}$$

$$I_3^- + 2e^- \longleftrightarrow 3I_3^- (2.75 \text{ V, vs. } Li^+/Li) \tag{7.6}$$

I 单质与三碘离子的还原反应为

$$I^- - 2/3e^- \longleftrightarrow 1/3I_3^- (3.2 \text{ V, vs. } Li^+/Li) \tag{7.7}$$

$$I_3^- - e^- \longleftrightarrow 3/2I_2 (3.65 \text{ V, vs. } Li^+/Li) \tag{7.8}$$

锂碘电池也面临着一些问题，比如功率密度较低，在很多应用场合使用可能会受到限制。另外，在很多常用的有机电解液中，碘单质、三碘离子以及碘化锂同样是可溶解的。由于 LiI 在有机溶剂中的高溶解度，碘离子已经被考虑用在锂–液流电池当中。近年来还有研究者利用碘单质的低熔点（113 ℃）将碘浸渗到多孔碳的孔当中制备了碘–导电碳复合电极，由于增强的电子导电性以及抑制了活性物质的溶解，这一复合电极显示出了更高的放电平台，良好的循环稳定性以及高倍率性能。

7.2.2 负极材料

负极材料对于锂离子电池同样重要，因为在负极一侧可能产生锂枝晶，从而导致电池短路问题，引发正极的热逃逸反应（thermal run-away reaction），进而引起电池的着火甚至爆炸。另外，锂金属负极的循环寿命也很差。除了对于锂金属负极的研究之外，寻找合适的锂宿主负极材料也是一条重要的研究道路。总结来说，除了锂金属负极以外，锂离子电池的负极材料可以分为嵌入型负极材料和转换型负极材料两类。嵌入型负极材料主要包括碳材料和钛酸锂。转换型负极材料主要包括合金型材料和氧化锂等。

1. 嵌入型负极材料

（1）碳材料。

碳材料作为锂电池负极的历史可以追溯到二十多年前，到今天碳材料仍是商业化锂电池负极材料的主流。碳材料的锂电池电化学活性来源于锂离子在石墨片层中的嵌入行为，石墨二维的层状结构赋予其良好的机械稳定性，同时良好的电子导电性以及优良的锂离子扩散动力学使得碳材料具有良好的电化学性能。在理想的石墨结构中，通过锂离子在片层中的嵌入，每 6 个碳原子最多可以储存 1 个锂离子形成 LiC_6 相，据此计算出的石墨理论质量比容量值为 372 mAh/g。另外，锂离子在碳材料中的扩散率为 10^{-12} ~ 10^{-6} cm^2/s（对于石墨，扩散率为 10^{-9} ~ 10^{-7} cm^2/s）。碳材料还具有成本低、来源广泛、脱 Li 电势低、导电性好、嵌锂脱锂体积变化率低等优点。因此相比其他嵌入型负极材料，碳材料成为平衡成本、能量密度、功率密度、循环寿命的合理选择。碳材料的质量比容量比大多数的正极材料更高，但根据体积比容量计算，商业化的石墨负极容量依然很低（330 ~ 430 mAh/cm^3）。

商业化中得到应用的碳材料种类繁多,包括天然和合成石墨、炭黑、活性炭、碳纤维、焦炭,以及通过惰性气体中有机前驱体热解制备的各种其他材料。这些材料在一定程度上都能作为锂离子电池的负极与锂发生可逆反应,但商业化的锂电池碳负极主要是石墨化碳材料和硬碳材料两种。

石墨化的碳材料具有较大的石墨晶粒尺寸且其储 Li 容量可以接近理论容量值。但石墨化的碳材料与锂电池最常用的碳酸丙烯基(Propylene Carbonate,PC)的电解液兼容性较差,这是因为碳酸丙烯酯的电解液会与 Li^+ 一同嵌入石墨片层中,从而导致石墨材料的剥离与容量损失。即使没有溶剂插层反应,Li^+ 的插层也会发生在石墨材料的基面,因此 SEI 也会优先地在这些面上产生。在 Li^+ 插层过程中,单晶石墨颗粒沿边缘面大约会承受 10% 的单轴应变,这样的大应力会造成 SEI 层的损伤以及电池容量的衰减。最近,通过在石墨化碳材料表面涂覆一层非晶性质的碳能有效避免溶剂嵌入对石墨基平面的损伤,实现高的库仑效率。

硬碳材料与石墨化碳材料相比具有更小的石墨晶粒尺寸,这能够有效避免剥离现象的发生。同时,大量小尺寸石墨晶界交错会形成许多纳米空洞与缺陷,这些位点同样可以储存 Li^+,从而使得硬碳材料的储 Li 质量比容量超过石墨储锂的理论容量值(372 mAh/g),这些性质使得硬碳材料成为一种高容量、高循环寿命的碳材料锂电池负极材料。但是硬碳材料也有一个关键的问题,就是大量暴露出来的石墨晶粒边缘面也增加了 SEI 的形成量,因为 SEI 的形成要消耗电解液中的溶剂分子与锂离子,所以硬碳材料前几圈的库仑效率也比较低。因为在一个锂离子全电池中可移动的 Li^+ 是有限的,硬碳材料形成的大量 SEI 成分会对全电池的性能造成严重负面影响。另外,硬碳中小尺寸的石墨微晶片层的随机堆叠也使得 Li^+ 在硬碳中的扩散变得非常缓慢(扩散路径长且扩散阻力较大),所以硬碳的倍率性能通常很差。最后,硬碳内部的空隙也占了一定的体积,虽然硬碳的质量比容量与石墨化的碳材料相比似乎很高,但硬碳材料的体积比容量要远远低于预期。

Kureha Chemical 公司利用酚醛树脂生产硬碳(carbtron ® RP),这一硬碳材料的充电容量与放电容量分别达到 600 mAh/g 和 500 mAh/g。carbtron ® RP 的平均片层间距(d_{002})可以达到 0.38 nm(理想石墨的 $d_{002}=0.335\ 4$ nm),在完全嵌 Li 态 carbtron ® RP 的 d_{002} 值仅仅增大 1%(对于理想石墨这一值可以达到 10%)。这意味着,carbtron ® RP 硬碳的晶体结构对于锂的嵌层和脱嵌层是非常稳定的,所以其应当具有优异的循环稳定性。

值得注意的是,杂原子(如氢原子)也可以在碳基锂电负极中提供额外的容量。但是这类电极材料具有较大的电压滞后、较高的不可逆容量损失、较低的体积容量,因此不太可能商业化。

(2)钛酸锂($Li_4Ti_5O_{12}$/LTO)。

钛酸锂以其超常的热稳定性、优异的倍率性能、相对较高的体积比容量以及非常好的循环寿命被成功应用到商业化领域中。钛酸锂作为锂电负极的缺点在于 Ti 的成本较高,钛酸锂的放电平台电位较低导致全电池电压较低、理论容量值较低(质量比容量为 175 mAh/g,体积比容量为 600 mAh/cm³)。钛酸锂材料优异的倍率性能与超常的循环稳定性来源于其"零应变"的嵌锂机制。钛酸锂在完全脱锂态和嵌锂态的相变过程中体积变化率仅为 0.2%。钛酸锂的放电曲线表现出一个非常小的电压滞后。另外,钛酸锂相对于 Li/Li^+ 的平衡电位约为 1.55 V,这使得钛酸锂放电截止电压可以大于 1 V,这一特性对于实现高库仑效率是非常重要的。因为锂电池所用的有机电解液通常会在负极电极的低电位下在负极电极表面发生分解,形成 SEI 层。而 SEI 层会减慢 Li 的嵌入速率,导致活性 Li 的损失。钛酸锂放电截止电位较高则可以从根本上减少 SEI 层在负极表面的形成。而且即使钛酸锂表面形成了 SEI 层,钛酸锂嵌锂脱锂极小的体积变化率也有利于保持 SEI 层的稳定。因为 SEI 层本身带来的阻抗对于锂电池并没有显著影响,所以可以使用纳米尺寸的钛酸锂以实现优异的倍率性能,即使纳米钛酸锂的使用可能导致体积容量的降低。另外,钛酸锂非常好的安全性还来自于其较高的放电电位可以避免锂枝晶的形成(甚至在高倍率充放电时同样如此)。所以,尽管钛酸锂并不具备优异的 Li 离子扩散率和电子导电性,但是"零应变"的嵌锂机制和较高的放电截止电位足以使得钛酸锂这种材料成为制作低能量密度、高倍率性能和循环性能锂电池的优秀负极材料。

但不幸的是,钛酸锂负极也存在一些不可避免的表面反应。由于有机电解质和 LTO 活性物质之间的反应,LTO 存在较为严重的产气现象。钛酸锂与有机电解液之间的产气反应可以通过碳涂层加以抑制,但碳涂层也有可能催化和加速电解液的分解以及 SEI 成分的形成,在电池温度较高时这一催化效应更加显著。即使在这些表面反应存在的情况下,钛酸锂负极依然能够经受数万次充放电循环,这一突出的性质使得在制造大型功率储能应用设备时,钛酸锂材料相比其他负极材料具有难以替代的地位和重要性。

2. 转换型负极材料

(1)合金型材料。

合金型材料是指能够与锂在低电位下(通常小于 1 V)通过电化学反应形成合金的材料。反应方程式可以表示为 $y\text{Li}+\text{X} \longleftrightarrow \text{Li}_y\text{X}$。合金型材料具有极高的体积比和质量比容量,但在这一巨大的优点下合金型材料也存在着一个致命的问题——锂化前后体积变化巨大。与锂化前相比,合金型材料锂化后的体积可以达到初始的数倍。典型的材料如 Si,示意图如图 7.14 所示。如此巨大的体积变化足以使得活性物质颗粒在充放电过程中破碎粉化,从集流体上脱落,失去与集流体的电学接触,从而导致电池容量的快速衰减。合金型材料巨大的体积变化率还带来了其他的负面影响。例如,负极表面的 SEI 层会在电极材料发生膨胀时破裂,而破裂处暴露的"新鲜表面"又会在低电位时自发地与电解液反应,电解液源源不断地分解在这些新表面形成新的 SEI 成分,导致活性 Li 库存的损失以及电池内部阻抗的持续增加。由于活性成分的损失以及阻抗的持续增加,合金型负极材料的循环寿命非常低,在高负载量的情况下这一问题尤其严重。

在研究者的努力下,一些用于缓解合金型负极材料体积变化的策略被开发出来并获得了较好的结果。例如制备纳米化的碳/合金型复合材料以实现良好的机械稳定性,电子传输与 Li 扩散能力,以及维持电极材料与集流体之间的电学连接。为了稳定合金型材料的 SEI 层,合金型活性物质可以被封装进带有足够空腔体积的碳壳中以适应其充放电过程中巨大的体积膨胀。因为从原理上讲,当碳层足够致密时,电解液被碳壳层阻隔在外面而不与内部的活性物质直接接触生成 SEI,而只在碳壳层表面形成较稳定的 SEI(碳壳层在锂化前后变化较小)。当合金型材料发生体积膨胀时直接占据预留出的空腔体积,也

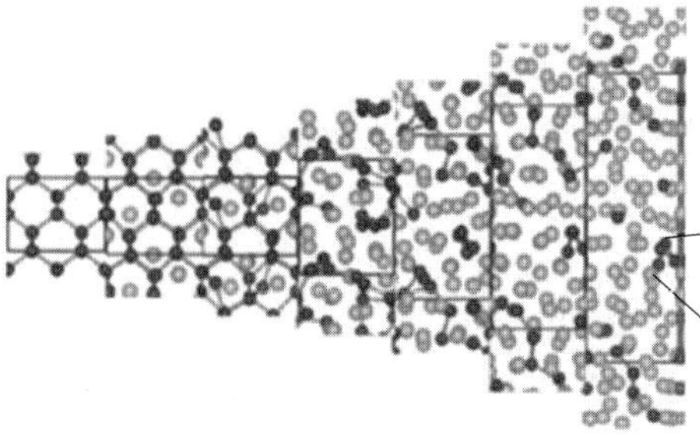

图7.14 Si单质锂化前后的巨大体积变化示意图

不会对碳壳层造成破坏,所以这一策略能够稳定SEI层,同时这一特殊结构还能够防止电极活性颗粒在热处理过程中烧结成更大的颗粒,即使在较高负载量的情况下仍能获得较高的循环寿命。除此之外,电解液添加剂的使用也可以提高SEI成分的稳定性,延长电极循环寿命。如果不使用碳壳层结构来稳定电极,一些新型的高刚度、自身体积膨胀率较低的黏结剂也可以提高电极整体的机械稳定性。尽管目前这些策略已在实验室阶段初见成效,但高负载量、高体积容量(大于 800 mAh/cm^3)以及长循环寿命(大于 1 000 次循环)的锂离子全电池目前尚未出现。另外,纳米尺度的电极材料也具有非常大的表面积,而这也会造成大量的SEI成分在负极表面形成,从而导致在初始循环中大的不可逆容量损失。

在所有的合金型材料中,Si 受到了最广泛的关注。相比其他合金型材料,Si 单质具有更低的平均脱 Li 电位,更高的质量比容量和体积比容量,更高的丰度,更低的成本,更好的化学稳定性以及更低的毒性。Sn 单质也是很多研究者研究的重点,虽然 Sn 质量比容量和电池放电区间略逊色于 Si,但是 Sn 拥有更好的电子导电性。Sn 单质作为锂电负极材料面临的问题同样是锂化前后体积变化太大,容易造成电极材料破碎粉化(这一现象甚至可以在 10 nm 的 Sn 颗粒中发生),从而导致容量急剧衰减。Si 的同族元素 Ge 也可以作为锂电池负极材料,其具有与 Si 类似的性能,但 Ge 的优点在于即使在较大的颗粒尺寸下,Ge 单质也不会因为锂化脱锂而破裂粉化,但是对于大多数实际应用来说 Ge 的成本太高。Ga 单质由于在室温附近呈现液体的性质而受到一部分研究者的关注,但 Ga 单质同样存在成本太高的问题。

在所有的能与 Li 形成合金的元素中,成本较低而体积比容量较高的元素包括 Zn、Cd、Pb 等。但这几种元素储 Li 的质量比容量较低,其中 Al 的理论质量比容量为 993 mAh/g(以形成 LiAl 计算),另外 Al 还存在着在纳米尺度下锂化破裂的问题(包括孔洞的成核和演化或裂纹的萌生)。美国 Sandia 实验室的研究者以包覆 4 ~ 5 nm A_2O_3 的 Al 纳米线作为研究对象,通过原位透射电子显微镜详细研究了 Al 单质作为锂电负极的锂化/脱锂电化学行为。因为 Al 单质在空气中很容易在表面形成一层致密的 A_2O_3 氧化膜,所以这一材料体系对于探索 Al 作为锂电池负极材料是有实际意义的。在此之前已有众多报道称 A_2O_3 涂层能够有效提高如 $LiCoO_2$、$LiMn_2O_4$、MoO_3 等正极材料在锂电池中的循环稳定性。研究结果发现,Al 单质表面的 Al_2O_3 会在 Al 之前发生锂化反应,形成非晶的氧化锂层,这一层非晶氧化锂能够适应后续纳米线的锂化膨胀。但是 Al_2O_3 层的锂化反应是不可逆的,因此外表面的 Al_2O_3 层会导致不可逆的 Li 损失,不能起到像锂电正极

Al_2O_3 涂层类似的保护作用。Al 单质表面的氧化层具有良好的离子导电性,但其并不提供电子导电性,因此当 Al 因体积膨胀破碎粉化时,容量会发生快速的不可逆衰减。总结而言,Al_2O_3 涂层对于正极材料的保护作用可能来自于其在锂化后形成的 Li-Al-O 非晶玻璃相,这一非晶相提供了快速的 Li 离子传输通道同时保护了活性材料。近年来 P 和 Sb 单质也受到了一些关注,这两种单质都具有较高的容量,通过简单的球磨法与碳材料构筑的复合电极材料也表现出了良好的电化学性能。但是这两种元素都具有毒性,相对脱 Li 电位也比较高,而且 Sb 元素的丰度并不高。而 P 单质有形成磷化氢的潜在危险。

(2) 相转化材料。

除了合金型材料,还有一类材料通过反应 $MX_z + yLi \longleftrightarrow M + zLi_{y/x}X$ 进行储锂,通常是那些过渡族金属化合物(如氧化物等)在电池初始充电时通过形成 Li_2O 和金属单质提供容量。Li_2O 起到类似于黏结剂的作用将合金型材料黏结在一起,从而降低了电极整体的体积变化。但这一材料体系存在的问题是 Li_2O 导电性较差,因此这一类材料作为锂电极充放电时会表现出较明显的不可逆容量损失以及大的电压滞后现象。改善这一问题的方式是通过拓宽电极的工作电压区间,Li_2O 本身也作为储锂和放锂的活性物质,这可以降低首圈的不可逆容量,增加库仑效率。但这一方法的缺点是,负极电位的提高必然使得全电池的电压下降,从而对全电池的能量密度造成负面影响。另外,一旦 Li_2O 被消耗,活性合金纳米颗粒就有长大聚集形成大颗粒的趋势,使得阻抗增加。同时,Li_2O 的反复消耗与形成也会使得负极体积变化率增加,从而带来与合金型负极类似的问题。

在各种类型的非合金型转换正极材料中,MgH_2 和 $Li_{1.07}V_{0.93}O_2$ 是两种较独特的材料,它们在低倍率放电时具有相对较小的电压滞后和脱锂电位。然而,还没有研究表明这些电极材料在高倍率放电情况下依然可行,初步的研究工作表示这些材料的充放电循环寿命还比较低。同时,一些磷化物和氮化物电极材料也显示出相对较低的电压滞后,但这仅仅能在最初的充放电循环中得到保持。

7.3 锂离子电池工作原理

从组成锂离子电池体系的各个部件来看,锂离子电池主要由正极、负极及电解液构成。锂离子电池是一种通过法拉第反应(包括电极表面的非均相电荷转移)将化学势转化为电能的装置。从锂离子电池的储能过程来看,其能量存储涉及的基本过程包括发生在电极表面的法拉第反应,以及通过电极的质量和电荷转移。因此,电极的表面积和传输距离对锂离子电池性能起着决定性作用。电极材料的化学成分、晶体结构和微观结构也对表面反应和转移过程以及循环稳定性产生重要影响。

电极是锂离子电池的核心部件,其主要由具有电化学活性的材料和集流体构成。电极活性材料一般为宿主固体,客体物质(锂离子)可在电极与电解液之间发生可逆转移。从电极材料的工作原理上可以分为嵌入型和转换型两类。嵌入是指锂离子进入/脱出宿主材料(层状或隧道结构)的可逆过程,在此过程中宿主材料基本结构不发生大的变化。而转换是指那些非层状或隧道型结构的材料与锂离子结合得到锂的化合物或锂化合金的过程,这个过程宿主材料发生化学键的完全断裂与重排。

锂离子电池在充放电过程中还存在一些重要的过程如固态电解质界面(Solid Electrolyte Interface,SEI)的形成,接下来将对锂电池电极材料的工作原理和固态电解质界面进行简要介绍。

7.3.1 嵌入/转换型电极材料充放电机理

可用于嵌入型的宿主材料体系种类繁多,根据材料结构的维度可以分为三类。其中一维结构材料包括 $NbSe_3$、$TiSe_3$ 和橄榄石结构的晶体材料。二维结构的宿主材料研究最为广泛,主要包括过渡族金属的氧族化合物以及卤族化合物。三维结构材料主要是那些具有隧道型晶体结构的材料,主要包括石墨碳、MnO_2、尖晶石相、WO_3 以及 V_6O_{13} 等。在这些材料中,锂离子扩散至宿主材料晶格内,按照能量最低原理优先占据特定位置。一维材料具有强的化学键结合链,二维材料层间存在弱的范德瓦耳斯力而易于发生嵌入反应。三维材料特有的隧道型结构可接受锂离子的空位而作为宿主材料,隧道的存在有利于锂离子的快速扩散。值得注意的是,嵌入型宿主材料的结构仅仅是满足了锂离子嵌入的几何条件(宿主晶格提供易于嵌入锂离子的位置),而在实际的嵌入过程中,宿主材料还应该满足发生锂离子嵌入的能量条件,即宿主材料应当具有易与锂离子交换电子的能量状态。

绝大多数宿主材料是电子和离子的混合导体,离子沿着那些易于扩散的晶面方向进入晶格内部。而伴随的电荷转移过程发生在锂离子和宿主结构之间。同时电荷转移的热力学趋势也是锂离子嵌入反应的主要驱动力。嵌入反应会使得宿主材料晶格参数发生一定的变化,其变化程度与嵌入离子半径以及宿主晶格原本的空位(四面体间隙或八面体间隙)大小有关。完成嵌入后,材料的整体结构应当是能量最低状态,这有可能形成某些超结构的特殊排列。嵌入反应的电化学反应过程可由下式进行描述:

$$x\,Li^+ + xe^- + \square_x<H> - <Li_xH> \tag{7.9}$$

式中 $\square_x<H>$——具有晶格空位 $\square$ 的宿主(host)。

从式(7.9)来看,嵌入反应的动力学快慢(或者倍率性能)仅仅取决于宿主内部的离子传输特性。而要对嵌入反应进行更详细的描述,就要使用吉布斯相律。

对于给定的氧化还原电对,在不限于锂离子的情况下,嵌入过程可以视为客体离子 A 溶解在宿主材料<H>晶格中。根据热力学定律,这个反应的电势差可由下式描述:

$$V(x) = -\frac{1}{zF}\frac{\partial(\Delta G)}{\partial x} + C \tag{7.10}$$

式中 ΔG——体系吉布斯自由能变化量;

$\quad\quad x$——体系组分构成;

$\quad\quad z$——转移的电子数;

$\quad\quad F$——法拉第常数。

容易看出嵌入反应的电势差是<A_xH>组分构成 x 的函数。

在平衡状态的密闭体系中,由吉布斯相律可知体系自由度 f 与组分的关系为

$$f = c - p + n \tag{7.11}$$

式中 c——体系的独立组分数;

p——相的数目；

n——体系中的热力学参数(一般为温度和压力,即 $n=2$)。

首先讨论体系不超过两相的情况。假设体系中只存在客体离子(锂离子)和宿主材料两种组分,同时体系的温度和压力保持不变,即 $c=2$, $n=0$,则体系的自由度 $f=2-p$。如果电极材料中只存在单相,则 $p=1$, $f=1$,即电极电势只有一个自由度,单相区电极电势只随着嵌入锂离子的浓度变化。而当电极材料开始发生相变,产生两相时, $p=2$, $f=0$。自由度为 0,意味着这种条件下电极电势将保持恒定。综合这两种情况,当组分构成 x 处于某一特定范围(体系存在两相时(图 7.15),即 $\alpha<x<\beta$ 时),锂离子电池的充放电曲线将出现"电压平台"。

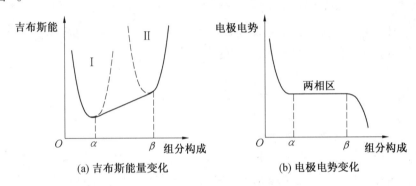

(a) 吉布斯能量变化   (b) 电极电势变化

图 7.15   两相体系吉布斯相律对电极电势的影响

以具有橄榄石结构的磷酸铁锂 $LiFePO_4$ 为例来进行具体的分析。磷酸铁锂的储 Li 电化学反应为

$$xLi^+ + FePO_4 + xe^- \rightleftharpoons Li_xFePO_4 \tag{7.12}$$

当 x 接近 0 或 1 时,Li_xFePO_4 以固溶体形式存在,即体系可视为单相。但当 x 不接近 0 和 1 时,固溶体快速分裂成两相,分别可以表示为富锂相的 $Li_{1-\alpha}FePO_4$ 和贫锂相的 $Li_\beta FePO_4$,这里的 α 和 β 是指 x 处于两相区的范围。对于微米尺寸的颗粒,两相区宽度比较明显,而对于纳米尺寸的电极颗粒,两相区范围将变窄,相应的在锂电池放电曲线中,原本较宽的电压平台将表现为一个逐渐下降的电压平台。

对于更复杂的三相体系,假设体系中存在Ⅰ、Ⅱ、Ⅲ三种相,也可以按照吉布斯相律画出体系的吉布斯能曲线和电极电势的变化曲线,假设在锂离子组分介于 β 和 γ 之间开始出现第Ⅱ相,且第Ⅱ相的吉布斯能量最低。在 x 大于 γ 时开始出现第Ⅲ相,相应的曲线如图 7.16 所示。

利用以上讨论的吉布斯相律也可以解释某些材料的电压平台为何比较平缓。比如磷酸铁锂的电压平台就比钴酸锂更平(在较宽的区域电压近乎不变)。磷酸铁锂的嵌锂脱锂在中间组分时属于两相情况,脱嵌锂离子形成的 $FePO_4$ 和未脱嵌锂离子的 $LiFePO_4$ 存在明显的界面,由于两相区内体系自由度为 0,所以电压保持不变。而钴酸锂在嵌锂脱锂时都是属于单相的固溶体,锂离子可以在钴酸锂中自由置换位置,所以体系的自由度为 1,即电极电势会随着组分变化而变化。因此钴酸锂表现出一条逐渐下降的放电曲线,没有明显的电压平台。

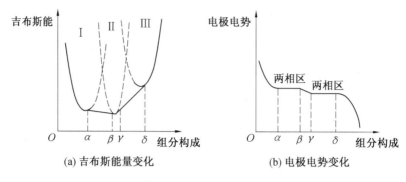

(a) 吉布斯能量变化　　　　(b) 电极电势变化

图7.16　三相体系吉布斯相律对电极电势的影响

转换型材料可以分为相转化和合金化两类。相转化一般是指过渡族金属化合物与离子生成金属单质和锂化合物的过程,相应的反应为

$$M_xX_y + yne^- + ynLi^+ \Longleftrightarrow xM^0 + yLi_nX \tag{7.13}$$

而合金化一般是指单质材料结合锂离子直接得到锂金属合金 Li_xM_y(M = Al,Sb,Si,Sn 等)的过程。

对于相转化过程,以氧化物为例,相转化得到的产物是金属单质 M^0 与 Li_2O。相转化材料具有两个特点。第一个特点是这种类型的材料具有非常典型的电压平台,平台宽度取决于使金属化合物 M_xX_y 完全还原所需的电量。第二个特点是相转化材料在充电与放电过程中,充电平台与放电平台通常存在较大的电压差(即电压滞后),而且充电容量与放电容量也具有较明显的差异,这将导致较低的能量转换效率(即库仑效率)。

对于合金化过程,合金型的电极材料通常表现出比常规石墨负极(372 mAh/g)高得多的比容量。在石墨中,按照化学计量比,每6 个 C 原子只能储存 1 个锂离子。而以单质 Sn 和单质 Si 为例,它们的完全 Li 化产物 $Li_{4.4}Sn$ 和 $Li_{4.4}Si$ 的质量比容量分别可达993 mAh/g和4 200 mAh/g。根据其锂化产物的化学计量比可以看出,每个 Sn 或 Si 原子可以结合 4.4 个 Li 离子,因此可以获得巨大的比容量。但合金化过程的特点是这一过程伴随着巨大的体积膨胀/收缩,从而使电极产生裂纹和粉化现象。一些研究结果表明使用纳米尺寸的电极颗粒代替微米尺寸的电极颗粒可以减少体积变化带来的影响。但值得注意的是,纳米尺寸的电极颗粒同时也具有较大的比表面积,这可能会使得电极与电解液之间发生更多的副反应,因此要设计巧妙的电极材料复合结构来利用纳米颗粒体积膨胀小的优点,减弱比表面积带来的副反应问题。

7.3.2　固态电解质界面(SEI)

1. 固态电解质界面的定义

锂离子电池在首次进行充电时,正极发生 Li 的脱出,同时失去电子,电位升高。负极发生 Li 的嵌入,同时得到电子,电位降低。当负极的电位低到一定程度时,电解液在负极由于极化而发生分解,分解产物在负极表面形成了一个由无机和有机电解质成分组成的混合界面膜层,这一界面膜层具有离子导电性和电子绝缘性,其性质与固态电解质类似,因此人们将其称为固态电解质界面。由于过去二十年中石墨负极在商业化锂电池中占据了绝对的主导性地位,因此绝大部分针对 SEI 的研究都是以石墨负极为对象开展的。近几年考虑到 Si 负极以及锂金属负极的崛起,也开始有少部分针对 Si 负极以及锂金属负极 SEI 研究的报道出现。同时也有一些最新的研究表明在锂电正极在初始充放电过程中也会产生类似的界面层,只不过正极的固态电解质界面通常很薄(小于 20 nm),因此在过去的研究中容易被忽略。这里主要对负极的 SEI 展开论述。

大量的研究工作证明,SEI 层的组分、形态、结构对锂电负极性能的发挥起到至关重要的作用。在理想情况下,SEI 层由于自身的电子绝缘性阻止了电子从电极向电解液的转移,因此能够阻止电解液在负极表面的进一步分解,故 SEI 层也被称为负极电极材料的钝化膜。SEI 层仍能允许 Li^+ 从电解液传递到电极材料中并保持良好的电化学循环行为,因此理想的 SEI 膜应当能够保证锂离子的快速传输并防止电解质的进一步分解。虽然 SEI 的形成会消耗电解液以及电解液中有限的 Li^+,降低库仑效率,但如果在初始数个充放电循环过程中 SEI 就能生成完全并保持稳定,SEI 对库仑效率的负面影响是可以容忍的。但很多情况下 SEI 不能保持自身的稳定从而导致锂电池容量的快速衰减,而且不均匀的 SEI 还会导致更高的内部阻抗以及更慢的 Li^+ 转移动力学,因此必须深入了解 SEI 的生成行为以及寻找稳定 SEI 的策略,可以使用的策略包括电解液成分的调控,对电极工作电位的合理选择,甚至使用某些具有较高电位的负极材料使得 SEI 完全不生成。

2. 固态电解质界面的形成与特征

由于嵌锂的负极在空气中不稳定,因此锂离子电池一般都是使用嵌锂的正极和不含锂的负极进行组装。锂电池电解液在热力学上相对于 Li^+/Li 的稳定电位窗口一般在 1.0~4.7 V,当电解液电位超过 4.7 V 意味着电解液中电子能量低于最高占有分子轨道能级(HOMO),从而造成电解液失去电子而氧化。当电解液电位低于 1.0 V 时意味着电解液电子能量超过了最低未占有分子轨道能级(LUMO),从而使电解液得到电子而还原分解,其中不溶性的还原分解产物逐渐沉积在负极材料表面形成了 SEI 膜。因此 SEI 不仅与负极材料本身的特性有关,也与电解液成分包括电解液的溶剂化结构有紧密的联系。

早期对于 SEI 的研究都集中在石墨负极上。以色列的 Peled 早在 1979 年就提出了碱金属在有机电解液中的固态电解质的基本模型。1983 年他还研究了锂电池中常用的电解液溶剂碳酸丙烯酯(PC)在锂金属负极表面还原分解形成的 SEI 膜成分。结果发现靠近负极电极的 SEI 内层主要由无机物紧密堆积组成,而靠近电解液一侧即 SEI 膜的外层主要由烷基酯类的有机物构成,结构相比于内层更加疏松多孔。

人们对传统的石墨负极表面的 SEI 进行了大量的研究,但对于另一类重要的负极材料——Si 负极表面的 SEI 特性缺乏深入的了解。为了了解 Si 负极表面 SEI 形成过程、组成、厚度以及与电化学循环性能有关的结构-功能关系等问题,美国 SLAC 国家加速器实验室的 Hans-georg Steinruck 和 Michael F. Toney 等人报道了一种利用具有 SiO_2 包覆层的单晶硅体系来研究 Si 负极的 SEI 形成过程。使用的研究方法包括原位 X 射线反射率(XRR)、线性扫描伏安法(LSV)、非原位 X 射线光电子能谱(XPS)以及第一性原理计算,通过这些测试/模拟方法确定了无机 SEI 的成分、厚度及二者随电位变化的演变。他们提出了如图 7.17 所示的 Si 负极的 SEI 形成模型。

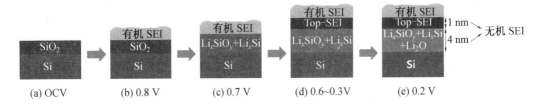

图 7.17 Si/SiO$_2$ 负极表面 SEI 形成机理图

他们认为硅负极在嵌 Li 电位达到 1.5 V 左右时,开始在 SiO$_2$ 表面形成初始的一些有机 SEI 成分(图 7.17 中的有机 SEI)。在负极电位降低到 0.7 V 之前没有无机 SEI 成分形成。SiO$_2$ 氧化层在 0.7 V 左右开始锂化,形成密度较低的 Li$_x$SiO$_y$ 与 Li$_x$Si 层。当负极电位降低到 0.6~0.3 V 时,在原有的 Li$_x$SiO$_y$ 与 Li$_x$Si 层和有机 SEI 层之间开始形成一个密度较高的 SEI 层(图 7.17 中的 Top-SEI),研究者推测这一层可能含有 LiF。当负极电位进一步降低到 0.2 V 时,底部 SEI 中的 Li$_x$SiO$_y$ 进一步分解产生 Li$_2$O。

由于绝大多数的 Si 负极表面都不可避免 SiO$_2$ 氧化层的产生。因此,这项研究对于理解有 SiO$_2$ 包覆的 Si 负极上表面的 SEI 层生长行为具有重要的意义,这可以帮助人们深入理解第一个循环期间的初始容量损失以及快速循环倍率的限制因素。如果需要薄而光滑的 SEI 层,那么天然氧化物或类似的表面层的存在可能是有益的。但是如果需要快速离子传导 SEI,天然氧化物可能适得其反,因为 Li$_x$SiO$_y$ 通常表现出低离子传导性。

3. 电极材料表面特性对 SEI 的影响

碳材料由于物理化学性能稳定,嵌锂电压稍高于金属锂负极,没有锂枝晶析出的风险,而且储量丰富,成本低廉,非常适合作为锂离子电池负极材料。石墨是目前商业化应用最多的碳负极材料,是由碳六元环层层堆积而成的二维层状结构,Yazami 等的研究表明在首次充电过程中,首先电解液石墨表面还原形成 SEI,随后锂离子嵌入到石墨的层间形成石墨的嵌锂化合物,因此石墨材料特性例如粒径与比表面积、端面与基面、结晶程度和表面官能团等都会对 SEI 膜结构组成产生重要影响。

4. 电解液组成对 SEI 的影响

由于 SEI 是负极材料与电解液反应得到的中间相,因此除了负极材料本身的特性,电解液的特性也对 SEI 有决定性的影响。目前,最适合用作电解液溶剂的主要是碳酸酯类有机溶剂,包括碳酸丙烯酯(PC)、碳酸乙烯酯(EC)、碳酸二乙酯(DEC)、碳酸二甲酯(DMC)和碳酸甲基乙基酯(EMC)等。SEI 膜主要由电解液中各类组成成分还原分解形成,因此电解液的成分组成对 SEI 膜形貌结构和组成特性都具有重要影响。例如,醚型电解质形成的 SEI 中出现了锂醇盐,碳酸盐电解质形成的 SEI 中出现了半碳酸盐和 Li$_2$CO$_3$。溶剂的分解产物还取决于溶剂的介电常数、极性、反应性、黏度等性质,这些参数也是选择合适的电解质溶剂的重要标准。普通碳酸盐基电解质的反应活性为 EC>PC>DMC>DEC。

有研究者通过理论计算研究了 EC 与 DMC 溶剂相对比例对 SEI 膜组成的影响,结果表明 EC 可以在石墨表面通过单电子还原形成 EC-自由基,进一步发生多电子的还原反应形成碳酸盐或重碳酸盐,而且当电解液中 EC 含量相对较高时,由于石墨表面被更多非溶剂化的 EC 分子覆盖,EC 被还原形成碳酸盐的反应受限,更容易形成较薄和致密 SEI 膜。一项专门针对 EC 和 PC 的研究表明,当电解液中 EC 或 PC 浓度较高时 $(CH_2OCO_2Li)_2$ 或者 $ROCO_2Li$ 是主要的还原产物。然而,在低 EC 或 PC 浓度下,Li_2CO_3 是主要的还原产物。

7.4 硅负极及其复合电极材料

在所有锂电池负极材料中,Si 是最有希望取代石墨的下一代负极材料候选者。第一,Si 具有最大的理论质量比容量(4 200 mAh/g,以 $Li_{4.4}Si$ 计算)和除了金属锂之外最大的体积比容量(9 786 mAh/cm³,以锂化前 Si 的体积计算);第二,Si 的平均放电电位低至 0.4 V,这一电位既有利于实现较高的全电池开路电压,同时又避免了 Si 表面的锂沉积过程(lithium plating);第三,Si 在地壳中的丰度相对较高,这使得 Si 负极具备潜在的低成本优势,另外 Si 单质材料对环境友好、无毒性。这些优势使得 Si 负极成为具有吸引力的下一代锂电池负极材料。

然而,由于 Si 负极在锂化/脱锂的过程中发生的是合金/去合金型的反应机制,因此 Si 负极与传统的层状电极材料面临的挑战完全不同,包括巨大的体积膨胀(约为 420%,以 $Li_{4.4}Si$ 计算),化学键断裂/重组过程中严重副反应,相对较低的本征电子电导率 $(10^{-3}\ S/cm)$,这些问题严重限制了 Si 负极的循环性能、库仑效率与倍率性能。

体积膨胀问题引发的更具体的恶性结果包括,第一,电极结构在反复充放电过程中逐渐破碎粉化,导致电极结构完整性持续恶化;第二,由于界面应力的作用,电极活性物质与集流体之间的电学连接被破坏;第三,巨大的体积膨胀使得 Si 负极表面的中间电解质膜(SEI)结构破坏,同时暴露出 Si 的新表面又会不断地与电解液发生副反应生成 SEI 成分,因此消耗了有限的可移动的活性 Li^+ 与电解液。以上这些因素共同作用加速了 Si 负极的容量衰减过程。除了 Si 的体积膨胀问题之外,过低的本征电子电导率也造成了 Si 的缓慢电化学反应动力学过程。

为了解决上述关键性问题,从 19 世纪 90 年代开始研究者进行了大量的工作。所使用的策略包括制备纳米化的 Si 电极材料,制备复合电极材料(包括硅碳负极),以及设计具有明确的分级结构以缓冲 Si 的体积膨胀。目前锂电池中先进 Si 基负极的发展方向可以分为三个方面,第一是 Si 负极的结构特征调控;第二是 Si 的表面修饰策略;第三是 Si 负极的先进结构设计。

7.4.1 Si 负极面临的基础科学问题

硅在自然界中主要以硅酸盐和二氧化硅的形式存在,很少以单质硅的形式出现。Si 最外层的 4 个价电子使硅原子形成亚稳态结构,在导电性能等方面起主导作用。晶体硅为立方 Fd−3m 空间群的三维金刚石结构,晶格常数为 0.543 1 nm,其结构示意图如

图 7.18(a)所示。硅的化学性质相对稳定,在室温下,除氟化氢和碱液外,很难与其他物质发生反应。因为锂具有很大的电荷密度与稳定的氦型双电子层,所以锂很容易极化其他的分子或离子,而自己本身却不容易受到极化。常温下金属锂具有典型的体心立方结构,锂金属具有最低的电极电势,是活性最强的金属。硅为合金型负极,每个硅原子最多可容纳 4.4 个 Li 原子形成 $Li_{22}Si_5$(图 7.18),以此实现 Si 负极的最高理论容量值。由于立方 Si 单胞的体积为 0.040 88 nm^3,立方 $Li_{22}Si_5$ 单胞的体积为 1.617 nm^3,因此 Si 负极具有极高的体积膨胀率。根据图 7.18 中的 Li-Si 二元相图,可以看到 Li-Si 合金化过程中存在一系列中间相,如 $LiSi$、$Li_{12}Si_7$、$Li_{15}Si_4$、$Li_{22}Si_5$。

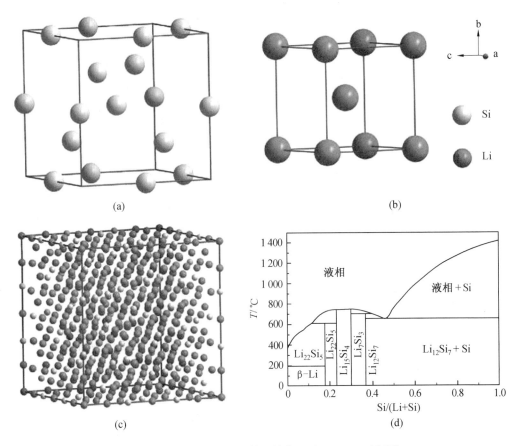

图 7.18 Si、Li、$Li_{22}S_5$ 的晶体学结构以及 Li-Si 二元相图

$$4Si+15Li^++15e^- \longleftrightarrow Li_{15}Si_4 \quad 3\ 580\ mAh/g$$

$$5Si+22Li^++22e^- \longleftrightarrow Li_{22}Si_5 \quad 4\ 280\ mAh/g$$

Si 负极巨大的体积膨胀/收缩使得其在充放电过程中造成 Si 颗粒的破裂和粉化以及一些 Si 颗粒与导电碳/集流体的脱离,从而使得性能出现明显下降。为了改善这一问题,许多研究者对于 Si 颗粒裂纹的产生与蔓延因素进行详尽的研究。一些研究表明体积膨胀问题可以通过减小电极颗粒尺寸来改善。原位试验表明,直径 240 ~ 360 nm 的晶体 Si 裂纹得到了一定的缓解。同时 Si 体积膨胀问题也与充放电倍率有关,高倍率(快速充放

电)更容易使得 Si 颗粒破裂。原位试验表明,在低倍率放电(锂化)情况下,小于 2 μm 的 Si 颗粒没有观察到明显裂纹。而在高倍率放电(锂化)情况下,只有那些尺寸小于 150 nm 的颗粒才没有观察到明显裂纹。然而,另一些研究人员认为,Si 颗粒的裂纹主要产生在充电(脱锂)的过程中,这是因为在放电(锂化)过程中,基体和 Si 都处于压应力作用下。与传统的结构材料相同,裂纹的产生与蔓延应该是拉应力的作用。一些研究表明 Si 颗粒裂纹的产生也与颗粒的几何形状有关。斯坦福的崔屹等人研究证明,一维的 Si 纳米线、碳纳米管、中空 Si 球、核壳结构可以有效改善 Si 负极的锂电池性能。

除了 Si 颗粒产生裂纹而破裂粉化的问题,有一些研究者注意到即使 Si 颗粒没有发生破裂,但充电(脱锂)过程中,电池内部的阻抗急剧上升,研究人员推测这可能是发生了 Si 颗粒与导电碳或者集流体的脱离,从而使得这些失去了导电路径的 Si 颗粒不能再贡献可逆充放电容量。

7.4.2 不同维度 Si 负极及其复合电极材料

关于 Si 负极以及 Si 复合电极的研究在近二十年取得了大量的成果和长足的进步。通常按照 Si 在电极材料中的形态,可以将 Si 负极以及 Si 复合电极分为四类,包括零维 Si (Si 以纳米颗粒形式存在),一维 Si(Si 以纳米线、碳纳米管等形式存在),二维 Si(Si 厚膜与 Si 薄膜)以及三维 Si 材料(Si 以三维连续体相/三维多孔形式存在)。由于工业生产使用最多的还是颗粒形式的电极材料,因此对于零维 Si 负极的研究也是最多的。

1. 零维 Si 负极及其复合电极材料

20 世纪 90 年代以来,碳材料被视为可以有效吸收 Si 负极体积变化导致的应力的有效材料。但在 Si 负极发展的早期,所使用的碳源以及硅碳的混合方式非常有限,通常所使用的策略仅仅是将石墨碳粉与 Si 颗粒进行直接球磨来机械混合两者。在 2001～2005 年,人们对硅碳负极的碳源进行了初步的探索,开发了许多不同的碳前驱体衍生的硅碳负极合成方法。Kumta 和 Kim 选择聚苯乙烯(PS)作为碳源合成 Si/C 纳米复合材料。具体的试验方法包括,将 PS 与 Si 粉通过高能机械球磨法进行混合,然后在 Ar 气氛中进行热解,将 PS 转化成 C。EDX 分析结果表明复合物汇总 Si 的质量分数约为 66%,该复合物可逆质量比容量达到 750 mAh/g。Liu 等以聚乙烯醇(PVA)为碳源,采用类似的方法合成了 Si/C 纳米复合材料,该复合电极可逆质量比容量约为 754 mAh/g。除了热塑性聚合物之外,热固性聚合物也被作为 C 的前驱体,通过热解热固性聚合物可以得到 C 基体封装的 Si,从而制备硅碳复合电极。例如将 Si 纳米粒子与间苯二酚-甲醛树脂混合均匀后煅烧,可以得到均匀分散于碳气凝胶中的 Si 纳米颗粒。该复合电极中 Si 的质量分数约为 60%,在 200 mA/g 的电流密度下循环充放电 50 次,可逆质量比容量仍可以达到 1 450 mAh/g。良好的循环性能归功于纳米 Si 颗粒的使用和 Si 纳米颗粒在碳基体中的均匀分散。中间相石墨微球(MCMB)也被用作碳基体,通过球磨分散硅颗粒,制备纳米硅碳复合电极,但 Si/MCMB 复合材料的循环性能相对较差。Holzapfel 等通过新的方式将硅碳进行复合,使用气相化学沉积,以硅烷作为硅源,在石墨颗粒表面合成了细小的硅颗粒,这一复合电极初始容量值可达到 1 350 mAh/g。在 74 mA/g 电流密度下进行 100 个循环后,容量值仍可达到 1 000 mAh/g。这一良好的循环性能得益于非常小的 Si 颗粒尺寸(10～20 nm),良好的硅/石墨结合界面,以及硅纳米颗粒在石墨表面的均匀分布。

除了将硅纳米颗粒分散在碳基体之外,在硅颗粒表面包覆碳层的策略也具有积极的效果。Yang 等人制备了带有碳涂层的硅颗粒复合电极材料,其中碳的质量分数为 27%。他们制备的硅碳复合电极被包覆的硅颗粒约为 3 μm,表面包覆的碳层厚度约为 500 nm。这一复合电极在 300 mA/g 电流密度下质量比容量可以达到 1 000 mAh/g。

除了碳单质以外,导电聚合物如聚吡咯(PPy)也被用于改善 Si 颗粒的锂电性能。导电聚合物不仅能够加速电子的传导,还能作为缓冲介质抑制 Si 巨大的体积变化。卧龙岗大学的郭再萍等人通过高能机械球磨法制备了 Si/PPy 复合电极材料,他们发现经过与 PPy 复合之后,电极表面的 SEI 层变得更薄,这降低了初始几个充放电过程中的不可逆容量损失。相较于纯 Si 电极,Si/PPy 复合电极在保持 Si 质量分数为 50% 的情况下,表现出更高的库仑效率与更好的循环稳定性。

除了碳以外,由于极好的导电性与良好的机械性能,金属也被尝试与硅复合制备电极。例如通过在 Si 粉末表面化学镀 Ag 和 Cu,可以制备 Si/Ag 和 Si/Cu 复合材料。由于金属涂层的引入,所制备的复合电极材料在初始较少的充放电循环中具有更好的循环性能。但金属/硅复合电极的长周期充放电循环性并不理想。研究人员推测这可能是由于金属与硅之间的相互作用较差,因此硅颗粒在循环过程中金属层的硅表面脱离,失去作用。

总体来说,2000—2005 年,关于 Si 负极的一些重要概念被确定下来。第一,纳米硅可以改善体积膨胀问题;第二,可以利用其他材料与硅复合来缓解 Si 的体积膨胀效应,尤其是不同前驱体通过惰性气氛热解得到的碳材料;第三,纳米硅负极可以被制造成各种形式的电极材料,如硅合金电极、硅薄膜电极。经过研究者的努力,这一时期硅负极经过数百个循环可逆质量比容量最高可以达到 1 500 mAh/g。

在 2006—2010 年,机械球磨法以及合金化的策略是合成 Si 基复合电极材料的重要策略。另外,将 Si 基合金与其他组分进行复合也是研究人员重点关注的研究方向。这段时期一个重要的研究主题是合成 Si 基合金/碳复合材料。被研究的材料包括 Cu_5Si-Si/石墨、Fe_6Si/石墨、SiNi/石墨以及 Mg_2Si/碳。但这些复合电极材料相对之前的硅负极材料在性能上并没有显著的提高。Doh 等人利用高能机械球磨技术合成了由铁、铜、硅和石墨组成的三元合金/石墨复合材料。这一复合电极的首圈放电质量比容量与充电质量比容量分别为 809 mAh/g 与 464 mAh/g。在经过 30 次充放电循环后,质量比容量仅能保留 385 mAh/g。另一些研究者在表面修饰的 Cu 箔表面合成了 SiMo 合金材料。这一复合电极初始容量高达 1 319 mAh/g,在经过 100 次循环充放电后质量比容量可以保留到 1 180 mAh/g。这一优异的性能得益于表面修饰后的 Cu 箔表面较为粗糙,Mo 的合金化成分与粗糙的 Cu 箔共同作用缓解了 Si 负极的体积膨胀问题。另外一个重要的概念是核壳结构硅负极的提出。韩国首尔大学的 Kim 等人合成了具有核壳结构特征的 $NiSi_2$/C/Si 复合材料。具体的试验方法是将酞菁镍这一有机含 Ni 物质升华到 Si 颗粒表面,然后通过高温热处理使其转变为单质 C 层 Ni 单质,Ni 单质又进一步和 Si 反应得到 $NiSi_2$ 合金相。非活性(NiSi$_2$)壳层能够延缓晶体锂化硅(Li$_{15}$Si$_4$)的形成,从而缓解锂化过程中的应力。但是这一非活性壳层也阻碍了锂离子进入 Si 晶格内部,这对复合电极的倍率性能带来负面影响。

总体来说,在 2006—2010 年,Si 负极的性能没有显著的突破,但在 Si 复合电极研究领域,相关研究有两个特点,第一是对硅碳负极的碳源前驱体进一步地扩展;第二是研究人员从最早的制备简单复合物开始转向设计具有明确分级结构的复合 Si 电极材料,其中最重要的是 Si/C 复合电极材料。

在最近 10 年中,对 Si 负极的研究取得了突破性的进展。研究人员将硅颗粒嵌入到不同的缓冲介质基体(主要是 C)中,同时利用对 Si 表面的氧化层进行刻蚀获得空腔结构,通过这些策略得到的 Si 复合电极取得了惊人的锂电性能。同时人们对 Si 负极表面 SEI 层以及 SEI 层对 Si 负极性能的影响有了深入的认识。

2012 年斯坦福大学的崔屹等人明确提出了一种蛋黄壳结构(Yolk-Shell)的 Si/Void/C 形式的碳硅复合电极材料,同时明确提出 Si 负极表面 SEI 层对性能的重要影响,相关结果如图 7.19 所示。在这项工作中作者借鉴了 2000 年以色列巴伊兰大学 Doron Aurbach 提出的 Li 金属负极与电解液相互作用导致失效的机理,作者提出,Si 的巨大体积膨胀除了会引起 Si 颗粒自身的破裂粉化,以至于与导电碳和集流体失去电学接触之外,还会引起 Si 表面 SEI 层的破裂,导致 Si 颗粒不断暴露出新鲜表面与电解液接触,在循环充放电过程中,这些新鲜表面不断地消耗电解液成分以及电解液中的 Li$^+$ 去形成新的 SEI。这种恶性循环使得 Si 负极生成了过量的 SEI,损耗了电解液以及电解液中的 Li$^+$,从而造成了 Si 负极性能的耗尽。为了避免 SEI 层破裂—再生成的恶性循环,作者使用尺寸小于 100 nm 的商业 Si 粉作为原料,使用正硅酸乙酯(TEOS)水解在 Si 粉表面形成 SiO$_2$ 层,然后使用多巴胺聚合在 Si@SiO$_2$ 表面包覆聚多巴胺层。最后通过高温退火以及氢氟酸刻蚀工艺得到 Si/Void/C 这一蛋黄壳结构的硅碳复合材料。尽管氢氟酸刻蚀过程中可能会给 C 壳层带来一定的纳米级孔,但作者认为这些纳米级孔会被首圈充放电形成的 SEI 层自封闭,从而避免了电解液与内部 Si 颗粒的直接接触。电化学测试表明,这一复合电极

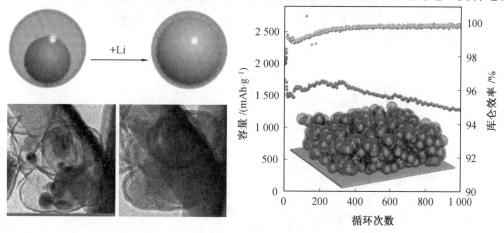

图 7.19 蛋黄壳结构 Si/Void/C 形式的碳硅负极及其锂电性能

材料在 C/10 的低倍率下容量值可高达 2 800 mAh/g,同时经过 1 000 次循环充放电电极能够保留 74% 的初始容量。这一性能证明了 Si/Void/C 结构的有效性,将 Si 负极的研究带到了一个新的地步。

2014 年斯坦福崔屹课题组在 Si/Void/C 结构基础上又提出一种石榴状 Si/C 负极材料。该材料结构示意图如图 7.20 所示。这一结构设计的初衷是由于蛋黄壳结构的 Si/C 负极通过空腔结构满足了 Si 的体积膨胀,避免了 SEI 的过量生成。但纳米电极材料较高的比表面积使得初始钝化过程形成的 SEI 仍然消耗了较多的电解液与其中的 Li⁺,因此库仑效率仍然有待提高。这项工作明确提出需要构建"电解液阻挡层"(electrolyte blocking layer)这一概念。然而电极材料在电解液中暴露出的比表面积越大,电极和电解液之间形成 SEI 的副反应就会消耗更多的电解液,进而导致库仑效率降低。但当每一个纳米级 Si/Void/C 颗粒紧密堆积组成微米级颗粒时,就避免了纳米材料在电极液中比表面积大而造成副反应过多的问题。具体的试验方法是,通过正硅酸乙酯在商业 Si 粉表面水解制备 Si@SiO₂ 纳米颗粒,然后将 Si@SiO₂ 纳米颗粒分散到质量分数为 0.3% 的十八烯中形成油包水乳液(water-in-oil emulsions)。由于 Si@SiO₂ 亲水性比亲油性更强,因此 Si@SiO₂ 纳米颗粒就以球形团簇的形式均匀分布在十八烯中的水相微液滴中。再将此微乳液加热到接近水的沸点将水相蒸发除去,经过离心就可以获得 Si@SiO₂ 纳米颗粒紧密堆积的微米级大颗粒。最后使用间苯二酚-甲醛缩聚反应在微米级颗粒表面包覆上碳的前驱体,经过 Ar 气高温热处理和氢氟酸刻蚀就可以获得 Si/Void/C 纳米颗粒紧密堆积的微米颗粒结构。这一复合 Si/C 电极材料具备了之前讨论的 Si 负极的许多优势。第一,使用了纳米尺寸的 Si 颗粒,避免了 Si 颗粒自身膨胀引起的破裂粉化;第二,通过工艺控制能够得到合适的空腔大小以恰好容纳 Si 膨胀的最大体积,因此可以避免外表面的 C 壳在 Si

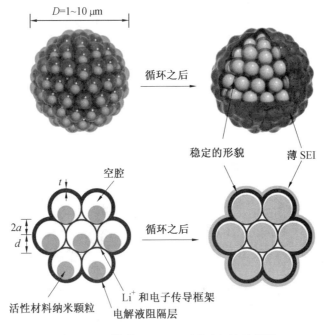

图 7.20　石榴状 Si/Void/C 碳硅负极示意图

膨胀时引发的变形破裂;第三,由于在每个微米颗粒中 Si/Void/C 纳米颗粒呈现紧密堆积,因此纳米颗粒之间的电学接触得到了改善,碳骨架起到了快速传递电子的作用,所有 Si 颗粒都能保持电化学活性;第四,封装 Si 纳米颗粒的碳层能够起到电解液隔离层的作用,因此保证不会形成过多的 SEI 降低库仑效率;第五,石榴状的结构解决了纳米材料比表面积大、振实密度(tap density)较低的问题,因此有利于实现高负载量、高面容量的 Si 负极的制造。这一石榴状 Si/C 负极经过涂片活性物质负载量可以达到 3.12 mg/cm^2(一般 Si/C 负极负载量小于 1 mg/cm^2)。同时其库仑效率高达 99.87%,体积比容量高达 1 270 mAh/cm^3,面积比容量可以达到 3.7 mAh/cm^2。经过 1 000 次循环充放电,其容量保留率高达 97%,体现出石榴状 Si/C 负极所具备的巨大结构优势。

将硅颗粒嵌入到碳基体中,既缓冲了 Si 的体积膨胀效应,又保证了材料整体的快速导电。在这类复合电极材料中,虽然碳基体能够起到这些积极的作用,但如果碳基体包覆层过厚,同样会对 Li 离子向 Si 晶格内部的扩散造成阻碍。另外,紧密结合的 Si/C 复合材料,C 包覆层很可能由于 Si 的膨胀而发生变形最后破裂,因此,碳基体的结构和形态也会对电极性能造成显著的影响。

多孔碳结构是 Si/C 负极碳基体另外一个合理的选择。因为多孔碳基质不仅能够缓冲 Si 体积膨胀,提高电极导电性,而且多孔的结构有利于电解液浸润整个电极,同时能够提供容纳体积拓展的空间。多孔的 Si/C 复合物为制造高性能的硅负极提供了一条极具前景的发展途径。马里兰大学的王春生等人在间苯二酚-甲醛树脂中,通过三嵌段共聚物的蒸发诱导自组装工艺合成了介孔硅/碳复合材料。在该复合材料中,Si 纳米颗粒均匀分散在连续多孔的 C 基体中,C 基体具有均匀的平均尺寸为 9.8 nm 的孔道结构,这些孔提供了容纳体积膨胀的空间,以适应硅大的体积变化和释放机械应力的作用。该复合电极的初始质量比容量可以达到 1 410 mAh/g,在 500 mA/g 电流密度下经过 100 次充放电循环后质量比容量保持到 1 018 mAh/g。类似地,Park 等人报道,通过嵌段共聚物与酚醛树脂包覆 Si 纳米颗粒进行共聚合,可以将硅纳米颗粒限制在有序的介孔碳通道中。但是,商用 Si 纳米粒子的颗粒尺寸太大(大于 30 nm),而嵌段共聚物得到的介孔碳孔道尺寸较小,因此 Si 颗粒可能堵塞孔隙通道,限制电解液的扩散,导致容量和库仑效率较低。针对这一问题,2014 年复旦大学的赵东元等人设计了一种镁热还原法制备介孔硅/碳纳米复合材料的方法,相关材料结构示意图如图 7.21 所示。因为镁热还原得到的硅纳米颗粒尺寸极小(约为 3 nm),所以通过这种方法得到的介孔 Si/C 纳米复合材料具有高达 1 290 m^2/g 的超高比表面积和分级的孔径分布(主通道为 5.2 nm,微孔为 2 nm)。2 nm 的微孔既能防止镁热还原得到的超小 Si 颗粒从碳基体上脱落,又能提供足够的空间容纳 Si 颗粒的体积膨胀,同时还能加速 Li 离子从电解液到 Si 颗粒的迁移过程。电化学测试结果表明,该复合电极具有高达 1 790 mAh/g 的可逆容量,由于 Si 在复合电极中质量占比经 ICP 测定为 43%,因此该容量实际上已经接近了复合电极材料的理论容量。同时,该复合电极以 2 A/g 电流密度经过 1 000 次充放电循环之后容量值能够保留 1 480 mAh/g。

石墨烯作为一种具有极其优异的电学性质和力学性质的碳材料,也是 Si/C 负极碳基体的理想选择。相关报道不胜枚举,但在众多石墨烯/Si 复合材料中,界面连接质量差,机械强度低,体积比能量密度低的问题依然存在。2019 年普渡大学的 Cheng 等人提出了

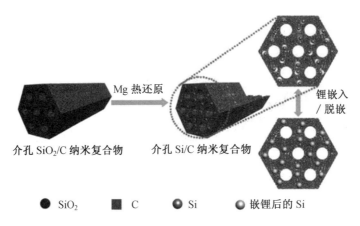

图 7.21 镁氧还原法制备介孔硅碳纳米复合材料示意图

一种对辊制备石墨烯层压结构的方法,在激光冲击压缩的作用下,以 Si 纳米颗粒和氧化石墨烯浆料为原料得到了致密的 Si/石墨烯复合电极材料。相关材料制备流程及结构示意图如图 7.22 所示。激光不仅对氧化石墨烯和 Si 纳米颗粒起到了压实作用,同时还还原了氧化石墨烯,在石墨烯片层刻蚀出一些纳米尺度的孔,加速了电解液的浸润和 Li 离子的扩散过程。这一 Si/石墨烯复合电极材料在 15 A/g 的大电流密度下展现出高达 1 956 mAh/g 的质量比容量。

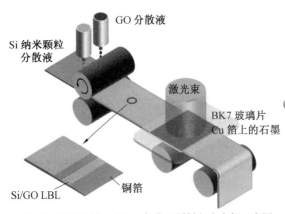

(a) 激光冲击辅助制备层状 Si/氧化石墨烯复合电极示意图

(b) Si 纳米颗粒和氧化石墨烯分散液及辊对辊涂

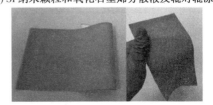

(c) 涂覆的 Si/还原氧化石墨烯复合电极片

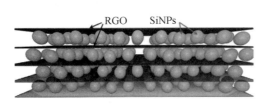

(d) 激光冲击压缩前松散的 SiNPs/石墨烯层状结构

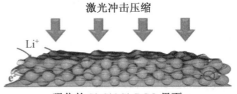

(e) 激光冲击压缩后致密的 SiNPs/石墨烯层状结构

图 7.22 激光辅助制备层压石墨烯/Si 复合电极材料流程示意图

2. 一维 Si 负极及其复合电极材料

尽管通过激光烧蚀和 VLS 生长机制合成 Si 纳米线(SiNWs)的方法早在 1998 年就被提出,但 2008 年之前 Si 纳米线很少被作为 Si 负极材料应用到锂电池中。最早在 1999 年才有第一篇关于 Si 纳米线电化学嵌锂的报道。2000 年同一课题组发表了第二篇 Si 纳米线负极的论文,证明了 Si 纳米线在 Li 化时存在从结晶状态到非晶状态的转变过程。2001 年 Si 纳米线的锂化行为被更加详细地阐述。然而这三篇论文在当时没有引起特别的关注。直至 2008 年才有几篇关于 Si 纳米线负极的论文发表在一些有影响力的期刊上。斯坦福的崔屹课题组通过 VLS 生长机制在不锈钢基底上生长出了直径约为 89 nm 的 Si 纳米线阵列。将该纳米线阵列作为锂电负极进行电化学性能测试,发现该电极首周充电质量比容量达到 4 277 mAh/g 并在 10 个充放电循环后保留约 75% 的容量值。尽管 Si 具有巨大的体积膨胀/收缩问题,但 Si 纳米线阵列在充放电前后没有观察到明显的破裂成小颗粒的现象。Si 纳米线的一维结构有利于 Si 负极膨胀时的应力释放,同时该电极优异的性能也得益于一维结构提供了更短的电子传输路径。

除此之外,Si 纳米线阵列也被通过取向金属催化化学蚀刻 Si 晶圆以及常规的 CVD 方法制备出来,证明了 Si 的自支撑一维结构确实有助于实现 Si 负极的高容量。但单组分的 Si 纳米线依然存在不可忽视的容量衰减问题,因此崔屹课题组后来又发展了核壳结构的 Si 纳米线复合结构(结晶 Si/非晶 Si 纳米线)。由于非晶 Si 相比结晶 Si 具有更高的锂化电势,因此这一核壳结构纳米线在充放电过程中,结晶 Si 的内核能够为表面的非晶 Si 提供机械支撑和传导电子的作用。这一复合 Si 电极容量可以达到 800 mAh/g,在 6.8 A/g 的电流密度下循环 100 次电极容量仅有微弱的衰减。2009 年该课题组还利用 CVD 法在碳纳米纤维表面沉积非晶 Si 层,合成了 C/Si 核壳结构纳米线。这一复合电极的质量比容量约为 2 000 mAh/g,初始库仑效率高达 90%。

参考零维 Si 负极中的 Si/Void/C 结构,研究人员又开发出具有中空结构的一维 Si 碳纳米管材料。相比于 Si 纳米线,Si 碳纳米管具有以下优势。第一,内部的空腔空间能够更好地容纳 Si 的体积膨胀,防止 Si 发生破裂粉化;第二,Si 碳纳米管的内壁和外壁同时可以接触到电解液,因此锂离子在 Si 碳纳米管的扩散距离相对实心的纳米线被缩短了。

最早的 Si 碳纳米管结构是通过 CVD 法和 AAO 多孔氧化铝模板来制备的。利用 AAO 模板,通过分子束外延技术和溶胶–凝胶法也可以制备 Si 碳纳米管,其中一个例子使用到了静电纺丝技术,Kang 等人首先通过静电纺丝聚丙烯腈纳米线经空气低温热解首先转化为吡腚纳米线。然后通过正硅酸乙酯水解在吡腚纳米线表面包覆 SiO_2 层,然后在空气中高温退火将吡腚纳米线除去得到 SiO_2 碳纳米管。然后通过镁热还原法将 SiO_2 碳纳米管转化为 Si 碳纳米管。另一个得到 Si 碳纳米管结构的例子以水热生成的 ZnO 纳米柱为模板,通过 CVD 法在 ZnO 纳米柱表面沉积 Si 涂层,最后 ZnO 以高温还原的方式除去。

为了进一步提高 Si 碳纳米管的锂电性能,研究人员尝试在 Si 碳纳米管外壁复合其他的材料来稳定结构。除了研究最广泛的 C 涂层以外,Ge、SiO_x、Sn_2、Ti_2 都被用作复合 Si 碳纳米管的复合材料。Wu 等人制备了一种以 Si 为内壁、SiO_x 为外壁的双壁结构 Si/SiO_x 碳纳米管材料。该电极材料在 12 C 的高倍率下循环充放电 6 000 次容量值可以保留到初始值(600 mAh/g)的88%,展现出极好的循环稳定性。

3. 二维 Si 负极及其复合电极材料

二维 Si 负极材料主要是指 Si 薄膜电极,也包括一些自支撑形式的 Si/C 薄膜以及 Si 纳米片材料。由于 Si 是最重要的半导体材料,因此在传统的半导体工业中,对 Si 薄膜的沉积工艺,包括物理气相沉积(PVD)和 CVD 已非常成熟。因此可以直接借鉴半导体工业里 Si 薄膜的制备技术将其应用到锂电池 Si 负极应用中。在 Si 薄膜电极中,影响其锂电性能的关键因素包括薄膜的厚度、表面形貌以及结晶程度。近十年来,硅薄膜作为锂电负极在比容量和循环寿命方面都取得了很大的成功。复合第二相材料以及构造层次结构都被认为是缓解硅薄膜体积膨胀问题的有效策略。

Graetz 等人通过 PCD 法制备了厚度为 100 nm 的非晶硅薄膜,发现其锂电性能优于平均直径为 12 nm 的纳米 Si 晶体薄膜。经过相同的 50 次充放电循环,非晶 Si 薄膜的可逆容量高达 2 000 mAh/g,几乎是 Si 纳米晶薄膜的两倍。但作者对此没有给出一个明确的解释。一个复合 Si 薄膜电极的例子是,不同元素比例的 Mg_xSi_{1-x} 二元薄膜通过磁控溅射被制备出来。当 Mg 含量低于 Mg_2Si 化学计量比时,质量比容量为 1 000 mAh/g,400 次充放电循环后容量保留率为 96%。

通过设计制造具有特殊结构的集流体,在此集流体基底表面沉积 Si 薄膜可以得到具有三维结构的 Si 薄膜电极。相关研究结果表明沉积在三维导电基底表面的 Si 薄膜能够较好适应充放电过程中的体积变化。另外,碳纳米管也被用作 Si 薄膜的集流体。类似地,微米尺度的碳纤维也可以作为 Si 薄膜的基底来缓解充放电过程中的机械应力,提高 Si 薄膜电极的循环稳定性。另外值得一提的是,除了利用三维结构集流体以外,通过光刻技术和反应离子刻蚀技术也可以直接制备出图案化的非晶 Si 薄膜。

由于可以避免有机黏结剂的使用,自支撑的 Si/C 薄膜负极也是一个具有吸引力的概念。Park 等人通过 CVD 技术和旋涂技术制备了自支撑的嵌 Si 多壁管(MWCNTs)薄膜。MWCNTs 之间的空隙被直径约为 50 nm 的适量 Si 纳米颗粒密集填充。该复合薄膜电极在以 840 mA/g 电流密度充放电时,在第 10 和第 100 个充放电循环下质量比容量分别保留为 2 900 mAh/g 和 1 510 mAh/g。

多孔结构和中空结构的概念也被应用到自支撑 Si 薄膜电极中。Li 等人采用静电喷雾沉积(ESD)技术和热处理工艺,将纳米 Si 粉分散到交替堆叠的多孔碳/石墨烯结构中,制备了硅-多孔碳/石墨烯薄膜电极。聚乙烯吡咯烷酮(PVP)热解生成的多孔碳骨架不仅缓冲了 Si 纳米颗粒的体积变化,而且有效地抑制了 Si 纳米颗粒的团聚。而石墨烯层也提供了电子快速迁移的路径,维持了整个电极的结构完整性。这一硅-多孔碳/石墨烯薄膜电极在以 200 mA/g 电流密度充放电时,最高质量可逆容量可达 1 020 mAh/g,在充放电 100 次之后容量保留率可达到 75%。

除了薄膜形式的 Si 负极,Si 纳米片也被应用到锂电池中。具有二维结构的 Si 纳米片具有易接受锂离子、与其他材料兼容性好、相对体积膨胀小等优点。2011 年 Yan 等人以氧化石墨烯纳米片为牺牲模板制备了不同尺寸的超薄 Si 纳米片。该 Si 纳米片电极在 0.1 C 充放电倍率下表现出 600 mAh/g 的质量比容量。2014 年 Yu 等人利用 Ar/H_2 等离子体电弧放电技术制备了尺寸约为 20 nm、厚度约为 2.5 nm 的超薄 Si 纳米片材料并将其

应用到锂电池中。其首圈放电（嵌锂）比容量与充电（脱锂）质量比容量分别为
2 553 mAh/g和1 242 mAh/g，在经过40次充放电循环后其质量比容量保留442 mAh/g。
为了降低Si纳米片的制备成本以及提高Si纳米片的产量，Park等人以廉价的天然黏土
通过熔融盐诱导剥离和化学还原法制备了厚度约为5 nm的Si纳米片，将其作为电极在
0.5 C倍率下表现出865 mAh/g的比容量以及非常优异的循环稳定性（500次充放电后比
容量保留92.3%）。

4. 三维Si负极及其复合电极材料

虽然零维Si具有和工业生产兼容性好的优势，一维和二维Si具有更好地缓冲体积变
化的应力以及潜在的可以作为柔性锂电池的优势，但三维连续Si结构具有易于实现高体
积负载量的独特优势，容易实现高体积能量密度锂电池器件，因此同样受到了学术界与工
业界的关注。但连续致密的体相Si不仅容易因体积变化导致的机械应力破裂，而且其导
电性和锂离子扩散路径也不能满足实际应用的需要。因此三维Si负极的研究大都围绕
着三维多孔Si网络及其复合结构展开。

2010年韩国蔚山国家科学技术研究院的Cho以SiO_2小球与含Si的有机质凝胶为原
料，通过高温热处理与氢氟酸刻蚀技术获得了三维多孔Si结构（连续尺寸超过20 μm）。
将其作为电极材料，在0.2 C的倍率下其充放电次数超过100后质量比容量保留率高达
99%（从2 820 mAh/g仅衰减到2 780 mAh/g）。通过高分辨TEM表征发现该电极材料是
由小于5 nm的Si纳米晶和非晶Si骨架组成，由于非晶Si的体积膨胀是各向同性的，因
此能够非常好地缓冲体积变化带来的结构应力。这也是该电极呈现优异循环稳定性的一
个原因。

2012年韩国蔚山国家科学技术研究院的Park等人以廉价块体Si为原料，结合金属
沉积和金属辅助化学蚀刻工艺，制备出多孔纳米线和微孔组成的多孔三维体相Si材料并
将其作为锂电池负极材料。该研究小组先利用电化学腐蚀作用在块体Si表面沉积Ag纳
米颗粒，然后使用氢氟酸与过氧化氢处理Ag沉积的块体Si，在Ag的催化作用下块体Si
被各向异性刻蚀掉一部分。通过调控刻蚀工艺参数可以获得不同的三维多孔Si材料，再
经过碳涂层包覆，该复合电极材料具有高达2 400 mAh/g的质量比容量且首圈库仑效率
高达91%，同时在充放电70次后容量保留率高达95%。

为了探索更简单的制备三维多孔Si结构的方法，2014年复旦大学的Zhang等人以铝
硅合金粉末为原料，通过酸刻蚀去合金的方法制备了多孔硅粉末。该多孔Si电极首圈放
电和充电质量比容量分别为3 450 mAh/g和2 072 mAh/g，在258次充放电之后比电容保
留66%。在此工作基础上，一系列去合金制备三维多孔Si的工作被报道。

2019年厦门大学和华中科技大学的Zhang和Huo合作报道了一种蚁窝状三维多孔
Si结构。具体的试验方法是以MgSi合金粉末为原料，通过在N_2气氛下高温热处理将
Mg_2Si转变为Si和Mg_3N_2的双相结构，随后通过酸刻蚀除去Mg_3N_2获得蚁窝状三维多孔
Si结构。相关材料制备过程及结构示意图如图7.23所示。这一Si负极具有高达
0.84 g/cm³的振实密度，在经过碳包覆后进行电化学性能测试，发现该电极在2.1 A/g电
流密度下循环充放电1 000次，比容量仍高达1 271 mAh/g。该研究小组还将此Si负极与
商业的NCM正极组装成全电池，发现该全电池的能量密度高达502（W·h）/kg，在循环

充放电 400 次后容量保留率可达到 84%。验证了三维多孔 Si 负极的优异性能与应用前景。

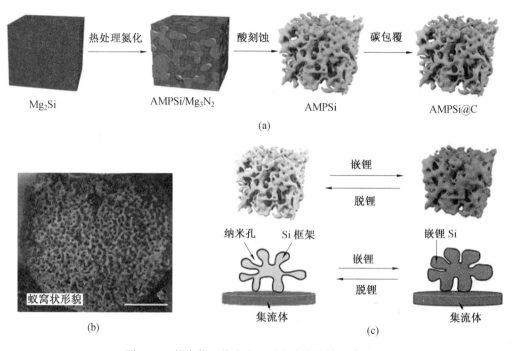

图 7.23   蚁窝状三维多孔 Si 电极材料制备示意图

新的技术也被用于制备自支撑三维 Si 结构。2019 年韩国蔚山国家科学技术研究院的 Ruo 等人以硅烷为 Si 源,通过等离子体增强气相化学沉积技术在不锈钢网衬底上制备了三维互联多孔 Si 网络结构。同时该研究小组在此基础上以甲烷为 C 源在此 Si 网络结构表面包覆均匀 C 层。这一电极在 7 C 的高倍率下循环充放电 500 次后质量比容量依然高达 1 200 mAh/g。该研究小组还将此 Si 负极与商业 $LiCoO_2$ 组装成全电池,所得到的全电池体积比能量密度高达 1 621 (W·h)/L。与商业 $LiFePO_4$ 组装成的全电池功率密度可达到 7 762 W/L,这一令人振奋的数据显示出 Si 负极在高能量密度电池和大功率动力电池应用的广阔前景。

7.5   石墨烯在锂电池中的应用

7.5.1   石墨烯材料介绍

石墨稀是由英国曼彻斯特大学的 Geim 和 Novoselov 通过使用特殊胶带对石墨片进行反复撕扯粘贴的方法将其机械剥离而获得的,他们因此获得了 2010 年诺贝尔物理化学奖。如图 7.24 所示,石墨烯具有完美的二维晶体结构,它的晶格是由六个碳原子围成的六边形,厚度为一个原子层。碳原子之间由 σ 键连接,结合方式为 sp^2 杂化,碳碳键的长度为 0.34 nm。

图 7.24 石墨烯结构示意图

石墨烯具有很多优异的物理化学性质,它具有超高的强度和电导率,具有非常好的热传导和光学特性。此外,还具备非常大的比表面积,化学性质稳定。得益于这些优异的性能,石墨烯应用于很多领域,具有广阔的市场和潜在的应用价值。

7.5.2 石墨烯负极材料

LIB 中使用的电极材料是锂插层化合物,例如石墨和 $LiCoO_2$,因为这些材料可以在插层电势下以足够的比容量可逆地充电/放电。然而,随着对先进的电动车辆和/或移动电子设备备用电源的需求增加,更高密度的电极变得越来越重要。

石墨烯材料是新兴的纳米材料,它是具有一个原子层厚度的二维层。石墨烯材料具有优良的物理化学特性,比如无毒害、耐化学腐蚀、耐高温、良好的导电性及机械结构稳定性,这些优良的性质使石墨烯材料在锂电池中有广泛的应用前景。石墨烯材料具有比石墨碳更好的导电性、超过 2 600 m^2/g 的高表面积、化学耐受性以及宽阔的电化学窗口,这对于在能源技术中的应用将是非常有利的。由于表面积大、纵横比高和极好的导电性,石墨烯本身就是可逆储锂的良好锂离子电池负极材料,锂离子不仅可以存储在石墨烯的两侧,还可以存储在石墨烯的边缘和缺陷部位。因此,与石墨相比,这些特征使石墨烯片具有增强的锂储存能力。

通过还原方法得到的还原石墨烯(rGO)可以产生大量的缺陷,这些缺陷有助于石墨烯材料容量的提高。Kudo 等通过化学还原氧化石墨制备了具有 10 ~ 20 层石墨烯纳米片的锂离子电池负极材料,其比容量达到 540 mAh/g。通过使用具有 2 ~ 3 层的石墨烯片,由于其较少的层堆叠而具有较高的表面积,因此可增强的可逆容量为 650 mAh/g。另外,大量的研究者研究了不同种类的还原方法,包括肼的化学还原、电子束辐照和低温热解对 rGO 电化学性能的影响。其中,有研究者通过 300 ℃ 的低温热解或通过电子束辐照还原制备 rGO 片材时,它们表现出异常高的可逆容量(1 013 ~ 1 054 mAh/g),远高于肼还原的 GO 片材(330 mAh/g)。结果发现,与通过肼还原制备的样品相比,通过电子束还原的 rGO 样品具有更高的 D 与 G 带的拉曼强度比(I_D/I_G),这个结果意味着存在更多的无序结构和缺陷。因此,研究结果表明大量缺陷的引入可以帮助增强石墨烯材料的锂存储容量。

另外,孔隙率是提高锂离子电池中石墨烯负极材料的容量和循环性能的重要因素,因为多孔结构可以缩短锂离子向无序石墨烯层中的扩散距离,从而增强它们的充电/放电倍率性能。基于此,构造多孔石墨烯纳米片和石墨烯组装的 3D 宏观结构引起了广泛的关注。如图 7.25 所示,Fan 等人通过化学气相沉积的方法获得了孔径为 3 ~ 8 nm 的多孔石墨烯,通过原子力显微镜证实多孔石墨烯存在更多的缺陷和无序状。基于其独特的多孔结构和发达的中孔通道,多孔石墨烯片材有利于锂离子从不同方向快速扩散,具有低离子传输阻力和短扩散路径。此外,中孔壁可以提供锂离子缓冲储层,以减少向内表面的扩散长度,在循环过程中促进电子的收集和传输。用这些多孔石墨烯作为锂离子电池负极可以显示出高的可逆容量(0.1 C 的放电电流下容量高达 1 723 mAh/g)和出色的倍率性能(20 C 时为 203 mAh/g)。它们出色的锂离子存储能力和循环能力应得益于其表面具有介孔的独特石墨烯纳米结构,这可以促进锂离子向石墨烯层中的扩散,为锂离子的吸附和嵌入提供较大的表面积。

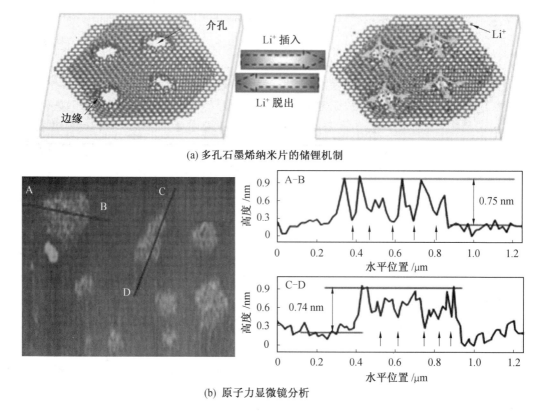

(a) 多孔石墨烯纳米片的储锂机制

(b) 原子力显微镜分析

图 7.25 多孔石墨烯纳米片的储锂机制和原子力显微镜分析

杂原子的掺杂带来的缺陷会改变石墨烯负极材料的表面形貌,进而改善电极-电解液之间的润湿性,缩短电极内部电子传递的距离,提高 Li^+ 在电极材料中的扩散传递速度,从而提高电极材料的导电性和热稳定性。有研究结果表明,氮掺杂可以提高石墨烯的电子电导率和电子转移速率,产生更多的锂离子存储活性位点。通过考虑氮掺杂的不同类型,对氮掺杂石墨烯进行了基于 DFT 的系统第一性原理计算:①吡啶 N(N-6)为 p 系统贡献一个 p 电子并与两个 C 原子键合在石墨烯的边缘或缺陷处;②吡咯 N(N-5)向 p 系统贡献两个 p 电子并形成五元环;③季氮(NQ)或石墨氮,指氮原子取代了内部的 C 原子。密度泛函理论计算表明吡啶氮比吡咯氮更有利于锂的存储,理论上可逆容量可以达到 1 262 mAh/g。试验上,采用了多种方法将氮掺入石墨烯中,例如,用氨气或乙腈蒸气处理石墨烯、溶剂热反应、电热反应、氮等离子体辅助工艺、氧化石墨烯(GO)和尿素的水热反应等。其中,CVD 是最常用的方法。

通过吸附 NH₃ 同时热还原氧化石墨烯来制造氮掺杂石墨烯,其中氮可以在 30 s 的时间内快速结合到石墨烯纳米片框架中。这个方法通过将带有含氧官能团的石墨烯粉末分散在液态氢氧化铵中,氨可以被强烈地吸附到氧化石墨烯上,通过氢键和静电引力与其含氧官能团结合。在混合物真空过滤后,氧化石墨烯/氨在 1 100 ℃ 的高温下同时进行热还原 30 s,以便通过去除氧化石墨烯的氧基团而还原氧化石墨烯,同时挥发性氨与石墨烯的缺陷反应,产生杂原子氮掺杂石墨烯。电化学测试结果表明,在 2 A/g 的电流密度下循环 550 次容量可以保持在 453 mAh/g,在 10 A/g 的电流密度下容量可以保持在 180 mAh/g。此外,通过杂原子(N、B)掺杂的石墨烯构成高倍率和大容量的电极。通过少层石墨烯放在管式炉中在氨气和氩气氛围下,高温退火过程形成了 N 掺杂的石墨烯。B 掺杂的石墨烯是通过在 BCl₃ 和 Ar 氛围下退火得到的。XPS 显示,NG 中的掺杂量为 3.06%,BG 中的掺杂量为 0.88%。由于较低的热处理温度,NG 中的氮原子主要由吡啶 N 和吡咯 N 组成。有趣的是,在室温下 NG 和 BG 分别具有 1 043 mAh/g 和 1 549 mAh/g 的出色容量,50 mA/g 的低充放电速率。更重要的是,即使在 25 A/g 的超快充放电速率下(充满电约 30 s),掺杂的石墨烯对 NG 的容量仍约为 199 mAh/g,对 BG 的容量约为 235 mAh/g。

另外,多孔碳与石墨烯的复合为制备高性能负极材料提供了一个有力的想法。在这方面,所制造的混合材料的高表面积和许多多孔结构将有利于电解质的进入、锂离子的快速扩散和主体吸收。此外,混合材料中的石墨烯层可以充当均匀分布在电极中的微型集电器,由于石墨烯的高电导率,这将有利于电子在充放电过程中的快速传输。通过化学气相沉积法在石墨烯片上制备由一维纳米碳纤维组成的三维碳质材料。纳米石墨烯构建的碳纳米纤维包含许多空腔、开口尖端和边缘暴露的石墨烯片,为锂的储存提供了更多的额外空间。由石墨烯片组成的纳米通道几乎垂直于纤维轴排列,这有利于锂离子从不同方向扩散。此外,三维互连架构便于循环过程中电子的收集和传输。这种三维的复合材料显示出了高的可逆容量(667 mAh/g)。此外,通过硬模板法,以蔗糖为碳源、氧化石墨烯为基体的介孔二氧化硅(GM-SiO₂)片为模板,制备了二维夹心状石墨烯介孔碳(GM-C)。值得注意的是,GM-C 表现出二维介孔特征,厚度约为 30 nm,表面积为 910 m²/g。在恒电流充放电测量过程中,GM-C 在 74.4 mA/g 的电流密度下表现出约 770 mAh/g 的可逆容量,GM-C 显示出较高的倍率性能。当放电速率增加到 372 mA/g 和 1 860 mA/g 时,可逆容量分别保持在 540 mAh/g 和 370 mAh/g。相反,传统的非石墨多孔碳通常随着循环过程显示出连续和渐进的容量衰减。

最近,由石墨烯片(如石墨烯纸和石墨烯薄膜)形成的三维宏观结构可用作锂电池的负极材料。Ren 等人通过使用泡沫镍作为模板通过化学气相沉积方法生长了石墨烯泡沫,然后将获得的三维框架放在石墨烯分散液中,通过冷冻干燥获得了石墨烯气凝胶包装的三维石墨烯框架,最后通过化学刻蚀掉泡沫镍基底,获得三维的 GF-rGO 网状结构(图7.26(a))。从 SEM 图像中可以看出,GF 框架被连接到嵌套 GO 气凝胶的 rGO 板紧密包裹(图7.26(c)),这使 GF 和 rGO 能够形成导电的三维互连网络结构。因此,三维 GF-rGO混合嵌套层次网络宏观结构结合了石墨烯(高电导率)、rGO(官能团)、多孔材料(高表面积)和三维互连网络结构(在整个宏观结构中具有良好的电导率)的优势,这为电化学储能系统中的应用提供了巨大的潜力。此外,也可以通过在玻璃基板上直接将 GO 和三甲基二十八烷基铵(DODA)溴化物的氯仿分散液(1 mg/mL)直接浇铸形成石墨烯膜,所得的石墨烯薄膜由多层结构组成,包括纳米片、纳米孔以及具有相互连接的有源和无源组件的 3D 微米级孔隙,这对材料中锂的运输和存储是有益的。结果,rGO 膜在 50 个循环后(在 50 mA/g 的电流密度下测得)实现了 1 150 mAh/g 的可逆容量的高性能。石墨烯片基面上的面内碳空位缺陷可以提供高密度的、新的、跨平面的离子扩散通道,其促进电荷以高速率传输和存储。可以认为,即使在高充放电速率下,膨胀石墨烯纸的开孔结构也可以接触到下面的电解质层,有助于有效的插层动力学。

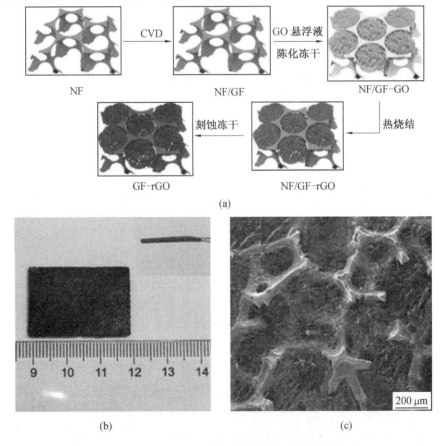

图7.26　GF-rGO 网状结构的合成示意图及系列表征

石墨烯材料直接作为电池负极仍然存在一些缺点:①制备的单层石墨烯片层极易堆积,比表面积的减少使其丧失了部分容量。②首次库仑效率低,一般低于70%。由于大比表面积和丰富的官能团,循环过程中电解质会在石墨烯表面发生分解,形成 SEI 膜;同时,碳材料表面残余的含氧基团与锂离子发生不可逆副反应,造成可逆容量的进一步下降。③初期容量衰减快。④电压平台及电压滞后。因此,为解决这一系列问题,将石墨烯和其他材料进行复合制作成石墨烯基复合负极材料成为锂电负极材料发展的一个方向。

7.5.3 石墨烯与嵌入型负极材料复合

1.二氧化钛

二氧化钛(TiO_2)是典型的嵌入型负极材料,因为本身较低的成本、高可用性和环境友好的特性有望成为锂电池的负极材料。TiO_2 在储存锂的过程发生以下反应:

$$TiO_2 + xLi^+ + xe^- \longleftrightarrow Li_x TiO_2 \tag{7.14}$$

目前已经研究了很多方法合成石墨烯/TiO_2 复合材料,通过两者的协同作用来加强电化学性能。Liu 等人报道了一种通过阴离子硫酸盐表面活性剂来提高石墨烯在水溶液中的稳定性,促进石墨烯原位生长金红石和锐钛矿状纳米 TiO_2 晶体(TiO_2-FGS)。在这个策略中,作者采用金属氧化物 TiO_2 作为电化学活性氧化物材料,通过一步合成法制备金属氧化物杂化物纳米结构。为了解决疏水性的石墨烯和亲水性的氧化物之间的矛盾,通过引入十二烷基硫酸钠(SDS)表面活性剂使石墨烯表面功能团化(FGS),从而解决亲水性/疏水性的矛盾,表面活性剂的存在还提供用于控制纳米结构化无机盐成核和生长的模板。这个策略通过额外添加硫酸钠来控制合成锐钛矿相的 TiO_2,合成示意图如图 7.27(a)所示。金红石相的 TiO_2-FGS 的 SEM 和 TEM 图像如图 7.27(b)、(c)所示,石墨烯的边缘和 TiO_2 纳米结构清晰可见。图 7.27(d)所示为锐钛矿状的 TiO_2-FGS 复合结构,可以看出球形的 TiO_2 均匀分布在石墨烯表面上。SDS 表面活性剂决定了石墨烯与氧化物材料之间的界面相互作用,从而促进了复合纳米结构的形成,在表面活性剂分子的作用下,石墨烯与氧化物之间的协同作用导致组分均匀混合。这种复合的 TiO_2 可以显著增强锂离子的插入/脱出,金红石状 TiO_2 复合结构在 30 C 的放电电流下(图 7.27(e)),容量可以高达 87 mAh/g;锐钛矿状的 TiO_2 复合结构在 30 C 的放电电流下(图 7.27(f)),容量可以达到 96 mAh/g。

Zhang 等人制备了一种 TiO_2/还原氧化石墨烯(rGO)纳米复合材料,在这个策略中,TiO_2 纳米颗粒可以通过氧化石墨烯(GO)上大量的含氧官能团固定在 GO 上。然后经过 TiO_2 的光催化作用,在紫外线的照射下将 GO 还原,将 TiO_2 纳米粒子同时锚固在 rGO 上。将 TiO_2 纳米颗粒锚固到 rGO 板上可以防止 TiO_2 纳米颗粒的团聚,最小化 rGO 板的重新堆积,这将有利于在锂插入/拔出过程中保持高表面积和纳米复合材料的稳定性。相比纯的 TiO_2 和 TiO_2-GO 材料,TiO_2-rGO 纳米复合材料具有更稳定的性能,更大的可逆容量(在 100 mA/g 的电流密度下拥有 270 mAh/g 的容量)和更高的倍率性能(在 1 600 mA/g 的电流密度下拥有 100 mAh/g 的容量)。这个性能结果表明,石墨烯网络为电子转移提供了有效的途径,而 TiO_2 纳米颗粒阻止了石墨烯纳米片的重新堆积,从而分别提高了电导率和比容量。

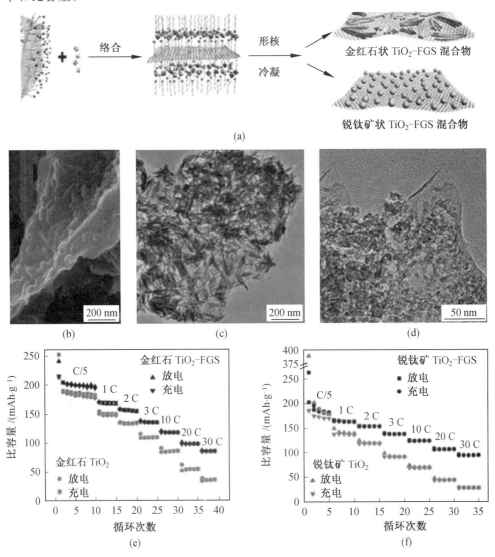

图 7.27 TiO$_2$-FGS 复合纳米结构合成示意图、形貌表征及电池性能((a)、(e)、(f)彩图见附录)

2. Li$_4$Ti$_5$O$_{12}$

以锂为主体的材料中，Li$_4$Ti$_5$O$_{12}$是一种独特的零应变材料，一般认为它具有稳定的放电电压，良好的循环性能和极好的安全性。它的充放电反应式为

$$Li_4Ti_5O_{12}+3Li^++3e^- \Longleftrightarrow Li_7Ti_5O_{12} \tag{7.15}$$

目前，已经开发了几种途径来生产含石墨烯复合的 Li$_4$Ti$_5$O$_{12}$(LTO)。Yuan 等人通过便捷的原位水热反应和随后的退火反应合成了石墨烯/Li$_4$Ti$_5$O$_{12}$复合材料。试验结果表明少量的 rGO 能够极大地改善复合材料的整体形态和电化学性能。纳米颗粒在 rGO 纳米片上均匀生长，有效抑制了团聚并提高了比表面积。在 1 C 的放电电流下，LTO-rGO 复合材料比容量保持 187 mAh/g，同时在 80 C 的放电电流下，比容量可以保持

128 mAh/g。Cheng 等人通过将钛酸锂纳米粒子分散在导电石墨烯上作为高倍率锂离子负极材料。通过制备纳米尺寸的纯相 $Li_4Ti_5O_{12}$ 颗粒来缩短离子传输路径,可以促进锂离子的传输。通过在 $Li_4Ti_5O_{12}$ 纳米粒子中引入导电石墨烯网络,可以改善电子传输。在 30 C 的充放电速率下,$Li_4Ti_5O_{12}$/石墨烯复合材料可以保持 122 mAh/g 的比容量,此外,在 300 次循环后,复合材料的容量仅仅损失 6%。

因此,石墨烯具有导电性好,防止纳米颗粒团聚,加强结构稳定等优点,将石墨烯与嵌入型材料复合,可以大幅度提高电池性能。但是,TiO_2/钛酸盐的理论电容量太低,石墨烯与 TiO_2/钛酸盐的复合材料难以达到更高的比容量,这一点严重限制了它的发展。

7.5.4 石墨烯与转换型负极材料复合

石墨烯可以更广泛地应用于改性其他负极材料,制备出电化学性能更加优异的石墨烯复合材料。锡基、硅基电极材料具有高理论容量,但其缺点是在嵌锂/脱锂过程中体积膨胀收缩变化明显,在反复充放电后材料易发生破裂,从集流体上脱落,活性物质含量下降,从而导致材料的循环性能变差。Sn、Si、Sb 等元素可以通过合金反应进行 Li 离子存储,它们的反应式可表示为

$$M + nLi^+ + ne^- \longleftrightarrow Li_n M \tag{7.16}$$

但是它们在放电和充电期间经历非常大的体积变化,甚至可以高达 300%,不可避免地导致电极上活性材料发生"电化学粉碎"。最终,这会导致电极在长期循环下崩解和容量衰减。石墨烯很多卓越的特性可以用作缓解体积变化的材料:①石墨烯的高柔韧性可能是出色的支撑基质或涂层。在充电/放电过程中,石墨烯可缓解体积膨胀和颗粒聚集。②石墨烯表面的丰富官能团可以用作二维材料的各向异性生长。③石墨烯的高比表面积和出色的导电性为锂离子和电子的存储和运输提供了理想的平台。

1. Sn

在Ⅳ族元素中,Sn 因为毒性较低且比其他候选物质便宜,是有大前途的锂离子电池负极材料。已知体相由于 Li 合金的形成而具有更高的理论容量(即 $Li_{4.4}Sn$)。然而,Sn 基负极的实际应用因其较差的循环性而受到阻碍,因为其体积变化大,为 259%。不仅导致严重的粉碎并可能导致与集流体发生电气断路,而且还导致锡纳米颗粒的聚集和连续形成非常厚的固体电解质膜(SEI)时,容量快速衰减和可循环性差。

为了提高锡负极的结构稳定性和完整性,研究者们已经做出了巨大的努力,例如合成锡纳米结构以及构建由纳米级锡和碳组成的复合材料,设计了各种各样的 Sn 碳杂化物,例如嵌入多孔碳中的 Sn 纳米颗粒,用碳纳米管包裹的 Sn 或 Sn@C 纳米颗粒和碳包裹的 Sn 纳米结构。这些碳基质可以提供空间来缓冲由 Sn 纳米结构的体积变化引起的机械应力,从而提高循环性能。但是,到目前为止,在高速率下数百个循环中仍具有较长的循环寿命。最近,一种新型的二维石墨碳石墨烯引起了人们的特别关注,由于其出色的导电性,优异的机械柔韧性,大的比表面积以及高的热/化学稳定性,因此可以用来支持金属或金属氧化物以进一步增强锂电池电极的电化学性能。由于石墨烯的高电导率,机械柔韧性,大比表面积和出色的化学稳定性,大量的研究关于石墨烯和 Sn 复合来提高电化学性能。通过使用石墨烯掺杂的 Sn 纳米片或在石墨烯多层之间组装的 Sn-纳米柱阵列的夹

层结构,可以显著提高电化学性能。在这些结构中,石墨烯基体不仅充当结构缓冲剂以适应锡体积在充电(锂化)/放电(脱锂)过程中发生变化,但也为电子传输提供了有效途径。

如图 7.28 所示,Luo 等人制备了一种石墨烯夹杂着 Sn 颗粒的三明治结构。首先通过水解工艺将氧化锡纳米颗粒装饰在氧化石墨烯纳米片上,在之后氧化石墨烯被还原为石墨烯。然后通过水热法将葡萄糖包覆在石墨烯负载的二氧化锡表面,再将复合结构放在 500 ℃下预处理 2 h 预碳化葡萄糖涂层。最后在 1 000 ℃的温度下进行热处理,然后迅速冷却得到 G/Sn/G 结构。在快速热处理期间,在由葡萄糖衍生的碳提供的还原环境下,大多数 SnO_2 纳米颗粒被还原为金属锡,而葡萄糖衍生的碳经历催化转化为石墨烯状纳米片。从 TEM 结果中可以看到,大量 G/Sn/G 纳米单元分散在石墨烯基底中,从而形成了 3D 多孔结构。如此合成的锡碳纳米复合材料的结构均匀性和独特的形貌可提供出色的机械完整性,这对于改善这些材料作为锂离子电池负极的性能非常有利。HRTEM 结果可以清晰地看到三明治状的结构,石墨烯纳米片紧密的贴合在 Sn 颗粒两侧,这表明葡萄糖在热处理过程中,已经转变为石墨烯状的纳米片。附着在锡纳米片两面的石墨烯纳米片的厚度小于 5 nm,这可以极大地促进锂离子通过石墨烯覆盖层的扩散。作为一个结果,在 50 mAh/g 的电流密度下循环 60 次仍然可以保持 590 mAh/g 的容量。

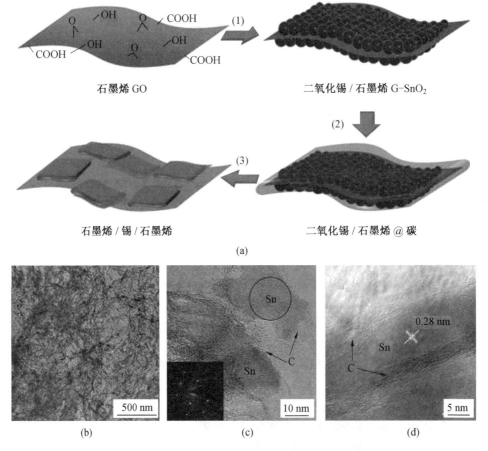

图 7.28 G/Sn/G 复合结构的合成示意图及形貌表征

如图 7.29 所示,Qin 等人报道了一种通过原位催化合成的方法,制备了一种 3D 多孔互连的结构。在这个策略中,3D 多孔结构通过双面都涂有 SnO_2 的超薄碳纳米片制成,在 3D 的 $SnO_2/C/SnO_2$ 表面上引入碳层,并在高温退火的过程可以将 SnO_2 纳米晶体还原为 Sn 颗粒,以及将超薄碳纳米片和碳涂层原位催化转化为柔性的石墨烯纳米片。通过 SEM 和 TEM 结果展示了复合结构是由灵活的石墨烯片构建形成的 3D 多孔互联网络,并且许多均匀的小的 Sn 颗粒均匀地分布在纳米片上。通过 HRTEM 结果可以看出柔性石墨烯紧密地环绕在 Sn 纳米颗粒周围。在这种独特的结构中,柔性石墨烯纳米片和壳是通过原位催化方法合成的,因此应具有出色的机械强度和导电性。3D 网络的纳米级超薄三明治混合片可以有效地减少固态扩散距离,从而为锂离子提供低阻抗的传输途径,使锂离子进入捕获的活性 Sn 纳米颗粒。3D 互连网络具有较大的表面积,高度多孔的结构和优异的电导率可以显著促进电解质的轻松渗透,持续电子和离子的三维快速传输通过整个电极,进一步提供了足够的空隙空间来适应 Sn 的体积变化。3D 多孔的 G/Sn/G 三明治结构可提供高可逆容量(在 0.2 A/g 的电流密度下循环 100 次之后容量可以达到 1 010 mAh/g),出色的倍率性能和循环稳定性,在 2 A/g 的大电流密度下循环 500 圈仍然可以保持 650 mAh/g。

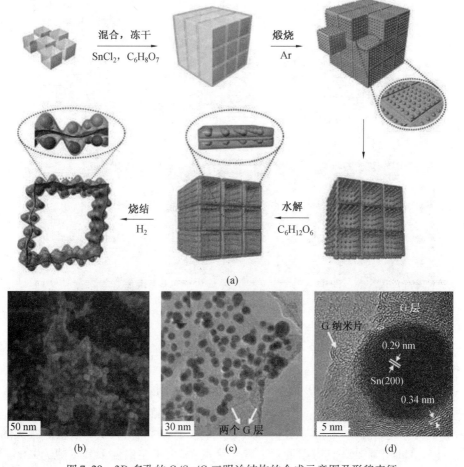

图 7.29　3D 多孔的 G/Sn/G 三明治结构的合成示意图及形貌表征

Yu 等人通过表面活性剂辅助组装方法将 Sn 颗粒组装到 3D 多孔石墨烯框架上。表面活性剂辅助的自下而上的组装方法制造 3D 多孔石墨烯含 Sn 网络涉及两个主要步骤，如图 7.30(a)所示。首先，将由氧化石墨烯(GO)、聚苯乙烯(PS)乳胶颗粒和 CoSn(OH)$_6$ 纳米颗粒组成的结构单元均匀地分散在水溶液中。滴加阳离子表面活性剂(十六烷基三甲基溴化铵，CTAB)溶液后，这些结构单元组装成聚集体，留下清晰透明的溶液。GO 的骨架上具有大量的含氧基团，使其表面在水溶液中带负电荷。因此，GO 可以捕获阳离子 CTAB 分子，从而导致 GO 表面发生亲水到疏水的转化。GO 片之间的这种疏水相互作用提供了组装的驱动力。GO 还原后，将凝固物在不同的气氛下进一步退火，分别获得所需的 CoSnO$_3$⊂pGN 和 Co-Sn⊂pGN。SEM 和 TEM 结果显示 CoSnO$_3$ 和 Co-Sn 纳米颗粒均匀分布在石墨烯网络上，提供了大量的孔洞。纳米级 Sn 基粒可以抑制锂化引起的机械粉碎，为锂提供较短的固态扩散长度；预先存在的相互连接的纳米级孔为 Sn 基颗粒的膨胀提供了必要的空隙空间，防止它们在循环时破坏 3D 框架，允许锂离子通过电解质填充快速迁移到渗透的自由间隙中；微米级 3D 导电石墨烯骨架可以抵消纳米粒子的自聚集，促进电子转移并稳定固态电解质膜的形成。

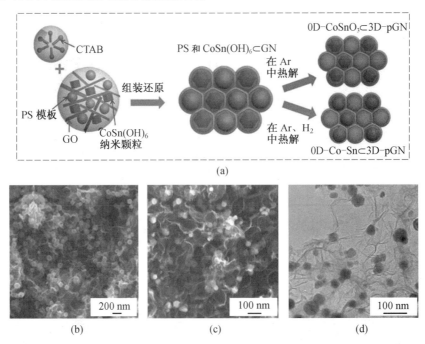

图 7.30　CoSnO$_3$⊂pGN 和 Co-Sn⊂pGN 的合成示意图以及形貌表征

2. Ge

Ge 在室温下可以与 Li 形成合金，形成 Li$_{15}$Ge$_4$ 形式的化合物，理论比容量为 1 384 mAh/g，仅次于 Si。但是 Ge 的价格比 Si 贵，因此在储能设备领域受到的关注较少，但 Ge 在地壳中的含量与 Si 相同，这一事实表明将 Ge 基材料用作 LIB 负极有很大的应用前景。此外，Ge 相对于 Si 具有以下几个重要优点：①由于在室温下其带隙为 0.66 eV，具有较高的电导率(比 Si 高 104 倍)；②较高的 Li 离子扩散率(在室温下为 Si 的 400 倍，Ge

的值为 6.51×10^{-12} cm²/s, Si 的值为 1.41×10^{-14} cm²/s);③各向同性的锂化行为,导致高度可逆的容量,同时将基于 Ge 的负极断裂破坏最小化。因此,可以期望 Ge 负极显示出更好的速率性能和循环稳定性。但是,类似于 Si 的情况,Ge 作为负极材料的实际应用在锂化/去锂化过程中体积会发生巨大变化,伴随着较大的机械应力和应变。较大的机械应变可能导致 Ge 负极材料粉碎,随后从集电器中分层,导致容量快速下降。此外,剧烈的体积变化会导致 SEI 反复裂纹和形成,从而降低库仑效率并恶化循环性能,就像在硅基负极中一样。事实证明,纳米结构策略对于解决 Ge 的大规模扩展具有强大的作用。有学者研究了各种纳米结构,例如纳米线、碳纳米管、纳米电缆和纳米颗粒,以最大程度地减小循环过程中的体积应变并改善 Ge 基负极的电化学性能。此外,还尝试了其他几种方法,例如将 Ge 分散在无活性/活性基质中,设计多孔结构和核-壳结构,以改善 Ge 基负极的电化学性能。

Yuan 等人进行了另一尝试。他们通过可扩展的基于溶液的反应和随后的碳化处理,制备了具有高负载量的 Ge 纳米颗粒的 Ge/氧化石墨烯(rGO)/C 纳米复合负极。所涉及的 Ge 纳米颗粒的平均直径为 4.9 nm 并显示出单晶性质。负极的实际实用容量接近 Ge 的理论值(1 384 mAh/g),在数百个循环中显示出出色的速率能力和良好的循环稳定性。另外,高温(55 ℃)下的容量类似于在室温下获得的容量,证明了电极的优异的热稳定性。当将预锂化的 Ge/rGO/C 负极与 LiCoO₂ 正极配对以组装一个完整的电池时,该电池在 1 C 循环 100 次后显示出约 90% 的容量保持率。此外,使用以下方法成功构建了铝袋型完整电池,商业生产过程中,每个小袋可获得 20 mAh 的大容量。满电池可用于为设备供电,例如包含 150 多个灯泡的 LED 阵列和一个电风扇,这表明了基于 Ge 的负极在实际 LIB 中的可行性。

7.5.5 石墨烯与转换型负极材料复合

石墨烯还可以更广泛地应用于改性很多转换型负极材料,制备出电化学性能更加优异的石墨烯复合材料。这种复合材料能够通过两种材料之间的协同作用改善单独使用某一材料所产生的缺点。这种复合材料的优点可以表现为以下几个方面:①石墨烯由于具有很高的柔韧性,可以作为一个稳定的二维网络,有效地减缓转换型负极材料在充放锂过程中发生的大的体积膨胀,提高材料的循环寿命;②石墨烯具有高的导电性,可以在复合材料中起到一个长程导电的作用,提高导电型材料之间的导电性和电子传输能力;③纳米颗粒之间容易发生团聚,团聚现象发生之后会阻碍活性位点,导致无法充分利用活性物质,产生大量的"死点",造成低的比容量,加入石墨烯之后,石墨烯可以相当于一个载体支撑着活性物质,减缓纳米颗粒之间的团聚,提高活性物质的利用率;④石墨烯的比容量低,大部分的转换型材料具有高的比容量,复合材料可以提供高的比容量;⑤转换型纳米颗粒可以插入到石墨烯的片层结构之中,增加石墨层的间距,提高石墨烯的比表面积和复合材料的储锂容量。

1. 金属氧化物等(TMO)

金属氧化物因为其高的储锂能力得到了很多研究者的关注,但是金属氧化物在充放电过程中大的体积膨胀严重限制了其发展。引入石墨烯可以提高导电性和缓解体积膨胀,下面举例介绍几种材料。

(1) Co_3O_4。

Co_3O_4 是典型的尖晶石结构,在四面体空隙中具有 Co^{2+},在氧化物阴离子的立方密堆积晶格的八面体空隙中具有 Co^{3+}。它的充放电反应可以表示为

$$Co_3O_4 + 8Li^+ + 8e^- \longleftrightarrow 3Co + 4Li_2O \qquad (7.17)$$

由于令人满意的可逆容量(在 600 mA/g 下约 710 mAh/g),Co_3O_4 也被认为是 LIB 中的负极材料。通常,该材料通过熔盐合成或电喷雾热解来生产。由于 Co_3O_4 纳米颗粒和石墨烯的优点的结合,石墨烯/Co_3O_4 复合材料具有增强的性能。

Wu 等人通过一种简单的策略来合成锚固在导电石墨烯上的 Co_3O_4 纳米颗粒的纳米复合材料,作为高性能锂离子电池的高级负极材料。在这个策略中,首先通过在碱性($NH_3 \cdot H_2O$)水溶液中将 Co^{2+} 无机盐在石墨烯上的溶液相分散并随后通过煅烧将 $Co(OH)_2$/石墨烯转化为 Co_3O_4/石墨烯复合物来制备锚定在石墨烯上的单晶 Co_3O_4 纳米颗粒。如图7.31(b)~(d)所示,通过 SEM 和 TEM 可以看出,小的 Co_3O_4 纳米颗粒锚固在石墨烯表面上,Co_3O_4 纳米颗粒的大小为 10~30 nm。二维石墨烯片的柔性结构以及 Co_3O_4/石墨烯复合材料中 Co_3O_4 纳米颗粒与石墨烯片之间的强相互作用有利于有效地防止充放电过程中 Co_3O_4 的体积膨胀/收缩和聚集。这种复合材料能够有效地利用石墨烯的良好导电性、高表面积、机械柔韧性、良好的电化学性能,大的电极/电解质接触面积,较短的锂传输路径长度以及良好的纳米结构稳定性。最终,这种材料表现出高的可逆容量,在 50 mA/g 的电流密度下容量可以保持 935 mAh/g。

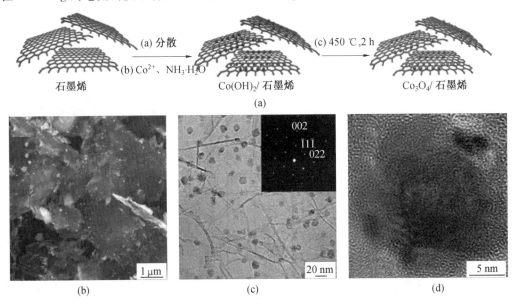

图 7.31 Co_3O_4/石墨烯复合材料的合成示意图以及形貌表征

(2) SnO_2。

SnO_2 被称为锡石,具有金红石结构,其中锡原子由六个氧原子配位,而氧原子由三个锡原子配位。SnO_2 是一种经过广泛研究的负极材料,其理论容量为 782 mAh/g。石墨烯

的掺入可以为 LIB 应用中的氧化锡提供更多机会。它的储锂机制可以表示为一个转化反应和一个合金反应,即

转化

$$SnO_2 + 4Li^+ + 4e^- \longleftrightarrow Sn + 2Li_2O \tag{7.18}$$

合金化

$$Sn + xLi^+ + xe^- \longleftrightarrow Li_xSn \; (x \leqslant 4.4) \tag{7.19}$$

如图 7.32 所示,Wang 等通过微波辅助水热法合成了 SnO_2 纳米颗粒搭载在石墨烯表面复合结构。从微波辅助水热法制备二氧化锡纳米粒子/石墨烯(G/SnO_2)复合材料开始,在石墨烯上预置晶种辅助氧化锡纳米棒生长,随后在其上涂覆碳层,合成了层层组装的 G/SnO_2 纳米复合材料。结合最外层碳层的 2D 石墨烯网络可以提供保护以缓冲二氧化锡纳米棒夹层的应变,这防止了二氧化锡纳米棒在循环期间的电绝缘。从 SEM 照片上看出在对预沉积的 SnO_2 纳米颗粒进行水热处理后,致密的 SnO_2 纳米颗粒阵列扎根在石墨烯的整个表面上。从 HRTEM 结果可以看出纳米碳涂层后,复合材料的表面变得更加光滑,增加了最薄的最外层(如图 7.32(a)中箭头所示),这表明碳层已成功引入到夹有 SnO_2 纳米颗粒的外面。G/SnO_2 纳米复合材料显示出超高的锂存储性能(在第 150 个循环时为 1 419 mAh/g)和高的倍率性能(在 3 C 时为 540 mAh/g)。

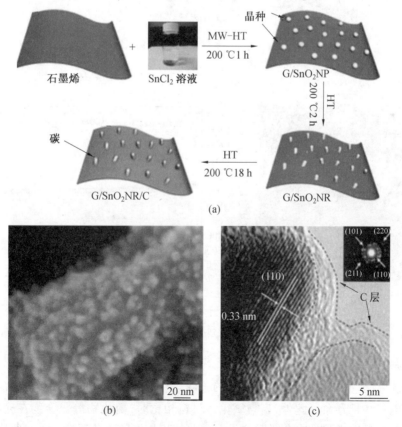

图 7.32　G/SnO_2 纳米复合材料的合成示意图以及形貌表征

Lian 等人设计并制备了一种三维电子导电网络的多孔纳米级 $SnO_2@C$/石墨烯材料。在这个设计中通过引入碳壳来抑制纳米颗粒的聚集和不希望的反应。由石墨烯片和碳壳组成的 3D 碳导电网络可以确保出色的电子导电性,多孔结构可以促进液体电解质扩散到块状材料中。图 7.33 所示为 $SnO_2@C$/石墨烯材料的 TEM 图像,清楚地看出具有由石墨烯片和碳壳组成的 3D 碳导电网络。$SnO_2@C$/石墨烯纳米复合材料中的 SnO_2 纳米粒子的粒径与初始 SnO_2 纳米粒子的粒径相似,也小于 6 nm。此外,可以清楚地观察到,SnO_2 纳米颗粒均匀地分布在 3D 碳导电网络中,SnO_2 纳米颗粒团聚现象得到很大改善。在 100 mA/g 的电流下,$SnO_2@C$/石墨烯纳米复合材料的可逆比容量高达 1 115 mAh/g。

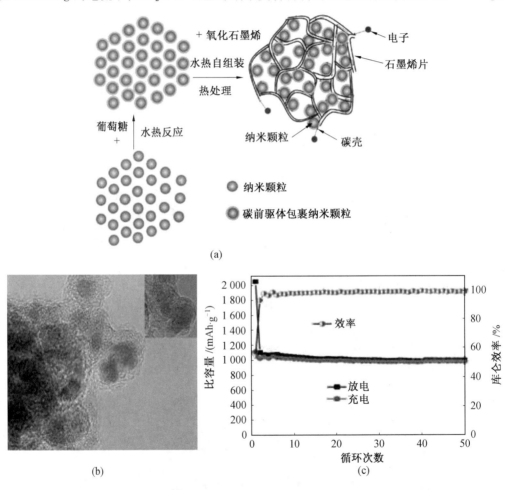

图 7.33 $SnO_2@C$/石墨烯纳米复合材料合成示意图、形貌表征及电池性能测试

2. 金属硫化物等(TMS)

金属硫化物(TMS)最近受到了广泛的关注。它们具有非凡的品质,包括高比容量、低氧化还原电位和长寿命。此外,当与氧化物材料相比时,硫化物等化合物在充电/放电反应过程中往往具有更强的电化学可逆性。尽管使用传统的转化反应公式计算得出的理论体积膨胀较大,但某些 TMS(例如 MoS_2 和 SnS_2)具有分层结构,可以帮助缓解体积膨胀引

起的应变。下面举例介绍几种典型的材料。

(1)MoS_2。

MoS_2 具有 2D 分层结构,是二次电池研究最深入的硫化物负极材料之一。MoS_2 是代表性的金属二硫化物,其中每个 Mo 中心占据与六个硫配体结合的三角形棱柱配位球。每个硫中心都是金字塔形,连接到三个钼中心。三角棱镜相互连接形成层状结构,将钼原子定位在硫原子层之间。它的储锂可以表示为一个插层过程和一个转化过程,即

插层为

$$MoS_2 + xLi^+ + xe^- \longleftrightarrow Li_xMoS_2 \tag{7.20}$$

转化为

$$Li_xMoS_2 + (4-x)Li^+ + (4-x)e^- \longleftrightarrow Mo + 2Li_2S \tag{7.21}$$

Chen 等通过水热技术首先制备了 MoS_2 纳米片-石墨烯纳米片杂化物。如图 7.34(a)、(b)所示,层状 MoS_2 材料与石墨烯纳米片紧密耦合。结果表明,GNS 可以抑制 MoS_2 层在(002)平面上的良好堆积,从而有利于 MoS_2-GNS 复合材料层的形成。在片对片复合负极中观察到强的协同作用。MoS_2-GNS(1∶1)、MoS_2-GNS(1∶2)和 MoS_2-GNS(1∶4)复合材料在 100 个循环后分别具有 734 mAh/g、1 187 mAh/g 和 978 mAh/g 的充电容量。在相同的循环次数下,它们明显大于原始 MoS_2 的 256 mAh/g 的容量。该复合材料还表现出良好的速率能力。例如,在 1 000 mA/g 的电流下,对于 MoS_2-GNS(1∶2)可以保持 900 mAh/g 的大可逆容量。最近,Chen 等还报道了通过阳离子表面活性剂辅助水热法获得的类似的 GNS 支撑的单层 MoS_2 结构(图 7.34(c)和(d))。单层 MoS_2-GNS-02 复合材料在 100 mA/g 的小电流下经过100 次循环后具有 808 mAh/g 的大可逆容量,而其容量损耗却很小,每个周期1.04 mAh/g。在相同的循环次数下,该可逆容量大于原始的 MoS_2(446 mAh/g)和 MoS_2-GNS-05 复合材料的可逆容量。对于单层 MoS_2-GNS-02 复合材料(在 1 000 mA/g 时为600 mAh/g,如图 7.34(f)所示),也观察到了优异的高倍率性能。

(2)SnS_2。

SnS_2 具有层状结构,由位于两层六方密堆积硫原子之间的锡原子层组成。该结构中的大的层间距为 0.589 9 nm,允许插入和提取客体物质(例如 Li 或 Na 离子)并且在循环期间更好地适应宿主体积的变化。它的储锂机制可以表示为一个转化过程和一个合金化过程,即

转化:

$$SnS_2 + 4Li^+ + 4e^- \longleftrightarrow Sn + 2Li_2S \tag{7.22}$$

合金化:

$$Sn + xLi^+ + xe^- \longleftrightarrow Li_xSn(x \leqslant 4.4) \tag{7.23}$$

Chen 等人借助快速微波辅助技术,最近已合成了多孔 3D SnS_2-GNS 片对片纳米结构,与原始 SnS_2 纳米填料相比,SnS_2 纳米片展开并均匀分布在 GNS 表面上(图 7.35(a)和(b))。图 7.35(c)、(d)所示为所获得的石墨烯负载的互连 SnS_2 纳米片在 0.1 C 和1 C 下的循环性能。很明显,SnS_2-GNS 片上复合材料比裸石墨烯和原始 SnS_2 纳米填料具有更好的电化学性能。在 40 个循环中,分别在 0.1 C 和 1 C 下得到 1 077~896 mAh/g 和

934～657 mAh/g 的可逆容量。电化学性能的改善很大程度上归因于紧密接触的片对片复合材料,从而为高度可逆的锂离子存储提供了协同效应。

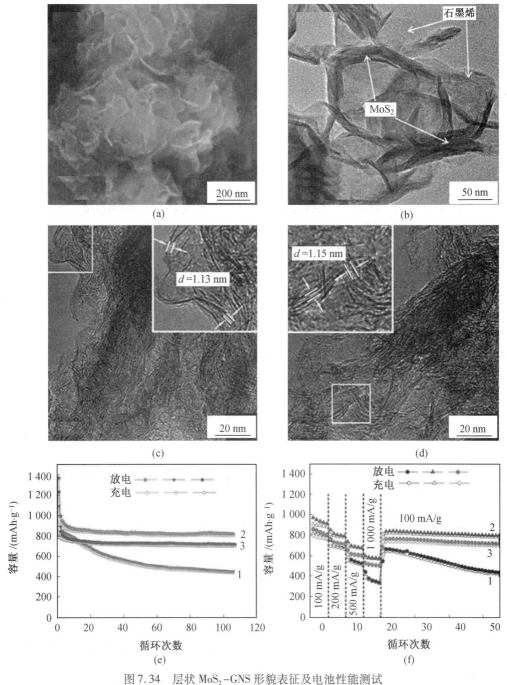

图 7.34 层状 MoS_2-GNS 形貌表征及电池性能测试

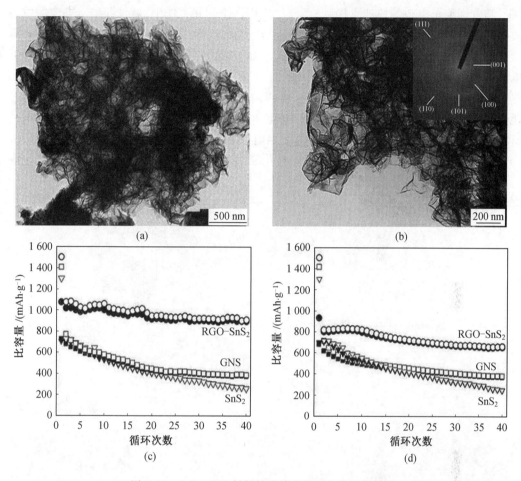

图 7.35 SnS₂-GNS 材料的形貌表征及电池性能测试

7.6 锂电池中离子界面行为

原位透射电子显微镜(原位 TEM)是为了实时观测和记录电子显微镜室中的样品对于力、热、电、磁等不同的外加激励信号的动态响应过程,是当前研究物质结构表征科学中最新颖和最具发展潜力的研究领域之一。最早的原位透射电子显微镜试验可以追溯到1960 年,被用来研究金属的疲惫性,科学家通过在电子显微镜内引入力学拉伸平台来观察金属中位错的产生与演化过程。由于当时透射电子显微镜分辨率的限制,主要是通过衍射衬度和电子衍射能谱来反映材料中的晶体学信息。随着透射显微电子显微镜技术的发展和完善,20 世纪 90 年代球差矫正器和电子能量单色器得到发展,使透射电子显微镜的分辨率高达 0.1 nm,能量分辨率优于 0.1 eV,可以实现氮原子的观测。通过镜筒引入或对样品杆进行改造,改变力、热、电、光、气体以及液体环境等外加条件。结合高分辨成像,可以实现原子尺度的界面变化观察。原位电子显微技术使人们对微观世界的了解越来越清楚,推动了纳米科学与技术的发展。

随着锂离子电池的快速发展,已经广泛应用在生活和工作中,但是锂离子电池的发展被各种各样的材料和界面挑战限制,使得锂离子电池无法满足高能量和高性能器件的需求。因此,为了开发高能量密度、高功率、长寿命和低成本的电极材料,必须从根本上理解电池的电化学反应机制和材料界面行为。比如循环过程中容量逐渐衰减、低温供电不良、热失控和过充电不稳定性等问题。目前可以通过 X 光和中子散射、拉曼、阴极发光和电化学阻抗谱来表征电池中的材料特性和电化学行为。其中,原位透射电子显微镜技术具有材料相和组分以及电子结构系统研究的高时间和空间分辨率、非均相的分辨能力和多功能表征特性,能够用来帮助人们理解电化学过程中的相变、反应机制和材料老化等行为。

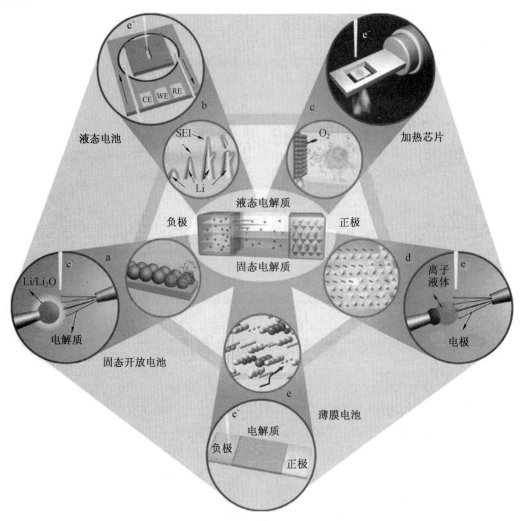

图 7.36 可充电锂离子电池的工作示意图及在原位 TEM 技术中的研究

1. 电池装置

对于锂离子电池电化学过程中的原位 TEM 研究,主要包含两种电池装置,即开放电池装置和密封液态电池。

（1）开放电池装置。

开放电池装置包括电极、电解液、导电基底和 Au 或者 W 导线。通常，电极材料装载在导电探针上作为工作电极，W 针尖用来刮去少量锂金属作为对电极，然后装载在样品杆上。开放式电池目前最大的困难在于找到合适的电解液，因为在电子显微镜室内超高的真空环境下，大部分的电解液都会挥发而无法使用。为了解决这一问题，一种方法是可以通过使用极低蒸气压的液态电解质滴在锂源上（图 7.37(a)）；另一种方法是直接使用锂金属作为锂源和氧化锂作为固态电解质（图 7.37(b)）。

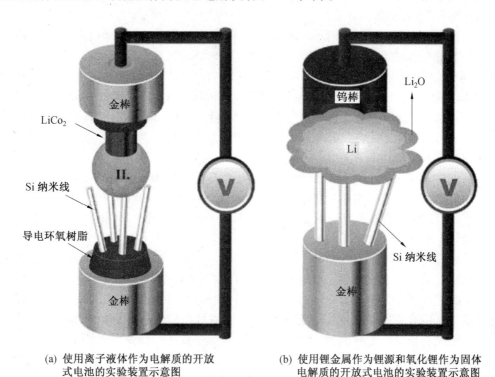

(a) 使用离子液体作为电解质的开放式电池的实验装置示意图

(b) 使用锂金属作为锂源和氧化锂作为固体电解质的开放式电池的实验装置示意图

图 7.37 开放式原位电池装置示意图

目前，使用氧化锂作为固态电解质更容易操作，在锂源转入电子显微镜室的过程中，表面极易被氧化形成氧化锂，充当了固态电解质的作用。其中，使用锂上自然生长的 Li_2O 层为固体电解质，对 $FePO_4$ 中的电化学锂化进行高分辨透射电子显微镜观察，对单晶硅纳米线的锂化过程和无定形硅纳米球的锂化/脱锂进行原位研究。

此外，离子液体也可以在极高的真空度的电子显微镜室中应用，因为它们具有高盐溶解度和极低的蒸气压。离子液体可以通过旋涂、滴铸或浸渍等方法引入到原位观察方法中。离子液体具有足够的表面张力来弥合小开口，从而使得其能够在开孔结构中无须基底支撑也可使用。在电化学充电期间使用离子液体基电解质可以观察到单个二氧化锡纳米线负极的原位锂化。仅需一滴离子液体基电解质就足以用于研究在负极的外表面和内表面上都涂覆有无定形硅的中空碳纳米纤维的电化学和结构性能。电池充电和放电过程的实时和原子尺度观察也可以通过使用室温离子液体电解质来进行。

但是,开放式电池装置也存在一些缺点:首先,对于开放式电池装置,电极与电解质只是点接触,这可能影响锂离子在电极中的扩散模式,因此,所获得的不一定能够代表电极完全浸入真实电池中的液体电解质的情况。其次,使用 Li_2O 作为固态电解质,通常需要施加大的过电位来驱动锂离子进入电极,较大的过电位可能改变电极锂化的动力学和相行为。最后,使用离子液体或 Li_2O 电解质会排除一些仅发生在真实电解质和电池操作条件中的基本过程,例如电解质和电极之间的相互作用以及 SEI 层的形成。因此,这些缺点导致开放式电池装置存在一些缺陷。

(2)密封液态电池(SLC)装置。

电子显微镜室的高真空度(低于 $1.333\ 22 \times 10^{-3}$ Pa),导致目前市场上锂离子电池常用的一些电解质无法在开放式电池中得到应用,例如碳酸二乙酯(DEC)、碳酸二甲酯(DMC)与碳酸亚乙酯(EC)混合等。为了能够对真实的锂离子电池中的电化学反应进行原位 TEM 表征,一个比较好的策略是将那些挥发性液体密封在足够狭窄的通道内以进行电子传输。这种方法可以使用任何类型的电解质进行原位电化学表征,应用于这种方法的平台和密闭电池配置均被归类为密闭液体电池,这使挥发性碳基电解质有可能在原位 TEM 方法中进行研究。

早期创建的应用于原位 TEM 的密闭液体电池装置,用来研究 TEM 成像中的铜电沉积。该平台通过将两个硅芯片与氮化硅薄膜面对面地组装在一起来密封水性电解质。这种倒装芯片方法可以在具有高空间分辨率的液体中使用氮化硅,二氧化硅或聚合物的不同膜对液体中的化学反应进行成像,因此已被各种研究所采用,包括细胞成像和溶液中的纳米粒子合成。例如,使用电化学 SLC 装置对多晶 Au 的电化学沉积,镍纳米颗粒的各向异性电沉积以及通过成核、聚集、排列和附着随机取向的小晶粒的单晶铅枝晶的电化学生长进行了成像。迄今为止,在 SLC 的设计特征(包括密封、组装、对准等)的制造和测试方面已经取得了巨大进展,这为解决天然液体环境中电极电解质界面上的关键问题提供了机会。由于电极长度尺度减小、电解质体积有限、电流测量值低、商用电解质蒸汽压高以及透过膜窗口进行透射电子显微镜成像时锂的对比度低,因此将 SLC 作为原位电化学透射电子显微镜电池应用于 LIB 研究仍然是一个巨大的挑战。

2. 固态电解质膜(SEI)和锂枝晶的生长

锂金属由于其低电极电位和高理论比容量而成为最具吸引力的负极材料。但是,锂金属枝晶的形成和与电解质的高反应性限制了其实际应用。因此,通过原位 TEM 技术从根本上理解这个过程变得额外重要。

由于用于 SEI 演变和 SEI 膜形成过程中的实际环境通常包含基于液体的电解质,因此密封液体电池越来越多地被用来模拟真实的电池反应环境。锂枝晶生长和碳酸乙烯酯/碳酸二乙酯电解质中的 SEI 形成/分解以纳米级分辨率(图7.38)动态记录,其中锂枝晶生长和溶解的动力学被探索以解释循环期间"死"锂的形成。最近报道了依赖于超电势的锂突起(根生长对尖端生长),其中根生长的晶须在脱锂时被认为是高度不稳定的。还发现 SEI 形成动力学受到电子传输的限制,令人惊讶的是,在 $LiPF_6$/EC/DMC 液体电解质中,SEI 的形成并不均匀,而是呈类似于锂枝晶的"枝晶"形状,这意味着电解质组成和电极分解对锂镀覆有关键的影响。这种原位观察可以帮助研究人员了解锂沉积和 SEI 生长的动力学并进一步规避相关问题和电池故障。

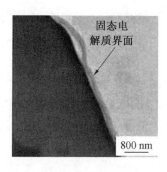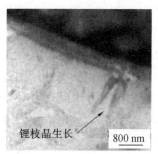

图 7.38 电极/液体电解质界面上 SEI 形成和 Li 枝晶生长的纳米尺度观察

有学者采用冷冻电子显微镜技术,使用低温电子显微镜来表征锂金属及其 SEI 膜。图 7.39 显示了低温电子显微镜和标准电子显微镜的原子分辨电子显微镜;结果表明,室温下的透射电子显微镜条件导致锂枝晶在空气中被迅速反应掉,而在低温透射电子显微

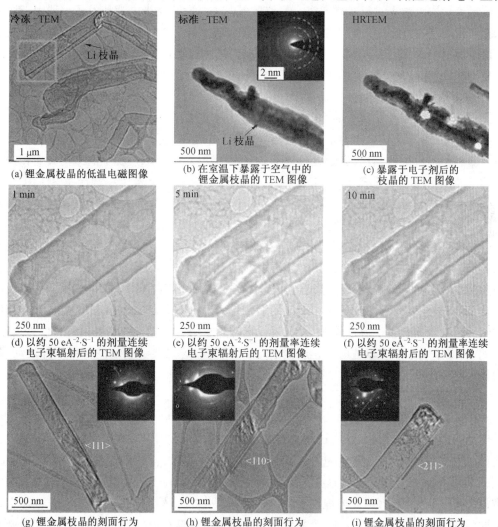

图 7.39 冷冻电镜下的锂金属图像

镜样品的枝晶和 SEI 可以在电子束长时间照射内得以保存(图 7.39(d)~(f))。从选定的区域电子衍射图案到 Li 的晶体结构,显示枝晶沿着某些初级方向生长,即(111)、(110)和(211),如图 7.39(g)~(i)所示。此外,枝晶生长方向在某些方向上发生变化,例如,在(211)和(110)生长方向之间发生变化。还研究了标准电解质碳酸盐基电解质碳酸乙烯酯-碳酸二乙酯和含氟碳酸乙烯酯添加剂的电解质对 SEI 结构和组成的影响;他们发现在标准电解质中,SEI 具有有机和无机成分的随机分布,而在含 FEC 的电解质中,SEI 更有序,具有内层无定形聚合物基质和大颗粒的氧化锂外层。

3. 插层反应机制

当离子插入电极材料和从电极材料中出来时,会发生嵌入反应。对于理想电极,嵌入/脱嵌反应不会引起明显的体积变化。这可能导致电极破裂或活性材料损失,对循环稳定性不利。许多的研究中已经报道了电池工作期间电极材料的结构不稳定性。因此,有必要对离子嵌入过程进行基础研究。原位透射电子显微镜纳米电池技术是一种用于详细研究常用插层负极(如碳质同素异形体和过渡金属氧化物)的独特方法。当离子插入和取出电极材料时,就会发生嵌入反应。对于理想的电极,嵌入/脱嵌反应不应导致显著的体积变化,因为任何体积变化都可能导致电极破裂或活性材料损失。

(1)碳基材料。

碳纳米管是一种非常有前途的插层电极材料。碳纳米管显示出优异的物理性能,如高导电性和柔韧性,理论比容量(1 000 mAh/g)比传统商业化 LIBs 中用作电极的石墨高得多。利用开放电池结构,有学者报道了多壁管在锂插入/提取过程中的结构演变和锂化机理。如图 7.40(a)所示,锂化几分钟后,在原始多壁管上涂覆了一薄层 Li_2O(图 7.40(b)),这代表了 SEI 层,导致初始循环期间的不可逆容量损失。由于锂离子的插入,多壁管的层间间距从 0.34 nm 增加到 0.36 nm(图 7.40(c)、(d))。层间膨胀极大地提高了多壁管的内部拉环应力(约 50 GPa),从而导致侧壁变形。此外,碳纳米管的锂化使它们变脆,导致沿着墙壁断裂。如图 7.40(e)所示,在压缩和拉伸下,多壁管塑性变形并以尖锐钝角断裂。多壁管的脆化归因于通过插入小管间 Li 而引起的 C—C 键的机械弱化以及电子从 Li 向反键 π 轨道传输的化学效应的综合作用。这些现场观察从根本上揭示了 LIBs 中碳负极的降解机理。基于这些结果,可以选择具有坚固机械性能的替代材料作为负极。例如,石墨烯纳米带可以适应锂化过程中的层间膨胀,这是由于它们的自由面外运动,从而显著降低内应力并防止抑制多壁管负极的点断。

(2)过渡金属氧化物。

除了碳质电极,过渡金属氧化物还因较高的理论容量和化学稳定性而成为可充电离子电池的插层反应材料。当将锂离子插入过渡金属氧化物中时,插层化合物以层状氧化物($LiMO_2$)、尖晶石氧化物(LiM_2O_4)、橄榄石磷酸盐($LiMPO_4$)或硅酸盐(Li_2MSiO_4)为主,其中 M=3D 过渡金属元素。这些插层化合物包含可被锂离子占据的间隙位点,共有三种类型的离子扩散通道,可促进锂离子在这些金属氧化物嵌入电极材料中的传输,而不会发生明显的结构变形:①离子沿一个晶面迁移,例如 $LiFePO_4$(1D)中的(010);②在层状化合物中,离子在层之间扩散(2D);③离子沿着间隙位置在整个晶体结构中移动,例如在

$Li_4Ti_5O_{12}$(3D)的尖晶石结构中移动。

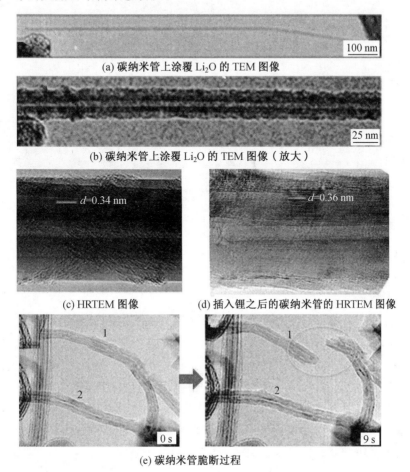

(a) 碳纳米管上涂覆 Li_2O 的 TEM 图像

(b) 碳纳米管上涂覆 Li_2O 的 TEM 图像（放大）

(c) HRTEM 图像

(d) 插入锂之后的碳纳米管的 HRTEM 图像

(e) 碳纳米管脆断过程

图 7.40　碳纳米管的嵌锂过程

　　锰酸锂显示出快速充放电能力,有可能用于高功率密度应用,如电动汽车和便携式电子设备。然而,与其他常用正极材料相比,锰酸锂在长时间循环后会损失部分容量。Takayanagi 等人报道的锰酸锂的原位开放式电池研究显示,锰酸锂纳米线在高充电率下不会物理断裂。这表明锰酸锂纳米线在稳定性方面具有内在优势,导致设计使用锰酸锂纳米线作为大块电池的电极具有增强的充电时间和长的循环寿命。开放式电池结构的灵活性允许研究由锰酸锂作为纳米线正极和钛酸锂作为负极组成的全电池。他们的研究结果如图 7.41 所示。从 HRTEM 图像中,没有观察到纳米线明显的形态变化或脆性裂纹,这与多壁管的锂化过程相反。此外,可以在纳米线上发现"边缘区域",其中结构变化根据正极和/或负极电流方向沿着线的轴来回传播。透射电子衍射图的分析进一步表明富锂和贫锂相被边缘区分开。在放电过程中,富锂相向电解质方向膨胀;在充电过程中,贫锂相的膨胀驱动过渡区朝向正极。该研究揭示了锂在锰酸锂正极中基于扩散的嵌入机制,表明锰酸锂纳米线在防止电池设计中的容量衰减方面具有优势。

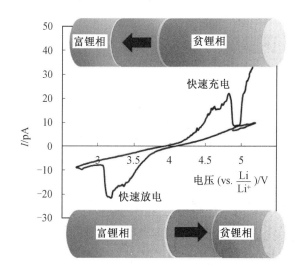

图 7.41 循环伏安过程锰酸锂纳米线结构演变

4. 合金反应机制

合金化反应机制与插层反应机制不同,合金化机制是通过在插入的锂离子与主体元素之间反应形成 Li-X 合金(X = Si,Ge 和 Sn)。由于理论容量高,合金型电极材料显示出极大地提高下一代电池能量密度的巨大潜力。硅是代表性的合金化/脱合金负极材料,具有较高的理论容量(4 200 mAh/g)。Si 的超高 Li 储存密度使其成为 LIB 的高能量密度负极的有希望的候选者。然而,硅负极在锂化过程中经历不可逆的粉碎和破裂,这导致快速的容量衰减。因此,进行了深入的研究,以了解硅负极的失效机理,特别是对锂硅合金化/脱合金过程的原位观察。

(1)纳米化。

纳米工程是减轻高容量负极破裂的最有希望的策略之一。据报道,Si 纳米颗粒和纳米线比其本体的同类物具有更好的可循环性。基本问题之一是:在锂化过程中可以防止在何种临界尺寸下发生断裂。有学者研究了在数十纳米到几微米范围内具有不同尺寸的单个 Si 纳米颗粒的锂化并揭示了在第一次锂化过程中断裂的强烈尺寸依赖性。对于直径大于 150 nm 的大型 Si 纳米颗粒,裂纹总是从表面成核(图 7.42(a)),在进一步锂化时纳米颗粒会破碎成碎片。相反,小的 Si 纳米颗粒没有破裂,但是在完成锂化后表现出巨大的体积膨胀,类似于膨胀的气球(图 7.42(b))。该原位结果清楚地表明,就避免伴随电化学反应的不利机械后果而言,纳米结构更好。如果将小的 Si 纳米颗粒分散在柔软的弹性体或多孔基质中,则可以很好地适应巨大的体积变化。

原位锂化试验的一个意想不到的观察结果是,大的硅纳米颗粒中的裂纹总是从锂化的锂/硅壳的表面开始,而不是从碳-硅核的中心开始(7.42(a)、(c))。这种表面裂纹模式不同于先前模型对中心裂纹第一次成核的预测。为了理解硅纳米颗粒的表面开裂和尺寸相关断裂,必须考虑以下物理效应:两相锂化机理和两相边界的曲率。这两种效应结合在一起,因此颗粒表层的环向应力从初始压缩反向为拉伸。原位和非原位试验都揭示了硅锂化过程中形成的厚度为 1 nm 的尖锐 Li_xSi/Si 界面。在这种两相锂化模式中,锂浓度梯度在窄的 Li_xSi/Si 界面上很大,即从碳硅侧的 $x \sim 0$ 到碳硅壳中的 $x \sim 3.75$。考虑硅纳米粒子表面的代表性材料元素,元素 A 的直接锂化,当被锂化前沿扫过时,由于周围材料的限制,因此导致环向发生压缩。然而,在移动的反应前沿,连续锂化和相关的体积膨胀将锂化壳推出。类似于膨胀气球中拉伸环向应力的发展,单元 A 中的应力状态将从压缩状态反转为拉伸状态。结果,随着更多锂化合金被推出,表面裂纹可能从最外面的 Li_xSi 壳以最大的拉环应力成核并向内扩展。

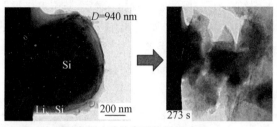

(a) 大尺寸硅纳米颗粒锂化过程

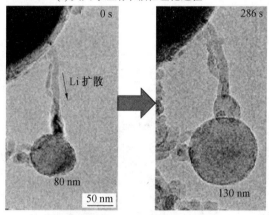

(b) 小尺寸硅纳米颗粒锂化过程

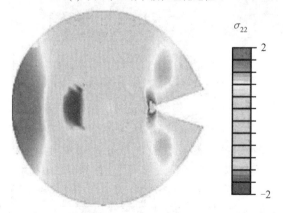

(c) 模拟锂嵌入过程表面裂纹产生

图 7.42　硅锂化过程

（2）晶格取向。

研究显示,硅的锂化高度依赖于晶体学取向,类似于硅的各向异性刻蚀。图 7.43 所示为在原位锂化过程中具有(112)生长方向的 Si 纳米线的微观结构演变。一旦 Si 纳米线接触 Li_2O/Li 电极并且将-2 V 的负电势施加至纳米线,则锂化在轴向和径向上进行。将 Si 纳米线转变为 Li_xSi 合金,在完全锂化后将其进一步结晶为 $Li_{15}Si_4$ 相。Si 与 Li-Si 合金之间的界面在原子上很锋利(图 7.43(a))。锂化部分显示出独特的对比度,两条平行的子线之间用一条中心白线隔开(图 7.43(a)、(b))。在锂化纳米线的特写视图显示出沿纳米线轴延伸的中央裂纹(图 7.43(c))。已经确定,锂化的(112)Si 纳米线表现出独特的哑铃形横截面,如图 7.43(d)所示,显示出沿径向(110)方向的最大膨胀和沿径向(111)方向的最小膨胀各向异性溶胀会沿着纳米线轴产生变薄的中心,从而导致沿导线形成明显的纵向裂纹,从而导致单根纳米线自动分裂成两条子线。

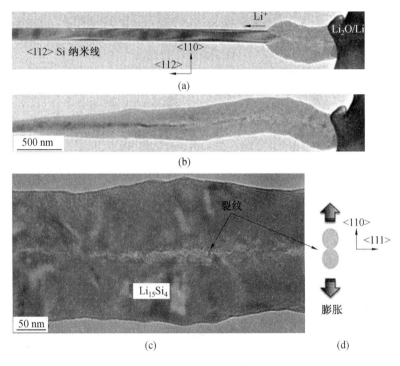

图 7.43 不同晶相锂锂化过程

各向异性锂化都是 Li-Si 合金化过程固有的,这由在不同试验条件和不同的几何形状下进行的原位试验和异位试验的一致观察所证明。对于(112)纳米线,在横截面中有正交的(110)和(111)径向,这些各向异性表现出最大的各向异性,在前一个方向发生最快的锂化,在后一个方向发生最慢的锂化。实际上,直径沿(110)增大了 200%以上,但沿(111)却增大了近 10%。Lee 等人在常规电池中制造了具有不同晶格取向的 Si 柱并进行了电化学锂化。他们观察到这些硅柱的横截面形状异常变化,这与晶体学方向高度相关。同样,在 Goldman 等人的独立研究中,在异位试验中,在硅微板中观察到了沿(110)方向的主要溶胀。这些相互一致的结果表明,硅锂化的各向异性是锂硅合金化反应的固有性质,在很大程度上与试验条件无关。

5. 转化反应机制

转化反应涉及金属氧化物(M_xO_y)、金属硫化物(M_xS_y)以及金属氮化物(M_xN_y)等,转化反应与插层反应不同,和合金反应类似,与主体材料发生氧化还原反应,提供了电荷载流子。与插层反应相比,转化反应有更高的能量密度。原位 TEM 技术可以在各种 MX(X=O,S,Se,N 等)相转换过程中对金属 M 的可逆形成进行高度局部的结构和形态监测。该信息为改进材料设计以为基于转化反应的电池获得强大的电化学性能提供了宝贵的指导。

SnO_2 纳米线是原位开式电池研究的第一个纳米结构。由于其深入研究的多重锂化机理,它在其他原位锂化研究中也通常用作负极。与其他金属氧化物的锂化机理相比,SnO_2 中的锂化过程表现出插层,合金化和转化反应机制。一开始,仅将 Li 离子插入 SnO_2 晶格中,此步骤中的反应主要有嵌入反应,接下来是转化反应,SnO_2 转化成金属锡,最后进行合金化反应。尽管电化学反应机理在 SnO_2 的锂化过程中很复杂,但是已经充分研究了 SnO_2 中转化过程的原子性质。SnO_2 的反应路径显示了一个两步转换过程,其中电极材料首先嵌入锂离子,然后置换锡。两步转化反应是过渡金属氧化物材料(包括尖晶石氧化物,如 Fe_3O_4、Co_3O_4、Mn_3O_4 等)的锂化过程中的典型反应。这些材料具有独特的晶体结构(尖晶石),其中包含 Li^+ 插入。与直接转换材料(电极 NiO、Cu_2O 等)直接转换成金属 M 和 Li_2O(O 可以被 F、S 等改变))相比,这种结构和相应的机制具有更高的理论容量。因此,尖晶石氧化物,尤其是尖晶石磁铁矿(Fe_3O_4)被广泛用作 LIBs 的电极材料。

Fe_3O_4 的锂化机理是使用基于应变敏感的明场扫描透射电子显微镜(STEM)技术研究的,该技术基于以 Fe_3O_4 为负极的开孔结构。他们清楚地看到了 Fe_3O_4 纳米晶体中锂化过程的两步嵌入-转换过程。纳米晶体的结构演变表明,初始的 Li 嵌入导致以两相反应模式形成岩盐 $LiFe_3O_4$ 相。随后的转化反应与单个纳米颗粒中的 Li 嵌入过程显著重叠,导致放电曲线未显示明显的反应。这项研究重点介绍了先进的原位 TEM 技术并提供了具有转化反应机理的金属氧化物材料的宝贵见解。

第8章　固体氧化物燃料电池

8.1　固体氧化物燃料电池介绍

20世纪以来,温室效应的不断积累已经逐渐导致全球性气候变暖,成为广泛关注和研究的全球性环境问题。我国已经将积极应对气候变化、推动绿色低碳发展作为经济社会发展的重大战略,先后提出了到2020年、2030年减少温室气体排放的阶段性目标。欧盟也提出到2050年将温室气体的排放量减少80%～95%,达到与1990年相当的水平。为了实现这些目标,需要大力发展清洁能源来替代传统的矿石燃料。以氢气作为清洁能源载体可以有效减少矿石燃料使用,利用风能和太阳能产生的过剩电能可以将水电解产生氢气,同时,氢气作为燃料可被燃料电池再次转化成电能使用。

固体氧化物燃料电池(Solid Oxide Fuel Cell,SOFC)是一种清洁高效的绿色能源转换技术,其能源转化率可以达到60%,与热电联产机组(Combined Heat and Power Units,CHPs)组网使用,能源转化效率可高达85%。SOFC除了可以使用氢气作为燃料外,还可以使用沼气、天然气甚至复杂的碳氢化合物作为燃料。SOFC工作原理示意图如图8.1所示,其中在阴极侧氧气与电子反应形成氧离子,即

$$\frac{1}{2}O_2(g) + 2e^- \longrightarrow O^{2-} \tag{8.1}$$

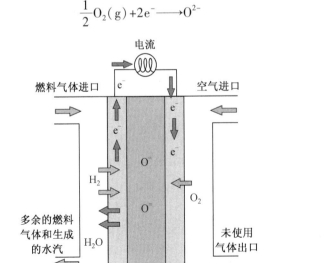

图8.1　固体氧化物燃料电池工作原理示意图

阳离子通过电解质传导后在阳极侧与氢气(燃料)发生的反应为

$$H_2(g) + O^{2-} \longrightarrow H_2O + 2e^- \tag{8.2}$$

氧离子与氢气(燃料)反应后释放电子,电子流过阴极的外部电路,从而产生电能。根据电极两侧的反应和图8.1所示的反应过程可知,当SOFC燃料为氢气时,在电流产生过程中唯一的副产物是水。此外,SOFC也可以利用碳氢化合物,例如甲烷或一氧化碳作为燃料,在这种情况下,发电过程所产生的副产物除水之外还有CO_2。使用SOFC技术将碳氢化合物转为电能的过程比使用传统的内燃机更环保,由于SOFC发电过程不受卡诺循环(Carnot cycle)的限制,因此可以达到更高的转化效率。

SOFC电池片的各功能层(阳极、阴极和电解质)可以被设计成不同的结构,目前电池片的结构设计可分为平板式和管式两种,如图8.2所示。管式结构设计通常采用陶瓷素坯挤压的方式制备出第一层管式结构,随后通过气相沉积或等离子喷涂等方式依次制备剩余功能层。管式设计不需要后续密封结构,具备极佳的长期稳定性。但是,管式结构的能量输出密度较低,只有大约$0.2~W/cm^2$,而且制造成本较高,不利于大规模工业应用。平板式结构设计不需要复杂的制造过程而且能量输出密度较高,而且平板式SOFC电池片易于堆垛构建电池堆,可以满足大功率输出需求,因此获得了广泛的研究。平板式结构SOFC电池片最早使用电解质(YSZ)作为支撑体,在这种设计的电解质层通常需要达到$150~\mu m$,为了确保氧离子在厚的电解质中获得足够的电导率,服役温度需要超过$900~^\circ C$。随着陶瓷制备工艺的进步,逐渐发展出阳极支撑型电池片结构,电解质层的厚度减小到$10\sim20~\mu m$,因此可以显著降低氧离子通过电解质层的欧姆损失,该种情况下,电池片可以在$800~^\circ C$稳定工作,获得极佳的输出功率。为了进一步降低电池片的制造成本,最新发明的金属支撑型平板式电池片服役温度进一步降低到$600~^\circ C$,但是,目前金属支撑型电池片还存在稳定性不准,服役过程金属支撑体氧化严重等问题,需要深入研究,克服金属支撑体的缺点。

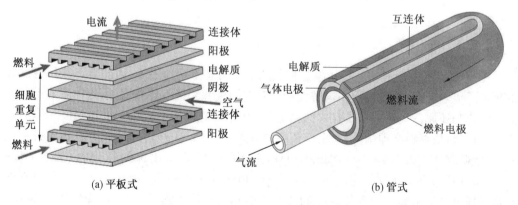

图8.2 SOFC电池片平板式和管式设计

阳极支撑体SOFC是目前稳定性最好、最具有市场应用价值的平板型设计。SOFC单电池片只能产生约1 V的开路电压,因此为了获得足够的功率输出,满足实际应用需求,需要将多个单电池互连构成电池堆(SOFC stack),电池片之间通过不锈钢互连体(interconnect)分离燃料气体和氧化性气体,同时提供电路互连,常见的SOFC电池堆设计结构如图 8.3 所示。

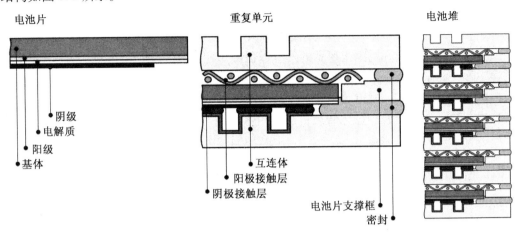

图 8.3 阳极支撑体固体氧化物燃料电池堆示意图

在电池堆的构建过程中主要涉及两类连接问题,分别是电池片与不锈钢的异种材料连接,以及不锈钢同种材料连接,其中电池片与不锈钢的连接是最核心的技术。电池堆需要在高温双重气氛(氧化和还原)下长期服役,接头将面临化学腐蚀与热应力的挑战,如果连接位置气体泄漏将导致电池堆性能严重衰减,造成很大的安全隐患。目前,欧盟和美国已经在电池堆连接领域进行了近 50 年的积累,开发出多种具有市场应用价值的连接技术。本章将对电池片 YSZ 陶瓷与不锈钢的空气连接机理进行深入研究,开发适用于 SOFC 电池堆构建的连接技术,将有助于我国 SOFC 技术的市场应用,实现能源构优化与绿色低碳发展。

8.2 固体氧化物燃料电池材料介绍

8.2.1 电解质

在 SOFC 中,电解质的主要功能是将氧离子从阴极传导到阳极,因此其必须具备良好的氧离子传输能力,工作过程中电解质会同时与阳极和阴极气体接触,所以电解质需要在高温氧化和还原性气氛中具备良好的稳定性,电解质也起到了阻隔阳极和阴极气体的作用,所以电解质材料必须结构致密,避免形成孔洞。当前,主要研究的三类电解质材料包括:钙钛矿材料(如:$(La, Sr)(Mg, Ca)O_3$、LSMG)、掺杂氧化铈的氧化物(如:Ceria-gadolinia,CGO)和氧化钇稳定的氧化锆陶瓷(Yttria-stabilized Zirconia,YSZ),三种材料的氧离子导电能力随温度的变化曲线如图 8.4 所示。YSZ 电解质材料在 1899 年被 Nernst 发现,对于工作温度超过 650 ℃的 SOFC,YSZ 仍然是最适合的电解质材料,氧化锆中添加氧化钇后,获得了稳定的立方萤石结构,避免升温过程氧化锆从单斜相→四方相→立方相的晶体转化过程。氧化钇的最多添加量(摩尔分数)为 8%,通过引入氧空位可以显著提高电解质的离子导电性。

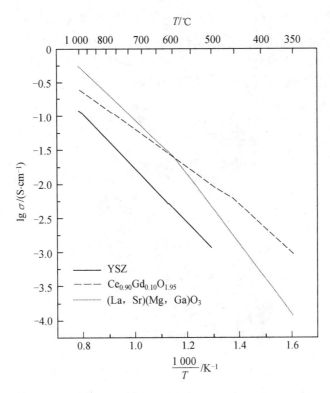

图 8.4　三种最常用 SOFC 电解质材料的离子电导率随温度的变化曲线

　　钙钛矿结构的 LSMG 电解质比 YSZ 的离子导电性好,但是 LSMG 材料的最大缺点是与电池片的阳极材料(Ni-YSZ)反应活性较高,在高温服役过程中会降低阳极活性,导致电池片性能衰减,不利于 SOFC 的长期稳定服役。CGO 在中低温环境(小于 600 ℃)依然具有较高的阳离子导电性,适用于中温 SOFC 服役。但是,其结构中的 Ce^{4+} 在还原性气氛中会转变成 Ce^{3+},引起电解质层的电子电导率升高,从而增加了 SOFC 的短路风险。比较而言,YSZ 能够避免与阳极和阴极材料反应,在高温氧化和还原气氛中均保持了良好的稳定性,而且容易获得致密性良好的结构,可以有效避免阳极和阴极气体混合,YSZ 已经成为当前使用最为广泛的 SOFC 电解质材料。

8.2.2　电极材料

　　与电解质材料致密的结构不同,电极材料需要具备多孔结构,以此增加电极与气体的反应接触位点,提高反应效率。其中,阳极材料需要具备对燃料气体催化活性强、电导率高,以及在还原气氛下具备良好的高温结构稳定性。镍(Ni)具备优良的氢气催化特性,而且成本相对较低,是最常用的阳极材料。但是镍不能单独作为阳极材料使用,因为 Ni 相对电解质陶瓷材料而言,其热膨胀系数较大,在高温服役过程中容易引起电池片不同功能层之间的热失配破坏。通过将 Ni 与氧化钇稳定的 YSZ 复合,制备多孔金属-陶瓷复合材料(Ni-YSZ)很好地解决了电池片差异功能层的热失配问题,YSZ 的引入不仅降低了阳极材料的热膨胀系数,而且扩展了电解质与 Ni 的接触位点。如图 8.5 所示,复合 Ni-YSZ

多孔阳极结构拓展了三相反应边界,可以显著提高阳极燃料气体的氧化效率。对于 Ni-YSZ 阳极而言,最大的挑战在于氧化还原稳定性差,对含碳燃料中的硫和碳沉积的耐受性低。一些可替代性的阳极材料也被研究,例如 $Cu-CeO_2$ 复合材料以及 $La_xSr_{1-x}TiO_3$。然而,目前 Ni-YSZ 仍然是应用最为广泛的阳极材料。

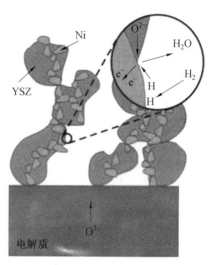

图 8.5 Ni-YSZ 阳极三相界面处氧化反应示意图

阴极材料需要在氧气还原过程中具有良好的催化活性,高的电导率以及在氧化气氛中良好的高温稳定性。当前,使用最为广泛的阴极材料是钙钛矿型氧化物,例如锶掺杂的镧磁铁矿(LSM)和镧锶钴铁氧体(LSCF)。在 $LaMnO_3$ 中掺杂 Sr,可将阴极热膨胀系数调节与电解质 YSZ 接近,同时可获得良好的导电性能。通过在 LSM 阴极中浸入催化活性的纳米颗粒,可以显著提高阴极的电催化性能。因为 LSM 是几乎纯电子导体,通过与 YSZ 进行混合增加三相界面为氧气还原提供了反应位点。SOFC 阴极材料通常是电子和离子混合导体,可以将电化学活性区域从阴极/电解质界面扩展到整个阴极。对于 LSCF 阴极材料而言,钙钛矿结构中的氧化锶(SrO)与电解质 YSZ 反应会形成绝缘的 $SrZrO_3$。为了阻隔阴极与电解质的反应,可以在阴极和电解质之间预制元素扩散阻挡层,常用的阻挡层材料为 CGO。对于所有的传统阴极材料而言,最大的挑战在于阴极铬中毒问题。SOFC 在服役过程中,金属连接体中的 Cr 元素能够形成挥发性的 Cr(Ⅵ)气体,极容易在阴极的三相界面处沉积,铬中毒会导致电池性能衰减,输出电压降低。因此,未来开发低铬中毒敏感性阴极材料是重要的研究方向。

8.2.3 支撑框及连接体

SOFC 电池片在装配过程中容易破裂,不宜承受较大的装配应力,尤其受到冲击应力时容易在装配位置断裂。为了保护电池片,电池堆的结构设计中都加入了金属支撑框(frame)对电池片进行保护,为电池片提供机械支撑。电池片首先与金属支撑框紧固封接,电池堆的装配位置由电池片转移到金属支撑框,电池片不再承受装配应力,金属支撑框也能够很好地缓解服役过程中的热应力和冲击应力,显著提高电池堆的稳定性,尤其有利于电池堆作为移动电源使用。

连接体(interconnect)的主要功能是确保相邻两个电池单元阴极和阳极的电互连,同时分隔两侧的空气和燃料气体,与两侧电池单元构成阳极室和阴极室,同时为电池堆提供机械支撑。支撑框和连接体一般选择同种材料,合适的材料需要满足以下条件:①热膨胀系数(CTE)要与 SOFC 电池片各功能层 CTE($11×10^{-6}$ K^{-1})匹配;②在氧化性和还原性气氛中都具备极高的稳定性;③与电池片阳极和阴极材料保持良好的化学兼容性;④高密度,低氧气和氢气渗透率,能够避免两侧燃料气体和空气混合;⑤高热导率(大于5 W·mK)容许在阴极产生的热量充分传导到阳极侧;⑥低成本,降低 SOFC 电池堆制备成本。

很少有陶瓷氧化物能够满足 SOFC 连接体的要求,$LaCrO_3$ 是当前唯一具备实用价值的陶瓷连接体材料。为了提高材料的电导率和调节热膨胀行为,钙钛矿材料通常掺杂少量的 Sr 和 Ca 元素,经过掺杂后 $LaCrO_3$ 在 800 ℃空气条件下可获得高达 50 S/cm 的电导率,热膨胀系数可以调节到 10^{-11} ~ 10^{-6} K^{-1}。然而 $LaCrO_3$ 材料最大的问题是烧结过程难以致密化,需要特殊的加工工艺,导致连接体制造成本大幅度提高。

随着 SOFC 服役温度不断降低,金属材料逐渐被广泛应用于制造连接体,与 $LaCrO_3$ 材料相比,金属连接体具备价格低、加工性好、电导率和热导率高等优势。大量的金属材料被研究用于制备连接体,其中表面易形成 Al_2O_3 和 SiO_2 的合金材料、虽然具备良好的高温性能,但是上述表面氧化物电导率较低,所以不适用于制备金属连接体。当前,铁素体不锈钢是最受欢迎的金属支撑框和连接体金属材料,其氧化过程形成的 Cr_2O_3 具备良好的导电性,同时能够对金属基体构成良好的保护。

在 2003 年,多种铁素体不锈钢开始被研究用于制备金属连接体,为满足上述使用需求,科研工作者不断对铁素体不锈钢进行改良,目前广泛使用的铁素体不锈钢材料及成分见表 8.1。

表 8.1　常用连接体铁素体不锈钢种类及成分(质量分数,%)

合金	Fe	Cr	Mn	Si	Al	La	C	其他
Crofer22APU	bal.	20 ~ 24	0.3 ~ 0.8	<0.5	<0.5	0.04	<0.03	<0.2Ti
ZMG232L	bal.	21 ~ 23	1.0	<0.1	<0.5	0.03 ~ 0.1	<0.1	0.1 ~ 0.4Zr
Sanergy HT	bal.	22	<0.5	<0.3			<0.05	1.0Mo;0.75Nb
Crofer22H	bal.	20 ~ 24	0.8	0.1 ~ 0.6	<0.1	0.04 ~ 0.2	<0.03	0.2Nb;2.0W;<0.2Ti

注:bal. 表示余量.

上述 SOFC 用铁素体不锈钢材料具备以下共同特征:①基体中 Cr 含量高,足以形成含 Cr 保护层确保不锈钢基体长期稳定;②不锈钢中加入少量的 Mn 元素,在最外层形成 $MnCr_2O_4$ 保护层,从而减少形成含 Cr 挥发性物质;③为了提高保护层对基体的结合强度,需要适当添加少量的稀土元素 La 或 Zr 等。一些合金中也加入少量的 Ti 元素,氧化过程会原位形成 TiO_2,有助于提高表层合金强度。为了避免铁素体不锈钢表面形成连续的绝缘 SiO_2 层,当前主要有两种方式。Crofer 22APU 和 ZMG232L 两种铁素体不锈钢采用真空感应熔炼,可以将基体中的 Si 含量降到最低,但是真空熔炼过程成本较高。Sanergy HT 和 Crofer22H 两种铁素体不锈钢在熔炼过程中加入 Nb、Mo 或 W 元素与 Si 形成拉斯夫相

（Laves-phases），避免了 Si 元素向表层扩散形成 SiO_2 连续绝缘层；此外，形成拉斯夫相同时提高了合金的蠕变和高温拉伸性能。

8.3 SOFC 电池堆封接研究

SOFC 电池堆需要长期在高温氧化和还原气氛下服役，特殊的工作环境对封接技术提出了严格的要求。需要从机械性能、化学性能、工艺过程以及电化学性能等多方面进行综合考虑，具体总结如下：

（1）机械性能。极低的气体泄漏率，封接材料与两侧封接母材 CTE 匹配，封接材料能够与两侧母材高质量连接，或者通过压缩保证气密性，能够承受热循环或热冲击应力造成的机械损伤，及外部静态或动态应力。

（2）化学性能。在氧化以及湿还原气氛中具备稳定的长期服役性，封接材料与两侧母材不发生过度反应，避免对电池造成损伤，能够避免氢脆。

（3）工艺过程。工艺灵活性高，能够适用于多种封接表面，封接过程要尽可能减少对母材的损伤，工艺周期短，有利于 SOFC 电池堆市场化应用。

（4）电化学性能。封接材料电绝缘，或者通过封接表面改性和添加中间绝缘层避免电池片短路。

除了需要满足上述封接要求外，SOFC 电池堆封接技术针对封接位置不同也需要做出一定的调整。图 8.6 所示为平板型 SOFC 电池堆封接位置示意图。具体可以概括为四类主要的封接位置：电池片与金属支撑框，金属支撑框与金属连接体，金属支撑框/金属连接体与电绝缘中间层，以及电池堆与基底气流板。四类封接位置可以总结为两类封接：电池片陶瓷与铁素体不锈钢封接和铁素体不锈钢自身封接。其中，电池片陶瓷与铁素体不锈钢的封接为异种材料封接，电池片整体厚度只有 500 μm，封接过程容易破裂，封接难度更大。当前，电池堆封接技术主要包括压缩密封和紧固性封接两类，其中紧固性封接主要包括玻璃连接、真空活性钎焊以及空气反应钎焊。

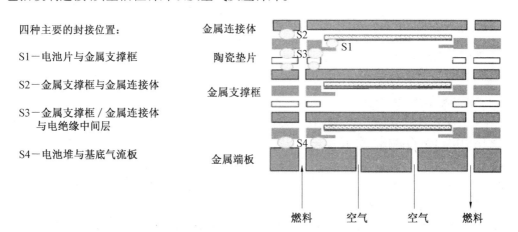

图 8.6 平板型 SOFC 电池堆封接位置示意图

8.3.1 压缩密封

压缩密封是将具备一定变形能力的耐高温密封垫片装配于电池片和支撑框的待封接表面之间,通过外部施加压力,使高温密封垫片产生变形与两侧母材形成紧密接触,实现SOFC 电池堆压缩密封。压缩密封为非紧固性连接,不需要考虑与 SOFC 组件的 CTE 是否匹配问题,密封垫片压缩变形也可以吸收电池堆服役过程的冲击和变形应力。当前,使用最为广泛的压缩密封材料为云母基密封垫片,云母基密封垫片由美国西北太平洋国家重点实验室(PNNL)开发,已经取得了实际应用。云母基密封材料属于层状硅酸盐矿物质,具备优异的耐高温抗氧化能力、高介电常数和电阻率。云母基材料平行的硅酸盐四面体结构能够吸收较大的热应力,有利于电池堆高温运行。常用的云母材料为白云母 KAl_2($AlSi_3O_{10}$)(F,OH)$_2$ 和金云母 KMg_3($AlSi_3O_{10}$)(OH)$_2$,热膨胀系数分别为 $7\times10^{-6}\ K^{-1}$ 和 $10\times10^{-6}\ K^{-1}$。压缩密封 SOFC 电池堆装配示意图如图 8.7 所示,该方法的优势在于装配简单、电池堆结构简单、方便拆卸和替换密封材料,由于垫片与 SOFC 组件之间不需要严格的 CTE 匹配,所以没有界面热应力问题。

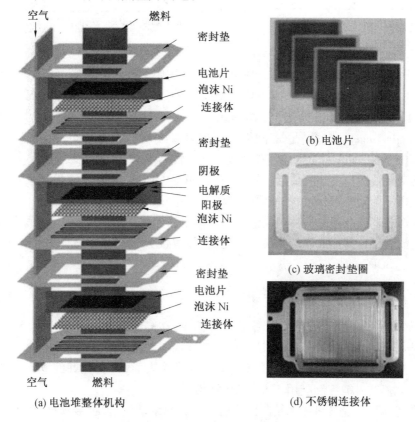

图 8.7　压缩密封 SOFC 电池堆装配示意图

单独使用云母材料作为密封垫片,即使在大装配应力作用下泄漏率依然较高。要想获得满意的气密性需要对云母基密封结构进行优化,图 8.8 所示为一系列的优化方式。将片层结构的云母材料交错堆叠使用,施加外力后可以有效改善气密性,如图 8.8(a)所示,但是云母/母材界面处气体泄漏率仍然较高。通过在两侧母材待封接表面预制 Ag 或玻璃缓冲层,可以有效解决界面气体泄漏的问题,如图 8.8(b)所示。另一种优化方法如图 8.8(c)所示,将云母粉末填充到波纹状密封金属结构中形成复合密封垫片,同样可以获得满意的密封效果。在预制界面缓冲层的基础上,通过浸入硝酸盐填充料,减少片层结构孔隙的方法,可以进一步提高接头气密性,结构如图 8.8(d)所示。

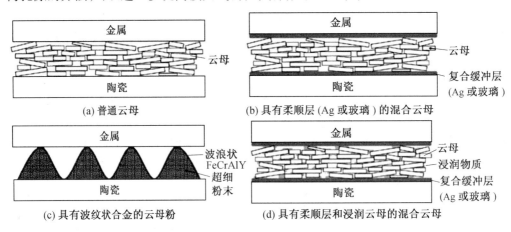

图 8.8　云母基压缩密封结构示意图

将浸润 $Bi(NO_3)_3 \cdot 5H_2O$ 的云母基复合垫片按照图 8.8(d)所示结构进行压缩密封装配,在还原性气氛中($2.5 \sim 2.7H_2 - Ar - 3H_2O$)对该密封结构进行高温老化试验(800 ℃/1 000 h)。试验结果表明,在 600 h 之前,结构的气密性维持在 $2 \times 10^{-3} \sim 3 \times 10^{-3}$ mL/(min · cm),能够满足气密性需求,但是继续延长老化时间,气体泄漏率会迅速增加到 0.05 mL/(min · cm),已经无法满足气密性要求。

压缩密封虽然具备装配灵活,易于替换和不受 CTE 失配影响等优势。但是,压缩密封实质上是一个动态密封过程,需要一个稳固的外力加载机构维持气密性,高温氧化以及结构蠕变都会造成严重的气体泄漏。对不锈钢基体的保护作用较小,长时间高温氧化后,不锈钢基体表层容易形成厚的易脱落氧化皮,导致接头泄漏率显著提高。表明该方法不适合应用于 SOFC 的长期服役需求,尤其无法作为移动电源使用。

8.3.2　玻璃/玻璃-陶瓷连接

玻璃/玻璃-陶瓷钎料成本低,制备过程简单,在高温氧化和还原性气氛中有良好的稳定性,与电池片陶瓷和铁素体不锈钢钎料都展现了优良的润湿性,通过调节组分可以比较容易改变玻璃体系的 CTE 值,易于装配在待封接表面,具有良好的电绝缘性,因此玻璃/玻璃-陶瓷钎料被广泛应用于 SOFC 电池堆封接。

玻璃/玻璃-陶瓷钎料体系结晶固化后会形成网络结构,根据玻璃网络结构形成机制可以对玻璃成分进行分类。玻璃钎料体系所含有三个主要成分:网络形成剂、网络修饰剂和中间氧化物,此外,还有少量的调节体系性能的添加剂。图 8.9 所示为玻璃网络结构示意图,对玻璃钎料的各组分的功能性进行总结,可分为以下几类:

(1)网络形成剂,通常包括 SiO_2 和 B_2O_3,其主要作用为形成玻璃网络结构,对钎料体系玻璃化转化温度(T_g)和热膨胀系数(CTE)起决定性作用,决定与被连接钎料的粘接和润湿性能。

(2)网络修饰剂,通常包括 LiO_2、Na_2O、K_2O、BaO、SrO、CaO 和 MgO,其主要作用是维持网络结构电中性,创建非桥接氧,修饰玻璃的 T_g 和 CTE。

(3)中间氧化物,通常包括 Al_2O_3 和 GAl_2O_3,其主要作用是阻止玻璃晶化失透和修饰玻璃体系黏度。

(4)添加剂,有多种类别,其中 LAl_2O_3、Nd_2O_3 和 Y_2O_3 具有调节玻璃黏度和增加 CTE 的作用,ZnO 和 PbO 可以提高玻璃的流动性,NiO、CuO、CoO、MnO、Cr_2O_3 和 V_2O_5 可以提高与被连接钎料的黏接性,TiO_2 和 ZrO_2 能够诱导玻璃晶化失透。

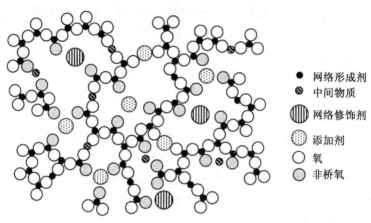

● 网络形成剂
◐ 中间物质
▥ 网络修饰剂
▨ 添加剂
○ 氧
◌ 非桥氧

图 8.9 玻璃网状结构示意图

在玻璃钎料选择过程中,有三个重要的因素需要考虑:钎料的玻璃化转变温度 T_g,钎料 CTE 和钎料与被连接 SOFC 组件的反应性。T_g 是玻璃钎料重要的指标参数,温度超过 T_g 后,玻璃钎料由脆性转变成弹性,继续升高温度,玻璃材料软化,流动性增强,开始润湿被连接钎料,温度冷却低于 T_g 后,玻璃钎料固化形成紧固连接。玻璃钎料的 CTE 值需要与 SOFC 组件的 CTE 尽可能匹配,以减小装配和服役过程中产生的界面应力,因为玻璃钎料的脆性本质,其很难通过自身形变吸收应力,所以 CTE 是确保接头可靠性的关键因素。此外,非晶玻璃体系经过封接加热过程会发生晶化转变形成陶瓷相,从而构成玻璃-陶瓷复合体系,体系 CTE 也将发生变化,这些因素都是在选择玻璃/玻璃-陶瓷钎料时需要考虑的问题。对于玻璃/玻璃-陶瓷钎料而言,最难克服的是钎料与被封接 SOFC 组件的反应,尤其与不锈钢基体的反应,容易在界面处形成 CTE 值较大的铬酸盐化合物,在界面连接处剥落,导致界面连接失效。所以,选择玻璃钎料时,要尽可能减少其与被连接 SOFC 组件的反应。

针对含 Ba 元素的碱土玻璃容易与不锈钢基体反应形成高膨胀系数铬酸盐化合物层($CTE>20×10^{-6}$ K^{-1})的问题,采用不含 Ba 元素的 SiO_2-MgO-NAl_2O_3-Al_2O_3-ZrO_2-B_2O_3 (V11)玻璃钎料对电池堆进行封接,在连接温度为 800 ℃、装配压力为 16.7 N/cm^2 的条件下,成功连接铁素体不锈钢和阳极支撑体 SOFC 电池片。非晶态的 V11 玻璃在高温封接过程中会部分晶化(35.7%)形成辉石相($(Mg_{0.7}Al_{0.3})(Si_{1.7}Al_{0.3})O_6$)和霞石相

（$NaAlSiO_4$），晶化过程导致钎料体系的 CTE 从 $9.52 \times 10^{-6}\ K^{-1}$ 增加到 $12.8 \times 10^{-6}\ K^{-1}$，确保与不锈钢和电池片进行良好的 CTE 匹配。通过不锈钢表面铝化或表面预氧化，一定程度上缓解了玻璃钎料成分与不锈钢的反应。但是，由于该钎料黏度较大，焊后接头会有大量的气孔残留，不利于电池堆的稳定运行，接头容易产生气体泄漏。

玻璃钎料晶化在连接过程中发挥了关键作用，晶化过程首先发生在封接阶段，玻璃/玻璃-陶瓷钎料冷却后，会部分或全部晶化形成接头紧固连接，晶化过程虽然能够提高接头强度，但是过度晶化导致钎料体系脆性增加，容易在接头中形成裂纹缺陷，封接接头容易产生较大的残余应力。晶化过程也会发生在 SOFC 电池堆的服役过程，导致钎料体系脆性进一步增加，尤其是钎料体系的 CTE 增加不利于电池堆的长期服役。选用 SiO_2-B_2O_3-CaO-SrO-Y_2O_3 玻璃对铁素体不锈钢连接体和阳极支撑体 SOFC 电池片进行连接，研究了接头的高温服役性能。接头首先经过 800 ℃/24 h 高温还原后，在 50～800 ℃ 温度范围内进行了 10 次热循环试验。获得的接头组织如图 8.10 所示。研究发现，在靠近不锈钢侧玻璃钎料中观察到了大量的贯穿性裂纹缺陷，玻璃钎料发生了严重的晶化现象，导致接头 CTE 增加，形成了较大界面应力，所以在脆性接头中形成了裂纹缺陷，导致电池堆在服役过程中容易发生气体泄漏，不利于电池堆的安全运行。

选用 SiO_2-CaO-Al_2O_3-BaO 玻璃对铁素体不锈钢进行连接，研究了高温服役过程玻璃钎料对金属基体的腐蚀，典型接头组织如图 8.10 所示。经过 800 ℃/600 h 高温氧化后，玻璃接头产生了大量缺陷，玻璃钎料脆化以及 CTE 的变化导致接头产生了贯穿性裂纹缺陷，更为严重的是，玻璃钎料成分加剧了金属基体的氧化腐蚀，导致基体形成了大量地富 Fe 氧化物，从基体剥离，尤其是不锈钢基体沿着晶界被大量地氧化，深入基体内部超过 300 μm，导致接头的完全失效。玻璃钎料对铁素体不锈钢基体的氧化腐蚀难以避免，在封接以及服役过程中都会发生，不利于电池堆的长期服役。

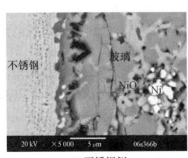
(a) 不锈钢侧

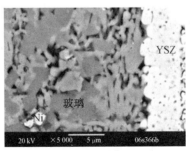
(b) 电池片侧

图 8.10 SiO_2-B_2O_3-CaO-SrO-Y_2O_3 玻璃连接接头高温还原和热循环后的典型接头组织

综上可知，玻璃/玻璃-陶瓷钎料会发生严重的晶化现象，导致钎料脆性增加，同时 CTE 会发生变化，产生较大的界面应力，容易形成裂纹缺陷；玻璃/玻璃-陶瓷钎料体系黏度较大，封接后会残留很多气孔缺陷，引起气体泄漏率增加；尤其是钎料会严重腐蚀不锈钢基体，导致界面连接失效。

8.3.3 真空活性钎焊

真空活性钎焊广泛应用于异种材料连接,同样适用于 SOFC 电池堆异种材料封接,多种钎料体系被用于真空钎焊连接电池片和铁素体不锈钢连接体。采用 Ag-20Cu-15Pb 钎料可以在 1 188 K 实现电池片与不锈钢连接体的气密封接,获得的接头典型组织照片如图 8.11(a)所示。接头组织分析可知,焊后在钎缝中形成了 Cu_3Pd、富 Ag、富 Cu 和 Fe-Cr 等多种物相,对焊后接头进行室温剪切强度测试可以达到大约 35 MPa,接头气密性能满足 SOFC 电池堆使用需求。对焊后接头进行服役性能测试,在 850 ℃ 高温环境中氧化 100 h 后,对接头组织再次进行观察,结果如图 8.11(b)所示,分析可知,钎缝形成了大量的 CuO 和 Fe-Cu-O 脆性氧化物,接头脆性显著增加,形成了大量的孔洞缺陷,对应接头气密性测试严重降低。接头剪切强度迅速降低到约 10 MPa,已经无法满足 SOFC 电池堆的服役需求。

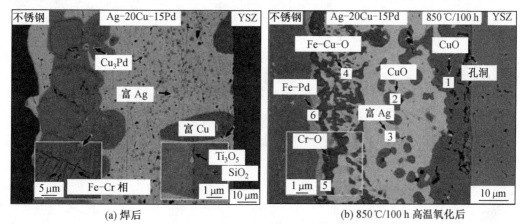

(a) 焊后   (b) 850 ℃/100 h 高温氧化后

图 8.11 Ag-20Cu-15Pb 真空钎焊连接 YSZ/不锈钢典型接头

Ag-26.7Cu-4.5Ti 活性钎料也被用于真空钎焊连接电池片和不锈钢连接体,与 Ag-Cu-Pb 钎料体系相比,加入活性元素 Ti 后增强了界面连接,在电池片封接位置 YSZ 电解质侧形成了连续的 Fe_2Ti_4O 和 Ti_2O_3 物相层,同时富 Cu 相弥散分布在钎缝中,起到了增强接头连接强度的作用,对应的接头室温剪切强度提高到大约 43 MPa。对焊后接头进行服役性能测试,分析可知,接头氧化严重,钎缝中形成了大量的 Cu-O、Fe-Ti-O 和 Cr-O 氧化物,出现了连续的孔洞缺陷,导致接头强度迅速降低到约 20 MPa,难以满足 SOFC 电池堆长期服役需求。

调整钎料体系选用 Ag-9Pd-9Ga 钎料对 SOFC 电池片和四种铁素体不锈钢(Crofer 22APU、Crofer22H、SS430、ZMG232L)进行真空活性钎焊连接,对接头的耐高温抗氧化性能进行了测试。该钎料能够实现电池片和四种铁素体不锈钢的可靠连接,接头剪切强度均维持在 50 MPa 左右。但是经过 800 ℃/500 h 的高温氧化试验后,接头形成了贯穿性的裂纹缺陷,Mn、Cr 和 O 元素都分布在裂纹的前沿,表明该区域形成了大量的 Cr_2O_3 和 $MnCr_2O_4$ 氧化产物,最终导致了接头裂纹的产生。四种接头的剪切强度都降低到 5 MPa 以下,失去了连接强度,极易导致 SOFC 使用过程连接失效,无法满足 SOFC 在高温氧化环境下的使用要求。

综上所述,虽然在活性元素作用下真空钎焊能够实现铁素体不锈钢/YSZ 的紧密连接,但是获得的接头不具备耐高温抗氧化能力,钎料中的活性元素会严重氧化形成脆性氧化物导致钎缝形成气孔裂纹等缺陷,不锈钢界面处同样会生成连续的 Cr-Mn 氧化产物,高温氧化试验后在金属界面形成了贯穿性裂纹缺陷,导致接头失效。

8.3.4　空气反应钎焊连接

空气反应钎焊连接(Reactive Air Brazing,RAB)与玻璃连接类似,连接过程直接在空气气氛中进行,不需要真空环境或者惰性气体保护。钎料体系以贵金属为主,添加适量金属氧化物达到降低液态钎料表面能的目的,实现与基体的良好润湿,最终形成可靠连接。目前,常用的贵金属-金属氧化物钎料体系包括 Ag-CuO、Ag-V_2O_5 和 Pt-Nb_2O_5。

Ag-V_2O_5 体系曾被用于连接氧化铝陶瓷,结果显示增加 V_2O_5 含量可以改善钎料润湿性,但是,连接界面缺陷较多,而且 V_2O_5 属于有毒固体粉末,所以不适用于封接 SOFC 电池堆。Ag-CuO 体系是研究最为广泛的 RAB 钎料体系,添加少量的 CuO 即可显著提高液体钎料在氧化物基体表面的润湿性,接头连接强度较高,缺陷较少,尤其是 Ag-CuO 钎料自身具备良好的抗高温氧化和耐腐蚀的能力,因此被广泛应用于 SOFC 封接。Ag-CuO 相图如图 8.12 所示,所以 Ag-CuO 钎料体系在升温过程中,首先在 932 ℃附近形成富 Ag 液相(L_1),随后在 964 ℃形成富 Cu 液相(L_2),两种液相不完全互溶,L_2 会优先在氧化物基体表面润湿铺展,CuO 的加入增加了整个液态钎料的氧活度,改善了钎料体系的润湿性。

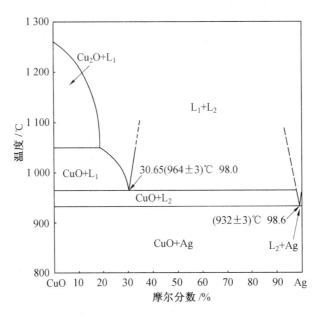

图 8.12　Ag-CuO 相图

Ag-8CuO 钎料最早被用于空气反应钎焊连接铁素体不锈钢(Crofer22APU)和 SOFC 电池片。1 050 ℃/5 min 连接工艺下获得了高质量接头,焊后接头经过 800 ℃/5 100 h 高温服役,在不锈钢侧形成了连续复合氧化物层。焊后接头没有孔洞裂纹缺陷,Ag 基体良好的变形能力能够在一定程度上吸收接头产生的应力,有利于接头的稳定运行。经过高温氧化后,在靠近燃料气体侧,CuO 被还原后的 Cu 元素固溶在 Ag 基体中,在 Corfer 22 APU 界面处留下了孔洞缺陷,不锈钢基体中的 Fe、Cr 和 Mn 元素会扩散到钎料表面形成大量的复合氧化物,尤其在电池片侧形成的复合氧化物会导致电池片性能衰减,为了确保电池堆的稳定运行,对不锈钢基体进行焊前预保护是非常必要的。

选用 Ag-10 CuO 钎料 RAB 连接铁素体不锈钢(SS430)和 SOFC 电池片,对接头气密性进行了研究,结果如图 8.13 所示。研究表明,Ag-CuO 钎料可以获得高质量的连接,焊后接头的气体泄漏率远低于压缩密封方式,经过 20 次室温到 800 ℃ 的高温循环试验后,接头依然能保持良好的气密性,气体泄漏率低于 0.001 mL/(min·cm),Ag-CuO 钎料体系满足 SOFC 电池堆的使用需求。

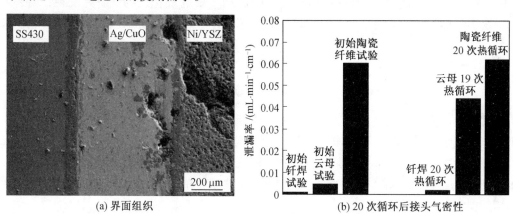

(a) 界面组织　　(b) 20 次循环后接头气密性

图 8.13　SS430/Ag-10 CuO/电池片接头典型界面组织和接头气密性测试结果

综上所述,RAB 方法适用于 SOFC 封接,经过短时间高温时效和热循环测试后,接头依然保持完整,没有对接头气密性产生影响且贵金属-金属氧化物钎料体系自身有优异抗高温和还原性,确保了接头优良的服役性能,以贵金属为主的钎缝也具备良好的变形能力,可以吸收部分热应力和冲击应力。但针对 Ag-CuO 钎料,目前还存在三个主要问题:①封接以及后续服役过程,CuO 会与不锈钢基体形成复合氧化物层,加剧不锈钢基体的氧化腐蚀,接头容易在脆性氧化物层形成贯穿性裂纹;②Ag 基钎缝高温强度不足,不利于 SOFC 电池堆作为移动电源使用;③Ag 基钎缝与 SOFC 组件存在较大的热膨胀系数失配,Ag 基钎料的 CTE 为 19.1×10^{-6} K^{-1},远高于电池片 CTE(12.3×10^{-6} K^{-1}),接头会产生较大的残余应力,影响电池堆的长期服役性能。

8.3.5　SOFC 电池堆 Ag 基空气封接最新研究

实现阳极支撑体 SOFC 电池片与铁素体不锈钢连接体的高质量连接,是构建 SOFC 电池堆的关键技术。SOFC 电池堆需要在高温双重气氛(氧化和还原)下长期服役,接头将面临化学腐蚀和热应力的挑战,接头高强度连接、组织稳定以及良好气密性是满足服役性能的重要指标。当前,Ag 基封接材料是实现 SOFC 电池堆长期可靠连接的最佳选择。目前,RAB 连接方法选用的 Ag-CuO 钎料体系与不锈钢基体存在过度反应,与 SOFC 组件热失配较大,连接强度较低以及连接温度过高等问题。基于此,电池堆 RAB 封接研究主要从不锈钢连接体保护层制备与连接性研究、Ag-CuO 基复合钎料体系设计与优化及纳米 Ag 低温封接钎料体系设计三方面开展研究。

1. 铁素体不锈钢保护层制备研究

(1)不锈钢连接体 Cr 蒸发。

一些金属表面氧化物会与周围气氛反应形成挥发性产物,导致表层氧化皮保护层破坏,这种现象对于 Cr 或含 Cr 合金尤为严重。在干燥的氧气环境中,Cr_2O_3 会按照式(8.3)形成气相 CrO_3,温度低于 1 000 ℃时,CrO_3 的气化现象并不严重,不会对 Cr_2O_3 氧化皮造成严重影响。但是,当气氛中存在水蒸气时,会按照式(8.4)形成气相 $CrO_2(OH)_2$,研究已经表明,$CrO_2(OH)_2$ 是 Cr_2O_3 最主要的气化产物。研究发现,即使空气中水蒸气体积分数只有2%,在 1 000 ℃以下 $CrO_2(OH)_2$ 仍然是最主要的气化产物。

$$\frac{1}{2}Cr_2O_3(s) + \frac{3}{4}O_2(g) = CrO_3(g) \tag{8.3}$$

$$\frac{1}{2}Cr_2O_3(s) + H_2O(g) + \frac{3}{4}O_2(g) = CrO_2(OH)_2(g) \tag{8.4}$$

此外,周围气体流速也会对 Cr 蒸发产生影响,在水蒸气体积分数为3%的高温(850 ℃)气氛中,铁素体不锈钢的 Cr 蒸发速率与气体流速的关系,结果如图8.14所示。气流量低于 5 000 mL/min 时,Cr 蒸发随着气体流速增加而不断提高,超过该气流量后,由于受到 $CrO_2(OH)_2$ 气相形成速率的限制,Cr 蒸发速率将维持不变。氧分压和水蒸气含量的增加都会促进 Cr 蒸发。

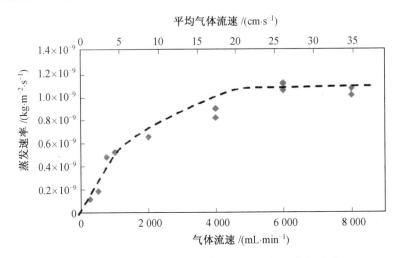

图 8.14 气体流速对铁素体不锈钢 Cr 蒸发速率的影响

Cr 蒸发会对金属的氧化行为产生重要的影响,氧化膜厚度或者质量的变化将受到两个过程的影响:固相扩散控制的氧化膜抛物线性增长和 Cr 蒸发引起的氧化膜质量减小。在初始阶段,氧化膜厚度/质量的增加将超过 Cr 蒸发过程,氧化膜将以抛物线性规律增长;但是,当氧化膜达到一定厚度后,Cr 蒸发过程将逐渐增强;继续一段时间后,两个过程

将达到平衡状态,最终形成固定厚度/质量的氧化膜,氧化膜厚度变化可以根据式(8.5)进行预测,质量变化可以总结为

$$x_1 = \frac{k_p}{2k_v} \tag{8.5}$$

$$\Delta m = \sqrt{k_p t} - k_v t \tag{8.6}$$

式中 x_1——氧化膜厚度;

k_p——抛物线速率常数;

k_v——Cr 蒸发速率常数;

Δm——氧化膜质量增加量;

t——基体氧化时间。

(2)铁素体不锈钢氧化行为。

铁素体不锈钢的耐腐蚀能力是由于基体中的 Cr 元素氧化后在表面形成了致密的 Cr_2O_3 保护膜。铁素体不锈钢作为 SOFC 电池堆的连接体和支撑窗材料使用时,将同时受到高温还原性气氛(阳极气体)和氧化性气氛(阴极气体)的腐蚀。比较而言,在还原性气氛中铁素体不锈钢中的 Cr 元素不易被氧化,但是研究表明,在超过 800 ℃ 的阳极气氛中,虽然氧分压只有 $1.013\ 25 \times 10^{-15}$ Pa,但是由于气氛中水蒸气的存在,以及流动性气体的作用,铁素体不锈钢已经被观察到表面形成了 Cr_2O_3 层。铁素体不锈钢待封接位置在连接以及服役阶段都会受到不同程度的氧化腐蚀。

对于玻璃/玻璃-陶瓷封接以及 RAB 方法而言,它们的封接温度都超过了 800 ℃,而且在空气气氛中进行,在钎料熔化前,铁素体不锈钢表面已经形成了 Cr_2O_3 保护膜,但是,玻璃钎料体系中的氧化物(例如:BaO)以及 RAB 钎料中的 CuO 会与 Cr_2O_3 发生反应,导致基体的进一步氧化腐蚀,最终在连接界面形成了复合氧化物层,该氧化层已经被证明是接头薄弱环节。在随后的服役过程中,封接位置的铁素体不锈钢将会被进一步氧化腐蚀,A. Pönicke 等选用 Ag-4CuO 对铁素体不锈钢 RAB 连接,经过 850 ℃/800 h 高温服役后观察界面组织的演化,结果如图 8.15 所示。封接过程 CuO 会与不锈钢基体反应形成复合氧化物层,经过高温服役后,在氧化性气体侧,观察到组织中未反应的 CuO 能够继续与氧化膜反应,不锈钢基体的腐蚀也将加剧,导致脆性复合氧化物层不断增厚,在还原性气体侧,CuO 会被还原成 Cu,最终固溶到 Ag 基体中,界面处由于 CuO 的减少会形成较多的裂纹缺陷,气体更容易到达连接界面处,最终也导致了基体被继续氧化腐蚀。

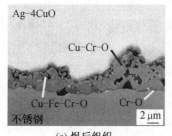
(a) 焊后组织

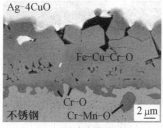
(b) 空气侧组织

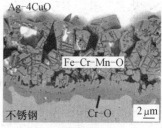
(c) 燃料侧组织

图 8.15 高温服役对 Ag-4 CuO/不锈钢界面反应层的影响

此外,不锈钢基体形成 Cr_2O_3 保护膜后,在服役过程中会形成气相 $CrO_2(OH)_2$,该气相在多孔阴极侧会被还原成 Cr_2O_3,沉积在阴极以及电解质表面,阻碍氧气的电化学反应过程,Cr_2O_3 也会与阴极材料发生反应,导致阴极活性降低,以上过程都会导致 SOFC 性能的迅速衰减,这就是 SOFC 经常遇到的 Cr 中毒。

对于铁素体不锈钢的封接位置而言,除了氧化腐蚀问题外,其引发的电池片 Cr 中毒现象同样严重。常用的铁素体不锈钢(Crofer22APU、Crofer22H 和 SanergyH 等)基体中由于含有少量的 Mn 元素,会在 Cr_2O_3 氧化膜表面形成 $MnCr_2O_4$,可以一定程度上避免形成气相 $CrO_2(OH)_2$。但是封接以及服役过程中,钎料成分与不锈钢表面氧化膜的反应破坏了 $MnCr_2O_4$ 保护层,由于氧气或者水蒸气在玻璃或 Ag 基钎料体系中都有一定的渗透率,Cr_2O_3 同样会形成气相 $CrO_2(OH)_2$,加剧 SOFC 电池堆的 Cr 中毒问题。

综上所述,不锈钢基体在封接以及服役过程中会被不断氧化,在界面处形成复合脆性氧化物层,导致接头力学性能严重恶化,同时,不锈钢的氧化过程也会引发 Cr 中毒,导致电池片活性降低,电池失效。所以,从机械性能和电池片性能两方面考虑,需要对铁素体不锈钢进行焊前预制保护层,消除封接以及服役过程不锈钢基体的氧化腐蚀和 Cr 中毒问题。

(3)铁素体不锈钢保护层类型。

当前,为了实现 SOFC 电池堆服役时长超过 40 000 h 的目标,对铁素体不锈钢材料预制保护层已经得到了广泛的认同。先后成功开发了多种保护层,在预防不锈钢基体氧化腐蚀以及防止 Cr 挥发问题上发挥了重要的作用,可以归结为以下四种主要类型。

①钙钛矿型保护层。镧基钙钛矿氧化物是常用的 SOFC 阴极材料,最早被用作保护层材料。常用的体系包括 $La_{1-x}Sr_xMnO_3$(LSM)、$La_{1-x}Sr_xCoO_3$(LSC)和 $La_{1-x}Sr_xFeO_3$(LSF)。这些材料与铁素体不锈钢有良好的 CTE 匹配,和 SOFC 组件有良好的相容性。钙钛矿保护层能够有效预防不锈钢基体氧化腐蚀和 Cr 挥发,但是该类型保护层只具备短期保护效果。这是因为该系列保护层制备工艺复杂,很难获得致密性保护层,这也是其没有得到广泛应用的关键问题所在。

②尖晶石型保护层。$(Mn,Co)_3O_4$ 尖晶石氧化物是最早被开发的尖晶石型保护层,后续的大部分研究工作集中在 $MnCo_2O_4$ 和 $Mn_{1.5}Co_{1.5}O_4$ 两个系列,也开发了一些 Cu-Mn、Cu-Fe 和纯 Co 系列的尖晶石保护层。与钙钛矿型保护层相比,尖晶石材料在不损害不锈钢基体的温度范围内实现致密烧结,而且可以通过多种工艺方式制备包括喷涂、丝网印刷和电泳沉积等。

尖晶石保护层已经被证实能够有效抑制 Cr 挥发,同时能够很好地预防基体被过度氧化腐蚀。尖晶石保护层制备过程同样存在难以获得致密保护层的问题,预镀+还原+氧化的工艺过程增加了制备成本,目前对其服役寿命还存在较大争议。

③Ni 镀层。将镀 Ni 后的铁素体不锈钢在还原性气氛中进行 800 ℃/2 000 h 的高温还原后,不锈钢得到很好的保护,没有发生明显的氧化腐蚀,但是,Ni 镀层与不锈钢基体的元素互扩散,引起了基体物相的变化。元素互扩散后,不锈钢铁素体相开始转变成奥氏体相,会在界面层形成一定的应力。随着扩散时间的延长,奥氏体相不断增多。目前,还没有镀镍不锈钢连接性能研究的报道。

研究镀 Ni 层厚度对耐高温性能的影响表明,厚度小于 6 μm 时,保护效果较差,经过 750 ℃/400 h 高温氧化后,不锈钢中的 Cr 元素和 Fe 元素已经向外扩散到达了保护层表面,提高 Ni 层厚度可以明显提升保护效果,10 μm 厚的 Ni 保护层获得了最好的保护效果,但是保护层厚度过大也会产生不利的影响,容易导致镀 Ni 层剥落。所以,镀 Ni 层作为铁素体不锈钢保护层使用时,要考虑扩散引起的相变和厚度对保护效果的影响。

④不锈钢铝化。金属材料表面铝化能够为母材提供良好的保护效果,针对 SOFC 用铁素体不锈钢,美国西北太平洋国家重点实验室(PNNL)开发了新型的空气反应铝化工艺(Reactive Air Aluminization,RAA),与传统铝化工艺相比,RAA 具有成本低、工艺简单和与不锈钢基体结合稳固等优势。PNNL 开发的 RAA 铝化工艺包括以下四个简单步骤:Al 粉浆料配置,不锈钢表面 Al 浆料涂覆,空气气氛加热和最后表面清洁。研究发现,Al 粉粒径会对不锈钢板铝化表面形貌产生影响,粒径增大获得的表面粗糙度不断提高,1 000 ℃空气反应铝化后,在不锈钢表面获得了连续且均匀的 Al_2O_3 保护层,对保护层的保护效果也进行了研究,结果如图 8.16 所示。经过 800 ℃/1 000 h 高温氧化后,Al_2O_3 保护层依然保持完整,没有观察到不锈钢基体氧化,氧化过程中铝化不锈钢的质量几乎没有发生变化。由于 Al 元素能够一定程度扩散到不锈钢基体,即使表层 Al_2O_3 破坏,基体中的 Al 元素也能够向外扩散,形成新的氧化铝保护层,因此其具备了自愈合能力。

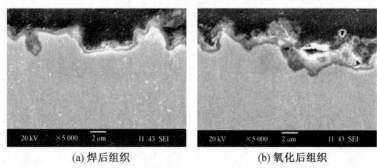

(a) 焊后组织　　　　　　　　　　(b) 氧化后组织

图 8.16 铝化不锈钢 Al_2O_3 保护层 800 ℃/1 000 h 高温氧化后组织变化

对铝化铁素体不锈钢与玻璃钎料的连接性能进行了研究,结果表明,玻璃钎料能够与 Al_2O_3 保护层紧固结合,具有良好的相容性,由于 Al_2O_3 保护层的良好保护效果,玻璃钎料没有对不锈钢基体造成氧化腐蚀,不锈钢基体在封接过程中得到了很好的保护。焊后接头经过 800 ℃/6 000 h 高温服役后,在氧化和还原气氛中都保持了良好的稳定性,高温服役后,没有检测到不锈钢基体的氧化现象,Al_2O_3 保护层依然保持完整。

Ag 基钎料与未预制保护层铁素体不锈钢直接进行连接,经过高温老化试验后,接头边缘接触高温气氛的位置存在 Ag 挥发和形成 Ag-Cr 氧化物两种衰减机制,导致 Ag 基钎料连接的最终失效。经过铝化后的不锈钢能够完全消除封接过程中钎料以及高温氧化环境对不锈钢基体的腐蚀。

综上所述,四种保护层体系中,钙钛矿型保护层孔隙率较高,容易被钎料体系破坏,不适合作为封接位置保护层使用。尖晶石型保护层保护效果良好,与玻璃以及 Ag-CuO 钎料体系都具备良好的连接性,可避免封接和服役过程中不锈钢基体的氧化腐蚀,但是尖晶石型保护层厚度较大,而且与封接材料反应后会形成较厚的复合氧化物层,导致接头连接强度降低。Ni 镀层也具备一定的保护效果,Ni 与基体的互扩散会引起铁素体向奥氏体相变,若作为保护层使用,需要关注不锈钢基体相变对接头性能的影响。空气反应铝化不锈钢获得的 Al_2O_3 保护层对不锈钢基体保护效果极佳,与玻璃钎料和 Ag 基钎料的连接性能均良好,保护层厚度较薄,不会对接头性能造成影响,在封接以及后续服役过程中对不锈钢基体构成了良好的保护,确保了 SOFC 电池堆的长期稳定运行。

2. Ag 基复合钎料体系开发

SOFC 电池片陶瓷与不锈钢连接金属材料在连接过程中,由于 CTE 及弹性模量的失配问题,焊后接头会产生较大的残余应力,已经被证实是接头力学性能测试中诱导失效断裂的主要因素。在不考虑塑性变形的前提下,异种材料连接界面残余应力可以表示为

$$\sigma = \frac{E_c E_m}{E_c + E_m} (\alpha_c - \alpha_m)(T_b - T_0) \qquad (8.7)$$

式中　σ——接头残余应力;

　　　E_c、E_m——陶瓷、金属的弹性模量;

　　　α_c、α_m——陶瓷、金属的热膨胀系数;

　　　T_b、T_0——焊接、室温温度。

调节接头残余应力可以降低连接温度获得更小的连接温差,但是,降低温度后需要考虑界面连接强度降低的问题。此外,也可以通过调节接头线膨胀系数和弹性模量的匹配,实现接头力学性能梯度过渡,达到缓解残余应力的作用。

当前,电池堆封接用 Ag 基钎料具备良好的塑性变形能力,可以通过钎料的塑性变形缓解部分残余应力,但是也会存在接头强度不足的问题。尤其针对 SOFC 的高温使用环境,Ag 基钎料高温强度降低,导致接头承载能力不足。钎料连接中提出了多种减少接头残余应力的方法,主要包括复合钎料法和添加中间层法。这两种方法不仅能够降低接头热失配,减少残余应力,还能够显著提高钎缝强度,可以抑制和缓解钎缝裂纹扩展,这些优势非常适用于电池堆封接,可以提高封接强度,降低接头残余应力,有利于 SOFC 电池堆的长期服役,尤其适用于作为移动电源使用。

复合钎料是通过向钎料中加入一定体积分数的增强相,以获得热膨胀系数与接头力学性能更匹配的接头设计。复合钎料制备通常包括两种思路:一种是向钎料体系中加入活性元素,连接过程中活性元素原位形成增强相,达到调节接头力学性能的目的;另一种是加入与钎料体系不反应或弱反应的高熔点陶瓷或金属增强相,利用增强相自身的优异力学性能可调节钎料体系的热膨胀系数。

在 SOFC 电池堆封接领域,研究者已经开始采用复合钎料的思路解决 Ag 基封接材料热膨胀系数过高的问题,低膨胀系数陶瓷相 Al_2TiO_5($(1\times10^{-6})\sim(2\times10^{-6})$ K^{-1})加入 Ag 基钎料后,可以显著降低复合钎料的热膨胀系数,935 ℃空气气氛高温连接后获得了高质量连接。研究发现,连接过程由于施加了较大装配压力(3.2 kg/cm^2),可以在低于 Ag 熔点的情况下实现连接,压力也有助于消除钎缝孔隙缺陷,Al_2TiO_5 陶瓷相能够和 Ag 基体紧固结合,未观察到增强相团聚的现象,增强相的均匀分散有利于更好地消除接头残余应力。在连接以及后续服役过程中,Al_2TiO_5 都保持了良好的稳定性,没有发生分解或与钎

料反应的现象,钎缝体系具备良好的稳定性。

通过添加低膨胀系数增强相能够明显降低钎料体系 CTE,与两侧母材达到热匹配,形成力学性能的梯度过渡。同时,增强相作为异质形核质点,促进了钎缝凝固组织的均匀弥散分布。纳米尺度增强相在促进接头物相弥散分布和减少接头孔洞缺陷方面更有优势。将纳米 Al_2O_3 增强相加入 Ag-8CuO 钎料中,获得 Ag-CuO-Al_2O_3 复合钎料体系,研究表明纳米 Al_2O_3 的最佳添加量(质量分数)为8%,纳米尺度 Al_2O_3 在调节复合钎料体系 CTE 的同时,较小的粒径也可在一定程度上降低增强相对复合钎料流动性和体系黏度的影响,纳米 Al_2O_3 质量分数为8%时可以获得 CTE 为 16.26×10^{-6} K^{-1} 的复合钎料,纳米 Al_2O_3 的存在并不会影响 Ag-CuO 基体钎料的熔化行为。选择最优连接工艺 1 050 ℃/ 30 min 对铝化 Crofer22H 和 SOFC 电池片进行 RAB 连接,电池片的连接位置为 YSZ/CGO 复合层,其中 CGO 为多孔扩散阻挡层,YSZ 为致密电解质层。连接后获得的接头典型组织如图 8.17 所示,纳米 Al_2O_3 增强复合钎料同样实现了铝化 Crofer22H 与电池片的高质量连接,接头无缺陷和裂纹形成,Al_2O_3 增强相均匀分布在钎缝中。

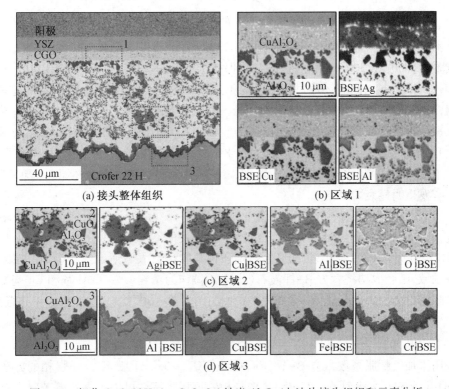

图 8.17 铝化 Crofer22H/Ag-CuO-8%纳米 Al_2O_3/电池片接头组织和元素分析

在 RAB 连接过程中,复合钎料中纳米 Al_2O_3 增强相的烧结长大过程是不可避免的,进一步的 TEM 分析确认钎缝中一些 Al_2O_3 增强相仍保持纳米尺度,微米尺度和纳米尺度 Al_2O_3 增强相共同存在产生了综合强化效果,图 8.18 所示为微米-纳米 Al_2O_3 复合强化效果示意图。当微米尺度 Al_2O_3 颗粒是唯一的增强相时(图 8.18(a)),裂纹绕过 Al_2O_3 颗粒扩展比直接在 Ag 基体中扩展吸收了更多的断裂能,这对防止裂纹扩展和提高接头强度起到了重要作用。当微米-纳米尺度 Al_2O_3 增强相共同存在时(图8.18(b)),由于裂纹在扩展过程中在纳米增强相之间会迅速产生微小裂纹,能进一步吸收界面断裂能,起到了裂纹延迟扩展效果。因此,在微米-纳米尺度 Al_2O_3 复合强化作用下,接头强度可以进一步提高,Ag基体钎料优良的塑性变形能力确保了这种强化效果。

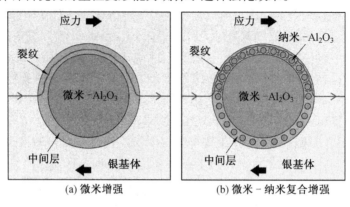

图8.18 微米-纳米 Al_2O_3 复合强化示意图

纳米 Al_2O_3 增强 Ag-CuO-8% Al_2O_3 复合钎料获得的接头在焊后以及双重气氛高温老化试验后(800 ℃/300 h)气密性良好,均保持了极低的气体泄漏率,为 $2.1×10^{-3}$ ~ $2.7×10^{-3}$ mL/(min·cm),高温还原过程形成的不连续氢致孔洞缺陷并没有对接头气密性造成影响,Ag-CuO-8% Al_2O_3 复合钎料适用于 SOFC 电池堆的气密连接。由于接头界面的机械互锁结构以及复合钎料有效缓解热应力,随着 Al_2O_3 增强相含量的提高,接头强度进一步提升,纳米 Al_2O_3 添加量(质量分数)为8%时,获得了高达 768 J/m^2 的界面断裂能。同时由于接头良好的组织和结构稳定性,保障了接头经过高温氧化和还原后,接头界面断裂能没有发生明显衰减。

虽然 Al_2TiO_5 热膨胀系数($(1×10^{-6})$ ~ $(2×10^{-6})$ K^{-1})已经很小,但是受限于增强相添加量,Ag-Al_2TiO_5 复合钎料与 SOFC 组件存在较大的 CTE 失配。为了实现 Ag 基钎料与 SOFC 组件完全 CTE 匹配,负膨胀系数增强相开始被引入电池堆封接领域。在复合材料制备领域,已经成功将六方 β-锂霞石($LiAlSiO_4$)作为填料改善了 Al 基和 Cu 基复合材料的热膨胀行为,可以将 $Al(23×10^{-6} K^{-1})$ 和 $Cu(17.7×10^{-6} K^{-1})$ 的 CTE 分别降低到 $6×10^{-6} K^{-1}$ 和 $9.5×10^{-6} K^{-1}$。$LiAlSiO_4$ 具有各向异性热膨胀行为($\alpha_a = 8.21×10^{-6} K^{-1}$ 和 $\alpha_c = -17.6×10^{-6} K^{-1}$)。

采用添加负膨胀系数六方 β-锂霞石($LiAlSiO_4$,$-6.2×10^{-6} K^{-1}$)增强相的方法制备 Ag-CuO-$LiAlSiO_4$ 复合钎料。$LiAlSiO_4$ 增强相的负膨胀特性可以更好地调节复合钎料体系 CTE,添加质量分数为6%的 $LiAlSiO_4$ 增强相复合钎料的 CTE 降低到 $14.2×10^{-6} K^{-1}$,实现了与两侧连接母材(Crofer 22H,$12.3×10^{-6} K^{-1}$ 和 YSZ/CGO,$(12.6×10^{-6})$ ~ $(13.1×10^{-6}) K^{-1}$)良好的 CTE 匹配,结果如图8.19所示。Ag-CuO 基体钎料在熔化过程不受 $LiAlSiO_4$ 填料的影响,Ag-CuO-$LiAlSiO_4$ 复合钎料具备良好的热稳定性使其适用于作为 SOFC 电池堆气密连接材料。

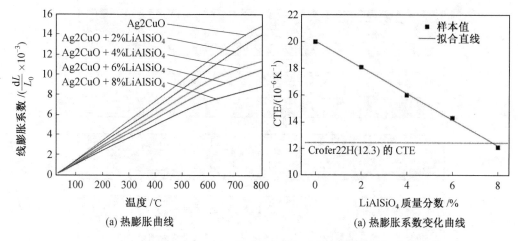

图 8.19　Ag-CuO-LiAlSiO₄ 复合钎料热膨胀测试

　　使用 LiAlSiO₄ 质量分数为 2%～6% 的复合钎料,可以实现铝化 Crofer22H 与 SOFC 电池片(连接位置:CGO/YSZ)的无缺陷 RAB 连接。LiAlSiO₄ 增强相均匀分布在钎缝中,与 Ag-CuO 基体钎料保持良好的相容性。RAB 连接过程施加大装配压力(16 N/cm²),克服复合钎料中由增强相加入导致钎料体系流动性变差容易形成孔洞缺陷的问题,同时促进钎料与母材可靠连接,在接头两侧连接界面形成了两种牢固的机械互锁结构。Al₂O₃ 保护层有效避免了 Crofer22H 在 RAB 连接过程中的氧化腐蚀,有效阻隔了不锈钢基体元素 Fe 和 Cr 的向外扩散,确保了接头组织的稳定性,Al₂O₃ 与钎料中的 CuO 反应形成了少量的 CuAl₂O₄ 相,但并没有对 Al₂O₃ 保护层的连续性造成影响。图 8.20 所示为铝化 Crofer22H/Ag-CuO-LiAlSiO₄/电池片接头低倍组织照片,进一步证实了添加质量分数至多为 6% LiAlSiO₄ 增强相,Ag-CuO 金属钎料可以通过流动和塑性变形来补偿复合钎料中的体积变化,可以获得增强相分布均匀、无缺陷的连接接头,虽然接头中也会形成少量孔隙,但是这些小的孔隙缺陷并没有相互连接,因此接头气密性并不会受到影响。当 LiAlSiO₄ 质量分数增加到 8%,在接头中观察到了大量孔洞缺陷,会对接头气密性造成严重影响,容易导致 SOFC 电池堆失效。综上可知,使用 Ag-CuO-LiAlSiO₄ 复合钎料连接 SOFC 组件是可行的,但对 LiAlSiO₄ 含量有一定限制,复合钎料和 SOFC 组件可以实现更好的 CTE 匹配,有望提高 SOFC 电池堆连接密封结构的长期稳定性。

　　焊后接头组织在高温氧化(空气)和还原(H₂-50H₂O-N₂)气氛中具备良好的稳定性。在两种气氛中经过 800 ℃/300 h 高温老化试验后,接头组织保持良好,两侧界面的机械互锁结构确保了可靠的界面连接,LiAlSiO₄ 增强相未发生反应或分解,Al₂O₃ 保护层有效避免了 Crofer22H 基体在高温服役过程中的氧化腐蚀,未发现 Crofer22H 被氧化或不锈钢元素向钎缝扩散的现象,满足 SOFC 电池堆高温双重气氛服役需求。低热膨胀 Ag-CuO-(2%～6%)LiAlSiO₄ 复合钎料获得的接头在焊后以及双重气氛高温老化试验后(800 ℃/300 h)气密性良好,均保持了极低的气体泄漏率(1.2×10⁻³～1.4×10⁻³ mL/(min·cm))。尽管高温还原后,接头中由于 CuO 被还原固溶于 Ag 基体中形成了少量的孔洞缺陷,但并不会影响接头气密性,适用于 SOFC 电池堆的气密连接。

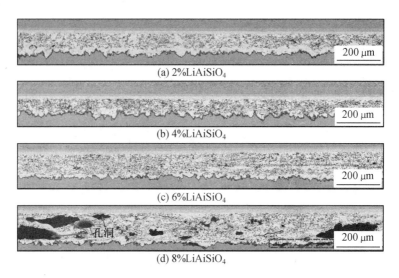

(a) 2%LiAiSiO$_4$

(b) 4%LiAiSiO$_4$

(c) 6%LiAiSiO$_4$

孔洞

(d) 8%LiAiSiO$_4$

图 8.20 铝化 Crofer22H/Ag–CuO–LiAlSiO$_4$/电池片接头低倍组织

接头界面断裂能测试结果已经表明,负膨胀系数 LiAlSiO$_4$ 颗粒加入 Ag–CuO 基体钎料会使接头强度显著提高,分析结果认为接头两侧界面形成的牢固机械互锁连接以及接头中热应力降低是接头强度提升的主要原因:

(1)接头机械互锁连接。

本章中在接头的界面两侧均形成了机械互锁结构,其中不锈钢 Crofer22H 经过空气反应铝化,表面被很大程度地粗化,表面的平均粗糙度(Ra)达到了 4.2 μm,而且沿着起伏轮廓形成的 Al$_2$O$_3$ 保护层只有 2 μm,是从基体表面原位生长得到的,与 Crofer22H 基体形成了牢固的结合,在连接、服役以及断裂能测试过程中均未发生 Al$_2$O$_3$ 保护层剥落的现象,钎料基体与铝化 Crofer22H 在连接界面处形成了牢固的机械互锁连接,提高了界面连接强度,结构如图 8.21 所示。在 SOFC 电池片侧,由于 CGO 扩散阻挡层为多孔结构,钎料可以充分渗入 CGO 孔洞结构并最终与 YSZ 电解质层实现可靠连接,钎料基体与多孔CGO 结构同样形成了另一种机械互锁,结构如图 8.21(b)所示,提高了电池片层的界面连接,充分保障了铝化 Crofer22H 与 SOFC 电池片的可靠连接。在界面断裂能测试过程中连接界面不会产生裂纹缺陷,进一步证实了界面机械互锁连接在提高界面结合方面发挥了重要的作用。与 Kuhn 等获得的平整界面连接相比,连接强度显著提高,焊后接头界面断裂能达到了 302 J/cm^2,而且机械互锁结构对于维持接头稳定性发挥了重要作用,经过高温氧化和还原老化试验,对应的接头在界面两侧未发生连接失效的现象,接头界面断裂能保持了良好的稳定性。

(2)接头中热应力的缓解。

对钎料热膨胀特性的研究已经表明,加入负膨胀系数 LiAlSiO$_4$ 增强相后,复合钎料体系的 CTE 显著降低,LiAlSiO$_4$ 质量分数为 6% 时,复合钎料的 CTE 从最初的 19.8×10^{-6} K^{-1} 降低到 14.2×10^{-6} K^{-1},与两侧连接母材(Crofer22H,12.3×10^{-6} K^{-1} 和 YSZ/CGO,(12.6×10^{-6})~(13.1×10^{-6})K^{-1})实现了良好的 CTE 匹配,接头中的热应力得到了有效缓解。LiAlSiO$_4$ 增强相均匀弥散分布在钎缝中,界面断裂能显著提高,LiAlSiO$_4$ 质量分数

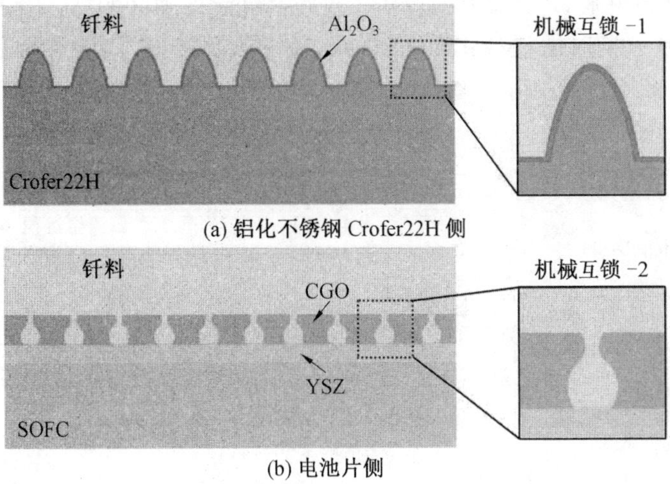

图 8.21 接头中两种机械互锁结构

为 6% 时,获得了高达 930 J/cm² 的界面断裂能。同时,LiAlSiO₄ 增强相在高温氧化和还原气氛中良好的稳定性使接头具备了良好的组织稳定性,经过高温老化试验后,接头的界面断裂能没有发生明显变化。此外,增强相能够显著提高复合钎料体系的强度,增强了钎缝的抗载荷能力,裂纹在复合钎料中扩展比直接在 Ag 基体中扩展吸收更多的断裂能,这对于防止裂纹扩展和提高接头强度起到了重要作用。陶瓷颗粒增强相的加入也会带来钎料体系流动性变差和容易形成未焊合孔洞等问题,本章中通过制备施加大装配压力,确保了钎料与两侧母材的充分接触,促进了焊缝中孔洞的闭合,最终获得了无缺陷连接。接头中热应力缓解可以有效解决 SOFC 电池堆无法快速启动的问题,避免装配应力大而引起的电池片开裂问题,有助于实现 SOFC 作为移动电源使用。

3. 纳米 Ag 低温封接钎料体系开发

当前,SOFC 电池堆金属基封接中还存在一个严重问题,现有的 Ag-CuO 钎料体系连接温度较高,整个连接周期通常超过 20 h,高温长周期的连接过程对 SOFC 组件有一定的损伤,同时,带来了较大的能源消耗,导致电池堆生产周期过长,不利于 SOFC 的市场化应用。虽然通过施加大装配压力(16 N/cm²)可以将连接温度从 1 050 ℃ 降低到 970 ℃,但是连接温度依然较高,需要开发新的钎料体系实现电池堆低温连接。目前,在电子封装领域,纳米 Ag 连接利用 Ag 纳米颗粒或 Ag 纳米线低温烧结,在 200～300 ℃ 下可以实现器件连接,同时 Ag 基接头具备良好的高温使用性能。纳米 Ag 连接具备低温连接、高温使用的特性,使用纳米 Ag 焊膏对电池堆组件进行低温连接需要解决纳米 Ag 与两侧不锈钢以及电池片 YSZ 陶瓷的界面弱结合,以及烧结接头难以致密化的问题。

对连接母材进行表面纳米结构化,在不锈钢和电池片待连接位置分别预制具有 3D 纳米片阵列表面的 Ni/Au(5 μm)和 Ni-P/Ni/Au(10 μm)保护层,3D 纳米片阵列结构可以提高 Ag 纳米颗粒与基体的界面烧结效率,SOFC 组件连接位置表面纳米结构化及与纳米 Ag 低温连接过程示意图如图 8.22 所示。不锈钢 Crofer22H 表面改性包括电镀 Ni 和沉积 Au,电池片阳极支撑体侧(NiO-YSZ)的表面改性过程包括化学镀 Ni、电镀 Ni 和沉积

Au。各组件表面改性后,将样品在真空炉中进行高温热处理(600 ℃/2 h),高温时效过程可以消除界面应力,同时通过强化改性层与基体的互扩散,提高镀层与基体的界面结合强度。

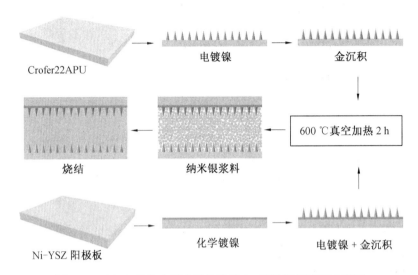

图 8.22　SOFC 组件表面改性及纳米 Ag 低温封接过程示意图

纳米 Ag 焊膏可以低温连接 SOFC 组件,在 250~300 ℃可以获得致密的连接接头,低温连接过程有效避免了不锈钢基体在连接过程中的氧化腐蚀,结果如图 8.23 所示。小尺寸纳米 Ag 具有更高的表面能,促进了纳米颗粒之间以及与纳米结构化表现的烧结与扩散,有助于消除烧结过程中的孔洞缺陷。界面 EDS 分析表明,在 Ni/Ag 界面处检测到 Au 元素的存在,Au 镀层有助于进一步提高界面烧结效率。界面 TEM 分析表明,低温烧结过程保持了 3D 纳米片阵列形貌,Au 和 Ag 之间的互扩散发生在临近 Ni 纳米片区域(30 nm),薄而均匀的 Au 层仍然覆盖 Ni 纳米片的轮廓,这有利于低温连接过程对 Ni 纳米片结构的保护。在 Ag(Au)-Ni 界面处形成了良好的晶格匹配,Ag(Au)-Ni 界面实现了原子间结合。

研究表明,提高接头连接强度的有效方法是在接头中加入金属中间层,特别是泡沫金属在控制接头微观组织和提高强度方法方面显示了突出的优势。采用泡沫 Cu 作为中间层后,获得的 TC4-SiO$_2$/SiO$_2$ 真空钎焊接头剪切强度可以从 5 MPa 提高到 56.9 MPa。使用泡沫 Cu 作为钎焊 C/C 复合材料和 Nb 的中间层,接头强度从 13 MPa 提高到43 MPa,接头剪切强度提高近230%。泡沫 Ni 也被证实是一种有效的中间层材料,其可以通过弹性变形和分散应力提高接头强度。但是,泡沫 Cu 和泡沫 Ni 并不适用于封接 SOFC 电池堆,因为在 SOFC 服役过程中,泡沫 Cu 会被严重氧化,而且 CuO 与不锈钢基体有强烈的反应性,导致接头在金属基体侧严重腐蚀失效。泡沫 Ni 与不锈钢基体在 SOFC 服役过程中具有强烈的互扩散性,随着服役时间的延长泡沫 Ni 会被不断消耗,逐渐失去其强化接头的功能。在抗氧化性和化学稳定性方面,与其他金属相比,贵金属(Ag、Au 或 Pt)具有先天优势,基于成本方面考虑,本研究选用泡沫 Ag 作为中间层。

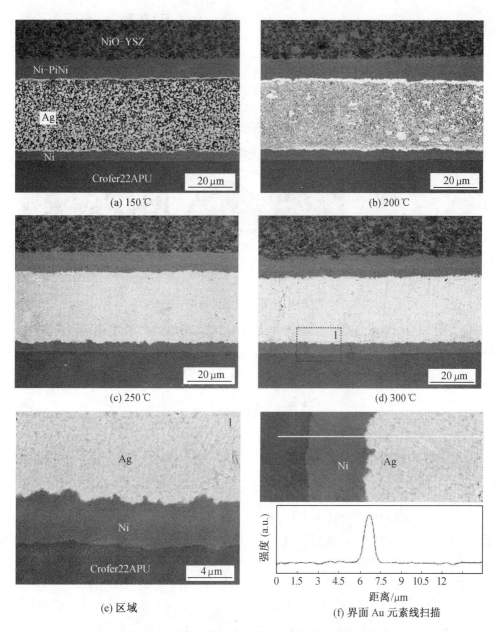

图 8.23 不同连接温度下纳米 Ag 低温连接接头组织

用于低温连接 SOFC 组件的复合 3D 增强设计示意图如图 8.24 所示,将阳极支撑体电池片和 Crofer22H 铁素体不锈钢进行表面纳米结构化后获得了与图 8.21 完全相同的表面结构,两侧母材待连接表现均获得了 3D 镍/金纳米片阵列结构。按照图 8.24 所示的结构进行装配,其中纳米 Ag 颗粒形貌如图 8.24(b)所示。选用厚度为 0.2 mm 的泡沫 Ag 作为中间层材料,泡沫 Ag 具有均匀的多孔结构(孔隙率 80%,海绵指数(PPI)50,如图 8.24(c)所示。将待焊组件与纳米 Ag 焊膏和泡沫 Ag 中间层按照图 8.24 三明治结构进行装配,低温连接过程施加装配应力为 5 MPa。

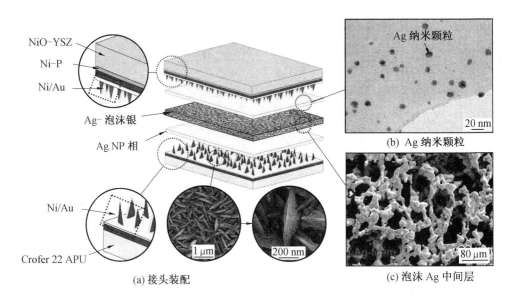

图 8.24　复合 3D 强化低温连接 SOFC 示意图

母材表面 Ni/Au 纳米片阵列结构与烧结的 Ag 基体形成的机械互锁结构是提高接头结合强度的关键因素。此外,表面纳米结构化还可以通过提高界面烧结来进一步增强界面连接。界面烧结驱动力可以通过拉普拉斯方程计算,即

$$P = P_0 + \gamma \left(\frac{1}{R_1} + \frac{1}{R_2} \right) \tag{8.8}$$

式中　P——界面处的烧结驱动力;

　　　P_0——外部压力;

　　　γ——表面能,与表面应力和成分有关系;

　　　R_1、R_2——表面接触点处的两个接触体的曲率半径。

纳米结构表面具有更大的曲率半径,根据式(8.8)可知,与平整表面相比,纳米结构化后的表面具备更大的烧结驱动力。图 8.25 所示为纳米结构化表面以及平整表面与纳米 Ag 钎料的烧结过程示意图,在 Ni/Au 纳米片阵列上观察到的更小尺寸的凸起在该图中简化为均匀分布在纳米片表面的半球形结构。在 3D 纳米片阵列结构表面会发生两种烧结过程:相邻 Ag 纳米颗粒的烧结(Ⅰ)和 Ag 纳米颗粒与纳米结构表面的烧结(Ⅱ)。Ag 纳米颗粒的曲率半径(R')为 7 nm,这与纳米片表面凸起的曲率半径(R'',10 nm)相当。根据式(8.8),Ag 纳米颗粒和基体纳米片阵列表面的凸起由于两侧较小的曲率半径而具有大的烧结驱动力,因此Ⅰ和Ⅱ烧结过程(图 8.25)可以快速进行,而且由于两种烧结过程的驱动力相当,所以可以几乎同时进行,界面处由于强烈的烧结作用形成了牢固的冶金结合。相反,对于平整连接界面由于平整表面曲率半径接近无穷大,因此 Ag 纳米颗粒与平整表面之间的烧结驱动力要远小于相邻 Ag 纳米颗粒之间的烧结,所以 Ag 纳米颗粒与平整表面的烧结过程较缓慢,导致 Ag 纳米颗粒自身烧结长大后与平整表面形成了较弱的界面连接。

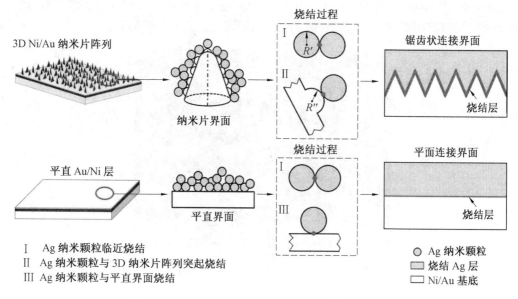

图 8.25　两种基板界面烧结过程示意图

　　泡沫 Ag 中间层为多孔结构,具有互连的 3D 骨架,如图 8.26 所示。与 Ag 纳米颗粒烧结后的基体相比,金属泡沫具有更高的强度,泡沫 Ag 与烧结的 Ag 基体之间同样可以形成机械互锁结构,有助于分散应力并增强抵抗裂纹扩展能力。图 8.26 所示为有无泡沫 Ag 中间层条件下的裂纹扩展示意图,在烧结的 Ag 基体中,裂纹在应力作用下可以自由扩展(图 8.26(a)),然而,当使用泡沫 Ag 中间层后,裂纹在传播过程中必须绕过泡沫 Ag 骨架(图 8.26(c)和(d)),与烧结的 Ag 基体相比,泡沫 Ag 可以吸收更多的断裂能,从而达到提高接头连接强度的目的。

　　总之,Ag 纳米颗粒与 3D 纳米片阵列之间的烧结效率要远高于 Ag 纳米颗粒与平整表面的烧结效率,因此,沿着 3D 纳米片阵列表面会形成更强的连接。同时,机械互锁结构增加了连接面积也提高了界面连接强度。此外,泡沫 Ag 中间层能够分散应力,阻碍了裂纹在钎缝中的传播与扩展。所以,通过预制 3D 纳米片阵列结构和加入泡沫 Ag 中间层起到了 3D 复合强化效果。

　　接头加入泡沫 Ag 作为中间层后,在 300 ℃ 纳米 Ag 焊膏同样可以实现与泡沫 Ag 中间层的致密烧结,Ag 纳米颗粒可以有效填充泡沫 Ag 骨架间隙,接头不会形成孔隙缺陷,泡沫 Ag 的加 Ag 纳米颗粒与 3D 纳米片阵列之间由于更大的烧结驱动力,促进了界面烧结,形成了稳定的机械互锁结构,与平整界面相比,3D 纳米片阵列可以将接头界面断裂能从 124 J/m^2 提高到 203 J/m^2。加入泡沫 Ag 中间层后,在钎缝中形成了另一种机械互锁,通过分散应力和增强抗裂纹扩展性,可以将接头剪切强度进一步提高到 352 J/m^2,对接头形成了 3D 复合强化效果,可以进一步提高接头纳米 Ag 烧结的致密性,有利于接头组织稳定性。纳米 Ag 低温连接不锈钢/电池片接头具备良好的服役性能,经过高温(800 ℃)氧化(空气)和还原(4% H$_2$-50% H$_2$O-N$_2$)老化试验后,Ni 层与不锈钢基体发生互扩散引起不锈钢奥氏体相变,以及 Ag/Crofer22H 界面形成复合氧化物层,两种气氛高温服役后,接头均没有产生剥离和孔隙缺陷。由于 Fe 和 Cr 元素在奥氏体层中的低扩散系数,奥氏体相变层可以阻碍不锈钢元素向钎缝的扩散,保障了接头组织的稳定性。

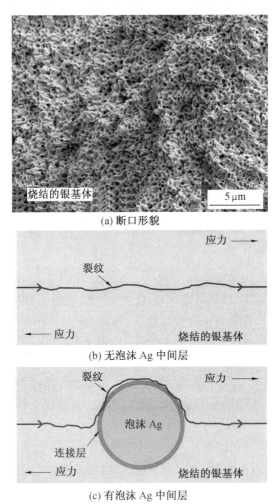

图 8.26 无泡沫 Ag 断口形貌及裂纹断裂示意图

8.3.6 小结

本节从介绍固体氧化物燃料电池(SOFC)工作原理与电池堆结构设计出发,全面分析 SOFC 发展趋势、电池片与电池堆材料特性、电池堆封接需求与研究现状以及 SOFC 电池堆 Ag 基空气封接最新研究成果。SOFC 是一种清洁高效的高温固态电化学转换系统,具备成本低、污染小、能量转化率高以及燃料多样性等优势,已经成为解决当前能源危机与环境污染重要的技术手段。随着电池片制备技术的发展,SOFC 电池片先后经历了电解质支撑体电池片、阳极支撑体电池片以及金属支撑体电池片三种结构。电池片制造成本与服役温度不断降低,促进了 SOFC 技术的工程化应用,阳极支撑体电池片技术最为成熟,得到了广泛的研究与应用。为了获得足够的输出功率,需要将多个单电池互连构建电池堆,电池堆结构目前主要包括平板式以及管式两种结构,其中平板式结构由于输出功率高适用于大规模工业应用,获得了广泛研究。支撑框和连接体是确保电池堆可靠运行必不可少的结构,当前铁素体不锈钢最适用于制备上述两种结构。实现电池片陶瓷与不锈钢连接体/支撑框连接是制造 SOFC 电池堆的核心技术。电池堆需要在高温(800 ℃)双重气氛(氧化和还原)下长期服役,接头在服役过程中将面临化学腐蚀和热应力的挑战,接头组织稳定、气密性良好以及连接强度高是满足电池堆服役需求的重要指标。当前电池堆封接方法主要包括压缩密封、玻璃/玻璃-陶瓷封接、真空活性钎焊以及空气反应钎焊,其中压缩密封适用于电池堆短期性能测试,玻璃/玻璃-陶瓷封接能够满足电池堆短期服役需求,真空活性钎焊结构在服役过程中存在活性元素严重氧化问题,空气反应钎焊是满足电池堆长期服役需求的最佳选择,尤其适用于移动电源设备。但是,现阶段使用最为广泛的 Ag-CuO 钎料存在与不锈钢基体过度反应、与电池堆组件热失配较大和连接温度高等问题。为了解决上述问题,最新研究成果从不锈钢预制保护层、优化钎料体系开发多体系复合钎料以及纳米 Ag 低温连接三个方面展开研究。有效消除了连接以及服役过程中钎料体系对不锈钢基体的腐蚀,减少了连接位置热失配问题,提高了电池堆结构稳定性,降低了电池堆封接温度,减少了封接过程中高温环境对电池堆结构的损伤,促进了 SOFC 电池堆的工程化应用。

除了对电池堆硬件方面的制造研究,燃料电池的应用同时也离不开燃料的高效供应。目前,氢气被公认为是极具前景的理想清洁能源载体,以氢气为燃料的氢燃料电池无污染、无噪声、高效率,是绿色能源供应体系至关重要的一环,若发展成熟,在不远的将来将在航天、汽车、工业制造等领域引发一场颠覆式的能源转化与存储变革。作为理想绿色燃料的氢气从何而来,能否实现低成本制取将在下一节进行具体介绍。

8.4 水分解原理

由于传统化石燃料的消耗和人口的增长,环境污染和气候变化等问题日益严重,不利于人类社会的可持续发展。全球能源需求使人们日益关注清洁和可再生能源的开发和利用,以在社会持续发展的前提下彻底解决生态恶化问题。无碳的氢能源作为理想的能量载体引起了世界各国的广泛关注。当前,氢能源的获取主要有以下几种途径:水分解制氢、水煤气法制氢、由石油热裂的合成气和天然气制氢、焦炉煤气冷冻制氢、电解食盐水的副产氢、酿造工业副产氢、铁与水蒸气反应制氢等。其中,水分解制氢由于可通过清洁电力驱动的特性,因此在生产过程中可以无污染地直接或间接地产生。例如,将电化学装置与光伏电池相结合,可以将间歇性太阳能转化为可储存的氢气作为清洁化学燃料。尽管通过水分解生产高纯度氢作为能量载体的方法具有其他方法不可比拟的优势,但考虑到水分解的高成本,大规模工业应用仍然难以实现。因此,探索用于实现降低水分解能耗的新型催化材料是一项重要的研究课题。

8.4.1 水分解概念

水分解是指应用各种化学方式将水分解为氢气和氧气的过程,总的化学方程式为

$$2H_2O \longrightarrow 2H_2 + O_2 \tag{8.9}$$

在一般情况下,水分解反应并不会自发进行,需要通过一些途径和达到一定的条件才能实现水分解。

8.4.2　实现水分解的途径

目前,能实现水分解的途径已有很多,但大多数条件苛刻,在成本上远大于制得氢气的收益。目前传统矿石燃料提供了全球绝大部分的氢气制取来源,其中最为典型的应用当属利用天然气蒸汽重整来制取氢气。然而利用矿石燃料制取氢气几乎无异于饮鸩止渴,绝非应对能源危机和环境污染问题的长久之策。现阶段,利用水来制取氢气的方式虽存在较高技术壁垒,但从原理上来看,其原料几近用之不竭,燃烧产物即为所需原料,是最具可持续性的策略,因而开发价值和研究前景非常广阔。以下将简要介绍几种水制氢的技术。

(1)电解水实现水分解。

电解水技术是指在外加电压下,使水分解产生氢气与氧气。实际生产中已经有关于电解水生产氢气的相关应用,全世界范围内,采用此种方法生产的氢气约占4%。一般情况下,常采用安全性较高的碱性电解质,但其不足之处主要在于制氢周期长且无效能耗大,因而限制了其进一步推广。如何缩短制氢周期并节省大量能耗已经成为国内外相关领域学者的关注热点,具体研究方向主要包括低过电势电极材料设计、质子交换膜电解水和高温水蒸气电解。

低过电位电极材料制氢是指应用 Pt、IrO_2 等贵金属或氧化物,或开发的各种非贵金属合金材料作为催化剂,实现在低过电位条件下水的分解,这是本书将要主要介绍的部分。质子交换膜水电解是指以质子交换膜作为电解质,利用其化学稳定性高、质子传导性好、气体分离性好等优点实现电解槽的高电流,对氧的析出具有极大促进作用,同时也提高了析氢性能。高温水蒸气电解是在电解的基础上加上高温,以热能和电能来促进水的分解。

(2)光催化实现水分解。

光催化分解水制氢是指在使用相应催化剂的条件下,以光照作为能量输入源,驱动水裂解来获得氢气。光催化分解水制氢技术目前的关键难点主要在于设计并制备合适的光催化剂。现有的催化剂电极材料往往只对较窄的光谱范围具有敏感性、无效能量占比大、反应产率较低(主要由反应可逆性导致)等。所以,若能从催化剂材料设计入手,去降低水分解能量势垒,或提升载流子产生效率,可能会极大地促进光催化水分解的效率提升。催化剂电极材料设计的策略主要集中在为金属负载、离子掺杂、半导体敏化、半导体纳米化、半导体光生物耦合、混合纳米结构、外场耦合等方面。

(3)直接热水分解。

直接热水分解是指水在高温下直接分解成氢气和氧气,再经过分离得到纯氢。从概念上来说,直接热水分解制氢是最简单的制氢方法。在一个大气压下,当温度高于一定的阈值(2 500 K),能发生明显的水分解反应。继续升温,水分解反应程度加深,最终当温度再提升2 200 K左右时,水分解反应趋于自发进行,即 Gibbs 自由能达到零。

直接热水分解制氢的方法本身存在严重的问题:①反应容器的制造问题。能够耐受

2 000 K 以上高温环境的材料不多见,因而容器制造的材料范围主要限定在陶瓷及氧化物一类。氧化锆因其较高的熔点(3 043 K)以及相对较低的成本,成为高温反应容器生产的首选材料。②氢气和氧气的爆炸问题。水分解产氢的同时必然伴随着产氧,即高温下氢气和氧气是混合在一起的,而且如果不加考虑直接降温极易发生爆炸,所以必须在高温下对氢气和氧气进行分离。

(4)热化学循环分解水制氢。

通过引入适当的中间物,可以将水分解反应拆分成多步反应,从而构成一个循环,其目的在于降低反应温度。热化学循环分解水制氢周期相对较短且具有低碳环保的优点,主要分金属氧化物循环和多步热循环两大类。

8.4.3 电催化水分解

1. 催化原理简介

水分子示意图及电子转移过程如图 8.27 所示,电解池由阴极、阳极以及电解液组成。全水分解反应共分为两个半反应,分别为产氢反应(Hydrogen Evolution Reaction,HER)和产氧反应(Oxygen Evolution Reaction,OER)。无论是阴极还是阳极的电极反应中,均伴有电极|溶液的电子转移过程,并且在 OER 甚至可能有表面物质的原位转化。由于其复杂的电极反应情况,目前在催化剂的研究中统一选用过电势,即在相同电流密度下能达到的电位与理论电位值之间的差值,作为判定催化剂优良的重要标准。在全水分解过程中,其实质反应过程是 H_2O 与其在不同电解液中的各步中间体的不断转变与电子转移过程,也就是各步反应物在以催化剂为电极的表面不断地进行吸脱附的过程。图 8.27(a)阐释了 HER 一侧的电子转移可能路径。

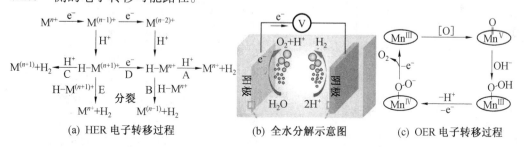

| (a) HER 电子转移过程 | (b) 全水分解示意图 | (c) OER 电子转移过程 |

图 8.27　水分子示意图及电子转移过程

HER 主要为一个两电子转移过程,其表面的吸脱附反应主要分为两步,以碱性溶液为例:

Volmer(沃尔默反应):

$$H_2O+M+e^- \longrightarrow MH+OH^- \tag{8.10}$$

Tafel(塔费尔反应):

$$MH+MH \longrightarrow H_2+2M$$

Heyrovsky(海罗夫斯基反应):

$$H_2O+MH+e^- \longrightarrow H_2+M+OH^- \tag{8.11}$$

HER 反应的主要能垒来源于其反应过程中的各步中间产物的吸脱附能。

而 OER 一侧则为更加复杂的四电子转移,以碱性溶液为例:

$$M+OH^- \longrightarrow MOH+e^- \tag{8.12}$$

$$OH^-+MOH \longrightarrow H_2O+MO+e^- \tag{8.13}$$

$$MO+OH^- \longrightarrow MOOH+e^- \tag{8.14}$$

$$MOOH+OH^- \longrightarrow MOO^-+H_2O$$

$$MOO^- \longrightarrow M+O_2+e^- \tag{8.15}$$

OER 一侧的中间产物以及界面反应的复杂程度均高于 HER 一侧,作为全水分解中的另一个半反应,其缓慢迟钝反应过程也是急需攻克的难题之一。

综上所述,在电催化全水分解中,虽然理论电压值为 1.23 V,但由于在实际反应过程中必须攻克各步反应能垒,其实际电压值远高于理论值。而使用高性能催化剂去改善调剂各步的吸脱附能,从而改善全水分解的性能,便成为高效率电解水产氢研究中的重点。

以产氢一侧为例,催化剂的吸脱附在于原子电子轨道配对形成吸附键,例如过渡族金属由于外层具有未成对 3d 电子,在 HER 反应中极易与 H 原子 1s 轨道成键。如果想制备高性能催化剂,在吸附成键之后,脱附的能量要求也不能高,即必须拥有合适的吸脱附能。根据吸脱附能力强弱,就出现了 HER 一侧的催化活性火山图,如图 8.28 所示。因此,通过合适的手段改善催化电与中间产物之间的键能,便能有效地促进催化性能。关于电催化水分解的原理,下一小节将有更具体的论述。

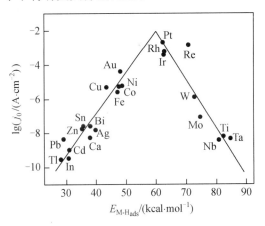

图 8.28　HER 催化活性火山图(1 cal=4.186 8 J)

2. 电催化水分解理论

(1)水的电解过程。

全水分解包括两种反应:析氢反应及析氧反应。一般来说,通常使用由工作电极、参考电极和辅助电极(对电极)组成的三电极系统进行相应的电化学测量,其目的在于评估水分解反应的半反应活性,包括 HER 和 OER。然而,在实际应用中,通常仅以阴极和阳极相对组成电解池,即双电极系统,其中阴极析出氢气,阳极析出氧气。全水分解的发生条件在于外接电源电势必须高于水分解的能量壁垒,理论水分解电位的固定值为1.23 V,这是由热力学计算而来的。实际上,由于存在不可避免的过电位,水分解实际电压往往在

1.8 V 以上。为了降低全水分解的电力消耗,常需要仔细选择突出的 HER 和 OER 电催化剂以降低阴极和阳极的过电势。有一类特殊类型的电催化剂能够同时高效地驱动 HER 和 OER,即所谓的双功能电催化剂。这种类型的催化剂可以同时用作阴极和阳极,因而可以简化准备过程,大大降低生产成本。因此,双功能电催化剂的开发和应用对于未来实现工业大规模制取氢气具有非常重要的现实意义。关于催化剂电极材料的设计将在下一节具体论述。

(2)产氢半反应。

电催化分解水中的产氢半反应是分解水制氢中最重要的反应,它的过程并不复杂,中间体先吸附在电极材料表面,而后结合成对应产物而脱附,在此过程中仅涉及两个电子的转移过程。在富含 H^+ 介质中,H^+ 首先被吸附在电极材料表面活性位点处,然后再与一个电子结合,形成活性中间产物 MH_{ads}(M 代表吸附的活性位点),这个过程被称为 Volmer 步骤,即

$$H^+ + M + e^- \longrightarrow MH_{ads} \tag{8.16}$$

对应地,H_{ads} 与另一个质子结合并获得一个电子,产生一个氢分子,这个步骤被称为 Heyrovsky 步骤,即

$$MH_{ads} + H^+ + e^- \longrightarrow M + H_2 \tag{8.17}$$

或者,H_{ads} 与周围近邻的 H_{ads} 结合形成氢分子,此过程称为塔费尔步骤,即

$$2MH_{ads} \longrightarrow 2M + H_2 \tag{8.18}$$

对于 Volmer–Heyrovsky 或 Volmer–Tafel 反应机制,氢吸附自由能(ΔG_{Hads})都被公认为是有效评判析氢活性的指标。一般而言,ΔG_{Hads} 越接近 0,代表氢原子的吸附和脱附越接近平衡的理想状态,材料的 HER 催化活性越高。对于碱性介质,由于几乎不存在质子,因此析氢过程与酸性介质中的两步路径不同,反应最开始会有表面吸附的 H_2O 分子解离阶段,即

$$H_2O + M + e^- \longrightarrow MH_{ads} + OH^- \tag{8.19}$$

$$MH_{ads} + H_2O + e^- \longrightarrow M + OH^- + H_2 \tag{8.20}$$

因此,氢分子可以通过 H_{ads} 与水分子的组合,即或 H_{ads} 的耦联(式8.18)来产生,这意味着在碱性条件下 HER 的动力学是缓慢的。因此,在有利的水离解能和适度的氢吸附能之间取得平衡是十分重要的。

(3)产氧半反应。

氧气析出反应经历了具有多个中间体的四步电子转移过程,如式(8.21)~(8.24)所示。在酸性介质中,有

$$2H_2O + M \longrightarrow MOH_{ads} + H^+ + H_2O + e^- \tag{8.21}$$

$$MOH_{ads} + H_2O \longrightarrow MO_{ads} + H_2O + H^+ + e^- \tag{8.22}$$

$$MO_{ads} + H_2O \longrightarrow MOOH_{ads} + H^+ + e^- \tag{8.23}$$

$$MOOH_{ads} \longrightarrow M + O_2 + H^+ + e^- \tag{8.24}$$

一个水分子吸附在活性位点上,分解成一个吸附性 OH 基团(MOH_{ads})、一个氢离子以及一个电子,然后吸附性 OH 基团 MOH_{ads} 继续分解成吸附氧原子(MO_{ads})、氢离子与电

子,吸附氧原子(MO_{ads})与一个水分子结合反应生成一个吸附性 OOH 基团($MOOH_{ads}$)、一个氢离子及电子,最后吸附性 OOH 基团 $MOOH_{ads}$ 分解产生氧气。

而在中性介质中,则是以 OH^- 作为起始反应物,有

$$M+4OH^- \longrightarrow MOH_{ads}+3OH^-+e^- \tag{8.25}$$

$$MOH_{ads}+3OH^- \longrightarrow MO_{ads}+2OH^-+H_2O+e^- \tag{8.26}$$

$$MO_{ads}+2OH^-+H_2O \longrightarrow MOOH_{ads}+OH^-+H_2O+e^- \tag{8.27}$$

$$MOOH_{ads}+OH^-+H_2O \longrightarrow M+O_2+H_2O+e^- \tag{8.28}$$

在以上的 OER 进程中,随着反应的进行,在每个步骤之后依次形成 MOH_{ads}、MO_{ads} 和 $MOOH_{ads}$ 的中间体。从热力学角度上讲,这四个步骤都是需要外加能量驱动的上坡反应,需要最高能量的步骤就是限速步骤,即决定电极材料催化活性的步骤。另外,每个反应发生的能垒之间不是毫无关联的,它们之间存在的相关性称为比例关系。依照此关系,$MOH_{ads} \rightarrow MO_{ads}$ 步骤(式(8.22)或式(8.26))所需能量和 $MO_{ads} \rightarrow MOOH_{ads}$ 步骤所需能量(式(8.23)或式(8.27))之和保持大致相同,为 3.2 eV。因此,如果在特定电极材料的催化作用下,$MOH_{ads} \rightarrow MO_{ads}$ 表现出较低能垒,则 $MO_{ads} \rightarrow MOOH_{ads}$ 步骤的能垒相对较高,反之亦然。这种关系可以利用图 8.29 所示的火山图描述出来。在火山曲线的顶部,$MOH_{ads} \rightarrow MO_{ads}$ 和 $MO_{ads} \rightarrow MOOH_{ads}$ 过程的能量相等,从而过点位也达到最小。因此,当电极材料的能垒处于火山曲线的峰值时,电极材料的催化活性最强。

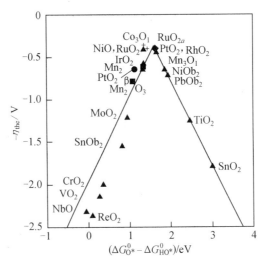

图 8.29　OER 活性火山图

对于 OER 来说,总自由能的变化量为 4.92 eV,在理想的热力学电催化剂中,OER 可以均匀地分布在具有不同吸附剂(MOH_{ads}、MO_{ads}、$MOOH_{ads}$、O_2)的四个基本步骤中。在这种条件下,平衡势应该足以驱动氧的生成反应。而对于所有的金属氧化物催化剂,MOH_{ads} 与 $MOOH_{ads}$ 之间的固定吸附自由能和估计为 3.2 eV。所以希望 MO_{ads} 在 MOH_{ads} 和 $MOOH_{ads}$ 之间的理想位置能够尽可能地降低自由能的变化,即在火山图的中间位置。与之对应的,此处的过电位的最小值被评估为 0.4～0.2 V,这意味着 OER 的动态过程比 HER 不利得多。

3. 评价电化学水分解的基本参数

（1）过电势（ovepotential）。

从热力学计算而言，1.23 V 的外接电势足以驱动水分解反应。实际上，由于反应过程中存在额外的能量势垒，因此存在不可避免的过电位，实际水分解的电压往往在 1.8 V 以上。因此，为了提高能量转换系统的效率，降低过电位应被视为电催化剂设计的优先任务。可以通过线性扫描伏安法（LSV）测试 CV 曲线，通过 iR 矫正补偿其用于电解器的电阻的电压，从而获得极化曲线来记录过电位。一般选用电流密度 10 mA/cm² 下的过电位为指标初步评判电催化剂性能的优劣，10 mA/cm² 相当于光电驱动的水分解电解池达到 10% 太阳能水分解转化效率所应有的电流密度。

（2）塔费尔斜率（Tafel slope）和交换电流密度。

极化曲线记录了过电位与电流密度的信息，将电流密度取对数与过电势进行线性拟合，即 $\eta = a + b\lg j$，拟合出的曲线即为塔费尔曲线，式中 b 指塔费尔斜率。塔费尔斜率越小，代表随着外接电势增加，电流上升越快，本质上反映了反应动力学行为的改善。因而塔费尔斜率的改变可以反映催化反应机理的改变。对于 HER，当塔费尔斜率处于 30～40 mV/dec 时，其半反应机理更倾向于纯 Volmer-Tafel 反应机理，当处于 40～60 mV/dec 时，其半反应机理则倾向于 Volmer-Heyrovsky 与 Volmer-Tafel 混合反应机理，当大于 60 mV/dec 时，则倾向于纯 Volmer-Heyrovsky 反应机理。交换电流密度（j_0）是在过电势为 0 的条件下测得的电流密度，是在平衡电位下由于材料表面本身的固有属性形成的电流信号，因而象征材料本身对于离子吸脱附的固有活性。所以，在以设计高性能电极材料为目标的前提下，应重点关注催化材料测试过程中具备高的交换电流密度和尽量低的塔费尔斜率。

（3）转换频率（Turnover Frequency, TOF）。

在温度、压力、反应物比例和反应程度一定的条件下，单位时间以及单位活性位点上发生反应的次数称为转换频率，由定义可以看出，TOF 可以很直接地表明反应进行的快慢。它可以根据下式计算：

$$TOF = \frac{jA}{zFn}$$

式中　j——电流密度；

　　　A——电极的工作区域；

　　　z——每个分子产生的电子转移数；

　　　F——法拉第常数；

　　　n——物质的量（摩尔）。

需要注意的是，在很多情况下，并非所有的位点都参与了反应，或者说随反应的进行有一些活性位点被"隐藏"的现象十分常见，在这种情况下计算出的 TOF 值往往偏低，但实际上材料有可能具有很高的活性。然而，它与文献中报道的催化剂材料的活性比较依然具有极高的参考价值。

（4）稳定性。

对于实际应用，稳定性被认为是评价电催化剂的重要参数。它是指电催化水分解反应在数小时乃至数十小时的长时间工作下，在恒电流条件下维持电压不变或恒电压条件下维持电流不变的能力。通常,通过计时电位法和计时电流法来分别观测恒电流下电位变化以及恒电位下电流的变化。特别是,通过多步计时电位法可以很方便地测试宽电流范围下的稳定性。稳定性测试的另一个有影响的方法是比较电化学反应之前和之后的 LSV 曲线,这能很容易地检测到任何明显的稳定性衰减。

(5)法拉第效率(Faraday efficiency)。

法拉第效率是指实际生成物和理论生成物的摩尔系数。其大小受温度、电解质浓度、施加电压、溶液酸度甚至电极材料纯度的影响。它的求法为

$$Faraday\ efficiency = \frac{m \times n \times F}{I \times t}$$

式中 m——生成物实际摩尔数;

n——反应电子数;

F——法拉第常数,即一摩尔电子所含的电量;

I——电流;

t——时间。

针对电催化水分解而言,可以通过测试恒电流催化反应中实际氢气/氧气的产生量与计算而得的氢气/氧气相比而获知法拉第效率。在实际应用中,可采用收集单位时间内产生气体体积量来计算实际应用于氧化还原反应的电子数。

8.5 纳米材料催化剂电极设计

在电催化水分解中,电化学性能较差的主要原因是动力学迟缓和 HER 与 OER 的高过电位,所以需要探索具有克服动力学迟缓降低过电位功效的电催化剂。为了使过电位最小化,最先进的电催化剂都是基于昂贵且稀缺的贵金属及其氧化物,如 Pt、IrO_2 和 RuO_2 等。但是,贵金属元素地壳丰度低,这决定了贵金属基的催化剂不可避免的高成本问题。因此,利用低成本元素合理设计高催化活性的电极材料以实现清洁能源转换成为非常有研究价值的方向。目前,研究者们已经取得了一定的进展,开发出了以含量丰富的过渡金属为基础的电催化剂。在已有的研究中,各种过渡金属基电催化剂因其合理的电子配置、高电子传导性、优异的电化学活性和耐久性而受到重视,在电催化活性增强方面取得了显著成就。

在电极制备过程中,选择使用聚合物黏合剂将材料黏合在基底上的方法,会导致电荷转移阻力增加,同时在侵蚀性气泡形成环境下也可能引起催化剂分层,从而导致电催化性能减弱和稳定性变差的限制。因此,应该避免使用黏合剂,设法使电催化剂直接生长在如泡沫铜(CF)、泡沫镍(NF)、碳布(CC)或碳纸(CP)和氟掺杂的氧化锡(FTO)等可以实现高速电子传输的基底上。然而,在导电基底上生长活性电催化剂是一个巨大的挑战。目前,凭借原位生长策略已经能在基底上设计纳米阵列,纳米结构的合理设计能够基于以下几个特征提高 HER 和 OER 性能。

(1)原位生长策略,保证了紧密的界面接触,从而促进材料到集流体的快速电荷转移和避免催化剂分层。

（2）与平面结构相比，形态各异的纳米结构阵列有利于电解质充分与活性位点接触。

（3）通过优化可靠和通用的合成策略，促进活性位点的暴露和电荷转移，可以调节结构阵列的晶体结构和形态。

（4）在分层支持的情况下，不仅可以大大加速质量扩散，而且还可以加速释放积聚的气泡，特别是在高电流密度状态下效果显著。

（5）用于催化剂培养的合适底物的选择可在底物和纳米阵列结构之间起协同作用，从而增强电催化活性。

基于上述优点，利用原位生长策略建设结构阵列电极对实现高效耐用的水分解反应有重要的意义。尽管通过将垂直排列的纳米阵列与适用的载体整合在电催化水分解中已经取得了令人印象深刻的进展，但很少有综述系统地总结纳米阵列结构用于电催化水分解的最新进展。更重要的是，很少有人对活性调节进行深入解读。虽然全世界的科学家都致力于设计和制造不同的纳米阵列，但是通过可调合成方法控制结构阵列的尺寸，组件和微/纳米结构依旧存在许多的问题与未知，这与生产没有任何支撑的纳米晶体不同，值得构建的概念和策略以及用于生成结构阵列的可调合成路线的进步还被局限在一定的范围内。为了提高纳米阵列的电催化性能，已经有了大量的物质调控和形貌调控方法。下一节将从可扩展和可持续的角度，总结纳米阵列架构的发展，建立合成方法与电催化活性的关系。

电极材料纳米建筑阵列根据类型被分为若干类（图8.30），其中展示了大量低成本、高地壳丰度、高性能和稳定的电催化剂。在建筑阵列的设计和合成方面，本节将对如何制造建筑阵列的概念和通用的合成策略进行评估，为非贵金属过渡金属建筑阵列的发展提供有前景的见解，使其具有优异的性能。最后强调了通过组件操作、异质结构调节和缺陷工程来提高结构阵列电催化活性和稳定性的有前景的策略。通过理论模拟和现场识别，探讨了电子结构优化、中间体吸附促进和配位环境改善的内在机理分析。值得注意的是，通过理论计算和精细的表征，解剖了建筑阵列的精细结构，系统阐述了基于活性位点操纵

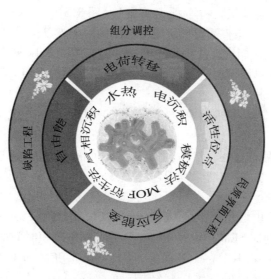

图8.30　纳米阵列结构示意图

和电子转移的活性优化,对其内在的反应机理提供了深刻的见解。最后,提出了非贵金属过渡金属建筑阵列向卓越性能方向发展的挑战和机遇。

8.5.1 纳米形貌设计

对于纳米结构而言,根据材料结构在几何学上所处的维度,可以分为零维、一维、二维、三维纳米材料。举例来说,量子点是零维材料;纳米线、碳纳米管是一维材料;纳米薄膜、超薄纳米片是二维材料;将零维材料、一维材料和二维材料中的两种或全部进行有机排列和组合将得到形态各异的三维材料。

此外,在实际合成中往往会出现一些较为复杂的复合纳米结构,如中空结构、核壳结构等。下面将根据合成方法具体介绍。

(1)水热/溶剂热合成。

水热/溶剂热合成是目前最受欢迎的合成方法之一,运用水热/溶剂热合成法可在自支撑基板上形成具有可调节结构的各种纳米阵列,同时还有成本低、设置和操作简单的优点,通过简单灵活地控制水溶液或非水溶液中的沉淀剂、反应时间、pH、温度等参数就可获得具有理想前驱体含量的生长结果。水热/溶剂热合成技术是一种根据溶质在热水中的溶解度来合成各种材料的方法。例如,通过水热反应合成 $Co(OH)(CO_3)_{0.5}$ 纳米线阵列,然后以 $Co(OH)(CO_3)_{0.5}$ 纳米线阵列为基础,在氩气中热沉积硫/硒粉末,从而制备 $Co(S_xSe_{1-x})_2$ 阵列(图 8.31(a)),或者还可以通过水热法在泡沫铁上合成 FeS 纳米片阵列(图 8.31(c))。有趣的是,在此过程中泡沫 Ni 或泡沫 Fe 作为导电基材,不仅可以作为纳米结构阵列的支撑基础,同时也为所需目标提供金属源。

在水热/溶剂热合成过程中,温度是调节形态的核心参数。尽管已经使用了各种办法来调节水热/溶剂热合成的路线,以使其更好地实现对各种阵列的合成,但在实际操作中依然存在一些限制。为了解决这一问题,在水热/溶剂热合成的基础上加上了后续的热处理,这种不同处理方法相结合的工艺已被广泛应用于各种金属基材料的制造,如磷化物阵列、氧化物/氢氧化物/羟基氧化物阵列、硫属化物(图 8.31(b))等。这样,所需的阵列可在不添加任何外部模板的条件下形成。除了温度的影响难以预测以外,水热/溶剂热合成法还存在难以观察到晶体生长,过程中总是需要使用昂贵高压釜等缺点。尽管如此,水热/溶剂热合成仍然是可用于制造和优化活性的建筑阵列的多用途的方法。

(2)电化学沉积合成。

电化学沉积具有安全、要求简单、合成温度低、易接近性好等优点,广泛应用于合成化学领域,为建筑阵列的制备提供了另一种方法。电化学沉积合成是通过电场诱导电化学反应在电极上生成薄膜的过程。然而,由于电化学沉积过程中电荷迁移的参与,需要有限的化学前体和导电衬底。在电化学沉积过程中,外加电位的调节也可以产生不同材料的电位型电催化剂,如分子催化剂、金属氧化物、氢氧化物、硫属元素化物、磷酸盐、金属和合金等。例如,采用一步电沉积法制备 CoFe-层状双氢氧化物(CoFe-LDH)(图 8.32(a)~(c)为不同电沉积时间的 SEM 图像;(d)~(f)为不同电沉积时间的 CoFe-LDH 示意图;(g)~(i)为不同 CoFe-LDH 样品 FIB 图像;(j)~(n)为 SEM 和 TEM 表征)。CoFe-LDH 纳米片生长在泡沫镍上形成三维层状结构,使 CoFe-LDH 具有优异的析氧反应活性(OER)。在碱性条件下,达到 $10~mA/cm^2$ 的电流密度仅需 250 mV 的过电位,塔费尔斜率为 35 mV/dec。以这种三维多孔结构为骨架,采用固相反应法制备了 CoFe 磷化物。经过磷酸化处理后,纳米片保留了原来的三维多孔结构并大大提高了析氢反应的电化学性能。在碱性条件下,达到 10 mA/cm² 的电流密度仅需 58 mV 的过电位,塔费尔斜率为 46 mV/dec。以硝酸铁和硝酸镍溶液为前驱体,采用电化学沉积的方法在泡沫镍表面沉积了具有相互连接的双连续宏观多孔结构的三维非晶氢氧化镍纳米片,可在碱性环境的 OER 测试中在 190 mV 的起点位的前提下,在 270 mV 低过电位时达到 100 mA/cm² 电流密度。

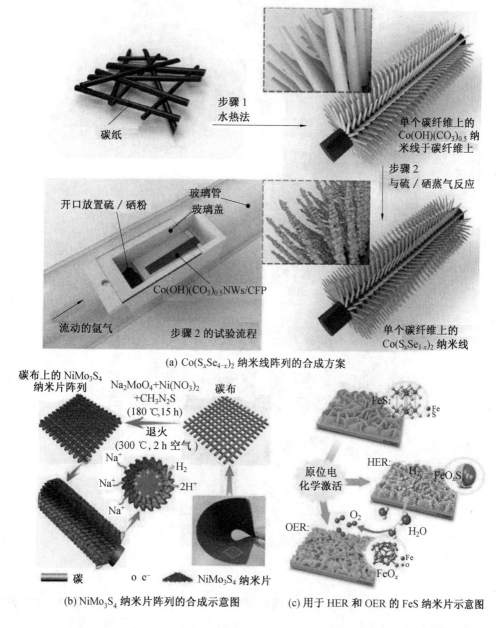

(a) Co(SₓSe₄₋ₓ)₂ 纳米线阵列的合成方案

(b) NiMo₃S₄ 纳米片阵列的合成示意图

(c) 用于 HER 和 OER 的 FeS 纳米片示意图

图 8.31 多种纳米片阵列合成示意图

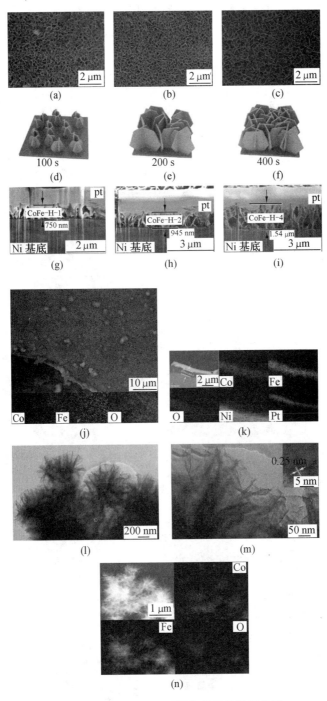

图 8.32　CoFe-LDH 不同条件下的微观表征

　　电沉积合成的建筑阵列的厚度与电沉积时间有关,而组件电极通过控制在一定离子浓度下施加的电位可以调整沉积催化剂。电化学沉积是产生分级阵列的理想方法之一,具有材料选择性和形态可控性的压倒性优势。然而,由于沉积的材料通常是无定形的或结晶度较低,限制了其应用的广泛程度。

(3)模板导向合成。

模板导向合成在制造有序的一维纳米阵列方面是一种很可靠和通用的合成技术,在制造软或硬模板合成纳米棒、纳米线和碳纳米管方面有很大的应用。最重要的是,模板合成方法具有可合成理想纳米几何结构的显著优势,不依赖于材料晶格参数。模板导向合成的模板有阳极氧化铝(AAO)、ZnO 和 Cu_2O 材料等。以 ZnO 为例,采用一维 ZnO 纳米线为模板,合成具有独特三维阵列结构的碳纸/碳管/硫化钴阵列,在碱性介质中可获得优异的 HER 和 OER 活性。设计不同的自模板,可以获得不同结构的纳米结构,如空腔微管型、三维中空型等,实现了维度和结构控制的功能。但是,在模板合成中,为了形成希望的结构,需要对模板填充和去除过程中的晶体质量和纯度进行控制,这一点并不易实现。因此,该模板技术具有明显的优势和局限性,但也不失为一种可研究的构建纳米阵列的方法。

(4)MOF 衍生合成。

金属有机框架(MOF)是一种由有机配体和过渡金属阳离子之间的配位键连接组成的多孔材料。使用 MOF 作为多用途前驱体已经被用于制备多种多孔金属基材料(氧化物、硫族化物和磷化物)。例如,利用柔性碳布基底上钴基 MOF 前体,通过离子交换和蚀刻反应以及随后的热处理,可衍生制备中空 $NiCo_2O_4$ 纳米壁阵列。以简易金属-有机骨架模板为 MOF 指导,使用 ZIF-67(一种金属 Co 的有机骨架化合物)可制合成具有分层结构的 $Co_3O_4@X$ 电催化剂($X = C, CoS, Co_3O_4$ 和 CoP),在该催化剂作用下,238 mV 的过电位下即可达到 $10 \ mA/cm^2$ 的电流密度。热处理 Co_2Zn_1 MOF 薄片阵列合成的 P 掺杂 $CoSe_2$ 纳米团簇/碳片阵列在电催化水分解时仅需 230 mV 的低过电位即可达到 $10 \ mA/cm^2$ 的电流密度。除了 MOF 以外,沸石咪唑酯骨架(ZIF)也是有希望的替代前体。例如,通过 ZIF 前驱体热处理合成的 $Co-N_x/C$ 纳米棒阵列,在 OER 中仅需 1.53 V 的低电位就可达到 $10 \ mA/cm^2$ 的电流密度。通过共中心金属-有机骨架的蚀刻-碳化-磷化反应合成了一种二维超薄锰掺杂多面体磷化钴,如图 8.33 所示。制备的多孔碳纳米管具有更大的比表面积和更高的孔隙率,比中空碳纳米管和碳纳米管具有更丰富的催化活性位点,因此在酸性和碱性介质中对 HER 和 OER 都表现出更好的电催化活性。此外,由于本征活性的 CoP 纳米薄片、石墨碳和掺杂了 Mn 和 N 元素的可控电子结构的协同作用,Mn-CoP 纳米片在长期使用后也表现出了优异的稳定性。

对于电催化应用电极材料合成,MOF 衍生合成是一种独特的方法,其显著的优点是成本低,设置简单和操作灵活,但正是由于 MOF 的存在,因此目标产品也受到 MOF 前体组分和形态的限制。

(5)CVD 合成。

CVD 是通过高温使前体材料蒸发,再通过一定的气路被运输到特定基板上以生产高质量固体材料的沉积方法,具有设置简单,原材料易获取,以及可以制造较复杂结构的优点。例如,运用化学气相沉积技术制备高质量的二硫化钼纳米片(NSs)。在 MoS_2 合成过程中,在 FeNi 底物上原位生长 $Fe_5Ni_4S_8$(FNS),获得 MoS_2 纳米片,如图 8.34 所示。合成的 MoS_2/FNS/FeNi 泡沫在 HER 中达到 $10 \ mA/cm^2$ 的电流密度仅需 120 mV 的过电位,而 OER 中,仅需 204 mV 即可达到相同的电流密度。通过 CVD 方法合成的三维分层 $MoSe_2$

(a) Mn-CoP 纳米片的 SEM 图像

(b) TEM 表征

(c) TEM 表征

(d) TEM 表征

图 8.33 Mn-CoP 纳米片的微观表征

纳米结构阵列获得了高效的析氢性能。在 CVD 合成中,可以通过使用金属有机前体来调节纳米结构形态和生长速率。例如,使用有机金属盐 $FeMn(CO_8(\mu-PH_2))$ 作为前驱体,通过 CVD 方法可将 FeMnP 纳米片阵列合成在泡沫镍和涂覆石墨烯泡沫镍上,从而达到稳定的析氢性能。然而,由于所需的苛刻反应环境、高成本和金属有机前体的毒性,这种方法受到了限制。与金属有机前体相比,无机前体也愈发受到了电催化剂合成方面的广泛关注。尽管 CVD 具有各种优点,但昂贵的设备和较为苛刻的操作条件限制了其在合成纳米阵列方面的大规模应用。

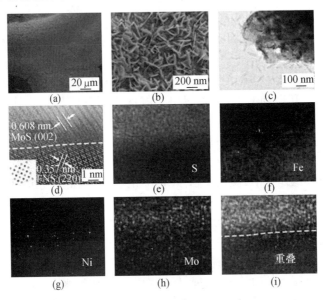

图 8.34 MoS_2/FNS/FeNi 的形貌表征

（6）等离子体诱导合成。

除了水热/溶剂热合成、电化学沉积、模板合成、MOF 衍生合成以及化学气相沉积等常用方法之外,等离子体诱导方法也是一种常见的合成技术。通过对合成中等离子体频率和温度的适当调节,可使等离子体气体快速大规模地处理各种材料。例如,通过掠射沉积法和随后的等离子体辅助硒化过程(图 8.35),可在 Mo/玻璃基板上制造1T-$MoSe_2$/Mo 阵列形成核-壳三维分层纳米结构,以该材料作为电催化剂,由于边缘位点密度的增加,$MoSe_2$ 壳的金属性以及氢吸附自由能的快速电荷转移(ΔG)等特点,可在 166 mV 的低过电位下达到 10 mA/cm^2 电流密度,同时其塔费尔斜率较低,为 34.7 mV/dec。利用氧等离子体雕刻使生长在碳布上的 CoP 纳米线阵列的表面重组,引起 CoP 纳米线表面上适量 CoO_x 物质形成,可增强改催化剂在碱性溶液中的 HER 性能。

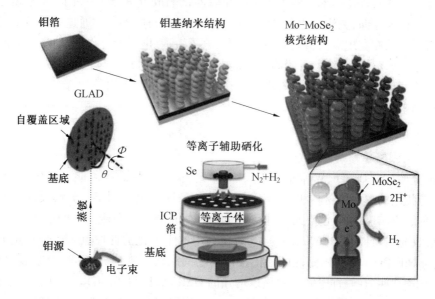

图 8.35　$MoSe_2$/Mo 核-壳阵列、HER 和电荷转移示意图

等离子体诱导合成作为一种常用的方法也存在一些问题,如频率和温度不易把控,等离子体生成的高成本等。目前为止,构建电催化电极纳米结构的方法主要集中在水热/溶剂热合成、电化学沉积、模板合成、MOF 衍生合成、CDV 以及等离子体诱导合成这六种方法上,虽然它们有着各自局限性(表 8.2),但相信随着技术的改进,使用柔性工艺在可控条件下按需求合成纳米结构材料的技术终会实现。

表 8.2　构建电极结构的通用合成方法的简要概述

合成方法	优点	缺点
水热/溶剂热合成	低成本、设置简单、操作灵活	需要昂贵的高压灭菌器、不能观察到晶体生长
电化学沉积合成	安全、设备便宜、合成温度低、高可达成性、易于工业制造	产品具有选择性、产品结晶度低

续表 8.2

合成方法	优点	缺点
模板合成	理想的几何形状	模板填充、模板删除
MOF 衍生合成	低成本、设置简单、操作灵活	MOF 前体昂贵、目标产品有限
CVD 合成	设置简单、原材料易得、可得复杂的结构	反应环境恶劣、成本高、金属有机前驱体的毒性
等离子体诱导合成	操作简单、可得理想的结构	成本高、需要合成频率和温度

8.5.2 纳米材料成分设计

尽管在设计与构建纳米结构的同时已经对催化剂成分进行了一定的考虑,但更多的是以结构设计为导向,关注的是不同种类的物质结晶形态的差异。通过对阳离子、阴离子及官能团等的调控实现对材料表面化学状态、电子轨道、电子相互作用、能带等的调节,进而实现水分子分解能、过渡物种吸附自由能的优化,从而达到催化性能的大幅度提升,也是此领域的一项研究热点。本节着眼于材料成分,主要介绍国内外学者在合金化、异质结构建及缺陷工程等方面的研究。

1. 合金化

(1) 金属阳离子掺杂。

多种金属(Ni、Co、Fe、W、Mn、V、Cu、Mo 等)协同可以导致吸附能量优化。热力学角度上讲,与相应的单金属材料相比,多金属电催化剂通常更有利于水分解反应。例如,Ni 和 Fe 都是地壳丰度高的元素,而 Ni-Fe 协同会极大地提升产氧半反应的催化活性。通过 X 射线吸收光谱可以获知,(Ni、Fe)羟基氧化物中的水氧化活性位点主要位置是 Fe 而不是 Ni。与 NiFeOOH 材料相比,由于钨、铁和钴之间的协同效应,FeCoW 羟基氧化物有更优异的 OER 性能,在碱性电解质中呈现增强的 OER 活性(图 8.36)。由于羟基氧化物的作用,泡沫镍基底上的珊瑚状 $W_{0.5}Co_{0.4}Fe_{0.1}$ 三金属氢氧化物纳米阵列在 100 mA/cm^2 电流密度下显示 310 mV 的超低过电位和 32 mV/dec 的较小塔费尔斜率。除了多种羟基氧化物体系外,与 NiP_x 和 CoP_x 阵列相比,双金属结构的 $NiCo_2P_x$ 由于镍和钴的协同作用,表现出优异的全 pH 范围催化性能。类似地,分层 $CuCo_2S_4$ 阵列和 NiCoP 纳米片阵列也呈现优异的活性和良好的稳定性。掺氮的碳@ $CuCo_2N_x$/碳纤维 (CF) 与 NC/CuN_x/CF 和 NC/CoN_x/CF 阵列相比,由于 CoN 和 CuN 之间的协同作用,在碱性溶液中为 HER 和 OER 提供了优异的催化活性和稳定性。众所周知,MnO_x 具有良好的 OER 性能,电沉积在 CFP 上的掺金属离子(Fe、V、Co 和 Ni)MnO_2 超薄纳米片,在低过电位下便可达到 10 mA/cm^2 的电流密度。在先前的报道中,Co 和 Mn 物质的量比相等的多级基体上生长的 Mn 掺杂的碳酸钴氢氧化物纳米片(表示为 Co_1Mn_1CH)在 OER 中电流密度为 30 mA/cm^2 时过电位为 294 mV,在 HER 中电流密度为 10 mA/cm^2 时过电位为 180 mV。为深入理解 Mn 掺杂的关键作用,需要通过 X 射线光电子能谱和理论计算对电子轨道及电子相互作用进行系统分析。

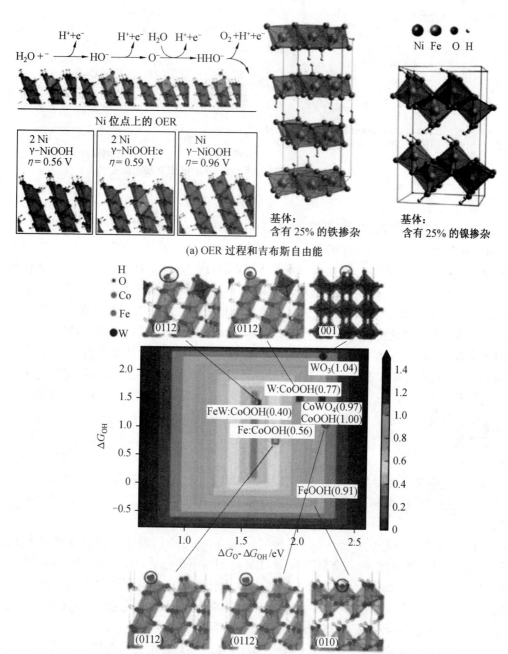

(a) OER 过程和吉布斯自由能

(b) 利用 Fe、W 元素参杂对 FeOOH、CoOOH 化合物 OER 活性的调控

图 8.36　相关材料的 OER 参数及曲线（彩图见附录）

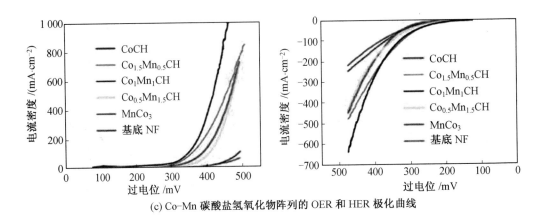

(c) Co—Mn 碳酸盐氢氧化物阵列的 OER 和 HER 极化曲线

续图 8.36

受掺杂方法的启发,使用三维导电泡沫镍上的掺 Fe 碳酸钴氢氧化物纳米片阵列作为双功能电催化剂,在碱性溶液的 HER 和 OER 中,10 mA/cm² 和 1 000 mA/cm² 电流密度下分别需要 77 mV 和 256 mV 与 228 和 308 mV 的过电势。Fe 掺杂钴碳酸盐氢氧化物纳米片阵列的 DFT 计算表明,氢原子吸附减弱并在 OER 的四个基本步骤中出现了不同中间体的吸附增强效应,表明铁掺杂引起了动力学行为的优化。将铁元素引入过渡金属磷化物中也有利于催化活性的进步。例如,Chen 等通过将铁元素掺入 CoP 晶格中实现了类铂非贵金属 HER 电催化剂的制备。碳布基底上的 $Fe_{0.5}Co_{0.5}P$ 在酸性介质中达到了 10 mA/cm² 电流密度下 37 mV 的低过电位。通过 DFT 计算,铁掺杂导致了更接近平衡态的氢吸附自由能(ΔG_{H^*}),证实了铁掺杂在促进电催化性能方面具有很重要的作用。

作为过渡金属的成员,具有低电负性的 Zn 也可以作为一种可以提高水分解性能的优异掺杂剂。例如,有学者通过电沉积和磷化方法制备了掺锌磷化钴。如图 8.37 所示,Ti 网上垂直生长的 $Zn_{0.08}Co_{0.92}P$ 纳米线阵列在 H_2SO_4 中产生 10 mA/cm² 的电流密度仅需要 36 mV 的过电位。锌掺杂之所以能显著改善 HER 性能,主要在于其对于氢吸附自由能的调节。通过试验数据和理论计算,全面验证了 Zn 离子对于促进产氢催化性能的正向效应。

由于 Cr 金属具有从 +1 到 +6 的各种氧化态,它极可能适用于增强水分解催化活性。在碳纸上生长高稳定性的三金属 NiFeCr LDH 阵列用于电催化产氧反应,当物质的量比为 6∶2∶1 时,具有三活性中心(Ni、Fe、Cr),OER 催化性能优异。更重要的是,具有高价态的 Cr 阳离子(Cr^{3+}、Cr^{4+}或Cr^{5+})可介入四电子转移过程,从而优化 OER 本征活性。活性基体与稀土元素复合对调节水分解反应的动力学行为也很有价值。

与单阳离子掺杂对比,双阳离子掺入在调节水解离过程上更具效果。例如,在硒化的基础上使用钴铁共掺合成了双阳离子(Fe、Co)掺杂的 $NiSe_2$ 纳米薄片($Fe、Co-NiSe_2$),系统地考察了其电催化性能对水分解的影响。双阳离子掺入可以扭曲晶格,诱导更强的电子相互作用,导致活性位点暴露增加,与单阳离子或纯 $NiSe_2$ 相比,反应中间体的吸附能得到优化。因此,获得的 $Fe_{0.09}Co_{0.13}-NiSe_2$ 多孔纳米片电极具有优化的催化活性,其在 1 mol/L KOH 中达到 10 mA/cm² 的电流密度仅需 251 mV 和 92 mV 的过电位(分别对应

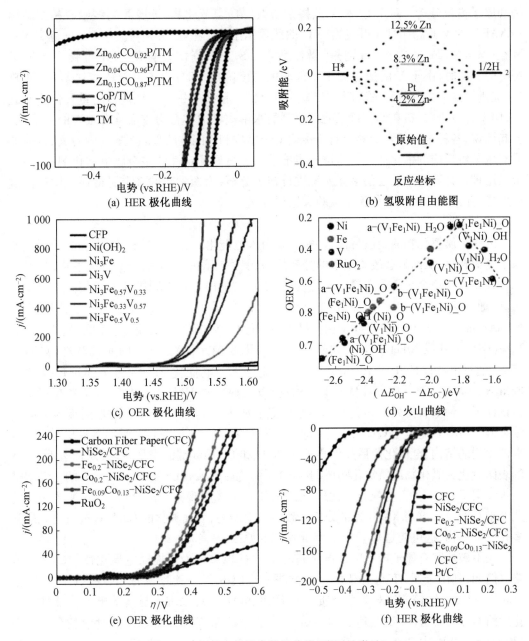

(a) HER 极化曲线

(b) 氢吸附自由能图

(c) OER 极化曲线

(d) 火山曲线

(e) OER 极化曲线

(f) HER 极化曲线

图 8.37　相关电化学参数及曲线(彩图见附录)

OER 和 HER)。当作为双功能电极用于整体水分裂时,在低电池电压为 1.52 V 时电流密度为 10 mA/cm^2 时,远远优于未掺杂和单掺杂 NiSe$_2$,表明 Co、Fe 共掺杂可以协同促进催化活性。此外,DFT 计算很好地解释了氢析出的加速,由于复合电催化剂中的强电子相互作用,在 Co、Fe 共掺杂的情况下中间吸收能显著降低。将钒掺入催化剂的晶格也被认为是提高水分解活性的有效途径。在 CFP 上,Fe 和 V 共掺氢氧化镍纳米片阵列具有较高的电催化活性。其中,Ni$_3$Fe$_{0.5}$V$_{0.5}$ 具有最佳的产氧催化活性,在 200 mV 和 261 mV 的低电位下分别可以达到 10 mA/cm^2 和 100 mA/cm^2 的电流密度。采用 XAFS 光谱进行配位环境和原子占位分析。对于 Fe 和 V 共掺杂的镍（氧）氢氧化物，扩展 X 射线吸收精细结构（EXAFS）的 V K 边缘傅里叶变换（FT）曲线显示出两个主峰，分别对应于 V—O 键和 V—M 键（M = Ni，Fe 或 V）。特别是，操作数 XAFS 光谱分析表明在 OER 过程中形成了 NiOOH。同时，由于 V 的边缘图中特征峰的强度降低，部分电子可能转移到 V 的 3d 轨道，促进了含氧中间物种的吸附。较短的钒氧键也证实了钒对活性调节的重要作用。此外，DFT 计算表明，钒在调整该三元催化剂的水解离动力学行为方面具有很大的重要性。换句话说，各种金属元素的整合对于优化电子结构和中间体的吸附具有重要意义，进而提升对水分解反应的催化活性。为进一步推动具有良好稳定性的多金属电催化剂的开发，应采用理论计算对未开发的多元系统进行初步分析，为探索新的多金属材料提供有价值的指导，并最大程度上避免无用试验和错误探索。

（2）氮化。

由于金属氮化物的金属特性，将氮原子引入电催化剂的晶体结构中，在很大程度上加快了电荷转移，从而显著改善了水的分解反应，具有广阔的应用前景。有报道称，将氢氧化物或氧化物完全转化为金属氮化物，可以使水的解离过程得到极佳的优化。以泡沫镍为例，通过对 NiFe LDH 前驱体进行热氨化制备了 $FeNi_3N$ 纳米阵列。电流密度为 $10 \ mA/cm^2$ 时，$FeNi_3N/NF$ 电极的最低过电位为 202 mV，远优于原始状态的 $NiFe(OH)_x/NF$ 或 $NiFeO_x/NF$。此外，$FeNi_3N/NF$ 也显示出对 HER 的非凡活性，只需要 75 mV 的过电位就能达到 $10 \ mA/cm^2$ 的电流密度。电催化活性的显著促进可能源于 $FeNi_3N$ 的固有金属性质和独特的电子构型，以及独特的 3D 阵列结构。有学者在碳布表面设计了一种垂直排列的多孔 Co_4N 纳米线阵列，用于电催化析氧。费米能级附近的连续态密度（DOS）显示了 Co_4N 的金属特性。为了深入掌握催化机理，采用 XAFS 光谱分析电催化剂的结构，电催化前后显示出 Co—N/O 和 Co—Co 键的类似主峰，从而表明 Co_4N 的表面氧化为氧化物或氢氧化物（图 8.38）。催化后的 XANES 谱中 pre-edge 的正偏移进一步证实了 Co_4N 的部分氧化。此外，在 HRTEM 图像中观察到部分氧化 Co_4N 的超薄的几纳米 CoO_x 层，这与 XAFS 光谱分析一致。综上所述，表面氧化的 Co_4N 具有氧化壳层和多孔三维结构，这可能是 Co_4N/CC 优异性能的原因。

在不破坏固有原子排列的情况下进行氮改性也被认为是提高电催化性能的有效策略。例如，利用金属-有机骨架衍生的方法来合成 N 掺杂碳封装的 $Co_xFe_{1-x}P$ 纳米颗粒（$Co_xFe_{1-x}P/NC$），该方法对碱性介质中的 HER 和 OER 均表现出显著的电催化活性。优化后的 $Co_{0.17}Fe_{0.79}P/NC$ 在达到 $10 \ mA/cm^2$ 的电流密度时仅需较低的过电位（HER 中 139 mV 和 OER 中 299 mV），同时塔费尔斜率较低（HER 中为 57 mV/dec，OER 中为 44 mV/dec）时。

将氮掺杂到电催化剂的晶格结构中也可以导致电催化性能的增加。有学者合成了氮掺杂的 $MoSe_2$/石墨烯纳米薄片阵列，然后在碳布上制备了垂直石墨烯（VG）纳米阵列，并在其表面涂覆了交联氮掺杂的 $MoSe_2$ 纳米薄片。通过 $MoSe_2$ 和 VG 的复合形成的分层结构有利于活性区域扩大和电荷转移，从而导致电催化活性的改善。HRTEM 图像说明氮掺杂引起了 $2H\text{-}MoSe_2$ 向 $1T\text{-}MoSe_2$ 的相变，晶面间距为 0.69 nm，表明 $2H\text{-}MoSe_2$ 和 $1T\text{-}MoSe_2$ 共存。LSV 曲线表明，N 掺杂 $MoSe_2$/垂直石墨烯（$N\text{-}MoSe_2/VG$）具有最佳 HER 活性,10 mA/cm² 电流密度下对应 98 mV 的低过电位,优于 MoSe₂/VG 和 N 掺杂 VG。DFT 计算表明,在掺入 N 后,原始 MoSe₂ 的 1.22 eV 的带隙大大缩小至 0.51 eV,表明 N 掺杂的 MoSe₂ 的金属性。因此,同时引入氮和 1T 相 MoSe₂ 对于促进活性位点的暴露以及电子转移具有重要意义,进而导致 HER 性能的显著优化。

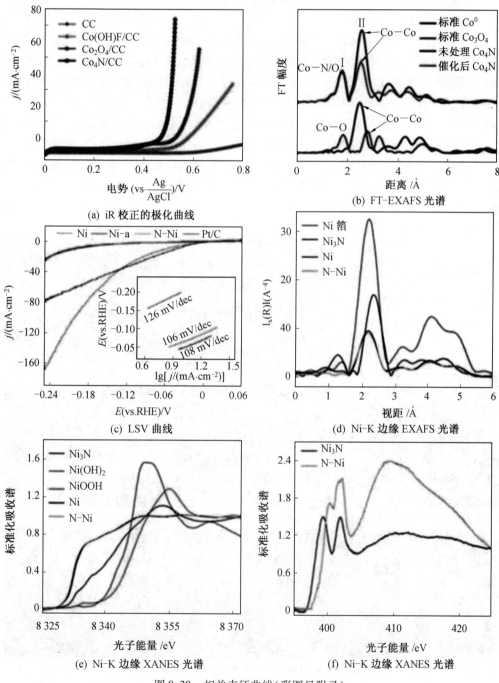

图 8.38　相关表征曲线(彩图见附录)

此外,有人报道了一种具有高稳定性和活性的氮掺杂碳化钨纳米阵列电极,该电极可以在酸性环境中有效地促进析氢反应和析氧反应。氮掺杂和纳米阵列结构加速了氢气从电极释放,实现了电流密度为-200 mA/cm^2 下-190 mV 的低电位,在过渡金属基催化电极材料范围内性能位居前列。在酸性电解质(0.5 mol/L H_2SO_4)中,氮掺杂碳化钨纳米阵列全水分解的起始电位约1.4 V,展现出很强的酸性环境适应性。

(3)硫族化合物。

由于过渡金属硫化物、硒化物等具有良好的电化学反应动力学行为,因此具有较强的电化学产氢性能。如图 8.39 所示,过渡金属硫化物对 HER 具有良好的催化活性,这可能是由于其容易生成 S-Hads 键(Hads 是指吸附在催化剂表面的 H 原子)。此外,现有的不饱和硫原子有利于增强 HER 的催化活性。例如,在钛网上制备一种多孔花状 Mo 掺杂硫化镍,作为一种高效的电催化剂用于水裂解。通过对 Al(OH)$_3$ 在掺钼的 NiAl 层状双氢氧化物(即掺钼的 NiAl-LDH)中进行刻蚀,可以很容易地获得多孔结构并在随后的硫化过程中成功地合成了掺钼的 P-NiS/Ti。合成的钼掺杂的 P-NiS/Ti 电催化剂具有活性位点多、比表面积大、多组分协同作用等特点,可大大提高水或尿素电解的电催化性能。在 1 mol/L KOH 的 HER 测试中,仅需147.6 mV 的过电位即可达到10 mA/cm^2 的电流密度,塔费尔斜率为88.1 mV/dec。

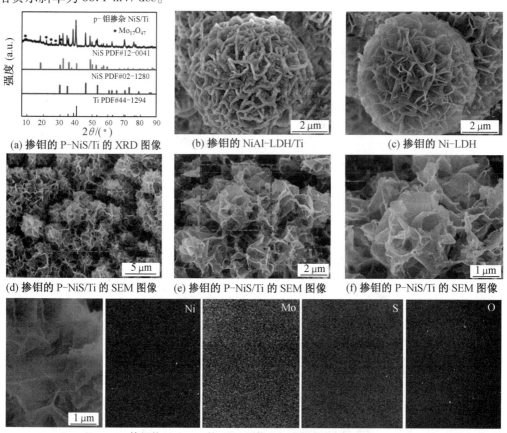

(a) 掺钼的 P-NiS/Ti 的 XRD 图像   (b) 掺钼的 NiAl-LDH/Ti   (c) 掺钼的 Ni-LDH

(d) 掺钼的 P-NiS/Ti 的 SEM 图像   (e) 掺钼的 P-NiS/Ti 的 SEM 图像   (f) 掺钼的 P-NiS/Ti 的 SEM 图像

(g) 掺钼的 P-NiS/Ti 的 SEM 图像和相应的元素面扫描

图 8.39 P-NiS/Ti 微观结构及相构成

为了优化电催化性能,引入活性位点是一种很有前景的方法。特别是表面成分的调控在活性位点的生成中起着至关重要的作用。例如,在碳纤维上使用富硒 $NiSe_2$ 纳米片阵列用于高效制氢。将在氩气氛围下生长的 $NiSe_2$-450 在 350 ℃ 下退火,以制备具有低硒含量的阵列(ANS 350)。值得注意的是,ANS 350 阵列显示出 152 mV 的高过电位以达到 10 mA/cm^2,而相对于富 Se 的 $NiSe_2$-450,更低的过电位(117 mV)足以提供相同的电流密度,这表明硒在调节电催化性能方面起关键作用。通过第一性原理计算评估样品的性能,由于其相对于镍的位点低得多的氢吸附能(ΔG_{H*}),硒原子被定作吸附位点。富硒的 $NiSe_2$-450 原子模型通过从立方 $NiSe_2$ 减去终端表面的一个镍原子,ΔG_{H*} 明显降低,由 0.13 eV 降到 0.08 eV。因此,系统地验证了硒的掺入可以调控其活性的优化。

硒化物除了能提高制氢性能外,还能很好地催化水氧化。例如,镍铁二烯醚衍生物作为 OER 电催化剂在极低过电位 195 mV 时达到了 10 mA/cm^2 的电流密度。值得一提的是,硒化物在电化学氧化过程中容易转化为氧化物或(氧)氢氧化物。尽管硒化物在上述条件下不稳定,但原位转化有利于建立活性位点丰富的氧化电催化剂。Se 作为一种调节剂,也可用于电催化剂的形貌管理和晶格结构裁剪,加速了水的分解反应。有学者在泡沫镍基底上合成了三维 $Se-(NiCo)S_x/(OH)_x$ 纳米片阵列,用于高效全水分解。在引入硒的同时,获得了高表面积的三维超薄纳米薄片。大量的晶体缺陷和晶格畸变同时产生,大大提高了水的解离性能。正如预期一样,$Se-(NiCo)S/OH$ 表现出最大的析氧活性,在低过电位 155 mV 时电流密度达到 10 mA/cm^2,远远优于 $(NiCo)S/OH$ 和 $(NiCo)OH$。活性的显著增强表明 Se 掺入引起的形貌优化、晶格畸变和缺陷在促进电化学水分解中起着关键作用。

(4)磷化。

非金属磷原子(质子受体)与金属原子的结合可以协同调节催化剂与氢之间的相互作用,从而促进电化学反应中氢的析出。一般来说,过渡金属磷化物阵列显示出高 HER 活性。例如,泡沫镍上的 $Ni_5P_4-Ni_2P$ 纳米片($Ni_5P_4-Ni_2P-NS$)阵列通过对泡沫镍直接磷化来制备用以催化析氢反应,在 120 mV 的低过电位下达到即可达到 10 mA/cm^2 的电流密度。双相磷化物阵列的优异性能可以归因于三维导电衬底与垂直排列的纳米片集成,促进了活性位点的暴露、电解质的渗透、氢气泡的释放以及 Ni_5P_4 和 Ni_2P 的协同作用。除了具有优良的析氢催化性能外,它们还可以作为优良的析氧电催化剂。例如,电沉积介孔 CoP 纳米棒阵列在碱性溶液中达到 10 mA/cm^2 和 100 mA/cm^2 的电流密度时,过电位分别为 54 mV 和 121 mV。更重要的是,它还表现出良好的抗水氧化能力,在 290 mV 的低过电位下产生 10 mA/cm^2 的电流密度。值得注意的是,一些纳米级的纳米粒子在水氧化后被观察到,这些纳米粒子可以与钴氧化物/(氧)氢氧化物结合,这表明在 OER 过程中 P 从表面被浸出。其他磷化金属电催化剂,如单晶磷化钴纳米线和双金属 $(Fe_xNi_{1-x})_2P$ 纳米片也有类似的现象。磷化物的表面重构倾向于形成核-壳结构,其中内部的金属磷化物被外部的金属氧化物/(氧)氢氧化物薄层所覆盖。这种特殊结构不仅可以满足核心磷化物的快速电子转移,而且在很大程度上加快了表面氧化物/氢氧化物的 OER 动力学行为,因此协同导致产氧反应催化能力的显著增强。

此外,引入外源磷掺杂剂也能显著改善电催化性能。例如,有学者报道了一种以

NaH₂PO₂ 为 P 源,以 Co₃O₄ 纳米线阵列低温退火制备 P 掺杂 Co₃O₄ 纳米线阵列(P-Co₃O₄/NF)的研究进展(图 8.40)。作为一种 3D 催化剂,P-Co₃O₄/NF 具有较低的过电位(20 mA/cm² 电流密度时为 260 mV)、较小的塔费尔斜率(60 mV/dec)、1.0 mol/L KOH 的耐久性能良好的析氧反应性能。密度泛函理论计算表明,P-Co₃O₄ 的反应自由能值要比原始 Co₃O₄ 的反应自由能值小得多,这是析氧反应的电位决定步骤。这种 P-Co₃O₄/NF 也能有效地进行析氢反应,由 P₈.₆-Co₃O₄/NF 组装而成的阳极和阴极的双电极碱性电解槽仅需 1.63 V 就能达到 10 mA/cm² 的水分解电流密度。

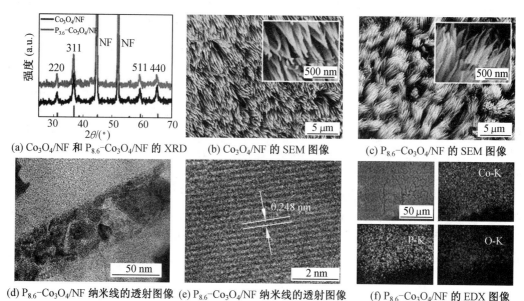

图 8.40 Co₃O₄/NF 及 P₈.₆-Co₃O₄/NF 的微观结构及元素分布

硫属元素和磷原子的结合也可以带来新型电催化剂的创新。例如,通过在硫代碳酸盐加热气氛下对氢氧化钴(前驱体)进行热处理获得了碳纤维上三元复合纳米阵列,用于 HER 催化反应。拉曼光谱揭示了磷硫化钴的单相而不是磷化物和硫化物的混合物,氧化的 Co³⁺进一步证实了这一点。此外,X 射线衍射图谱显示了样品的纯黄铁矿相,因为其峰与模拟立方条带的峰匹配良好。在确认三元磷硫化物的独特单相后,碳纤维上的 CoPS 纳米板阵列表现出最高的 HER 活性,由于 CoPS 固有的突出性能和快速性,需要 48 mV 的超电势才能达到 10 mA/cm² 的电流密度。吸附能量计算表明,与黄铁矿 CoS₂ 相比,CoPS 具有更高的内在 HER 活性。更重要的是,Co²⁺在 Co 位点顺序化学吸附过程中和邻近磷位点的氢吸附使 Co³⁺之间的氧化还原循环成为可能,从而在很大程度上降低氢的吸附能(ΔG_H*)。因此,由于其独特的电子结构和协调环境,这种单相 CoPS 表明其具有极好的 HER 能力。最重要的是,非金属阴离子(N、P、S)的引入可以显著地促进固有电导率的改善,活性位点的暴露和吸附能垒的减少,从而使电催化能力显著增强。通常认为带负电荷的 N、P 和 S 原子可作为质子的吸附位点起作用,极大地促进析氢。尽管这些涉及氮化物、磷化物或硫化物的非金属元素也显示出对水氧化的高活性,但它们易于在高电位下被氧化并转化成单相金属氧化物/（氧）氢氧化物或核壳构型,新产生的物相被认为是 OER 的活性物种。因此,背后的 OER 机制尚不明晰,应该进一步加强研究。

（5）磷酸盐化合物。

众所周知,磷酸基团有助于质子转移,因此大大加速了质子偶合、电子转移等动力学行为。因此,金属磷酸盐在中性和碱性介质中表现出优异的 OER 活性已被广泛报道。2008 年,Kanan 和 Nocera 首次报道了在中性介质中电沉积的 Co-Pi OER 电催化剂,掀起了磷酸盐电催化剂的热潮。由于三维纳米阵列电极的高比表面积和快速的电荷转移,磷酸盐电催化剂随着建筑阵列的精细制造取得了巨大的进展。例如,为了在中性电解液中有效地析氧,在 Ti 网上制备了磷酸钴纳米线阵列,在 0.1 mol/L 磷酸盐缓冲液中电流密度为 10 mA/cm² 时,仅需 450 mV 的低过电位。除具有较高的活性外,由于催化剂与集流体之间的良好连接,还表现出良好的电催化稳定性。另外,有学者采用两步法在泡沫镍上制备了一种一维非晶镍钼磷纳米阵列（图 8.41）。与现有的 Pt/C 和 RuO₂ 相比,NiMoPOₓ 具有更好的电催化活性。在 1 mol/L KOH 溶液中的整体水分解反应中,NiMoPOₓ 电极达到 10 mA/cm² 的电流密度仅需 1.55 V 的过电位,并且可以维持长达 50 h。其优异的双功能电催化性能来源于 NiMoPOₓ 的原位电化学表面自整定。在自调谐过程中,非晶态纳米氧化镍的表面在原位转化为金属 Ni 和 Ni(OH)₂ 纳米粒子,形成特殊的异质结构杂化材料。进一步的研究表明,原位制备的金属镍纳米粒子有利于吸附的 H 原子在水解过程中生成,从而增强了氢的演化动力学和活性。同时,原位形成的 Ni(OH)₂ 纳米粒子成为促进氧演化反应的实际表面物质。这种自调谐方法为开发高性能的电催化剂用于水分解和金属空气电池等可持续能源转换系统提供了新的思路。

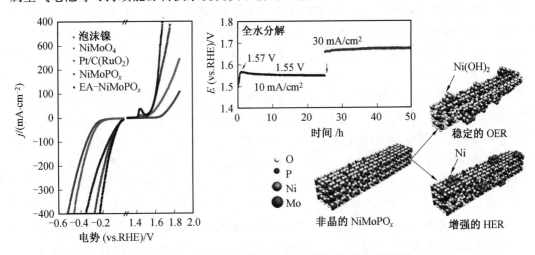

图 8.41　NiMoPOₓ 的电化学性能及模拟图（彩图见附录）

另外,有学者使用溶胶-凝胶法结合水热将磷酸盐掺入层状镍氢钴酸硅酸盐中,证明其与主体氢硅酸盐相比具有显著增强的 OER 活性,这主要得益于 P 和 Si 之间的价电子和负电性不同,将磷酸盐掺入氢硅酸盐中可以提高其反应活性及 OER 性能。此外,双金属化合物由于其丰富的氧化还原反应位点而具有比单一对应物更高的 OER 性能。

（6）硼酸盐化合物。

硼酸根阴离子也可以作为一种可行的质子载体,加速质子偶合电子转移过程,类似于磷酸基团。金属硼酸盐阵列被认为是电化学水氧化的合适候选物。例如,通过调节 Ce/Co 的物质的量比(x 代表 CeO_2 的量)来制备二氧化铈/硼酸钴($xCeO_2$/Co-bi)杂化物的室温化学方法。优化后的催化剂(20CeO_2/Co-Bi 杂化催化剂)在 10 mA/cm^2 的电流密度下具有显著的 OER 催化活性,其过电位为 453 mV,塔费尔斜率为 120 mV/dec,由于其良好的导电性、传质性和很强的协同耦合效应,在中性介质中具有长期稳定性,显示出 Co 基电化学材料在储能装置中的实际应用潜力。此外,外部非晶态硼酸盐薄层结构可在很大程度上激活水氧化。例如,由于 NiFe-LDH@ NiFe-Bi 复合材料独特的核-壳结构,与 NiFe 硼酸盐相比,NiFe 硼酸盐-NiFe LDH 纳米片阵列具有更高的 OER 活性,在 0.1 mol/L K-Bi 缓冲液中电流密度为 10 mA/cm^2 时,仅需 444 mV 的低过电位。值得注意的是,磷酸盐或硼酸盐缓冲液由于其较差的质量扩散能力,在很大程度上延缓了电催化剂的反应动力学。然而,相对于碱性或酸性介质,(近)中性缓冲液的腐蚀性要低得多,这对实际设备的持续运行非常有利。为了提高中性电解槽的电解效率,研究人员应致力于合理设计电催化剂或开发可行的电解质。

2. 异质结构建

（1）金属基异质结。

由于异质结构中界面的电子相互作用以及不同组分的协同作用,金属基异质结构在很大程度上促进了中间体的吸附。值得注意的是,金属极好的导电性使电子传递加速。因此,电催化活性可以通过金属基异质结构大大提高。由于铂的超活性,铂已被用于合成电催化剂。例如,将数纳米尺寸的铂粒子植入 CoS_2 纳米板宿主体内,作为 CC 上的铂修饰 CoS_2 纳米阵列,其在所有样品中表现出了最佳的 HER 能力,10 mA/cm^2 电流密度下仅需 24 mV 的过电位。此外,它还表现出优异的 OER 活性,10 mA/cm^2 电流密度下仅需 300 mV 的低过电位。

界面的电荷密度计算表明,电子倾向于积聚在铂的表面,导致在界面区域产生缺电子的 CoS_2 和富电子的 Pt,这可以由 Pt-CoS_2 异质结构与单个 Pt 相比 d 带中心负向偏移的现象进一步证明。因此,利用富电子-Pt 优化了氢吸附,同时,缺电子-CoS_2 促进了表面氧化物种类的形成,这是水氧化动力学行为得以优化的基础。尽管铂基异质结构具有优越的活性,但铂的高成本和低储量在很大程度上阻碍了铂基异质结构的实际应用。因此,人们在寻找其他非贵金属替代品来构建实用的组分电催化剂方面做了大量的工作。优于单一金属组分,泡沫镍上的 $MoNi_4$/MoO_2 异质结构(表示为 $MoNi$/MoO_2@ Ni)体现了在酸性介质中对 HER 的非凡活性,在 15 mV 和 44 mV 的极低过电压下分别达到 10 mA/cm^2 和 200 mA/cm^2 的电流密度,以及 30 mV/dec 的低塔费尔斜率,由于 $MoNi_4$ 和 MoO_2 之间的协同作用,甚至优于贵金属 Pt 电催化剂的塔费尔斜率(32 mV/dec)。为了详细研究机理,理论计算表明 $MoNi_4$ 对于 Volmer 步骤(H_2O 吸附)具有最小的能垒(0.39 eV),确实小于 Pt (0.44 eV),表明其非常有利于 Volmer 步骤的动力学行为,需要指出的是,NiMo 基催化剂不仅对 HER 表现出优异的活性,而且对 OER 也具有较强的电催化活性。然而,低导电性的 NiMo 基氧化物限制了电催化的应用。为了解决这一问题，有学者以 NiMoO₄ 阵列为前驱体，通过加氢工艺将 Ni₄Mo 纳米合金均匀地分散在泡沫镍表面的 NiMoOₓ 纳米线阵列上。为了加速 Ni₄Mo 纳米合金、NiMoOₓ 纳米线和泡沫镍集流体之间的连续电子转移，NC 层包覆的 Ni₄Mo/NiMoOx/Ni 阵列对全水分解具有极强的活性。

（2）Mott-Schottky 电催化剂。

虽然各种半导体金属氧化物由于其低成本、高丰度、低毒等优点，作为有前途的电催化剂受到了广泛的关注，但由于电导率低，半导体的电催化性能受到限制。为了解决这一缺陷，将金属和半导体作为莫特-肖特基杂化体进行了集成，以促进 HER 和 OER 的活性，从而使费米水平在金属和半导体之间的差异驱动下实现电荷传输和再分配。因此，HER 性能由于良好的电导率得以改善，而 OER 则得益于氧化半导体高度活跃的位点的独特优势得以加强。受 Mott-Schottky 异质结的独特优势启发，泡沫 Ni 上的 CuO、Co₃O₄ 和 CuCo 氧化物纳米线阵列通过氢化方法处理，导致在氧化物阵列表面形成不同纳米合金（Cu/CuOₓ、Co/CoOₓ 和 CuCo/CuCoOₓ）作为 Mott-Schottky 电催化剂。为了构建纳米合金，氧化物和泡沫镍之间的电子转移通道采用 NC 层封装 Mott-Schottky 催化剂作为集成阵列。令人印象深刻的是，NC/CuCo/CuCoOₓ 阵列表现出最高的电催化性能，HER 和 OER 中获得的 10 mA/cm² 电流密度分别需要 112 mV 和 190 mV 的低过电位。此外，当用作阴极和阳极以组装双电极水分解系统，仅施加 1.53 V 的电压即可达到 10 mA/cm² 的电流密度。NC/CuCo/CuCoOₓ 阵列的突出活性可归因于由独特的 Mott-Schottky 构造、碳层的高导电性和具有高表面积的分层阵列引起的无阻碍电荷传输。此外，一篇使用可控真空扩散将包碳金属钴纳米颗粒逐步磷化成 Co/CoP 纳米颗粒的报道，表明 Mott-Schottky 异质结构用于整体水分解的成功构建。Co/CoP 纳米粒子作为典型的莫特-肖特基电催化剂，在各种电解质中均表现出优异的析氢反应和析氧反应性能，具有较宽的 pH 范围和较高的耐久性。Mott-Schottky Co/CoP 催化剂作为双功能电极材料，可在较宽的 pH 范围内进行整体水分解催化，在中性电解质中仅需 1.51 V 的过电位即可达到 10 mA/cm² 的电流密度。虽然金属基的异质结构的制备在电荷迁移和水分解动力学行为优化中具有重要意义，但是缺乏明确的阐述。换句话说，金属原子是否以化学键的形式与主化合物配位，或者仅仅是通过范德瓦耳斯力等分子力的作用而结合，仍然未知。因此，应该系统地研究金属基复合物的精细结构，这有助于理解界面在原子尺度上的相互作用。

（3）碳基异质结构。

由于碳的导电性能优异，碳包覆可以显著促进界面上的电子迁移。值得注意的是，在电化学反应过程中，它可以阻止由于电解液的强烈气体排放和腐蚀而导致的纳米晶聚集和结构崩溃，有助于有效部位的充分利用以及电解稳定性的显著改善。因此，作为典型的碳基异质结构阵列，制备碳包覆的异质结构被认为是推进水分解反应的一种有效策略。例如，采用溶剂热法合成了具有高表面积的分层状花状微/纳米片的双氢氧化物（LDH）@ g-C₃N₄ 复合材料，如图 8.42 所示。HRTEM 图像显示，g-C₃N₄ 纳米片的表面高度定向于（002）平面的主要曝光。与原始 CoFe-LDH 相比，该分级纳米复合材料在 1.0 mol/L KOH 中表现出优异和稳定的电催化性能，塔费尔斜率为 58 mV/dec，在电流密度为 10 mA/cm² 时的过电位约为 275 mV。同时，CoFe-LDH@ g-C₃N₄ 在 1.0 mol/L KOH 电解液中对 HER 表现出了卓越的性能,在电流密度为 10 mA/cm^2 和塔费尔斜率为77 mV/dec 的情况下,其过电位为 417 mV。这项工作不仅通过引入 g-C$_3$N$_4$ 纳米薄片来提高 Fe-LDH 的催化活性,而且还深入了解了分级花状形貌与光/电化学催化活性之间的关系。

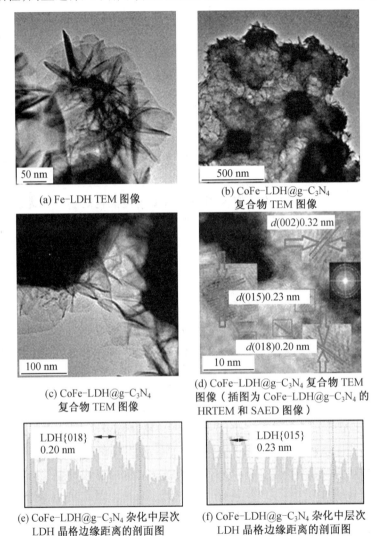

(a) Fe-LDH TEM 图像

(b) CoFe-LDH@g-C$_3$N$_4$ 复合物 TEM 图像

(c) CoFe-LDH@g-C$_3$N$_4$ 复合物 TEM 图像

(d) CoFe-LDH@g-C$_3$N$_4$ 复合物 TEM 图像(插图为 CoFe-LDH@g-C$_3$N$_4$ 的 HRTEM 和 SAED 图像)

(e) CoFe-LDH@g-C$_3$N$_4$ 杂化中层次 LDH 晶格边缘距离的剖面图

(f) CoFe-LDH@g-C$_3$N$_4$ 杂化中层次 LDH 晶格边缘距离的剖面图

图 8.42 Fe-LDH 与 CoFe-LDH@g-C$_3$N$_4$ 晶体结构

除了碳的薄层覆盖,还可以通过在碳载体中嵌入活性材料构建碳包覆的异质结构。例如,通过一个普通盐模板策略的手段制造植入一系列石墨碳纳米片(CNS)纳米阵列的金属(钼、钨、钽、铌)碳化物,产生碳化物的纳米颗粒的结构-锚定 CNS 异质结构,由于基板和阵列之间的固体相互作用而显示出优异的 HER 性能,以及具有固有高电导率且没有碳化物纳米晶体团聚的碳包封异质结构的独特构造。

由于纳米颗粒与 CNTs 之间具有很强的相互作用,将催化剂嵌入到导电性好的 CNTs 中也被认为是提高电催化活性的有效策略,从而优化局部电子结构,富集活性位点。例如,采用 ZIF 薄膜在三聚氰胺海绵上热解制备钴-嵌入 NC 碳纳米管(NCNT)阵列。这种独特的配置可以大大提高活性位点的可到达性,而这对于团聚的 NCNTs 通常是受到阻碍的。此外,Co 物种被锚定在 NCNTs 的顶端,为电催化提供了更活跃的位点。LSV 测量结果显示,与其他样品相比,MSZIF-900 具有最高的活性,其电流密度达到 10 mA/cm^2 时,过电位为 233 mV。DFT 计算表明,将 Co 原子嵌入 NC 层中实现了 OER 动力学行为的优化。因此,电催化活性的改善可以分配给不同的分层异质结构。同样地,在泡沫镍材料上合成镍合金掺杂的 NCNT(NiCo@NCNT)异质结构,可以作为一种高效的产氧电催化剂。由于 NCNTs 中的尖端 NiCo 合金有助于生成具有电解质可接近性的补充活性位点,因此与纯 NCNTs 相比,NiCo@NCNTs 具有更好的 OER 活性。

(4)硫族化合物基异质结。

非均相硫系化合物的构建在动力学加速、电子结构优化、电导率改善等方面起着至关重要的作用,使电催化活性得到了极大的提高。由于 MoS_2 具有边缘活性位点的动力学方面优势,以钼为基础的硫系异质结的研究取得了巨大的进展。有学者设计了 Mo 掺杂的 NiS/Ti 异质结构。在钛网上,通过选择性蚀刻 $Al(OH)_3$ 在掺 Mo 的 NiAl 层状双氢氧化物中合成了一个多孔状的花状掺杂 NiS(Mo-P-NiS/Ti),然后采用以硫化钠为 S 源的简易水热硫化工艺,得到了 Mo-P-NiS/Ti 非贵金属催化剂。Mo-P-NiS/Ti 催化剂在 1 mol/L KOH 中展现了优异的电催化水分解性能。仅需 147.6 mV 的过电位即可达到 10 mA/cm^2 的电流密度,塔费尔斜率为 87.8 mV/dec。

由于硫化钴的优异导电性,通过构建含钴的硫族化物异质结构来提高电催化能力是非常有前途的策略。例如,有学者在石墨烯上合成 Co_9S_8-Ni_3Se_2 核壳结构纳米阵列(记作 $EG/Ni_3Se_2/Co_9S_8$),小尺寸的 Co_9S_8 纳米片密集排列在 Ni_3Se_2 表面,尺寸为数百纳米,Ni_3Se_2 与 Co_9S_8 紧密接触,标志纳米阵列的成功构建。通过 DFT 计算,Ni_3Se_2/Co_9S_8 异质结构相对于 Ni_3Se_2 或 Co_9S_8 具有更低的氢吸附自由能。此外,硫原子和镍原子在异质结构界面的电子接受度较低,说明了 Ni_3Se_2 与 Co_9S_8 之间存在强烈的电子相互作用,Ni_3Se_2 的 EXAFS 谱中 Ni—S 键的出现进一步验证了这一点。因此,$EG/Ni_3Se_2/Co_9S_8$ 的优异活性归功于其分层结构和界面的强电子相互作用,这是电催化动力学上意义深远的探索。

(5)氢氧化物(氧化物)基异质结。

在不同的电催化剂中,(氢)氧化物对含氧中间体具有良好的吸附作用,对促进水氧化具有重要意义。为了优化电催化活性,(氢)氧化物基异质结构被广泛用于水的分解。例如,Ni-Fe-OH@Ni_3S_2 阵列由于 Ni^{2+} 向 Ni^{3+} 的电子转移,在 KOH 溶液中呈现出 $1\ 000 \text{ mA/cm}^2$ 的大电流密度。为了构建分层阵列,在最上层的 NiFe 纳米薄片电沉积之前,采用水热法在泡沫镍上原位生长一层垂直排列的均匀薄层 $NiCo_2O_4$ 纳米薄片,从而合成 $NiFe/NiCo_2O_4/Ni$ 电极。值得注意的是,$NiFe/NiCo_2O_4/NF$ 阵列的起始过电位较低,仅为 240 mV,而实现电流密度为 $1\ 000 \text{ mA/cm}^2$ 的超高电流密度只需要 340 mV 的过电位,远远优于单组分阵列。此外,有学者报道了一种镍钒双层氢氧化物的单分子层展现出可以比拟镍铁氢氧化物的水氧化性能。其水氧化时,当过电位为 350 mV 时,电流密度为 27 mA/cm^2(经欧姆校正后为 57 mA/cm^2)。机理研究表明,镍-钒层状双氢氧化物具有较高的本征催化活性,其主要原因是导电性增强、电子转移更灵活、活性位点丰富。这项工作可以为相关研究提供参考。

值得注意的是,氢氧化物也可以作为促进水吸附和顺序解离的促进剂,这引起碱性介质中的 HER 动力学的大量探索。因此,含氢氧根的异质结构也可以对其活性的优化做出很大的贡献。以 $Ni(OH)_2$ 纳米颗粒为例,设计了一种生长在 CC 上的具有不同组分间紧密连接的超薄 MoS_2 纳米片阵列,用于高效的析氢反应。$Ni(OH)_2/MoS_2$ 异质结构比原始 MoS_2 表现出更高的活性,在低过电位为 80 mV 时,其电流密度为 $10 \ mA/cm^2$。吸附能计算表明,水解离的高能垒很大程度上限制了 H^* 的产生,导致 MoS_2 的动力学行为缓慢。然而,由于强的协同作用界面,HO—H 键的分解在很大程度上加快了高活性的镍位点和 $Ni(OH)_2/MoS_2$ 上相对于 $Ni(OH)_2$ 低得多的 H_2O 的吸附能,极大地刺激了 MoS_2 S 位点的顺序析氢。尽管基于(氢)氧化物的异质结构具有良好的性能,但 OER 催化活性内在机制很少被研究,未来应该通过 DFT 计算进一步阐述。

(6)其他异质结。

导电聚合物如聚苯胺(PANI)由于高导电性和黏附性以及稳健的稳定性也被用于构建具有显著活性的异质结构。在各种无机电催化剂中,过渡金属氢氧基纳米阵列作为 OER 催化剂得到了广泛的研究。然而,关于过渡金属氢氧基纳米阵列作为 HER 电催化剂的报道很少。有趣的是,PANI 和 $Co(OH)_2$ 纳米片在泡沫镍上的集成具有较低的起始电位(50 mV)和塔费尔斜率(91.6 mV/dec),由于 PANI 的引入增强了导电性,因此具有优异的稳定性。为了确定优越的电催化活性的起源,有学者使用 DFT 计算了 PANI、$Co(OH)_2$ 和 $Co(OH)_2@PANI$ 的氢吸附自由能,结果显示,相比于 PANI 和 $Co(OH)_2$,$Co(OH)_2@PANI$ 具有最低的值,更能促进 H 吸附和 HER 的优化。除了基于氢氧化物的阵列之外,通过 PANI 纳米颗粒偶联的 CoP 纳米线混合阵列实现了优异的 HER 活性。作者推测,质子容易与水溶液中的一个水分子配位,导致水合氢离子($H_{13}O^{6+}$)的形成和质子缓慢还原成氢。然而,在 PANI 中的质子化胺基的辅助下,氢离子很容易从 $H_{13}O^{6+}$ 脱离并被 PANI 捕获。此外,DFT 计算表明,PANI/CoP 杂化明显降低了吉布斯自由能变化(ΔG)的过程,其中 H^+ 迁移到活跃的 CoP 有助于氢析出。氢吸附能量接近零值进一步证实了由这种独特的异质结构导致的动力学行为优化。

3. 缺陷工程

缺陷工程被普遍认为是促进反应迟缓动力学的重要而有效的策略,它极大地促进了活性部位的暴露、内在动力学的优化、活性区域的扩大和电导率的提高,从而使水的分解能力显著富集。在这种典型的策略中,氧空位是过渡金属氧化物中最常见的阴离子空位,因为它的生成能较低。例如,与未经处理的样品相比,具有大量氧空位的金属氧化物/(氧)氢氧化物具有更好的活性。研究人员在泡沫镍上原位生长了两个单层厚的二氧化锰(δ-MnO_2)纳米片阵列,这种双功能电极表现出优异的导电性并暴露出电催化的活性位点,从而得到良好的 HER 和 OER 性能。根据结构分析和 DFT 计算,双功能电极的优良 OER 和 HER 活性可归因于超薄 δ-MnO_2 纳米片含有大量氧空位,导致形成 Mn^{3+} 活性位点,产生半导体特性和强烈的水吸附。通常来说,掺杂被认为是通过调节纳米建筑阵列的电导率和电子结构来优化电催化活性的通用方式。受此推动,通过试验结果和 DFT 计算,有学者利用低价态 Zn 掺杂 CoOOH(Zn-CoOOH)碳纳米管阵列诱导晶格畸变,促进了质子转移和解离,改善了迟缓的 OER 反应动力学行为,呈现出大的有效 OER 电流密度和 44 mV/dec 的小塔费尔斜率。Zn 掺杂后,Vo 的存在以及 Jahn−Teller 效应改善了 t_{2g} 和 e_g 轨道的简并度,从而导致部分被占据的 dz2 轨道导电,促进水的吸附,从而产生较低的理论过电位。同时,Zn−CoOOH 中形成的氢键可以触发双活性中心,以促进质子转移与解离,导致 OER 动力学通路加快。同时在 NiO 纳米棒阵列上氧空位可以增强电子传导和 HER 反应动力学,在 110 mV 的低过电位下提供 10 mA/cm^2 的电流密度。除了阴离子空位,利用不同电子和轨道分布的阳离子空位来调节电催化剂的活性还有另一种很有前途的方法。然而,很少有报道关注阳离子缺陷,这方面有足够的空间来探索具有高电催化活性的富含缺陷的纳米结构。基于上述分析,带不饱和位的阴离子和阳离子空位可以提高电导率和电荷转移,优化水的吸附,提高电催化性能。

综上所述,缺陷工程在电荷输运和固有动力学操作方面发挥着重要的作用,极大地提高了电催化活性。除(氧、硫、硒等)空位外,晶格位错、膨胀变形、阶梯面、边界等缺陷也有利于提高电催化性能。然而,探索一种能够精确控制各种缺陷的通用策略是一个巨大的挑战。更重要的是,需要先进的表征技术来识别各种缺陷,获得更多关于缺陷的信息,以及理解缺陷结构与性能之间的关系。

8.5.3 其他机理分析手段

一般来说,电极材料的表面是发生各种催化反应的主要场所,因而材料微观几何结构可能会影响反应发生的程度。因此,跟踪电化学反应过程中结构阵列表面的变化,了解有前途的电催化剂的深入机理和功能是非常必要的。值得注意的是,操作数分析可以深入了解潜在的反应机制,揭示水解离过程中电子轨道和相互作用的动态变化。例如,有学者制备了针对 OER 催化的 FTO 负载二元氧化镍纳米片阵列。Ni 元素的 K 边缘的原位 EXAFS 光谱揭示了 NiOOH 的形成和水氧化过程中八面体配位的变形,而无论电化学反应如何都未发现 Co K 边缘的明显变化。傅里叶变换光谱表明镍与氧的四面体配位是由于来自 Ni 周围的相邻金属的 0.25 nm 单峰。然而,Co 元素的 K 边缘有两个峰,分别位于 0.25 nm 和 0.30 nm,这意味着 Co 和 O 的八面体配位。在此基础上,综合分析认为 NiOOH 是该镍钴氧化物电催化剂的活性部位。对于先进的技术,X 射线吸收光谱法是一种很有前途的方法来确定几何或电子结构的催化剂。例如,采用时间分辨 X 射线吸收光谱法研究了 OER 过程中,镍硼酸盐(Ni−Bi)的电子结构变化。在硼酸钾水溶液中,在 1.0 V 时,吸附峰约为 528.7 eV,这与 Ni−Bi 电催化剂中边缘共分 NiO$_6$ 八面体的纳米级有序结构域的形成有关。电极电位在 0.3 ~ 1.0 V 范围内的 XAFS 谱测定的吸收峰表明,NiO$_6$ 八面体的数量随 OER 电流的增加而增加;然而,当电位向下改变时,分配给 NiO$_6$ 八面体的 XAFS 吸收峰保持不变,即使在没有 OER 电流的电极电位下也是如此。这种差异说明水氧化催化作用是在 NiO$_6$ 八面体的畴边进行的。为了深入地研究这些细节,有必要采用先进的测量和表征技术来掌握这些变化,为研究人员识别反应过程中的各种变化提供清晰的知识。X 射线光电子能谱是一种表面敏感的光谱技术,用于评估元素的化学和电子状态,特别是检测催化剂中额外的新峰或轻微移动的峰。拉曼光谱也是评估材料缺陷的有用工具。在研究 Fe 掺杂对自支撑 NiO 纳米片的影响,以增强其在整体水分解过程中 HER 和 OER 活性的过程中。拉曼光谱被用来探索催化条件下存在的活性中间体。结果表明,Fe 的存在抑制了 Ni 的自氧化,调节了 NiO 局部环境及其形成表面相的能力。对于富含缺陷的催化剂,电子自旋共振是一种有前途的技术,用于跟踪富缺陷阵列中表面的变化。除了这些测量和表征技术外,还可以进行理论计算,以深入了解增强结构阵列电催化活性的方法。随着原位技术的最新进展,在电子显微镜下可以同时进行性能测量和结构成像,将测量到的物理、化学和机械性能与材料的局部结构和结构演化相关联。特别是,原位电子显微镜还为观察和操作单个纳米材料以及表征其性能提供了一个平台。因此,利用各种谱学手段识别电催化剂的活性中心具有重要意义。

第9章 纳米表征和制造技术

21世纪的技术发展催生了纳米材料的提出与进步。纳米材料在电子、光学、催化、能源等诸多领域的应用体现出了极大的优势,其能够表现数倍优异于传统材料的性能。纳米材料的独特性能来源于它们的尺寸、表面结构和颗粒内的相互作用。为了解答纳米材料对纳米技术方面能够发挥独特作用的问题,对于纳米材料结构和性能的表征显得十分重要。

9.1 X射线衍射方法

9.1.1 X射线的发现及产生

X射线的发现是20世纪初物理学界的三大发现之一。1895年,著名的德国物理学家威廉·伦琴(W. C. Röntgen)在研究阴极射线时偶然发现了X射线。在实验室电源已经关闭的条件下,开启阴极射线管的放电线圈电源之后,放在附近的涂有氰亚铂酸钡底片发出了荧光。即使使用不同的介质挡住阴极管,底片上仍能看到荧光。伦琴敏锐地发现,这种现象必然是某种尚未可知的特殊射线作用的结果,并且此种射线具有很强的穿透力。根据数学上常用的未知数 X,伦琴将这种神秘的射线命名为 X 射线。此外,伦琴还对 X射线的性质进行了全面的试验与分析。他指出,X射线在穿过不同原子量和不同密度的物质时被吸收的情况有所不同。

1912年,德国物理学家马克思·劳厄(M. V. Laue)发现了X射线穿过硫酸铜晶体的衍射现象。劳厄的发现一方面证明X射线是具有一定波长的波,终结了关于X射线是波还是粒子的争论;另一方面,证明了晶体内部结构的周期性,对晶体的空间点阵假说提供了十分有力的试验验证。这一意义深远的发现直接导致了X射线晶体学和X射线波谱学的诞生。在劳厄的结果发现不久,英国的布拉格父子(W. H. Bragg & W. L. Bragg)通过对X射线波谱的研究提出了晶体衍射理论,同时提出了著名的布拉格方程,帮助人们使用X射线来了解晶体内部的结构。

当今,X射线在确定物质的晶体结构、对物相进行定性分析、测定晶体点阵常数、研究晶体取向等方面起到了无可替代的作用。而科学技术的飞速发展,也为X射线衍射分析的应用提供了更加广阔的平台。

X射线的产生通常是由热阴极二极管产生的,主要结构包括产生电子并将其聚焦的电子枪(阴极)和发射X射线的金属靶(阳极),其内部为真空状态。电子枪的灯丝采用螺旋状的钨丝,在接通电源后,钨丝发热并释放出自由电子。而阳极的金属靶一般采用导热性好、熔点高的物质。当阴极与阳极之间的电压达到数千伏甚至数万伏时,阴极产生的大量热电子在电场的作用下被加速并奔向金属阳极,热电子与阳极发生碰撞并产生 X 射线。

9.1.2 X 射线谱与衍射原理

由阴极管发出的 X 射线并不是单一波长的射线,而是由诸多射线所组成的射线束。将这些辐射展谱后可以得到 X 射线随波长而变化的曲线,称为 X 射线谱。这种 X 射线谱包括连续 X 射线谱和特征 X 射线谱。连续 X 射线谱是 X 射线强度随波长连续变化的谱线;而特征 X 射线则是由 X 射线阴极管的电压增大到与阳极靶材相对应的某一特定值时,在一定的波长位置上才会出现的强度很高的 X 射线谱。特征 X 射线谱不受电压的影响,只取决于阳极靶材所选用的元素,随着靶材元素原子序数的增大,相应于同一系列的特征谱波长越短。常用阳极靶材的特征谱参数见表 9.1。

表 9.1 常用阳极靶材的特征谱参数

| 靶材元素 | 激发电压 /kV | 工作电压 /kV | K 系特征谱线波长/nm | | | |
			$K_{\alpha1}$	$K_{\alpha2}$	$K_{\beta1}$	$K_{\beta2}$
Cr-24	5.98	20~25	2.289 6	2.293 5	2.290 9	2.084 8
Fe-26	7.10	25~30	1.936 0	1.939 9	1.937 3	1.756 5
Co-27	7.71	30	1.788 9	1.792 8	1.790 2	1.620 7
Ni-28	8.29	30~35	1.657 8	1.661 7	1.659 1	1.500 1
Cu-29	8.86	35~40	1.540 5	1.544 3	1.541 8	1.392 2
Mo-42	20.0	50~55	0.709 3	0.713 5	0.710 7	0.632 3
Ag-47	25.5	50~60	0.559 4	0.563 8	0.560 9	0.497 0

当 X 射线照射到物质时,电子会被迫振动产生相干散射,同一原子内的各个电子散射波相互干涉形成原子散射波。当物质为晶体时,由于其内部各原子的周期性排列,各散射波也会存在固定的位向关系而产生干涉,因此形成衍射波。布拉格父子类比可见光的镜面反射试验,总结出了著名的布拉格方程。

晶体中同一晶面族的原子面可以视为一个晶面,当 X 射线照射到原子面时会发生镜面反射。设平行晶面之间的间距为 d,波长为 λ 的 X 射线沿着与晶面成 θ 角入射,相邻平行晶面反射的光程差是 $2d\sin\theta$,当光程差是波长的整数倍时,相邻的 X 射线散射波将会发生干涉,即

$$2d\sin\theta=n\lambda \tag{9.1}$$

式中 n——反射级数,为整数。

式(9.1)就是布拉格方程,只有当 λ、θ 和 d 三者满足布拉格方程时才能发生反射,所以把 X 射线的这种反射称为选择性反射。此外,因为 $\sin\theta$ 不能大于 1,因此 $n\lambda<2d$。而 n 的最小值为 1,所以能够被晶体衍射的 X 射线波长必须小于参与反射的最大晶面间距的 2 倍,否则衍射现象将不会产生。

9.1.3 X射线衍射的使用

X射线衍射的基本原理是X射线受原子核外电子的散射而发生的衍射现象。晶体中规则排列的原子会产生规则的衍射图像,因此可以用来计算分子中各原子的距离和空间排列。当采用单色X射线照射到多晶样品时,入射X射线通过无数取向不同的晶粒来获得满足布拉格方程的θ角,衍射线与入射线的夹角为2θ。因此,多晶体X射线的衍射方法一般都是θ-2θ扫描法,即当样品转过θ角时,测角仪同时转过2θ角。采用这种扫描法可以得到多晶体的衍射图谱。

衍射图谱往往较为复杂,一般主要从三个基本要素着手,即衍射峰的峰位、形状和强度。其中,峰位的确定方法有峰顶法、半高宽中点法、切线法及中点连线法等。通过分析衍射图谱可以得到的信息包括物相的定性和定量分析、点阵常数的测定、应力测定、晶粒度测定和织构测定等。

物质的X射线衍射图谱相当于物相的指纹,每种物质的衍射图谱都不相同,具有独特性。混合物的X射线衍射图谱是单独物相衍射图谱的简单叠加,因此可以将混合物中的物质一一鉴别出来。物相定性分析的基本原理与方法是:将物质进行X射线衍射,将所获得的衍射图谱与标准PDF卡片进行比对。首先应确定三强线的信息,然后进行卡片索引,即可完成物质的定性分析。进行物相定性分析时应当注意:首先,在进行分析前应对样品的主要化学组成进行详细调查,为进一步的定性分析提供线索;在得到衍射图谱时,应着重注意低角度区域的试验数据,因为在此区域内,不同晶体的差别较大,能够有效区分不同的物相;在进行混合相的分析时,应要求全部数据均能合理地解释,个别物质可能只显示三强线中的前一条或前两条,这可能是该物相含量较少所导致的。物质的定量分析是依据各相衍射线的强度随该相含量的增加而提高。物质定量分析方法主要包括直接对比法、内标法、外标法和无标样分析法。

图9.1所示为三种碳材料的XRD图谱。其中,三条曲线分别代表着氧化石墨烯(a)、冻干石墨烯气凝胶(b)和天然石墨(c)。从XRD图谱中可以计算出三种碳材料的层间距。其中,冻干石墨烯气凝胶的晶面间距为0.376 nm,远小于氧化石墨烯的晶面间距(0.694 nm),但是略大于天然石墨的晶面间距(0.336 nm)。这些结果表明,冻干石墨烯气凝胶中仍存在石墨烯片之间π—π键堆叠,以及还原氧化石墨烯中残留的含氧官能团。由于这些残留的亲水性含氧基团,还原氧化石墨烯片能够在自组装过程中将水包裹起来。这个因素与石墨烯片的π—π堆叠使得石墨烯气凝胶能够顺利制备。冻干石墨烯气凝胶的XRD宽化峰表明石墨烯片在堆叠

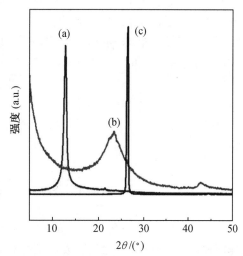

图9.1 三种碳材料的XRD图谱

方向上的无序性反映出石墨烯气凝胶的框架是由几层堆叠的石墨烯片组成的。

图9.2所示为不同阴离子插层下NiFe LDH的XRD图谱。试验使用氯化镍、氯化亚铁和三乙醇胺进行水热反应。其中,黑色曲线代表插层的阴离子为碳酸根离子。这是因为与氯离子相比,碳酸根离子能够在合成过程中优先插入LDH夹层中,由于其离子结构为平面三角形分子构型,体积小,所带电荷也高于其他的阴离子等。

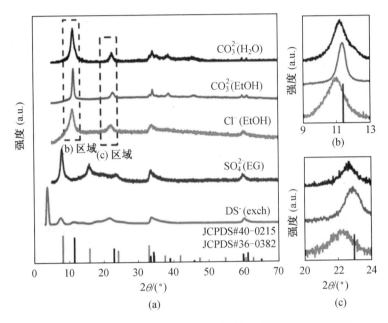

图9.2　不同阴离子插层下NiFe LDH的XRD图谱(彩图见附录)

将试验所用溶剂改为体积比为1∶1的乙醇和水混合物时,样品的XRD图谱(金色曲线)与之前相类似,说明向溶剂中添加乙醇不足以直接形成非碳酸根插层的LDH。在添加尿素和使用乙醇溶剂时,LDH中的插层离子为氯离子,样品的XRD图谱为$Cl^-(E_tOH)$曲线所示。其中,图谱显示出与碳酸根插层的LDH相似,但(003)和(006)晶面的衍射峰向左位移,这说明中间层相距增加了0.02 nm。

使用体积比为1∶3的乙二醇(EG)和水混合物作为溶剂,直接合成硫酸根插层的LDH,其XRD图谱如$SO_4^{2-}(EG)$所示。与之前的情况不同,该XRD图谱与标准PDF卡片No. 36-0382相对应。这是一种含硫、镍、铁的类水滑石化合物,但其晶体结构尚未得到确定。

9.2　扫描电子显微镜分析方法

SEM非常适合表征纳米颗粒的尺寸和形状,因为必要的样品制备和图像采集都相对快速简便。尽管SEM图像只能表示三维对象特定位置的二维视角,SEM图像确实可以提供一定的三维信息,能够以亚纳米的精度重建简单结构的形状。

纳米物体的尺寸能够被很好地测量的关键取决于样品、所需的不确定性以及扫描电子显微镜的性能。一些扫描电子显微镜的分辨能力可能不足以确定10 nm以下纳米粒子的形状和大小。例如,如果一次电子束聚焦的斑点大小为 5 nm,则尺寸约为 3 nm 和 4 nm 大小的粒子图像之间的信号强度只能是粒子的位置差别,这会使些颗粒尺寸测量的不确定性增大。在某些情况下,由于噪声,无法在 SEM 图像中识别微小颗粒,因此尺寸和形状的测量均不可行。通常,需要测量数百或数千个颗粒以完成尺寸统计和形状表征。图像采集和数据分析的优化和自动化可以降低成本并提高结果质量。

9.2.1 扫描电子显微镜的工作原理

扫描电子显微镜通过聚焦电子束与固体样品相互作用产生的各种信号,分析固体样品的局部形貌和化学组成。这些物理信号的得出全都来自于运动的高能电子与物质之间的相互作用,如图 9.3 所示。

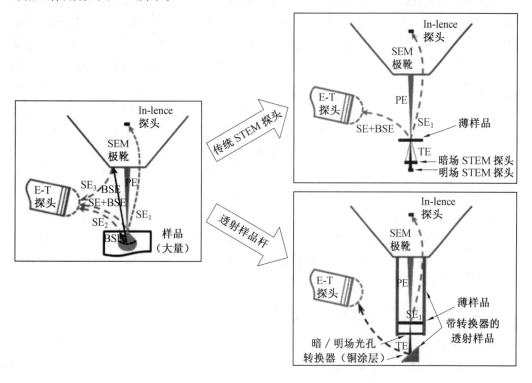

图 9.3 由初始电子束产生的各种电子信号

当样品被电子束轰击时,产生的二次电子(SE)和背散射电子(BSE)能够产生 SEM 图像的信号。SEM 的典型最大加速电压为 30 kV。由于其小于 50 eV 的低能量,二次电子的逸出深度仅在 5 ~ 50 nm 的范围,而背散射电子具有明显更高的动能,能够在 100 nm ~ 1 μm 的深度逸出。因此,二次电子能够产生优异的具有高分辨率的 SEM 照片,可以提供表面形态的对比。而背散射电子照片呈现出色的构图对比度,但空间分辨率较差。此外,二次电子可以分为 SE_1、SE_2 和 SE_3。SE_1 是由初级电子撞击样品产生的电子;SE_2 是由样品中产生的高能电子,即俄歇电子;而 SE_3 是由背散射电子撞击显微镜标本室内表面产生的。探测器安装在样品室内部,能够在最佳工作距离上以非常高的效率收集二次电子并提供最高的空间分辨率。此外,高能入射电子与样品相互作用还会产生特征

X 射线、透射电子和吸收电子。特征 X 射线是原子的内层电子受到激发后,在能级跃迁过程中直接释放的电磁波辐射,这种电磁波具有一定的特征能量和波长。入射电子与核外电子相互作用,核外电子会发生跃迁,这时原子处于高能量的激发状态。外层的电子跃迁到内层产生的空位,从而以电磁波的形式释放多余的能量。对于不同的元素,所发射的 X 射线波长也有特征值,因此被称为特征 X 射线。透射电子是指入射电子照射到厚度较薄的样品时,电子会穿过样品。透射电子是透射电子显微镜的主要信号来源,样品的厚度一般小于 20 nm。吸收电子是指入射电子经过多次非弹性散射之后,能量完全损失,湮没在样品中被样品吸收。上述的各种信号,能够反映出样品本身不同的结构和化学组成等性质。

近年来,扫描透射电子显微镜(STEM)工作模式越来越受到欢迎,尤其是在分析纳米颗粒的过程中,能够提供出色的、小于 1 nm 的空间分辨率。在透射模式下操作 SEM 的主要优点是增强了质量-厚度对比,可以更准确地确定纳米颗粒边界,因此可以更准确地确定尺寸和纳米粒子的尺寸分布。STEM 工作模式为 STEM-in-SEM(也称为 TSEM 或低压TEM),其操作模式类似于常规 TEM,需要在薄膜上制备电子能够通过的样品。SEM 的较低加速电压使得在薄膜样品中的散射较少,从而提高了纳米颗粒的对比度。对于由电子密度相似的不同结构组成的低原子序数材料,SEM 透射的对比度会优于常规 TEM。现代扫描电子显微镜的 STEM 检测器已经作为其标准配置的一部分。

颗粒表面形态的详细信息可以通过纳米级高分辨率透镜的检测器提供,并补充透射显微照片中的信息。更多有关元素组成的附加信息分析可以通过能量色散 X 射线(EDX)获得。许多扫描电子显微镜配备了能量色散光谱仪(EDS),这样就可以将元素图添加到二次电子或扫描透射显微镜图像中。元素信息空间的分辨率比二次电子或扫描透射显微镜图像要差一些,这是因为它的信息量要大得多。当然,这种成分信息在纳米颗粒的分析中仍然是必不可少的。

9.2.2　扫描电子显微镜样品的制备

适当的样品制备是获得高质量高分辨率电子显微镜图像和出色纳米颗粒表征的关键,纳米颗粒尺寸和形状测量结果的质量很大程度上取决于样品制备。对于所有纳米颗粒,首选技术通常随样品材料的不同而不同,并没有单一的最佳制备方法,这是由纳米粒子的特性以及要测量的数量或属性决定的。同样重要的是要确保 SEM 本身适合进行具有所需不确定度的测量。用于制备和处理纳米颗粒的工具必须保持清洁,需在干净的外壳下操作,保持工作台干燥,最好在经过过滤的高效颗粒空气中进行样品的制备。

有关各种纳米粒子对健康影响的信息尚不完整。已知的某些纳米颗粒对健康是有害的,因此务必始终佩戴适当的个人防护设备,包括一次性手套、安全眼镜、试验服和过滤式防毒面具,在处理纳米材料时采取适当的预防措施。纳米颗粒样品通常是粉末或悬浮液,通常需要稀释成离散颗粒或最大程度地减少颗粒堆积,从而便于成像。如果存在较小颗粒附着在大颗粒上,在高分辨扫描电子显微镜的镜头下得到观察,则大颗粒以外的小颗粒将会被"隐藏",造成无法检测。测量接触的颗粒是可行的,但是可能需要操作员辅助分离颗粒,以免产生过高的颗粒测量不确定度。目的是在基材表面分离并沉积来自较小的原始纳米颗粒材料的数量,以便准备测试或分析样品。颗粒与基底之间的对比度应很高且粒子彼此之间距离不远,因此大量纳米颗粒可以在相对小的图像上进行测量。许多纳米颗粒可以处于液态胶体相,即悬浮在另一种静电或空间稳定的物质中以防止颗粒团聚。为了减小测量基底或网格上团聚的纳米颗粒数量,这些颗粒必须被稀释。没有多余的材料、背景更清晰、对比度更高以及正确的尺寸,可以更轻松、更准确地进行尺寸和形状测量。

目前已经商用的 TEM 网格可用于纳米颗粒样品的制备,而且存在一些具有表面涂层或功能化表面的网格,旨在确保良好的粒子分散和捕获。在颗粒的分散液中添加稀释液和表面活性剂,可能有助于制备有用的测试样品。成像参数可能改变纳米粒子的表观尺寸,因此在必要时必须采取适当的措施,补偿这些影响的结果。

样品制备的一个重要目标是产生均匀分布的颗粒遍布整个测量基板。在确定其尺寸和形状时,要尽量减少测量误差和结果的不确定性。因此,评估和使用有关三维颗粒如何沉积在二维基底表面上的信息是不可缺少的。

更为重要的是样品的导电性。对于导电性良好的样品,一般可以保持原始的形状,不需要进一步处理就可放到电子显微镜中观察。而对于不导电的样品,需要进行适当的处理才能继续进行观察。一般来讲,需要在不导电样品的表面进行真空镀膜,即在样品表面镀上一层厚度合适的金属膜。在镀膜的过程中,需要控制膜的厚度,既要保证充分的导电性又避免膜掩盖样品的某些细节。

9.2.3 扫描电子显微镜的使用

在开始获取纳米颗粒的表征图像之前,首先要确保 SEM 正常工作。SEM 易于操作并能够快速提供结果,但是许多问题始终在阻碍其以最佳性能运行,这是缺乏在成像和测量中具有出色的可重复性的原因。此外,还有无意移动,样品台和主电子束、电子束引起的污染,缺乏清晰电子束聚焦而引起的图像模糊、几何形状变形、错误尺寸、充电及噪声。必须对这些基本性能参数进行量化,以确保扫描电子显微镜的性能达到或优于制造商的规范;它还有助于计算测量不确定度、维护和修理。

电子束引起的污染可能造成纳米颗粒测量结果的错误或无法进行。污染可能来自碳质分子覆盖样品或仪器的表面,在真空条件下具有高迁移率,因此它们可能会从远处流入,但会在二次电子打开其化学键时沉积。在某些情况下,初始的高能电子束可能会打碎这些沉积物,造成图像中心部分可能比图像框附近更为清晰。

在拍摄时,扫描电子显微镜的照片需要保证样品的细节清晰、层次分明,具有立体感、合适的亮度和对比度。同时,还要选择合适的放大倍数,既要有需要研究的内容,又没有遗漏或杂质的干扰。非球形粒子的大小和形状可能会出现很大差异,这具体取决于观察点的位置。准球形和非球形纳米粒子可能会优先沉积并在其最大表面积方向沉积。一些细长形状的纳米粒子,例如 TiO_2 纳米棒,可能并不总是以相同的角度黏附在样品表面上,因此它们的外观尺寸和形状有很大差异。无论纳米棒是否平行于基底沉积,从两个角度拍摄的图像可以帮助确定其具体的形貌。

最为重要的是在拍摄过程中的聚焦和像散的消除,若操作不当,则所得出的图片的质量会非常不理想。出现像散的原因主要是电子束难以聚焦,是像散方向发生变化。在聚焦完成后,可以通过消像散旋钮依次对 X 方向和 Y 方向的像散进行消除。在初次消像散完成后,继续进行聚焦调整。聚焦与消像散交替进行调整,直至图像最为清晰为止。聚焦和消像散的过程一般在较低倍数开始,并在高倍数的条件下继续调整,直到图像清晰。

图 9.4 所示为钒掺杂硫化镍($V-Ni_3S_2$)纳米柱和钒掺杂硫化镍@镍铁双氢氧化物($V-Ni_3S_2$@NiFe LDH)核壳结构的扫描照片。图 9.4(a)和(b)所示为不同放大倍数下 $V-Ni_3S_2$ 的 SEM 图像,图像显示出典型的一维纳米棒阵列形态,纳米棒的平均直径约为 120 nm;图 9.4(c)和(d)所示为核壳结构电极的 SEM 图像。从图中可以清楚地观察到,在使用 NiFe LDH 纳米片进行装饰后,许多纳米片均匀且垂直地生长在纳米棒上,形成了独特的带有粗糙表面的三维纳米核壳结构。

图 9.4 $V-Ni_3S_2$ 纳米柱和 $V-Ni_3S_2$@NiFe LDH 核壳结构的扫描照片

图 9.5 所示为在泡沫镍表面生长 $NiCo_2O_4$ 超薄纳米片前后的扫描照片。图 9.5(a)所示为负载在泡沫镍上的 $NiCo_2O_4$ 前驱体的低倍数扫描图像。显然,泡沫镍的三维网格结构依旧能够保留下来。为了进一步揭示其微观结构,图 9.5(b)所示为(a)中以矩形标记的区域的高倍放大扫描图像。显然,前驱体是具有超薄特性而且具有波纹丝形态的纳米片微结构,并且在氧化转化为 $NiCo_2O_4$ 之后,样品的基本形态得到了完美的保留,而没有煅烧引起的显著变化,如图 9.5(c)和(d)所示。这些形成的纳米片的横向尺寸为几百纳米,彼此交叉,形成具有丰富开放空间和电活性表面位点的疏松多孔纳米结构。

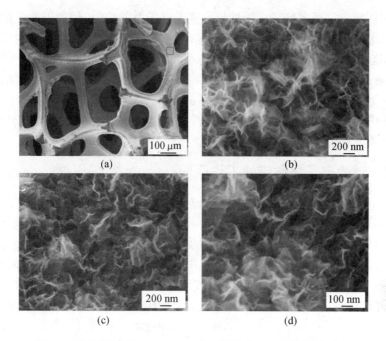

图 9.5 泡沫镍表面生长 $NiCo_2O_4$ 超薄纳米片前后的扫描照片

9.3 透射电子显微镜分析方法

TEM 是一种分析纳米材料尺寸、形貌、晶体结构和化学成分的通用技术。可以将其视为表征纳米材料的黄金标准,主要有以下几个原因:①TEM 分析是能够提供可靠地覆盖 1～100 nm 尺寸范围空间分辨率的少数方法之一;②TEM 可以轻松提供纳米材料的二维投影图像;③通过 TEM 图像的组合,可以根据纳米材料的二维投影定量地分析每个纳米粒子的物理性质(大小、形状和表面形态学),同时还可以根据法规和准则的要求,测量单个粒子的多种属性并从中确定统计性数据和相应的分布;④TEM 允许所评估材料的团聚,对于一定程度的组成,初级颗粒可以在附聚物/聚集体中鉴定;⑤可以将光谱学手段(EDS 和 EELS)纳入 TEM 中,以对纳米材料进行元素分析并检查其化学键合,从而在混合物和纳米材料的背景下进行表征;⑥选定区域电子衍射(SAED)能够研究纳米物体的晶体结构。

尽管可以获得大量信息,但使用 TEM 表征纳米材料依旧受限于以下缺点:①TEM 分析的可靠性取决于样品中具有代表性的颗粒有足够的数量转移至样品架(TEM 网格)中。这受样品制备过程的影响,包括纯化及浓缩步骤等。②TEM 的空间分辨率取决于初始电子的加速电压。因此,常规 TEM 通常需要施加 100～300 kV 的加速电压以获得高空间分辨率。虽然与金属或坚固的无机物材料(所谓的硬物质)所相容,电子束损伤限制了对电子束敏感的"软物质"的分析,例如某些沸石结构、多孔材料、聚合物、杂化材料和精选的碳基纳米材料。③常规 TEM 的应用由于高真空条件受到进一步的限制。液体电池电子显微镜、环境电子显微镜和冷冻电子显微镜的应用等先进技术可以在一定程度上克服这一限制。④TEM方法通常衡量二维材料垂直于电子束的部分,但是不能评估平行于电子束的尺寸。这一问题造成的结果,就是对具有优先取向的粒子可能会产生偏差。能量过滤TEM(厚度映射)和透射电子断层扫描技术可用于获取有关粒子三维尺寸的信息。

显然,最近技术的创新可以克服传统TEM的局限性并且正在成为了解纳米材料在原子尺度上的物理特性、结构和组成之间关系的必不可少的工具。然而,由于先前提出的许多先进方法仍然依赖专门的基础设施,非常耗费成本和人力,密集的工作仍仅限于高度专业的研究机构。对于新的测试方法的普适性工作仍处于开头阶段。

9.3.1 透射电子显微镜的工作原理

图9.6所示为电子束在受镜头和光圈设置的影响下,通过透射电子显微镜系统的示意图。一部分电子束可以穿过样品而不与样品发生相互作用,其他电子则会被样品中的原子散射。从标本中射出的电子波中包含的信息可以通过物镜系统创建图像。通过在其后焦平面上放置一个光圈(即物镜光圈),则可以选择或排除样品的某个部分。在成像模式下(即当图像投影到屏幕上时),当光圈被定位成仅透射电子可以通过时会形成所谓的明场像,当光圈仅选择衍射电子能够通过时,则会形成暗场像。当成像通过物镜镜头投影

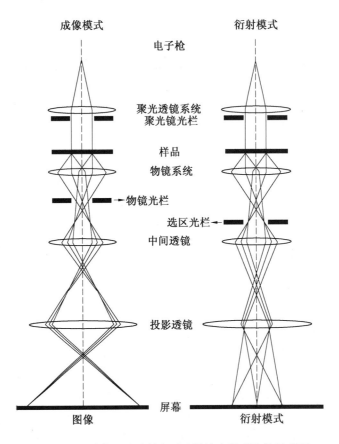

图9.6 电子束通过透射电子显微镜光学系统的示意图

到观察屏上时,一系列的附加镜头可以确保进一步放大和修正电子波分布位置。通常,查看的屏幕是荧光屏,而 CCD 相机则用于记录图像。

　　在低放大倍率下,由于材料的厚度、成分和晶体取向,即质量-厚度对比和衍射对比,TEM 图像对比度源自样品中电子的吸收和散射。基于大数量纳米物体的灰度值,将明场 TEM 成像与图像分析相结合可以获得投影的纳米物体的尺寸和形状特性的基于数量的分布。在高倍分辨率透射电子显微镜下(HR-TEM 模式),可以将样本建模为对象修改入射波的相位。在晶体纳米物体中,弹性相干散射导致规则排列的入射电子束发生衍射原子。衍射的电子波对电子束产生相长或相消干涉。未衍射的透射波取决于标本中波的散焦和相移。透射电子和衍射电子的干扰导致所谓的相位对比。结果,尽管不是原子位置的直接投影,原子列位置静电势的可视化与纳米物体的晶体结构有关。为 HR-TEM 图像提供有关原子排列的信息,通常需要将图像与基于原子模型的计算机模拟进行比较。除了提供有关晶体结构,HR-TEM 可基于焦点系列用来研究纳米物体的缺陷和测量厚度。

　　来自三维周期性结构的衍射是从不同晶面反射的波之间干涉的结果。对于晶体材料,电子束经过布拉格衍射。这可以用来获取信息关于晶体纳米物体的晶体结构。在 TEM 中,通过调整镜头设置以使物镜平面的后焦距可以将透射电子显微镜切换到电子衍射模式,而不是成像平面投影在观察镜屏幕上。

　　包含许多晶体纳米粒子的较大区域的电子衍射模式由环形图样组成,十分类似于 X 射线粉末衍射。这样的环形图样源自颗粒相对于电子束的不同取向(可以是单晶体或多晶体),可用于识别不只晶体学信息的纹理。记录的衍射图可以使用衍射数据库进行索引。一个光圈可以是插入物镜的像平面仅从样品的选定区域(SAED)获得衍射图,还可以观察到衍射平面上更复杂的行为。例如,在会聚束电子衍射(CBED)模式中,会聚电子束与样品的相互作用可以提供超出结构数据的信息,例如确定空间群的确定或试样厚度的确定。进动电子衍射(PED)是一个相对较新的应用,特别适用于研究纳米材料衍射,其中电子束倾斜并在锥形表面上进动,具有与 TEM 光轴相同的轴。PED 可以解决从头算晶体纳米结构,以执行没有虚拟像的三维图像重建,创建纳米分辨率的EBSD-TEM。

　　类似于扫描电子显微镜,透射电子显微镜可以在 STEM 下运行,其中电子光束聚焦到一个(亚)纳米大小的探头中扫描样品。当使用经探针校正的 TEM 时,可获得的空间分辨率主要受纳米激发的控制,在高分辨率 STEM 模式下电子探针低至0.1 nm。通常,使用小型同轴探测器(明场)或固定大小的大型环形探测器(暗场)可以创建图像。如果使用环形检测器,内部收集半角度设置为仅收集衍射光束,则衍射对比暗场获得图像,通常用于仅由轻元素组成的样本。

　　高角度环形暗场(HAADF)成像是指使用几何大型环形检测器,位于样品远处的光学远场中。因为在检测器的几何形状中,仅检测到以大角度散射的电子。而在低角度散射的电子主要是相干的,常规的明场和暗场图像会随着样品厚度、方向或散焦的变化而产生对比度反转,因此散射到高角度的电子主要是不连贯的。不相干性主要来自于探测器和热扩散散射的贡献。

　　由于高角度非相干散射与原子的散射有关,强度与平方原子序数成正比,这是基于卢瑟福散射的预期。该成像模式因此也称为 Z 对比成像。HAADF–STEM 的优势之一是提供了视觉上区分化学成分不同的材料的可能性。此外,如果样本中包含的元素是已知的,HAADF–STEM 图像可直接给出样品中不同材料的二维定性分布。由于使用环形检测器来排除布拉格散射和消除相位问题,通过更改 HAADF–STEM 图像的对比度恢复的散焦和厚度被大大抑制。

9.3.2　透射电子显微镜样品的制备

本节所述的样品制备方法适用于存在于分散液中的纳米颗粒。对于干粉,有几份报告提供了有关开发的情况并报告适当的分散协议。样本制备程序的目标是使样本的分布均匀在合适的载体(在此情况下为 TEM 网格)上将目标颗粒分散化。在足够高的理想情况下,一定数量的粒子必须作为单个粒子沉积在 TEM 网格上,但是,必须注意不要使网格充满颗粒,因为重叠的颗粒会限制自动图像分析程序的适用性,从记录的 TEM 图像中准确提取感兴趣的被测量物。根据经验来讲,很好地覆盖百分之几的 TEM 网格表面的纳米颗粒更适用于以后的图像分析。

1. 液滴沉积法

将液体分散体中的颗粒带入 TEM 网格是最为简单的方法之一,包括网格–液滴或液滴–网格技术。将 TEM 网格功能化后,例如辉光放电后进行阿尔新蓝处理,使网格能够浮在一滴纳米颗粒分散液(网格–液滴),或将一滴分散液滴在 TEM 网格(液滴–网格)上。选定时间后,范围通常是从几秒钟到几分钟,将 TEM 网格从液体中移出并在室温下使用去离子水清洗 2~3 次。这一清洗步骤可防止形成干燥痕迹,例如形成盐颗粒的固体沉淀物可能会掩盖 TEM 网格上的纳米颗粒。这些样品制备程序的详细步骤可以在许多参考文献中找到。网格–液滴或液滴–网格技术无须任何特殊设备即可应用,因此很容易在任何标准实验室中使用。由于只有一小部分来自分散体沉积在 TEM 网格上,为了确保足够的测量统计数据,这种方法要求分散体中的颗粒浓度很高并且假设在沉积过程中不会发生明显的团聚。此外,准确定量地确定分散液中绝对粒子数的浓度常规上是不可能的。

2. 网格离心法

将来自液体悬浮液的颗粒沉积在 TEM 网格上的替代方法包括直接在 TEM 网格上对颗粒进行(超)离心,这可以通过使用带有用于 TEM 网格的专用转子的离心机来实现,或采用标准离心机与摆出的转子和定制的平底离心管一起使用。后者的方法可以通过一系列手段进行改进。例如,通过制造可装入标准(1.5 mL)微量离心管中的可重复使用的铝锥,普通实验室也可以使用该方法。离心方法可以将 TEM 网格上方的所有颗粒从水中沉淀出来。因此,除了粒径分布外,分散体中颗粒的绝对数量浓度也可以基于在 TEM 网格上检测到的颗粒来估算。根据网格上估计的粒径和密度,分散液中的最佳浓度、离心力和时间可以被计算出来。同样,使用离心技术时必须使用去离子水洗涤网格,以避免盐颗粒在 TEM 网格上沉淀。

3. 悬浮液的 ESI 沉积

最近,人们提出一种有趣的方法,该方法使用电喷雾雾化分散液然后将利用静电纳米颗粒沉积到导电 TEM 上网格。在该技术中,小的液滴是由电喷雾装置产生的。从圆锥形的弯月面(泰勒锥)喷射出稀薄的悬浮液,毛细管尖端作为颗粒悬浮液的末端部分并加速到作为收集器的 TEM 网格。由于静电排斥,液滴分解导致干燥并最终将颗粒直接沉积在 TEM 网格上。初步结果证实,电喷雾对各种液体分散体具有一定的耐受性,对于各种不同的材料均具有良好的颗粒覆盖率。它可以证明在电喷涂过程中基体内的颗粒没有明显损失。因此,该方法将能够确定颗粒悬浮液中的物质浓度。尽管这是一种非常有前途的方法,但却需要复杂的仪器,所以目前还没有实现商业化。

9.3.3 透射电子显微镜的使用

用于定量 TEM 分析的 TEM 成像旨在记录一组校准的电子显微照片,这些照片显示了代表沉积在 TEM 网格上的对象。在拍摄时,必须选择合适的成像条件、显微照片的放大倍数和颗粒数量,以使其适合随后的定量图像分析。

1. 成像条件

为确保所记录的显微照片具有代表性,应避免成像期间的选择性。对于具有均匀分布在 TEM 网格上的粒子标本,通过使用随机和系统采样方案的显微照片可以避免成像粒子的选择性。在显微镜载物台预先定义的几个位置的图像,这些图像分布在整个网格上,从而降低操作员的主观性。当特定位置的视场不合适时,例如,被网格条遮挡或包含伪影,因此需要将载物台侧移到最近的合适视场。通过消除显微照片边界附近的颗粒,避免了有偏差的颗粒测量。

由于使用最小对比度聚焦,获得的粒子的对比度可能非常低,以至于很难使用图像分析软件检测粒子,因此在聚焦下稍微记录图像可能很有用。这有利于颗粒检测,因为它增加了对比度。

2. 放大倍数的选择

选择适当的放大倍数能对被观测物体做出客观的分析,检查足够的网格表面以测量足够的粒子,具有能够准确检测和测量的分辨率。通常,放大倍数的选择是为了需要测量最小粒子的大小,并且是在描述性 TEM 分析中大于定量下限的估算。对于给定的放大倍率和相应的像素大小,如果等轴颗粒的颗粒面积至少包含 100 个像素,则尺寸测量的偏差可以被避免。为了测量非等轴颗粒的尺寸,根据经验法则,可以由软件准确测量的最小尺寸应至少包含 10 个像素点,这种方法的定量限高于检测限。检测定量 TEM 的检测限可以看成是颗粒的像素数量与背景产生的足够对比度,这些是可以通过图像分析软件来获得的。这取决于颗粒的质量-厚度对比和衍射对比,具体取决于厚度、原子序数和粒子的取向。

显然,这些限制大于仪器的检测限制,这就是 TEM 的分辨率。对于 TEM,通常要求亚纳米范围内的线分辨率并通过材料晶格空间的特定可视化来确认。高分辨 TEM 和 STEM

可获得 0.1 nm 的分辨率,因此可以对 1 nm 大小的粒子进行量化测试。测量尺寸的上限受应用的探测器/摄像机的视图区域中像素数量的限制。为了避免对大颗粒的测量产生偏差,通常将其设置为与一维中构成图像尺寸十分之一的像素数相对应的尺寸。有效的工作范围由测试上限和下限决定。

图 9.7 所示为利用普鲁士蓝制备的单层 Fe_2O_3 空心立方体的扫描和透射照片。从图 9.7(a)和(b)的扫描照片中可以大致看出,合成的 Fe_2O_3 立方体表层褶皱,内部是空心的。在透射电子显微镜下,立方体的空心结构能够观察得更加明显,外层的褶皱是由无数纳米片组成。通过高分辨透射电子显微镜观察,可以看出晶格条纹的间距为0.25 nm,这与 Fe_2O_3 的(010)和(100)晶面间距相匹配。

图9.7 单层 Fe_2O_3 空心立方体的扫描和透射照片

图 9.8 所示为 NiCo 凝胶前驱体微球和不同硫化时间下凝胶微球的扫描和透射照片。其中,图 9.8(a)、(e)、(j)为 NiCo 凝胶前驱体微球的扫描和透射照片。从中可以看出,前驱体微球的为明显的实心球体,表面较为光滑。图 9.8(b)、(f)、(j),(c)、(g)、(k)和(d)、(h)、(l)分别为硫化时间为 0.5 h、2 h 和 6 h 下样品的扫描和透射照片。通过对比不同硫化时间下样品的透射照片可以看出,随着硫化时间的延长,样品内部开始出现空心并且空心部分逐渐增大。此外,微球表面也开始逐渐变得粗糙。这些变化,尤其是内部空心的变化,只有在透射电子显微镜下才能有效观察得到,而在扫描电子显微镜下则有可能无法观察得到。这也说明了透射电子显微镜性能的独特之处。

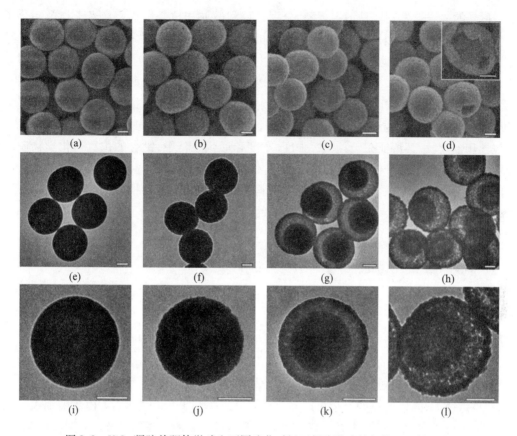

图 9.8　NiCo 凝胶前驱体微球和不同硫化时间下凝胶微球的扫描和透射照片

9.4　拉曼光谱分析方法

拉曼光谱分析方法是用于表征纳米材料结构的最常用手段之一,诸如半导体器件、纳米复合材料和以石墨烯为代表的纳米二维材料。非均相催化剂也属于纳米材料。实际上,与反应物处于分离相的此类催化剂通常为固体。它们必须包含最大数量的活性位点以获得高催化活性,因此它们也是纳米结构。拉曼光谱是由印度物理学家拉曼(C. V. Raman)在发现光的散射现象时总结出来的定律。

9.4.1　拉曼光谱的原理

在拉曼光谱中,光与物质相互作用光被散射或吸收,或以光子的形式穿过物质。分子从光子吸收的能量使其从基态达到激发态,该变化在吸收光谱法中通过检测光辐射能量的损失来测量。散射光在与分子的相互作用之后,将通过与入射光束成一定角度收集光来检测。散射光具有与入射光相同的能量,其效率提高与入射光的频率的 4 次方成正比。光散射是用于确定粒度和粒度分布的广泛使用的技术,例如动态光散射(DLS)。拉曼散射中也可以鉴定分子结构。

用单色光照射透明样品时,有一小部分光会被样品在各个方向上散射。用光谱仪测定散射光的光谱会发现两种散射现象,分别是瑞利散射和拉曼散射。当光子与样品分子发生弹性碰撞,此时散射光与入射光的频率相同,这种散射称为瑞利散射。当光子与样品分子发生非弹性碰撞,此时散射光的频率发生改变,这种散射称为拉曼散射。根据散射光与入射光频率之间的大小关系,拉曼散射可以分为斯托克斯和反斯托克斯拉曼效应。其中,斯托克斯线或反斯托克斯线的频率与入射光频率之差被称为拉曼位移。能量的损失(斯托克斯散射)或增益(反斯托克斯散射)提供了被研究物质的振动状态。通常,拉曼光谱包含几个频段,其特征在于:波数、强度、宽度和形状。其中,键合的位置与化学物质的强度相关及波数与被分析分子或晶体的对称性有关。键合的形状对于非晶或晶体化合物可能是高斯或洛伦兹拟合的,而对于纳米材料则可以是准福格特拟合的。无序状态下纳米材料的典型特征是会导致谱带扩宽,缺陷的存在或晶界会更倾向于对声子的约束,从而导致能带的不对称。

9.4.2 拉曼光谱的使用

试验上,常规的拉曼光谱使用的激光范围是从紫外线(UV,大于 244 nm)到近红外(IR,小于 1 064 nm)激发线。只要使用合适波长的激光,则该技术即是非破坏性的。使用全息滤镜或边缘滤镜时,拉曼光谱能够以 100 cm^{-1} 的精度测量气体、液体或固体的样品,而使用三色单色仪的测量精度则可达到几个 cm^{-1} 内。拉曼光谱特别适合研究水溶液类型的样品,因为水对拉曼响应非常低。而对于固体而言,少量的物质就已经足够了。此外,在显微镜下,固体的拉曼光谱可以制成空间分辨率约 1 μm 的图谱。由于电池设计相当简单,则可以实现原位的测量。玻璃或石英窗口可以将激光发送到样品,聚焦并重新收集散射光。出于相同的原因,它可以轻松地与其他技术结合。拉曼光谱的主要局限性是光致发光,它可以被某些样品发射且比拉曼散射光强得多,因此会完全遮盖信号。使用紫外线或近红外激发光,或使用带有同步检测器的脉冲激光可以将扰乱信号完全移除。但是,稀土阳离子的光致发光可以提供互补涉及 4f 轨道的信息,导致荧光带很薄,可以通过改变刺激线来区别拉曼光谱。

拉曼光谱用于定性和定量分析非常有效,对样品几乎没有任何损害。在定性分析方面,拉曼光谱适用于测定分子的骨架,对 S—S、C—S、C =N、C =C 等键及无机分子基团的鉴定有着突出的优点,这些键的拉曼光谱峰比较强且具有特征性。拉曼光谱的灵敏度非常高,这是其他光谱方法不能比拟的。在定量分析方面,拉曼光谱会比其他光谱法更为简便,因为拉曼线的强度与样品的浓度呈线性关系,而且谱带较窄,重叠现象较少,选择谱带比较容易。在实际应用中,需要在被测样品中加入少量已知浓度的物质,选择一条拉曼谱线作为标准,将样品的拉曼光谱强度与其进行对比来进行定量分析。

最具有代表性的拉曼光谱应用就是用来分析表征石墨烯。石墨烯的拉曼光谱显示出非常明显的三个峰,分别位于 1 350 cm^{-1}、1 580 cm^{-1} 和 2 700 cm^{-1}。这三个峰分别对应石墨烯的 D 峰、G 峰和 2D 峰。其中,D 峰与 G 峰的强度比可以用于分析碳材料中的无序度和缺陷;而 2D 峰与 G 峰的轻度比则可以分析石墨烯的质量和层数。对于不同层数的石墨烯,2D 峰与 G 峰的强度比会有所不同。对于单层石墨烯,其 2D 峰的强度会大于 G 峰且具有非常完美的单洛伦兹峰型。随着石墨烯层数的增加,2D 峰的半峰宽会增大,且向高波数位移。此外,在不同层数石墨烯的拉曼光谱中,G 峰的强度也会随着层数的增加而近似线性增加。2D 峰的产生源自一个双声子双共振过程,这与石墨烯的能带结构紧密相关。图 9.9 所示为利用化学气相沉积方法制备的石墨烯的 Raman 光谱。在拉曼光谱中可以观察到三个特征峰(D、G 和 2D)。位于 1 347.5 cm^{-1} 处的 D 峰是由于 A1g 模式会吸引起六元 sp2 碳环的振动,由结构紊乱或由 sp3 杂化引起的缺陷。位于 1 580.8 cm^{-1} 的 G 峰对应于的双简并 E2g 模式环和链中的 sp2 碳原子均对应于二维六角形晶格,而 2D 峰来自根据石墨烯层数的二阶区域边界声子。

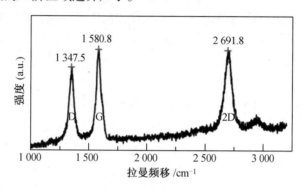

图 9.9　石墨烯的 Raman 光谱

9.5　物理气相沉积方法

　　PVD 过程是一个原子的沉积过程,其中材料从固体或液体源中以蒸发原子或分子,并以蒸气形式通过真空或低压运输气态(或等离子)环境凝结到基板上,典型的 PVD 沉积速率是 1～10 nm/s。通常,PVD 过程用于沉积厚度在几纳米至数千微米范围内的纳米薄膜。同时,PVD 也可以用于形成多层涂料、梯度成分沉积物和原位制备结构。基材的尺寸范围和形状范围均可以调节,因此可以在大尺寸和复杂形状基体表面进行薄膜的制备。

　　物理气相沉积工艺可用于元素和合金薄膜的沉积,也可以用于工艺化合物的沉积。在沉积过程中,化合物可以通过沉积物与周围气体的反应(例如氮化钛、TiN)或共沉积材料(例如碳化钛、TiC)进行合成。准反应沉积是指从化合物来源沉积复合材料薄膜,其中在运输和冷凝过程中挥发性物质的流失可以通过沉积环境中反应气体的分压得到补偿;例如使用部分溅射法,利用氧气等离子体将 ITO 溅射到靶材浅层形成薄膜。

　　PVD 的工艺原理可以总结为,中性的电离气相杂质将与惰性气体分子碰撞并经历均相气相成核。PVD 过程通常发生在真空中,真空环境在蒸气通量和薄膜的沉积和生长起到了至关重要的作用。真空环境对于薄膜沉积的三个重要方面为压力(体现分子的平均自由程)、惰性工作气体中反应性气体和溅射气体的分压比以及薄膜蒸气到达反应气体的撞击速率比。

9.5.1 物理气相沉积的种类

PVD 处理的主要分类包括真空沉积(蒸发)、溅射沉积、电弧气相沉积和离子镀等。

1. 真空沉积(蒸发)

真空沉积也称为真空蒸发,是一种采用热蒸发源产生蒸气,在靶材和基底之间不与气态分子发生碰撞的物理气相沉积方法。真空环境可以提供沉积系统中气态污染物含量低的环境。通常,真空沉积发生在 $133.322 \times 10^{-5} \sim 133.322 \times 10^{-9}$ Pa 的气压范围内,具体取决于沉积系统中可以容忍的气态污染物含量。与其他气化方法相比,热气化的速率非常高。从蒸发源中蒸发的材料与材料的相对蒸气压成比例。热蒸发通常使用加热来完成靶材的蒸发,例如钨丝线圈或通过高能电子束加热靶材本身。通常,将基板安装在相距一定距离的位置,来自蒸发源的气体可以减少蒸发源对基板的辐射加热。

2. 溅射沉积

溅射沉积是通过物理溅射工艺从靶材表面蒸发出颗粒的沉积过程。物理溅射是一种非热气化的过程,通常采用经过等离子体加速的高能气态离子轰击靶材表面,使得表面原子通过动量传递从固体表面喷出。与真空沉积相比,溅射沉积中靶材到基底的距离相对较短。溅射沉积可以在真空中对溅射靶表面采用高能离子枪或低压等离子体(小于0.666 7 Pa)进行轰击,其中溅射的粒子在靶和衬底之间的空间中几乎没有与气相碰撞。溅射也可以在较高的等离子压力(0.666 7 ~ 4 Pa)下进行,期间高能粒子在喷射或反射到溅射靶材之前即被气相所"加热"。溅射中使用的等离子体可以被限制在溅射表面附近,或者可能会填满靶材和基底之间的区域。溅射源可以是元素、合金、混合物或化合物,靶材的大部分成分将被气化。溅射靶材能够提供一个长寿命蒸发源并且可以安装在任何方向上以供蒸发使用。诸如氮化钛(TiN)和氮化锆(ZrN)等复合材料通常是利用等离子体采用反应性溅射沉积来制备。等离子体的存在能够"激活"反应性气体(等离子体激活),使其更具化学反应性。

3. 电弧气相沉积

电弧气相沉积使用高电流、低电压的电弧使阴极气化或阳极气化(阴极电弧或阳极电弧)并将气化材料沉积在基板上。气化后的材料会高度电离,因此通常会对基材施加偏压从而将离子加速到基材表面。

9.5.2 物理气相沉积的优缺点

1. 优点

PVD 工艺中的真空环境可将沉积系统中气体/蒸汽的污染物减少到最低限度。因此,PVD 方法可以生产超纯的薄膜或粉末。在纳米级粉末的制造过程中,粉末可以在超高清洁度中收集并原位压实成块状材料。

PVD 是一种原子沉积方法,可以通过仔细监控加工条件来提供良好的结构控制。同时,沉积的材料本质上已经是纳米晶体,不需要任何进一步的研磨来减少颗粒或热处理而烧结出前驱体复合物。

2. 缺点

沉积过程需要在低蒸气压范围内运行。因此,真空系统的使用增加了沉积设备的复杂性和生产成本。

除激光烧蚀方法外,多组分材料的合成非常困难。这是因为不同的元素有不同的蒸发温度或溅射速率。许多复合材料会在热气化过程中部分解离从而产生非化学计量沉积物。然而,这些非化学计量材料则十分有利于与缺陷相关的应用(例如,用于传感器、燃料电池、陶瓷膜反应器和氧化催化剂等)。

PVD 是一种视线沉积工艺,会导致难以在复杂形状的部件上生产纳米晶薄膜,而且表面覆盖质量较差。

9.5.3 物理气相沉积的应用

PVD 最早可以追溯到 19 世纪 50 年代。到 20 世纪 50 年代,PVD 技术已经广泛用于电信、微电子电路和光学涂层领域的电阻器和电容器的薄膜沉积。如今,PVD 技术的发展得到了更为深刻的发展,包括各种金属、化合物薄膜的沉积,广泛应用于光学元件(例如,减反射涂层)、电子产品(例如,金属触点)、力学(例如,工具上的硬涂层)以及防护涂层(例如,腐蚀、氧化等)。同样,在纳米材料制备领域,PVD 工艺也具有独特的应用。

2005 年,Wang 等人报道了利用简单的 PVD 方法合成在 c 取向的 ZnO 薄膜(c-ZnO)上排列良好的 ZnO 纳米线。这种薄膜被用作控制 ZnO 纳米线生长方向的基底;此外,这种方法不会出现额外的催化剂或添加剂。在这篇报道中,研究者使用锌粉(直径为 74 mm,纯度为 99.99%)作为原材料,整个试验在水平管式炉中进行。将约 1.00 g 锌粉撒在氧化铝舟中然后将其放在炉管的中央。一层 c 取向的 ZnO 薄膜层放置在管中心下游约 8 cm 处。这种 c-ZnO 是使用脉冲激光沉积在蓝宝石(Al_2O_3)衬底上制备的薄膜。在沉积期间,KrF 准分子激光($\lambda = 248$ nm,$\tau = 20$ ns)的重复频率为 4 Hz,靶材 Zn 与基板之间的距离为 5 cm。沉积过程在 O_2 的气氛中,温度为 450 ℃ 下进行 30 min,压力为 26.664 Pa。载气采用单侧 Ar 气,气体流量为 200 mL/(min·cm^3)。管中心的温度以 25 ℃/min 的恒定速率从室温升高到反应温度(约 750 ℃),然后保温 90 min。制备得到的薄膜厚约 400 nm,XRD 测量表明它们有很好的 c 取向。在制备过程中,锌粉被加热、蒸发,然后沿 Ar 气流运输,最后在下游基底沉积形成最终产物。

2019 年,Liu 等人使用改进的快速合成物理气相沉积(rPVD)方法成功合成了均匀的细长六角形 GeSe 纳米片。制备的纳米片厚度低至 15.0 nm,可以认为是到目前为止遵循"自下而上"的策略制备的最薄的 GeSe 纳米片。此外,研究者也研究了制备的产物对偏振光的响应。研究发现,在光的照射下极化方向不同时,副产物显示出独特的拉曼响应,表现出 4 倍对称。同样,由于这种各向异性的电子-声子相互作用,细长六角形的光电导 GeSe 纳米板显示出偏振光敏感响应。这项研究在更深层次提供独特的感知,去了解各向异性产生的影响,层状二维纳米结构对于进一步在偏振相关光电探测器中的应用和发展具有重要意义。

9.6 化学气相沉积方法

CVD 是通过气相中的活性分子被输送到基底表面并在该表面上发生化学反应并形成固体薄膜。CVD 与其他涂层技术相比的优势在于完成了干净的沉积,避免了溶剂的使用。同时,该方法实现了大面积区域的涂覆,适合大规模生产,并且可以实现高沉积速率。此外,CVD 可以极大地控制薄膜的纯度、厚度和均匀性。该技术可用于沉积所有类型的材料,包括金属、半导体、绝缘体、合金等,也能够用于多种应用,例如耐磨涂层、耐腐蚀/抗氧化涂层、微电子电路和包装层、光学涂料等。

通常,CVD 过程中发生的主要步骤总结如下(以薄膜沉积为例):

(1)活性气态物质产生。

(2)气态物质被输送到反应室中。

(3)气态前体发生气相反应,形成中间体相。

①在反应器内部高温下,发生均相气相反应从而使中间相经历分解和化学反应,形成粉末和挥发性副产物。收集在基底表面上的粉末,或者用作下一步的形核中心,副产物被运离沉积室。

②在低于中间相解离的温度下,该中间物相会扩散穿过紧靠中间层的边界层。

(4)中间物相被吸收到加热的基底上,并且在气固界面发生异质反应,从而产生沉积物和副产物。

(5)沉积物沿加热的基材表面扩散,为随后薄膜的生长提供结晶中心。

(6)气态副产物从边界层扩散。

(7)未反应的气态前体和副产物被运离沉积室。

为了沉积薄膜和涂层,适当调整工艺条件能够促进异质反应。另外,均相气相反应更有助于粉末的生产。CVD 的主要工艺参数包括沉积温度、压力、输入气体比率和气体流速。沉积温度是最主要的参数。温度对沉积速率的影响可以用 Arrhenius 图进行说明。沉积速率是随着沉积温度的增加而增加的。较高的表面温度会增加热活化反应,这会导致更高的生长速率和表面原子迁移率及表面扩散。沉积速率在化学动力学受限区域迅速增加。在高沉积温度下,沉积速率对沉积温度的依赖较小,而更多地取决于通过边界层扩散到沉积表面的活性气态物质的扩散速率。通过降低沉积压力,可以提高物质传输区域的沉积速率,这是因为在减压的条件下扩散到基材表面的气相分子得到了供给。

CVD 是一种比 PVD 更复杂的方法。它涉及物质传输、热传递和非平衡条件下的化学反应。目前,研究者已经采用了建模来分析沉积性能(例如沉积速率、均匀性和薄膜组成)与反应器的几何形状和工艺条件(温度、压力、反应物浓度和气体流量)。但是,对于反应过程的建模或仿真主要基于热力学数据库、热化学平衡模型和物质传输现象模型,即假设 CVD 系统处于平衡状态。但是,事实情况并非如此,特别是开放式 CVD 系统中的沉积进程并不平衡。因此,建模的结果只能为选择适当的工艺条件提供一个指导性的意见,并且需要通过执行大量的试验进行优化以达到合适的生长参数,这一点与 PVD 过程十分不同。

9.6.1 化学气相沉积的种类

CVD 工艺有以下几种类型,包括热激活化学气相沉积、光辅助化学气相沉积、金属-有机化学气相沉积、原子层外延生长和等离子辅助/增强化学气相沉积等。

1. 热激活化学气相沉积

热激活化学气相沉积可以使用电阻加热、红外辐射或射频加热作为热源。该工艺使用如卤化物无机物前驱体。热活化化学气相沉积可根据发生沉积的压力范围而进一步细分。如果沉积分别在大气压或低压(13.332 2 ~ 1 333.22 Pa)下发生,则沉积过程称为常压化学气相沉积(APCVD)和低压化学气相沉积(LPCVD)。两种沉积过程的情况基本相同。然而,在 LPCVD 过程中,气态反应物的传质速率会高于表面反应速率。在 APCVD 过程中,这两个速率具有相同的数量级。超高真空化学气相沉积(UHVCVD,小于 0.133 322 Pa)已被开发用于外延生长 Si 和 SiGe 合金等半导体材料。

2. 光辅助化学气相沉积

光辅助化学气相沉积(PCVD)是化学气相沉积工艺的一种变体,其依靠吸收基底表面的激光辐射来提高温度,导致气相前驱体的热分解/化学反应以形成目标产物。不采用常规热源加热,而是在沉积室的一个窗口通过合适的透射光进入沉积室激发波长。PCVD 工艺可以在常压或低压中进行。PCVD 有各种各样的光源,例如作为弧光灯、CO_2 激光器、Nd:YAG 激光器、准分子激光器和氩离子激光器等。

与热激活 CVD 方法相比,PCVD 方法能够实现在一个较低的温度下进行,并且能够用于精确选择区域的沉积。选定区域的沉积可以使用脉冲激光扫描或投影成像来实现局部加热并促进沉积反应。激光可以选择在基材中具有高吸收性的波长。激发能通常很低(小于 5 eV),这有利于避免沉积期间的膜损坏。选区沉积可以使用激光束局部加热来实现,并且激光能够促进薄膜沉积。该方法对于大面积沉积而言可能太过昂贵。但是,它能够更好地控制薄膜的性能和沉积的局部性,这是其他 CVD 方法无法比拟的。一系列高质量的硅化合物的半导体薄膜材料都能够采用这种方法制备。当前,该方法也已经用于纳米晶体薄膜和粉末的制造。

3. 金属-有机化学气相沉积

化学气相沉积也可以根据所用前驱物的类型进行分类。例如,金属有机前驱物的使用促进了金属-有机辅助化学气相沉积(MOCVD)的发展。金属有机化合物包含与有机基团键合的金属原子。但是,当化合物中存在金属与碳直接键合时,该种化合物则被称为有机金属间化合物。因此,该种化学气相沉积的过程则被重新命名为有机金属间化合物化学气相沉积(OMCVD)。与卤化物、氢化物和卤化氢相比,金属有机物的前驱体价格往往非常昂贵,并且对于某些涂料体系而言,它们在商业上的应用并不是很广泛。因此,它们常为某些专业应用而合成。此外,大多数金属有机物都是挥发性液体,因此需要精确的压力控制。

MOCVD 是使用金属有机气体或液体作为前驱体的化学气相沉积工艺,特别是用于具有特定的原子排列规则Ⅲ-Ⅴ以及Ⅱ-Ⅵ和Ⅳ-Ⅵ半导体材料的外延生长,类似于在其上的固体"基底"沉积一点厚度薄膜。因此,这种 CVD 工艺也称为有机金属气相外延(OMVPE)或金属有机气相外延 VPE(MOVPE)。此外,MOCVD 也已用于生长金属膜、介电膜和超导氧化物薄膜。

MOCVD 或 OMCVD 方法可以在大气压($1.013\ 25 \times 10^5$ Pa)条件下使用,也可以在低压(2.667×10^3 Pa ~ 2.667×10^4 Pa)的条件下使用。热解和沉积过程的热环境可以使用电阻加热或射频加热来提供。沉积期间使用的常见载气和生长环境是由氢气气氛所提供。

4. 原子层外延生长

原子层外延(ALE)是化学气相沉积工艺的一种变体,它涉及用于外延薄膜受控生长情况下的表面沉积,以及在固体基底表面上制造量身定制的分子结构。单原子层可通过有序饱和表面反应依次生长,这是 ALE 的一个特征。因此,仅需计算该过程中反应序列的数量即可得到所需的涂层厚度。反应顺序中单层原子层的表面重建会影响饱和机理和获得饱和度的密度。

ALE 工艺可以在大气压条件下进行,或在 CVD 中使用惰性气体进行,也可以在 MBE 的真空系统中进行,其可以视为一种特殊类型的 CVD 或 MBE 工艺。真空条件的使用能够使多种原位表面分析方法并入到 ALE 设备中,以进行生长机理和沉积的表面结构的原位分析。

5. 等离子体辅助/增强化学气相沉积

常规化学气相沉积和光辅助化学气相沉积分别使用热能和光作为化学反应的激活源,而等离子辅助/增强化学气相沉积(PACVD/PECVD)使用等离子体作为激活源,因此也被称为辉光放电化学气相沉积。这是因为通过在足够高的电压下对减压(小于 1.333×10^3 Pa)气体供电,此时气体会发生分解,产生由电子、离子和电子激发物质组成的辉光放电等离子体。等离子体将在较低温度下使反应气体电离分解。因此,这种方法与热激活 CVD(500 ~ 1 200 ℃)相比能够在较低的温度下进行。然而,等离子体只能在低压下产生。因此,等离子体辅助化学气相沉积需要使用高真空系统和更复杂的反应器,这比热激活 CVD 系统更为昂贵。

两种常用的 PACVD 模式是直接模式和远程模式。直接 PACVD 方法,使用诸如射频二极管、微波和感应耦合等离子体等的反应器,激活气态前驱体、惰性载气等。其中,基底直接置于等离子体源区域中。远程 PACVD 方法在远离沉积区的位置产生等离子体。这可以避免由高能离子和等离子体中的电子引起的薄膜损坏。

与其他薄膜沉积方法(包括溅射和蒸发)相比,PACVD 的主要优势在于,沉积可以在相对较低的温度下大范围完成。可以用离子轰击代替沉积温度以获得所需密度的薄膜。这种低温沉积对制备温度敏感的材料极其重要。目前,PACVD 的商业应用已从半导体、介电和金属薄膜扩展到新的应用,包括金刚石沉积、扩散阻挡层,光学滤光片、聚合物上的耐磨涂层、粉末涂料、纤维涂料和生物材料。

9.6.2 化学气相沉积的优缺点

1. 优点

尽管 CVD 是一个复杂的系统，但它仍具有明显的优势。例如，CVD 方法具有很强的能力获得高密度和高纯度的材料。具有很强再现性和附着力的均匀薄膜可以在一个相当高的沉积速率下产生。CVD 是一个非视线过程，因此，可以完成复杂形状部件表面均匀薄膜的制备。这种独特的功能胜过 PVD 工艺。CVD 工艺也有很好的均匀镀覆能力，可以沉积具有良好保形性的薄膜。超细粉末也可以使用 CVD 工艺生产。

2. 缺点

CVD 法具有包括化学和安全隐患在内的一些缺点。这主要是由具有毒性、腐蚀性和易燃易爆性气体引起。另外，由于不同的前驱体具有不同的蒸发速率，实现化学计量良好的多组分材料沉积也相对困难。

9.6.3 化学气相沉积的应用

CVD 的独特优势超过了其局限性。一般来讲，CVD 是一种多功能沉积技术，它已成为沉积大规模应用的薄膜和涂料的主要处理方法之一。此外，CVD 工艺因在制备多功能性材料方面极具变化性而闻名。

具体的实际应用可以归为以下几类：

(1)微电子工业使用化学气相沉积来生长外延层(气相外延 VPE)并用作电介质、导体的薄膜、钝化层、扩散阻挡层、氧化阻挡层等。用于 VLSI 中金属化的难熔金属和硅化物的选择性沉积则是一个新兴的领域。

(2)用于微波设备和太阳能电池的 GaAs/(Ga,Al)As 和 InP/(In,Ga)As 等半导体激光器。

(3)电信用光纤。光纤是通过在熔石英管内部进行涂层而制成的硅、锗、硼等氧化物以制造正确的折射率分布。沉积后，将熔融石英管塌陷至杆，然后被拉伸成纤维。

(4)利用选择性吸收剂和薄膜实现太阳能转化的硅和砷化镓电池，以及染料敏化太阳能电池。

(5)用于先进电子、生物和化学设备及探测器的碳纳米管。

(6)具有广泛工业应用的耐磨涂料。硬质合金刀具上的 TiC、TiN 和 Al_2O_3 涂层，钢外侧的 TiC 涂层等。

其中最具代表性的应用，当属采用化学气相沉积制备 SWNT。通常来讲，SWNT 合成的生长过程涉及一系列步骤：①将催化剂材料加热至高温，通常在700~1 000 ℃。催化剂通常是由支撑在多孔或扁平载体上的过渡金属纳米颗粒组成，也可以是在载流气相中形成并漂浮的金属纳米粒子；②将含碳源的前驱气体通进炉内；③前驱体气相在催化剂纳米颗粒表面上的扩散与热解以及在金属纳米颗粒上碳原子的分布；④金属纳米颗粒表面的碳原子饱和促进碳纳米管的形核和生长。试验条件的控制对于生产高质量单壁管至关重要。

用于 SWNT 本体合成的典型 CVD 试验装置通常由具有温度和流量控制的管式炉组成。含碳源的进气经过催化剂材料在高温下加热。催化剂类型、反应气类型、温度、气体流量和压强是定义试验条件的主要参数。根据过程中使用的催化剂类型,SWNT 的批量 CVD 合成方法主要可以分为两种:浮动型催化剂和负载型催化剂。对于负载型催化剂 CVD,催化剂通常是分散在多孔基底材料上的过渡族金属氧化物,可以采用溶液浸渍法、溶胶-凝胶法和固态方法制备。浮动型催化剂是由挥发物在气相中形成的将有机金属催化剂前体引入炉中。有机金属物种在高温下分解形成金属簇,在其上形成单壁管成核并成长。该方法更适合大规模合成,因为反应可以连续进行。反应气主要包括碳氢化合物、一氧化碳、乙醇蒸气等。通常,CVD 合成的温度范围是 700 ~ 1 200 ℃。SWNT 合成在低温时的开启是由其生长的热力学控制的,而高温下的结束是由于非晶碳和纳米晶碳的竞争沉积。

除了碳纳米管之外,CVD 方法还可以用于制备石墨烯薄膜。首先将厚度为 0.3 mm 的超薄泡沫铜(孔隙率 98% ,50 PPI)依次浸泡在三氯化铁和 PMMA 中,以实现表面催化剂的制备。然后,将其放入 5.08 cm 石英管中,再将其装载到水平管式炉内,再通入氢气/氩气(H_2/Ar,17% H_2,90 mL/(min · cm^3))中并将炉温提高到 960 ℃。当温度达到 960 ℃后,继续保持 H_2/Ar 气氛 10 min 以除去铜表面上存在的氧化铜。然后在环境压力下将 CH_4(10 sccm)通入反应管来开启石墨烯的生长,生长时间是 10 min。生长完成后,将系统以每分钟 18 ℃的冷却速率冷却至室温,以确保 H_2/Ar 环境下的快速冷却。通过这种方式,成功在泡沫铜表面获得了石墨烯薄膜。拉曼结果显示,制备的样品具有明显的石墨特征峰,D 峰、G 峰和 2D 峰的存在表明了 sp2 杂化碳原子的存在;其中,D 峰与 G 峰的比值为 0.12,说明制备的石墨类碳具有高度的结构完整性;2D 峰与 G 峰的比值为 1.06,说明制备的石墨类碳的层数比较少。结合高分辨透射电子显微镜表征,制备的石墨类碳为 2 ~ 5 个原子层,层间距约为 0.34 μm。这些测试结果说明泡沫铜表层制备的产物为石墨烯。

另一种 CVD 方法的经典用途是二维材料的制备,以二维金属硫族化物等为代表。二维过渡金属硫族化物(TMDC)由于其独特的特性而受到了广泛关注,例如当变薄到单原子层时从间接带隙过渡到直接带隙,以及能够实现光致发光。另外,作为具有相当大迁移率的半导体,它也被誉为下一代电子产品的候选者。然而,限制这些材料广泛应用的瓶颈是其生产的成本和产量。因此,必须寻找一种有效的方法使得二维过渡族金属硫族化物既可以提高产量,又可以保持足够的质量。目前已经开发出各种方法来生成二维 TMDC。它们通常可以分为自上而下和自下而上的制备路线。自上而下的方法使用多层二维 TMDC 材料作为初始产品来制备少层二维材料。不同于上一种方法,自下而上的技术直接在基底上制备原子层级别的二维材料,源材料可以预先沉积在目标基板上然后转换为二维 TMDC。它们也可以通过惰性气体流动携带从原材料到目标衬底,而后在适当的条件下生长。目前,CVD 是在基质上制备高纯度纳米片或薄膜使用最为广泛的自下而上的合成策略,这种方法能够实现高质量二维过渡族金属硫族化物的大规模制备。通过这种方式,反应性前体在高温、高真空的条件下于基质表面上分解并形成大型超薄薄片。所得纳米片具有尺寸大、结晶质量好和厚度可调等优点。迄今为止,化学气相沉积方法已成功地用于制备各种纳米片,包括石墨烯、过渡族金属硫化物、h-BN 和金属氧化物。一些研究表明 CVD 工艺是生产超薄二维纳米材料的一种有前途的方法,但是目前仍存在一些缺点。首先,需要一种所需的基底来支持二维纳米材料的生长,以避免转移过程的复杂。另外,高温、高真空的条件也使得 CVD 方法略显复杂且效率低。

在化学气相沉积期间,源材料在反应室中加热并蒸发,随着惰性载气带到基底上与目标化学前体之间发生反应。对于二维 TMDC 固体粉末的生长,以硫化物为例,MO_3($M=Mo$ 或 W)粉末通常用作过渡金属的前驱体,而硫粉或硫化氢气体用作硫源。管式炉被加热,导致粉末源蒸发并由载气携带到基底上,进而发生反应以形成二维 TMDC。然而,在这种粉末源 CVD 生长过程中,前驱体在到达目标基底之前的反应是不可避免的,对控制二维 TMDC 在大面积上生长的均匀性提出了挑战。但是,与 TVS 方法相比,直接 CVD 生长能够产生更大的具有更高晶体品质的单晶二维薄片。使用 CVD 方法制备二维 TMDC 包括四个步骤:①将化学源蒸发到载流气体中;②前驱体物质与硫在载流气体中反应制备 $MO_{2-x}S_x$($0 \leqslant x \leqslant 1$);③$MO_{2-x}S_x$($0 \leqslant x \leqslant 1$)从载流气体扩散到目标基底;④$MO_{2-x}S_x$($0 \leqslant x \leqslant 1$)在基底表面的迁移和反应,来开启二维 TMDC 薄膜的形核和生长。最终,不同化学种类的浓度及其比例、载流气体的流量、生长温度和源-基片的配置是控制二维 TMDC 生长质量和均匀性的关键参数。这些因素的控制和优化是影响形核密度和二维 TMDCs 材料尺寸的重中之重。

为了解决常规 CVD 方法无法实现的一些问题,研究者采用了多种手段对 CVD 方法实施改进。近年来,根据生长过程中挥发性钨卤氧化物的形成,盐辅助(NaCl、KCl、KI 和 KBr)CVD 方法被用来在较低温度下制备单层 WS_2 和 WSe_2。从此以后,盐辅助策略被广泛应用于二维 CVD 的生长材料。亚稳态 $1T'$-MoS_2、$1T'$-$MoTe_2$、$1T'/2H$ $MoTe_2$ 多晶型物、单层 MoS_2 纳米带、镧系元素离子嵌入的 MoS_2、超导体 $NbSe_2$、非层状 Ge 薄片、NbS_2-WS_2 异质结构和其他材料都是使用盐作为促进剂辅助 CVD 方法成功合成的。根据盐在 CVD 工艺系统中的放置位置,引入盐的方法可以分为四种:①将盐与前体混合;②将盐放在前体附近;③盐直接用作前驱体之一;④用盐作为基底。在大多数情况下,方法①使前体更容易蒸发。如果使用气态金属前驱体,则将盐分开放在管中以方法②制备气态盐催化剂。方法③通常用于获得亚稳态材料,例如 $1T'$-MoS_2 的生长。为了通过气液固(VLS)机理生长纳米带,可以用方法④来放置盐。由于盐的位置和状态(固体或溶液)不同,所以相同的盐可能也会有不同的效果。以最为常用 NaCl 为例,当固体 NaCl 和前驱体混合在一起时,在高温下发生反应形成熔融态,盐的主要作用是降低前驱体的熔点。当 NaCl 和前驱体形成水溶液时,目的则不是降低熔点,而是作为生长促进剂获得活性中间产物并生长 $1T'$ $MoTe_2$ 和 $1T'$ WTe_2。当使用 NaCl 单晶作为基底时,可以与 MoO_3 形成 Na-Mo-O 液滴,并且可以通过 VLS 机制生长 MoS_2 纳米带。根据一些参考文献的观点,在 CVD 生长期间盐的这些影响可归纳为五类:①降低金属前体的熔点并增加其蒸气压;②促进中间产品的形成;③降低活化能;④提高总反应速率;⑤引起界面失真。

等离子体辅助化学气相沉积也是一种常用的化学气相沉积手段。Jeon 等人报告了一种新的 CVD 合成方法,通过采用氧等离子体处理在 SiO_2 基底上实现层数可控、大面积高质量 MoS_2 薄膜的制备。制备的 MoS_2 薄膜其可扩展性、均匀性和结晶质量通过光学显微镜(OM)、AFM、拉曼光谱、UV-Vis 吸收、光致发光(PL)测量和 TEM 等手段进行测试。另外,将不同层数的 MoS_2 薄膜组装成晶体管,其在$10^6 \sim 10^7$ 的范围内显示出高开/关比,迁移率分别为 3.6 $cm^2/(V \cdot s)$(单层)、8.2 $cm^2/(V \cdot s)$(双层)和15.6 $cm^2/(V \cdot s)$(三层)。这一试验结果表明,大面积高质量 MoS_2 薄膜的层控制备是对于多种设备和基础物理应用而言至关重要的,可以通过修改基底表面的化学性质来实现。

9.7 其他制备方法

9.7.1 溶胶-凝胶法

溶胶-凝胶法广义上是指室温条件下的"溶液路线",主要用于制备氧化物材料。该方法涉及一些金属醇盐前驱体的水解和聚合,诸如二氧化硅、二氧化钛、氧化锆以及其他氧化物等。前驱体溶液会反应形成不可逆的凝胶,该凝胶进而干缩成硬质氧化物形式。溶胶-凝胶过程的概念实际上类似于"纳米结构"的加工。首先,该过程始于纳米级别分子的单元并且经历纳米级。由于这些尺寸的"分子"容易被光散射,因此溶胶-凝胶过程的规模或进展可以通过光散射(LS)技术进行探测。显然,一些更敏感的技术,例如小角中子散射技术,也可以实现该目的。溶胶-凝胶法的概念是化学反应的结合将反应物的均质溶液转变为无限分子量氧化物聚合物。该聚合物单元是三维结构骨架,被内部相互连接的孔所包围。从理想的角度来看,该聚合物单元是纳米域上各向同性的、均质的,并且显然是均匀的。此外,它可以精确复制其模具,所有特征的小型化可能没有失真。凝胶中包含孔,并且纳米相孔隙度和纳米结构在科学和技术上均很重要。

1.醇盐前驱体

最初,溶胶-凝胶工艺使用均质溶液作为前驱体。醇盐是二氧化硅、氧化铝、氧化锆、二氧化钛等有机金属的前驱体。最常见的系统之一是正硅酸乙酯(TEOS)、乙醇和水。该溶液可以反应到一定程度,其中分子结构不再可以反转。该特定点可以被视为临界点,称为 Sol-Gel 转变点。在整个结构中,凝胶是一种弹性固体,其填充量与溶液相同。

溶胶-凝胶法中最为常见的一些金属醇盐包括正硅酸乙酯、硼酸三甲酯、仲丁醇铝、钛酸异丙酯和锆酸异丙酯。

2.溶液中的化学反应

溶胶凝胶过程中的溶液化学反应可以根据溶液种类的不同分为非水系过程和水系过程。化学反应的速率主要取决于以下几个因素:pH、浓度和溶液。在使用仲丁醇铝制备氧化铝粉的过程中,会发生以下反应:

$$Al(OC_4H_9)_3 + H_2O \longrightarrow Al(OC_4H_9)_2(OH) + C_4H_9OH \tag{9.2}$$

$$2Al(OC_4H_9)_2(OH) \longrightarrow 2AlO(OH) + yC_4H_9OH \tag{9.3}$$

$$2Al(OC_4H_9)_2(OH) + 2H_2O \longrightarrow Al(OH)_3 + 2C_4H_9OH \tag{9.4}$$

$$AlOOH/Al(OH)_3 \longrightarrow Al_2O_3 + 2H_2O \tag{9.5}$$

通常,使用催化剂来开始反应并控制溶液的 pH。发生的系列反应如下:① 第一个反应是水解以使溶液具有活性;②反应(9.2)之后是缩聚;③这些反应伴随着进一步的水解。

这些反应会增加氧化物聚合物的分子量,从而产生羟基氧化铝 AlOOH(勃姆石)或氢氧化铝 Al(OH)$_3$(拜耳石)。当使用仲丁醇铝制造透明活性氧化铝凝胶,有一种经过充分研究的成分可以达到所需的性能,其中涉及在初始阶段添加少量的水。水解过程需要在稍高于 800 ℃下进行是为了优先促进勃姆石而不是拜耳石的形成。大多数过渡金属氧化物可以通过非水溶胶-凝胶法制备。由于这些过渡金属氧化物可以有效地应用于某些光学设备,这种技术具有特殊的重要性,也具有多种应用。

溶胶-凝胶法还涉及使用水性溶胶。这种溶胶包含纳米级的颗粒,因此很自然地包含诸如前驱体材料之类的溶胶,因此溶胶-凝胶转变的机制是完全不同的。溶胶颗粒的聚集或附聚通常是由改变 pH 或溶胶中的浓度引起的。溶胶以氧化物骨架结构的方式形成溶胶颗粒的连续连接,从而凝胶化。但是,有一些独立的特征构成了这种骨架结构,它与溶胶尺寸相对应。另一种特征则显然是"次级粒子"中的孔洞。在非水醇盐前驱体和水溶胶前驱体之间化学和结构方面存在一定区别,但通常在溶胶-凝胶法的后期会逐渐模糊。

9.7.2 水热合成法

水热合成法起源在于地质科学,其发展的历史已经超过 100 年,起源于矿物的合成和从矿物质中提取元素。"水热"的概念是 19 世纪中叶英国地质学家罗德里克·麦奇生(Sir Roderick Murchison,1792—1871)首先提出的,其描述了由冷却热溶液形成的矿物岩浆产生的矿物。自此,水热合成成为无机合成中很重要的分支,科学家们进行了广泛的研究以研究新材料的合成、发展新的水热方法以及对反应机理的理解。沸石和石英产业进一步促进基础研究水热的发展,越来越多的科学家意识到发展水热和溶剂热反应的重要性,在此基础上建立有效的合成方法。因此,水热热反应的研究是合成新型材料的第一步。

水热合成是指在高于水沸点的条件下通过溶液中的化学反应进行合成,而溶剂热合成是在较高温度下利用非水性溶剂代替水性溶剂介质的合成过程。现如今的化学家通常认为水热合成或溶剂热合成是在适当的温度(100 ~ 1 000 ℃)和压力(1 ~ 100 MPa)下密封并加热的水溶液或有机溶剂中进行的化学反应。通常,水热和溶剂热反应是亚临界或超临界条件下溶液在特殊密封的容器或高压下进行的。水热与溶剂热合成的研究主要集中在反应物的反应性,合成反应的规律性和条件,与产物结构和性质之间的关系。此外,如果合成过程中涉及结晶过程,需要考虑反应和结晶生长的匹配程度。

水热合成是利用溶液中的单相或非均相在高温($T>25$ ℃)和高压($p>100$ kPa)下反应直接制备结晶陶瓷相材料。合成通常在自生压力下进行,由特定温度下溶液上方出现的饱和蒸气压和水热溶液产生。但是,在单晶水热生长的情况下,压力调节是由控制溶解度和生长速率来实现,通常是通过增加容器中的溶液填充量。水热合成中使用的反应物通常称为前驱体,通常以溶液、凝胶和悬浮液的形式存在。矿化剂可以是无机或有机添加剂,通常用于控制 pH,但浓度过高时也可促进溶解度。其他有机或无机的添加剂,都是用于促进颗粒分散或控制晶体形态学等其他功能。

水热化学的可操作性和可调性是其另一个特点,能够将所合成材料的化学和物理性质建立起联系。一些新的水热反应又逐渐被发现。与其他合成技术相比,水热合成法具有它们的优势,可以制备用于许多技术领域的多种材料和晶体。所得材料的物理化学性质具有其特异性和优越性。基于在高温蒸发而发生反应的水热化学,可以进行固态无法发生合成的独特反应,准备具有特殊价态的新材料状态、亚稳结构、凝聚和聚集态,制备亚稳相或低熔点、高蒸汽压和低热稳定性的材料,可生长出具有热力学平衡缺陷,形态粒径可控的完美单晶,并直接在合成物中进行离子掺杂反应。

水热反应的应用有以下几种:①通过多种反应物之间的化学反应合成粉末或单晶;②用作晶体材料的热处理以改善某些性能;③晶体材料的热力学或动力学稳定性驱动相变;④离子交换;⑤晶体生长。除此之外,水热反应还有脱水、分解、歧化、氧化还原、置换和水解等用途。

水热合成是制备纳米材料的最为常用的一种手段。水热合成成功地制备了重要的固体如沸石、开放骨架化合物、有机物无机杂化材料、金属有机框架(MOF)材料、超离子导体、化学传感器、导电固体、复合氧化物陶瓷和氟化物、磁性材料和发光磷光体。这也是制备独特冷凝材料的一个途径,包括纳米粒子、凝胶、薄膜、平衡缺陷固体、独特的螺旋和手性结构,以及特别是堆叠顺序的材料。

水热反应法可以合成具有各种形貌的纳米材料,包括纳米线、纳米球、纳米花、碳纳米管等,而种类上也有多种组成,如氢氧化物、氧化物、硫化物、磷化物、硒化物等。

Sun 等人采用水热合成法制备了 $Ni(OH)_2$ 纳米片,其具有高的比电容值,良好的倍率性能,这是由于其独特的二维纳米结构有利于增强离子扩散效率和电荷转移动力学。在这一工作中,通过简便的水热方法合成了少层 $Ni(OH)_2$ 纳米片,并用作超级电容器的电极在三电极装置和组装的非对称装置超级电容器体系中进行电化学测试。结果表明,由超薄 $Ni(OH)_2$ 纳米片组装成的超级电容器可提供高比电容、良好的倍率能力和循环稳定性。在 Huang 等人的工作中,他们开发了一种简便的水热法在泡沫镍上大规模合成 MnO_2 纳米片阵列。在这里,MnO_2 纳米片的沉积没有需要任何表面活性剂或电化学沉积,因为 MnO_2 可以通过 $KMnO_4$ 在水热反应中的自分解而产生。得益于良好的介孔结构以及无黏结剂的合理设计,泡沫 Ni 电极上的 MnO_2 纳米片阵列具有更高的电容(595.2 F/g,0.5 A/g)和出色的循环能力(3 000 次循环后保持89%)。此外,由 MnO_2 纳米片阵列作为正极和活化的微波剥落氧化石墨(MEGO)作为负极组装而成的非对称超级电容器其能量密度为25.8 (W·h)/kg,最大功率密度为223.2 kW/kg。硫化物的水热合成可以分为两步法合成和一步法合成。所谓两步法合成,是指先制备目标硫化物的前驱体,然后用水热法进行硫化,从而制备硫化物;而一步法是直接利用一步水热合成目标硫化物。例如,Wang 等人则采用一步水热法,利用硝酸镍、硝酸钴和硫脲作为反应物直接在泡沫镍表面制备垂直取向的 $NiCo_2S_4$ 纳米片。而使用水热法制备磷化物时,选择的磷源可以为次亚磷酸钠或者磷粉。2009 年,Li 等人采用白磷粉作为磷源,利用一步水热法制备 $Ni_{12}P_5$ 空心微球。此外,他们提出了 $Ni_{12}P_5$ 空心球的可能形成机理:将一定量的 PEG-10000 溶解在含反应物的水中后,形成球形胶束。然后,Ni^{2+} 由于与氧原子之间的静电相互作用,被吸附在胶束表面。在升高的温度下,白磷与水反应。新产生的 P^{3-} 与 Ni^{2+} 结合形成 $Ni_{12}P_5$ 纳米颗粒。最后,当表面活性剂被除去时,空心球则制备完成。

9.7.3 电化学沉积法

电化学沉积(电沉积)属于电化学合成方法的一种,是指在外电场作用下,电解质溶液中正负离子在电极上发生得失电子的氧化还原反应而合成纳米材料的技术。虽然都是在溶液中进行的氧化还原反应,但与化学镀的最大区别在于,电沉积法是在外电场作用下电解质溶液中正负离子在电极上发生氧化还原反应;而电镀则是化学镀液在工件的自催化作用下在工件表面直接形成镀层。

1. 电沉积的机理

电解池电路由阳极、阴极、参比电极、电解质和电源组成。由于金属离子和电子可以穿过电极与电解质的界面,因此在阴极和阳极分别发生还原和氧化。阴极是进行电沉积的导电基体。阳极可以是可溶的或惰性的。电解期间发生的各反应可以用以下的方程来表示:

$$M^{n+}+ne^- \longrightarrow M \tag{9.6}$$

$$M \longrightarrow M^{n+}+ne^- \tag{9.7}$$

$$H_2O \longrightarrow 2H^+ + \frac{1}{2}O_2 + 2e^- \tag{9.8}$$

其中,方程(9.6)为阴极反应,方程(9.7)为可溶阳极反应,方程(9.8)则为惰性阳极反应。

在简单的盐溶液中,金属离子以水合离子的形式存在于溶液中。水合时的金属离子表示为 $M(H_2O)_x$,其中 x 为一级水合离子中水分子的数量。在电场的作用下,离子的放电过程涉及的反应是水合离子向阴极表面的迁移,水分子在扩散层中的排列,亥姆霍兹层中水的去除、脱水分子放电,然后在阴极表面吸附离子成为"吸附原子",表面扩散,并在生长点将吸附原子掺入晶格。

与简单的盐溶液相比,在复杂电解质中进行的电沉积机理要复杂得多。在复杂电解质中,金属离子的释放必须先去除配体,类似于在简单的盐溶液中水合鞘的去除。与简单电解质相比,复杂电解质的电沉积具有很高的过电势盐溶液,可产生粒度更细的沉积物,由于改善了二次电流分布,因此具有更高的投射能力,并且由于金属沉积电位更接近,因此有利于金属的共沉积。

2. 电沉积的应用

在各种可用的方法中,电化学方法是一种合成广泛的纳米结构材料的公认技术。金属纳米颗粒、纳米线、纳米膜、块状纳米金属、层压复合材料和纳米颗粒增强的复合涂层等均可以采用这种方法制备。电沉积是制造纳米结构材料的重要技术,可控制结构、组成和性能,因此有助于制备具有其他技术无法获得的增强性能的新型材料。通过这种方法,金属、合金和纳米复合材料的 2D 和 3D 纳米结构已成功沉积。一维纳米结构微晶也可以通过电沉积方法,利用一种离子对另一种离子的沉积来制备。电沉积技术可以产生无孔的成品,不需要后续的固结处理。此外,该方法需要较低的初始资本投资并提供了几乎没有形状和尺寸限制的高生产率。

电沉积方法可以制备诸多种类的纳米材料,诸如氢氧化物、氧化物、磷化物、硒化物等。例如,在 Zhao 等人的工作中,其利用电化学沉积的方法分别在石墨烯纳米片(GNS)和无定形碳(APC)上制备纳米片状的 $Co(OH)_2$。此外,还探索了碳纳米材料(GNS 和 APC)对 $Co(OH)_2$ 的比电容和循环稳定性的影响。试验结果表明,与 APC 相比,GNS 对 α-$Co(OH)_2$ 形态的影响略有不同。尽管 $Co(OH)_2$ GNS 或 $Co(OH)_2$/APC 的与 $Co(OH)_2$/泡沫 Ni 相比均显示出更高的循环稳定性,$Co(OH)_2$/GNS 则表现出更高的值,在40 A/g的高电流密度下经过 2 000 次充放电循环后保持初始电容的 95.7% ,而 $Co(OH)_2$/APC 只能保留初始值的 83.8% 。但是,$Co(OH)_2$/APC 具有更高的比电容,在电流密度为 2 A/g 时的比电容值为 1 287.2 F/g,而 $Co(OH)_2$/GNS 的比电容值则为 692.0 F/g。2007 年,Li 等人通过从水溶液直接电化学沉积的方法,在孔阳极氧化铝薄膜上合成了半导体 ZnO 碳纳米管阵列。扫描电子显微镜和透射电子显微镜表明已经获得了大面积和高度有序的碳纳米管阵列。X 射线衍射和选择区域电子衍射分析表明,合成后的碳纳米管是多晶的。ZnO 碳纳米管阵列的光致发光光谱表明,紫峰和蓝峰居中分别在414 nm 和 464 nm 处。有序的多晶 ZnO 碳纳米管阵列可能在光电和传感器设备中找到潜在的应用。

参 考 文 献

[1] JIANG H J, MOON K-S, HUA F, et al. Synthesis and thermal and wetting properties of tin/silver alloy nanoparticles for low melting point lead-free solders[J]. Chemistry of Materials, 2007, 19(18): 4482-4485.

[2] GREER J R. Bridging the gap between computational and experimental length scales: a review on nanoscale plasticity[J]. Reviews on Advanced Materials Science, 2006, 13 (1): 59-70.

[3] ZHAO Y X, WANG M R, CAO J, et al. Brazing TC4 alloy to Si_3N_4 ceramic using nano-Si_3N_4 reinforced AgCu composite filler[J]. Materials & Design, 2015, 76: 40-46.

[4] 刘刚, 雍兴平, 卢柯. 金属材料表面纳米化的研究现状[J]. 中国表面工程, 2001, 3: 1-5.

[5] 温爱玲, 陈春焕, 郑德有, 等. 高能喷丸表面纳米化对工业纯钛组织性能的影响[J]. 表面技术, 2003, 32(3): 16-18.

[6] HALPERIN W P. Quantum size effects in metal particles[J]. Reviews of Modern Physics, 1986, 58(3): 533.

[7] GUO Y, ZHANG Y F, BAO X Y, et al. Superconductivity modulated by quantum size effects[J]. Science, 2004, 306(5703): 1915-1917.

[8] LI W H, YANG C, TSAO F, et al. Quantum size effects on the superconducting parameters of zero-dimensional Pb nanoparticles[J]. Physical Review B, 2003, 68 (18): 184507.

[9] KUROKAWA Y, YAMAD S, MIYAJIMAI S, et al. Effects of oxygen addition on electrical properties of silicon quantum dots/amorphous silicon carbide superlattice[J]. Current Applied Physics, 2010, 10(3): S435-S438.

[10] JIAN W B, FANG J Y, JI T H. Quantum-size-effect-enhanced dynamic magnetic interactions among doped spins in $Cd_{1-x}Mn_xSe$ nanocrystals[J]. Applied Physics Letters, 2003, 83(16): 3377-3379.

[11] 周茂, 黄章益, 齐建起, 等. 纳米陶瓷无压烧结研究进展[J]. 现代技术陶瓷, 2017, 38(6): 391-411.

[12] 司晓庆. 用于固体燃料电池的不锈钢与 YSZ 陶瓷空气反应连接机理[D]. 哈尔滨: 哈尔滨工业大学, 2019.

[13] 胡坤. 纳米 Ag/Cu 复合焊膏的低温烧结连接研究[D]. 武汉: 武汉工程大学, 2018.

[14] 肖翅, 田娜, 周志有, 等. 高指数晶面纳米催化剂的电化学制备及应用[J]. 电化

学, 2020, 26(1): 1-12.

[15] DRESSELHAUS M S, DRESEELHAUS G, EKLUND P C. Science of fullerenes and carbon nanotube[M]. San Diego: Elesvier, 1996.

[16] IIJIMA S, ICHIHASHI T. Single-shell carbon nanotubes of 1-nm diameter[J]. Nature, 1993, 363(6430): 603-605.

[17] BETHUNE D S, KIANG C H, DE VRIES M S, et al. Cobalt-catalysed growth of carbon nanotubes with single-atomic-layer walls[J]. Nature, 1993, 363(6430): 605-607.

[18] WAGNER R S, ELLIS W C. Vapor-liquid-solid mechanism of single crystal growth[J]. Applied Physics Letters, 1964, 4(5): 89-90.

[19] BOLTON K, DING F, ROSÉ A. Atomistic simulations of catalyzed carbon nanotube growth[J]. Journal of Nanoscience and Nanotechnology, 2006, 6(5): 1211-1224.

[20] GEOHEGAN D B, SCHITTENHELM H, FAN X, et al. Condensed phase growth of single-wall carbon nanotubes from laser annealed nanoparticulates[J]. Applied Physics Letters, 2001, 78(21): 3307-3309.

[21] NG H T, FOO M L, FANG A, et al. Soft-lithography-mediated chemical vapor deposition of architectured carbon nanotube networks on elastomeric polymer[J]. Langmuir, 2002, 18(1): 1-5.

[22] BAKER R T K, BARBER M A, HARRIS P S, et al. Nucleation and growth of carbon deposits from the nickel catalyzed decomposition of acetylene[J]. Journal of Catalysis, 1972, 26(1): 51-62.

[23] GEIM A K, NOVOSELOV K S. The rise of graphene[J]. Nature Materials, 2007, 6 (3): 183-191.

[24] WAN X, HUANG Y, CHEN Y. Focusing on energy and optoelectronic applications: a journey for graphene and graphene oxide at large scale[J]. Accounts of Chemical Research, 2012, 45(4): 598-607.

[25] STOLYAROVA E, RIM K T, RYU S, et al. High-resolution scanning tunneling microscopy imaging of mesoscopic graphene sheets on an insulating surface[J]. Proceedings of the National Academy of Sciences, 2007, 104(22): 9209-9212.

[26] RUFFIEUX P, WANG S, YANG B, et al. On-surface synthesis of graphene nanoribbons with zigzag edge topology[J]. Nature, 2016, 531(7595): 489.

[27] BAO C, YAO W, WANG E, et al. Stacking-dependent electronic structure of trilayer graphene resolved by nanospot angle-resolved photoemission spectroscopy[J]. Nano Letters, 2017, 17(3):1564-1568.

[28] KATSNELSON M I, NOVOSELOV K S, GEIM A K. Chiral tunnelling and the klein paradox in graphene[J]. Nature Physics, 2006, 2(9): 620.

[29] NOVOSELOV K S, MCCANN E, MOROZOV S V, et al. Unconventional quantum hall effect and berry's phase of 2π in bilayer graphene[J]. Nature Physics, 2006, 2 (3): 177.

[30] FANG W, HSU A L, SONG Y, et al. Asymmetric growth of bilayer graphene on copper enclosures using low-pressure chemical vapor deposition[J]. ACS Nano, 2014, 8(6): 6491-6499.

[31] KRISHNAN D, KIM F, LUO J, et al. Energetic graphene oxide: challenges and opportunities[J]. Nano Today, 2012, 7(2): 137-152.

[32] CAI J, RUFFIEUX P, JAAFAR R, et al. Atomically precise bottom-up fabrication of graphene nanoribbons[J]. Nature, 2010, 466(7305):470-473.

[33] WU Z S, REN W, GAO L, et al. Synthesis of graphene sheets with high electrical conductivity and good thermal stability by hydrogen arc discharge exfoliation[J]. ACS Nano, 2009, 3(2): 411-417.

[34] JIAO L, WANG X, DIANKOV G, et al. Facile synthesis of high-quality graphene nanoribbons[J]. Nature Nanotechnology, 2010, 5(5): 321.

[35] LOSURDO M, GIANGREGORIO M M, CAPEZZUTO P, et al. Graphene CVD growth on copper and nickel: role of hydrogen in kinetics and structure[J]. Physical Chemistry Chemical Physics, 2011, 13, 20836-43.

[36] SU C Y, LU A Y, WU C Y, et al. Direct formation of wafer scale graphene thin layers on insulating substrates by chemical vapor deposition[J]. Nano Letters, 2011, 11(9): 3612-3616.

[37] QI J L, WANG X, LIN J H, et al. Vertically oriented few-layer graphene-nanocup hybrid structured electrodes for high-performance supercapacitors[J]. Journal of Materials Chemistry A, 2015, 3(23): 12396-12403.

[38] MILLER J R, OUTLAW R A, HOLLOWAY B C. Graphene double-layer capacitor with ac line-filtering performance[J]. Science, 2010, 329(5999): 1637-1639.

[39] YOON Y, LEE K, KWON S, et al. Vertical alignments of graphene sheets spatially and densely piled for fast ion diffusion in compact supercapacitors[J]. Acs Nano, 2014, 8(5): 4580-4590.

[40] ZHAO J, SHAYGAN M, ECKERT J, et al. A growth mechanism for free-standing vertical graphene[J]. Nano Letters, 2014, 14(6): 3064-3071.

[41] ZHANG Y, ZOU Q, HSU H S, et al. Morphology effect of vertical graphene on the high performance of supercapacitor electrode[J]. ACS Applied Materials & Interfaces, 2016, 8(11): 7363-7369.

[42] XIE D, XIA X, ZHONG Y, et al. Exploring advanced sandwiched arrays by vertical graphene and n-doped carbon for enhanced sodium storage[J]. Advanced Energy Materials, 2017, 7(3): 1601804.

[43] BAE S K, KIM H K, LEE Y B, et al. Roll-to-roll production of 30-inch graphene films for transparent electrodes[J]. Nature Nanotechnology, 2010, 5(8): 574-578.

[44] YANG X, CHENG C, WANG Y, et al. Liquid-mediated dense integration of graphene materials for compact capacitive energy storage[J]. Science, 2013, 341(6145):

534-537.

［45］YUE Y, LIU N, MA Y, et al. Highly self-healable 3D microsupercapacitor with mxene-graphene composite aerogel［J］. ACS Nano, 2018, 12(5): 4224-4232.

［46］HU G, XU C, SUN Z, et al. 3D graphene-foam-reduced-graphene-oxide hybrid nested hierarchical networks for high-performance Li-S batteries［J］. Advanced Materials, 2016, 28(8): 1603-1609.

［47］LEI T, CHEN W, LV W, et al. Inhibiting polysulfide shuttling with a graphene composite separator for highly robust lithium-sulfur batteries［J］. Joule, 2018, 2(10): 2091-2104.

［48］ZHANG L, ZHAO X. Carbon-based materials as supercapacitor electrodes［J］. Chemical Society Reviews, 2009, 38(9): 2520-2531.

［49］LEI Z, ZHANG J, ZHANG L L, et al. Functionalization of chemically derived graphene for improving its electrocapacitive energy storage properties［J］. Energy & Environmental Science, 2016, 9(6): 1891-1930.

［50］MITRA S, SAMPATH S. Electrochemical capacitors based on exfoliated graphite electrodes［J］. Electrochemical and Solid-State Letters, 2004, 7(9): A264-A268.

［51］PARK S H, KIM H K, YOON S B, et al. Spray-assisted deep-frying process for the in-situ spherical assembly of graphene for energy-storage devices［J］. Chemistry of Materials, 2015, 27(2): 457-465.

［52］KOU L, HUANG T, ZHENG B, et al. Coaxial wet-spun yarn supercapacitors for high-energy density and safe wearable electronics［J］. Nature Communications, 2014, 5: 3754.

［53］LI M, TANG Z, LENG M, et al. Flexible solid-state supercapacitor based on graphene-based hybrid films［J］. Advanced Functional Materials, 2014, 24(47): 7495-7502.

［54］YANG X, CHENG C, WANG Y, et al. Liquid-mediated dense integration of graphene materials for compact capacitive energy storage［J］. Science, 2013, 341(6145): 534-537.

［55］SU D S. Macroporous 'bubble' graphene film via template-directed ordered-assembly for high rate supercapacitors［J］. Chemical Communications, 2012, 48(57): 7149-7151.

［56］YAN Y, GONG J, CHEN J, et al. Recent advances on graphene quantum dots: From chemistry and physics to applications［J］. Advanced Materials, 2019, 21(31): 1808283-1808305.

［57］SORA B, DOYOUNG K, HYOYOUNG L. Graphene quantum dots and their possible energy applications: a review［J］. Current Applied Physics, 2016, 16: 1192-1201.

［58］ZUO W, LI R, ZHOU C, et al. Battery-supercapacitor hybrid devices: recent progress and future prospects［J］. Advanced Science, 2017, 4(7): 1600539.

［59］GOGOTSI Y, PENNER R M. Energy storage in nanomaterials-capacitive, pseudocapacitive, or battery-like［J］. ACS Nano, 2018, 12(3): 2081-2083.

[60] JIANG Y, LIU J. Definitions of pseudocapacitive materials: a brief review[J]. Energy & Environmental Materials, 2019, 2(1): 30-37.

[61] MENG G, YANG Q, WU X, et al. Hierarchical mesoporous NiO nanoarrays with ultrahigh capacitance for aqueous hybrid supercapacitor[J]. Nano Energy, 2016, 30: 831-839.

[62] SUN D, HE L, CHEN R, et al. The synthesis characterization and electrochemical performance of hollow sandwich microtubules composed of ultrathin Co_3O_4 nanosheets and porous carbon using a bio-template[J]. Journal of Materials Chemistry A, 2018, 6 (39): 18987-18993.

[63] CHEN D, WANG Q, WANG R, et al. Ternary oxide nanostructured materials for super-capacitors: a review [J]. Journal of Materials Chemistry A, 2015, 3 (19): 10158-10173.

[64] WANG Z, SU H, LIU F, et al. Establishing highly-efficient surface faradaic reaction in flower-like $NiCo_2O_4$ nano-/micro-structures for next-generation supercapacitors [J]. Electrochimica Acta, 2019, 307: 302-309.

[65] WANG R, XU C, LEE J M. High performance asymmetric supercapacitors: new NiOOH nanosheet/graphene hydrogels and pure graphene hydrogels[J]. Nano Energy, 2016, 19: 210-221.

[66] ZHANG D, KONG X, ZHAO Y, et al. CoOOH ultrathin nanoflake arrays aligned on nickel foam: fabrication and use in high-performance supercapacitor devices[J]. Journal of Materials Chemistry A, 2016, 4(33): 12833-12840.

[67] ZHAO J, CHEN J, XU S, et al. Hierarchical NiMn layered double hydroxide/carbon nanotubes architecture with superb energy density for flexible supercapacitors [J]. Advanced Functional Materials, 2014, 24(20): 2938-2946.

[68] LI C, BALAMURUGAN J, KIM N H, et al. Hierarchical Zn-Co-S nanowires as advanced electrodes for all solid state asymmetric supercapacitors[J]. Advanced Energy Materials, 2018, 8(8): 1702014.

[69] ZHANG C, CAI X, QIAN Y, et al. Electrochemically synthesis of nickel cobalt sulfide for high-performance flexible asymmetric supercapacitors[J]. Advanced Science, 2018, 5(2): 1700375.

[70] WANG S, XIAO Z, ZHAI S, et al. Construction of strawberry-like $Ni_3S_2@Co_9S_8$ hetero-nanoparticle-embedded biomass-derived 3D N-doped hierarchical porous carbon for ultrahigh energy density supercapacitors[J]. Journal of Materials Chemistry A, 2019, 7 (29): 17345-17356.

[71] DONG T, ZHANG X, WANG P, et al. Hierarchical nickel-cobalt phosphide hollow spheres embedded in P-doped reduced graphene oxide towards superior electrochemistry activity[J]. Carbon, 2019, 149: 222-233.

[72] LI J, LIU Z, ZHANG Q, et al. Anion and cation substitution in transition-metal oxides

nanosheets for high-performance hybrid supercapacitors[J]. Nano Energy, 2019, 57: 22-33.

[73] SUN P, QIU M, LI M, et al. Stretchable Ni@ NiCoP textile for wearable energy storage clothes[J]. Nano Energy, 2019, 55: 506-515.

[74] LUO F, LI J, LEI Y, et al. Three-dimensional enoki mushroom-like Co_3O_4 hierarchitectures constructed by one-dimension nanowires for high-performance supercapacitors[J]. Electrochimica Acta, 2014, 135: 495-502.

[75] MA F X, YU L, XU C Y, et al. Self-supported formation of hierarchical $NiCo_2O_4$ tetragonal microtubes with enhanced electrochemical properties [J]. Energy & Environmental Science, 2016, 9(3): 862-866.

[76] WANG X, FANG Y, SHI B, et al. Three-dimensional $NiCo_2O_4$ @ $NiCo_2O_4$ core-shell nanocones arrays for high-performance supercapacitors [J]. Chemical Engineering Journal, 2018, 344: 311-319.

[77] LIU X, SHI S, XIONG Q, et al. Hierarchical $NiCo_2O_4$ @ $NiCo_2O_4$ core/shell nanoflake arrays as high-performance supercapacitor materials [J]. ACS Applied Materials & Interfaces, 2013, 5(17): 8790-8795.

[78] LIU S, YIN Y, NI D, et al. New insight into the effect of fluorine doping and oxygen vacancies on electrochemical performance of Co_2MnO_4 for flexible quasi-solid-state asymmetric supercapacitors[J]. Energy Storage Materials, 2019, 22: 384-396.

[79] PENG Z, GONG L, HUANG J, et al. Construction of facile ion and electron diffusion by hierarchical core-branch Zn substituted Ni-Co-S nanocomposite for high-performance asymmetric supercapacitors[J]. Carbon, 2019, 153: 531-538.

[80] HUANG J, WEI J, XIAO Y, et al. When Al-doped cobalt sulfide nanosheets meet nickel nanotube arrays: a highly efficient and stable cathode for asymmetric supercapacitors[J]. ACS Nano, 2018, 12(3): 3030-3041.

[81] ZHANG Q, XU W, SUN J, et al. Constructing ultrahigh-capacity zinc-nickel-cobalt oxide@ Ni(OH)$_2$ core-shell nanowire arrays for high-performance coaxial fiber-shaped asymmetric supercapacitors[J]. Nano Letters, 2017, 17(12): 7552-7560.

[82] VEERASUBRAMANI G K, CHANDRASEKHAR A, MSP S, et al. Liquid electrolyte mediated flexible pouch-type hybrid supercapacitor based on binderless core-shell nanostructures assembled with honeycomb-like porous carbon [J]. Journal of Materials Chemistry A, 2017, 5(22): 11100-11113.

[83] MA Z, YUAN X, LI L, et al. A review of cathode materials and structures for rechargeable lithium-air batteries[J]. Energy & Environmental Science, 2015, 8(8): 2144-2198.

[84] LI H, LI Z, WU Z, et al. Enhanced electrochemical performance of $CuCo_2S_4$/carbon nanotubes composite as electrode material for supercapacitors[J]. Journal of Colloid and Interface Science, 2019, 549: 105-113.

［85］ KIRUBASANKAR B, MURUGADOSS V, LIN J, et al. In-situ grown nickel selenide on graphene nanohybrid electrodes for high energy density asymmetric supercapacitors［J］. Nanoscale, 2018, 10(43): 20414-20425.

［86］ LIAO Q, LI N, JIN S, et al. All-solid-state symmetric supercapacitor based on Co_3O_4 nanoparticles on vertically aligned graphene［J］. ACS Nano, 2015, 9(5): 5310-5317.

［87］ GUO D, LUO Y, YU X, et al. High performance $NiMoO_4$ nanowires supported on carbon cloth as advanced electrodes for symmetric supercapacitors［J］. Nano Energy, 2014, 8: 174-182.

［88］ YUAN C, LI J, HOU L, et al. Ultrathin mesoporous $NiCo_2O_4$ nanosheets supported on Ni foam as advanced electrodes for supercapacitors［J］. Advanced Functional Materials, 2012, 22(21): 4592-4597.

［89］ ZHOU C, ZHANG Y, LI Y, et al. Construction of high-capacitance 3D CoO@ polypyrrole nanowire array electrode for aqueous asymmetric supercapacitor［J］. Nano Letters, 2013, 13(5): 2078-2085.

［90］ ZHAI T, WAN L, SUN S, et al. Phosphate ion functionalized Co_3O_4 ultrathin nanosheets with greatly improved surface reactivity for high performance pseudocapacitors［J］. Advanced Materials, 2017, 29(7): 1604167.

［91］ KE Q, GUAN C, ZHANG X, et al. Surface-charge-mediated formation of H-TiO_2@ $Ni(OH)_2$ heterostructures for high-performance supercapacitors ［J］. Advanced Materials, 2017, 29(5): 1604164.

［92］ LIU S, LEE S C, PATIL U, et al. Hierarchical MnCo-layered double hydroxides@ $Ni(OH)_2$ core-shell heterostructures as advanced electrodes for supercapacitors［J］. Journal of Materials Chemistry A, 2017, 5(3): 1043-1049.

［93］ CHENG G, KOU T, ZHANG J, et al. O_2^{2-}/O^- functionalized oxygen-deficient Co_3O_4 nanorods as high performance supercapacitor electrodes and electrocatalysts towards water splitting［J］. Nano Energy, 2017, 38: 155-166.

［94］ LU F, ZHOU M, LI W, et al. Engineering sulfur vacancies and impurities in $NiCo_2S_4$ nanostructures toward optimal supercapacitive performance［J］. Nano Energy, 2016, 26: 313-323.

［95］ CHOI B G, CHANG S J, LEE Y B, et al. 3D heterostructured architectures of Co_3O_4 nanoparticles deposited on porous graphene surfaces for high performance of lithium ion batteries［J］. Nanoscale, 2012, 4(19): 5924-5930.

［96］ HE J, LI P, LV W, et al. Three-dimensional hierarchically structured aerogels constructed with layered MoS_2/graphene nanosheets as free-standing anodes for high-performance lithium ion batteries［J］. Electrochimica Acta, 2016, 215: 12-18.

［97］ WU L, FENG H, LIU M, et al. Graphene-based hollow spheres as efficient electrocatalysts for oxygen reduction［J］. Nanoscale, 2013, 5(22): 10839-10843.

［98］ ZHAO X, WANG H E, CHEN X, et al. Tubular MoO_2 organized by 2D assemblies for fast and durable alkali-ion storage[J]. Energy Storage Materials, 2018, 11: 161-169.

[99] LU Y, YU L, WU M, et al. Construction of complex $Co_3O_4@Co_3V_2O_8$ hollow structures from metal-organic frameworks with enhanced lithium storage properties[J]. Advanced Materials, 2018, 30(1): 1702875.

[100] WANG X, ZHANG M, LIU E, et al. Three-dimensional core-shell $Fe_2O_3@$ carbon/carbon cloth as binder-free anode for the high-performance lithium-ion batteries[J]. Applied Surface Science, 2016, 390: 350-356.

[101] WANG J, ZHANG Q, LI X, et al. Smart construction of three-dimensional hierarchical tubular transition metal oxide core/shell heterostructures with high-capacity and long-cycle-life lithium storage[J]. Nano Energy, 2015, 12: 437-446.

[102] XIONG X, LUO W, HU X, et al. Flexible membranes of MoS_2/C nanofibers by electrospinning as binder-free anodes for high-performance sodium-ion batteries[J]. Scientific Reports, 2015, 5: 9254.

[103] NITTA N, WU F, LEE J T, et al. Li-ion battery materials: present and future[J]. Materials Today, 2015, 18(5): 252-264.

[104] CHAN M K Y, WOLVERTON C, GREELEY J P. First principles simulations of the electrochemical lithiation and delithiation of faceted crystalline silicon[J]. Journal of the American Chemical Society, 2012, 134(35): 14362-14374.

[105] CAO C, ABATE I I, SIVONXAY E, et al. Solid electrolyte interphase on native oxide-terminated silicon anodes for Li-ion batteries[J]. Joule, 2019, 3(3): 762-781.

[106] GU M, HE Y, ZHENG J, et al. Nanoscale silicon as anode for Li-ion batteries: the fundamentals, promises, and challenges[J]. Nano Energy, 2015, 17: 366-383.

[107] LIU N, WU H, MCDOWELL M T, et al. A yolk-shell design for stabilized and scalable Li-ion battery alloy anodes[J]. Nano Letters, 2012, 12(6): 3315-3321.

[108] LIU N, LU Z, ZHAO J, et al. A pomegranate-inspired nanoscale design for large-volume-change lithium battery anodes[J]. Nature Nanotechnology, 2014, 9(3): 187.

[109] ZHANG R, DU Y, LI D, et al. Highly reversible and large lithium storage in mesoporous Si/C nanocomposite anodes with silicon nanoparticles embedded in a carbon framework[J]. Advanced Materials, 2014, 26(39): 6749-6755.

[110] DENG B, XU R, WANG X, et al. Roll to roll manufacturing of fast charging, mechanically robust 0D/2D nanolayered Si-graphene anode with well-interfaced and defect engineered structures[J]. Energy Storage Materials, 2019, 22: 450-460.

[111] AN W, GAO B, MEI S, et al. Scalable synthesis of ant-nest-like bulk porous silicon for high-performance lithium-ion battery anodes[J]. Nature Communications, 2019, 10(1): 1447.

[112] FAN Z, YAN J, NING G, et al. Porous graphene networks as high performance anode materials for lithium ion batteries[J]. Carbon, 2013, 60: 558-561.

[113] HU G, XU C, SUN Z, et al. 3D graphene-foam-reduced-graphene-oxide hybrid nested

hierarchical networks for high-performance Li-S batteries [J]. Advanced Materials, 2016, 28(8): 1603-1609.

[114] WANG D, CHOI D, LI J, et al. Self-assembled TiO_2-graphene hybrid nanostructures for enhanced Li-ion insertion [J]. ACS Nano, 2009, 3(4): 907-914.

[115] LUO B, WANG B, LI X, et al. Graphene-confined Sn nanosheets with enhanced lithium storage capability [J]. Advanced Materials, 2012, 24(26): 3538-3543.

[116] QIN J, ZHANG X, ZHAO N, et al. In-situ preparation of interconnected networks constructed by using flexible graphene/Sn sandwich nanosheets for high-performance lithium-ion battery anodes [J]. Journal of Materials Chemistry A, 2015, 3(46): 23170-23179.

[117] WU C, MAIER J, YU Y. Sn-based nanoparticles encapsulated in a porous 3D graphene network: advanced anodes for high-rate and long life Li-ion batteries [J]. Advanced Functional Materials, 2015, 25(23): 3488-3496.

[118] WU Z S, REN W, WEN L, et al. Graphene anchored with Co_3O_4 nanoparticles as anode of lithium-ion batteries with enhanced reversible capacity and cyclic performance [J]. ACS Nano, 2010, 4(6): 3187-3194.

[119] WANG D, YANG J, LI X, et al. Layer by layer assembly of sandwiched graphene/ SnO_2 nanorod/carbon nanostructures with ultrahigh lithium ion storage properties [J]. Energy & Environmental Science, 2013, 6(10): 2900-2906.

[120] LIAN P, WANG J, CAI D, et al. Porous SnO_2 @ C/graphene nanocomposite with 3D carbon conductive network as a superior anode material for lithium-ion batteries [J]. Electrochimica Acta, 2014, 116: 103-110.

[121] CHANG K, CHEN W. L-cysteine-assisted synthesis of layered MoS_2/graphene composites with excellent electrochemical performances for lithium-ion batteries [J]. ACS Nano, 2011, 5(6): 4720- 4728.

[122] CHEN P, SU Y, LIU H, et al. Interconnected tin disulfide nanosheets grown on graphene for Li-ion storage and photocatalytic applications [J]. ACS applied materials & interfaces, 2013, 5(22): 12073-12082.

[123] YUAN Y, AMINE K, LU J, et al. Understanding materials challenges for rechargeable ion batteries with in-situ transmission electron microscopy [J]. Nature Communications, 2017, 8: 15806.

[124] LI Y, LI Y, PEI A, et al. Atomic structure of sensitive battery materials and interfaces revealed by cryo-electron microscopy [J]. Science, 2017, 358(6362): 506- 510.

[125] LIU Y, ZHENG H, LIU X H, et al. Lithiation-induced embrittlement of multiwalled carbon nanotubes [J]. ACS Nano, 2011, 5(9): 7245-7253.

[126] LEE S, OSHIMA Y, HOSONO E, et al. Phase transitions in a $LiMn_2O_4$ nanowire battery observed by operando electron microscopy [J]. ACS Nano, 2014, 9(1): 626-632.

［127］ LIU X H, ZHONG L, HUANG S, et al. Size-dependent fracture of silicon nanoparticles during lithiation［J］. ACS Nano, 2012, 6(2): 1522-1531.

［128］ GOLDMAN J L, LONG B R, GEWIRTH A A, et al. Strain anisotropies and self-limiting capacities in single-crystalline 3D silicon microstructures: models for high energy density lithium-ion battery anodes［J］. Advanced Functional Materials, 2011, 21(13): 2412-2422.

［129］ FRAGKOS P, TASIOS N, PAROUSSOS L, et al. Energy system impacts and policy implications of the european intended nationally determined contribution and low-carbon pathway to 2050［J］. Energy Policy, 2017, 100: 216-226.

［130］ WEBER A, IVERSTIFFEE E. Materials and concepts for solid oxide fuel cells (SOFCs) in stationary and mobile applications［J］. Journal of Power Sources, 2004, 127(1): 273-283.

［131］ TOKARIEV O. Solid oxide fuel cells (SOFCs) at forschungszentrum jülich gmbh［J］. Energy, 2013, 132: 232-241.

［132］ REOLON R P, HALMENSCHLAGER C M, NEAGU R, et al. Electrochemical performance of gadolinia-doped ceria (CGO) electrolyte thin films for ITSOFC deposited by spray pyrolysis［J］. Journal of Power Sources, 2014, 261: 348-355.

［133］ SUN C, STIMMING U. Recent anode advances in solid oxide fuel cells［J］. Journal of Power Sources, 2007, 171(2): 247-260.

［134］ GROSS S M, KOPPITZ T, REMMEL J, et al. Joining properties of a composite glass-ceramic sealant［J］. Fuel Cells Bulletin, 2006, 9: 12-15.

［135］ MAHATO N, BANERJEE A, GUPTA A, et al. Progress in material selection for solid oxide fuel cell technology: a review［J］. Progress in Materials Science, 2015, 72: 141-337.

［136］ SIMNER S P, STEVENSON J W. Compressive mica seals for SOFC applications［J］. Journal of Power Sources, 2001, 102(1-2): 310-316.

［137］ SMEACETTO F, SALVO M, FERRARIS M, et al. Glass-ceramic seal to join Crofer 22 APU alloy to YSZ ceramic in planar SOFCs［J］. Journal of the European Ceramic Society, 2008, 28(1): 61-68.

［138］ CHOU Y S, STEVENSON J W, GOW R N. Novel alkaline earth silicate sealing glass for SOFC: part II, sealing and interfacial microstructure［J］. Journal of Power Sources, 2007, 170(2): 395-400.

［139］ LIN K L, SINGH M, ASTHANA R. Effect of short-term aging on interfacial and mechanical properties of yttria stabilized zirconia (YSZ)/stainless steel joints［J］. Journal of the European Ceramic Society, 2015, 35(3): 1041-1053.

［140］ KIM J Y, HARGY J S, WEIL K S. Effects of CuO content on the wetting behavior and mechanical properties of a Ag-CuO braze for ceramic joining［J］. Journal of the American Ceramic Society, 2005, 88(9): 2521-2527.

［141］ LE S, SHEN Z, ZHU X, et al. Effective Ag-CuO sealant for planar solid oxide fuel cells［J］. Journal of Alloys and Compounds, 2010, 496(1-2): 0-99.

［142］ FROITZHEIM J, CANOVIC S, NIKUMAA M, et al. Long term study of Cr evaporation and high temperature corrosion behaviour of Co coated ferritic steel for solid oxide fuel cell interconnects［J］. Journal of Power Sources, 2012, 220: 217-227.

［143］ PÖNICKE A, SCHILM J, KUSNEZOFF M, et al. Aging behavior of reactive air brazed seals for SOFC［J］. Fuel Cells, 2015, 15(5): 735-741.

［144］ CHOI J P, CHOU Y S, STEVENSON J W. Reactive air aluminization［J］. Journal of Infectious Diseases, 2011, 174(6): 1279-1287.

［145］ 司晓庆. 用于固体燃料电池的不锈钢与 YSZ 陶瓷空气反应连接机理［D］. 哈尔滨: 哈尔滨工业大学, 2019: 91-109.

［146］ SI X Q, CAO J, SONG X G, et al. Evolution behavior of Al_2O_3 nanoparticles reinforcements during reactive air brazing and its role in improving the joint strength ［J］. Materials & Design, 2017, 132: 96-104.

［147］ SI X Q, CAO J, LIU S, et al. Fabrication of 3D Ni nanosheet array on Crofer 22 APU interconnect and NiO-YSZ anode support to sinter with small-size Ag nanoparticles for low-temperature sealing SOFCs［J］. International Journal of Hydrogen Energy, 2018, 43: 2977-2989.

［148］ SI X Q, CAO J, KIEBACH R, et al. Joining of solid oxide fuel/electrolysis cells at low temperature: a novel method to obtain high strength seals already at 300 ℃［J］. Journal of Power Sources, 2018, 400: 296-304.

［149］ 王浩瀚. $NiSe_2$ 电极材料的制备及其电化学性能研究［D］. 哈尔滨: 哈尔滨工业大学, 2019.

［150］ YAN Y, XIA B Y, ZHAO B, et al. A review on noble-metal-free bifunctional heterogeneous catalysts for overall electrochemical water splitting［J］. Journal of Materials Chemistry A, 2016, 4(45): 17587-17603.

［151］ MAN I C, SU H Y, CALLE-VALLEJO F, et al. Universality in oxygen evolution electrocatalysis on oxide surfaces［J］. Chem Cat Chem, 2011, 3(7): 1159-1165.

［152］ HOU J, WU Y, ZHANG B, et al. Rational design of nanoarray architectures for electrocatalytic water splitting［J］. Advanced Functional Materials, 2019, 29(20): 1808367.

［153］ JIA Q, WANG X, WEI S, et al. Porous flower-like Mo-doped NiS heterostructure as highly efficient and robust electrocatalyst for overall water splitting［J］. Applied Surface Science, 2019, 484: 1052-1060.

［154］ WANG Z, LIU H, GE R, et al. Phosphorus-doped Co_3O_4 nanowire array: a highly efficient bifunctional electrocatalyst for overall water splitting［J］. ACS Catalysis, 2018, 8(3): 2236-2241.

［155］ KONG F, SUN L, HUO L, et al. In-situ electrochemical self-tuning of amorphous nickel molybdenum phosphate to crystal Ni-rich compound for enhanced overall water splitting[J]. Journal of Power Sources, 2019, 430: 218-227.

[156] ARIF M, YASIN G, SHAKEEL M, et al. Hierarchical CoFe-layered double hydroxide and g-C_3N_4 heterostructures with enhanced bifunctional photo/electrocatalytic activity towards overall water splitting [J]. Materials Chemistry Frontiers, 2019, 3 (3): 520-531.

[157] 周玉. 材料分析方法[M]. 北京: 机械工业出版社, 2011.

[158] XU Y, SHENG K, LI C, et al. Self-assembled graphene hydrogel via a one-step hydrothermal process[J]. ACS Nano, 2010, 4(7): 4324-4330.

[159] DANG L, LIANG H, ZHUO J, et al. Direct synthesis and anion exchange of noncarbonate-intercalated NiFe-layered double hydroxides and the influence on electrocatalysis[J]. Chemistry of Materials, 2018, 30(13): 4321-4330.

[160] HODOROABA V D, UNGER W E S, SHARD A G. Characterization of nanoparticles: measurement processes for nanoparticles[M]. Amsterdam: Elsevier, 2019.

[161] ZHOU J, YU L, YU Y, et al. Defective and ultrathin NiFe LDH nanosheets decorated on V-doped Ni_3S_2 nanorod arrays: a 3D core-shell electrocatalyst for efficient water oxidation[J]. Journal of Materials Chemistry A, 2019, 7(30): 18118-18125.

[162] YUAN C, LI J, HOU L, et al. Ultrathin mesoporous $NiCo_2O_4$ nanosheets supported on Ni foam as advanced electrodes for supercapacitors [J]. Advanced Functional Materials, 2012, 22(21): 4592-4597.

[163] ZHANG L, WU H B, LOU X W. Metal-organic-frameworks-derived general formation of hollow structures with high complexity [J]. Journal of the American Chemical Society, 2013, 135(29): 10664-10672.

[164] SHEN L, YU L, WU H B, et al. Formation of nickel cobalt sulfide ball-in-ball hollow spheres with enhanced electrochemical pseudocapacitive properties[J]. Nature Communications, 2015, 6: 6694.

[165] QI J L, LIN J H, WANG X, et al. Low resistance VFG-Microporous hybrid Al-based electrodes for supercapacitors[J]. Nano Energy, 2016, 26: 657-667.

附录　部分彩图

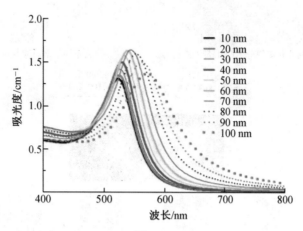

图 2.8

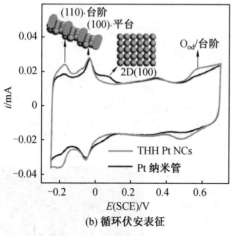

(b) 循环伏安表征

(c) 对乙醇电氧化的催化性能表征

图 2.22

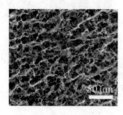

(c) MXene-rGO复合
气胶的SEM图

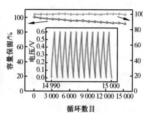

(d) MXene-rGO复合气凝
胶基微型电容器的循
环性能测试

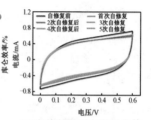

(e) 自修复微型电容器自修
复后的循环伏安曲线

图 4.23

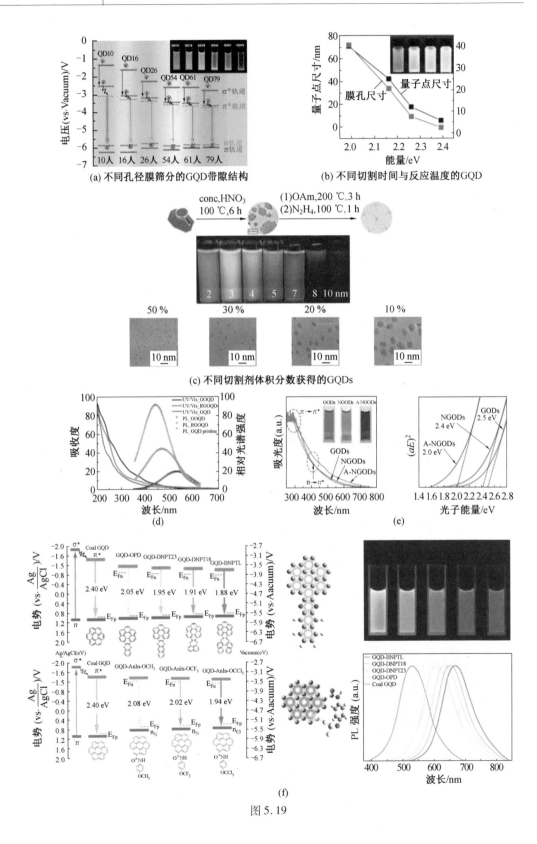

(a) 不同孔径膜筛分的GQD带隙结构

(b) 不同切割时间与反应温度的GQD

(c) 不同切割剂体积分数获得的GQDs

图 5.19

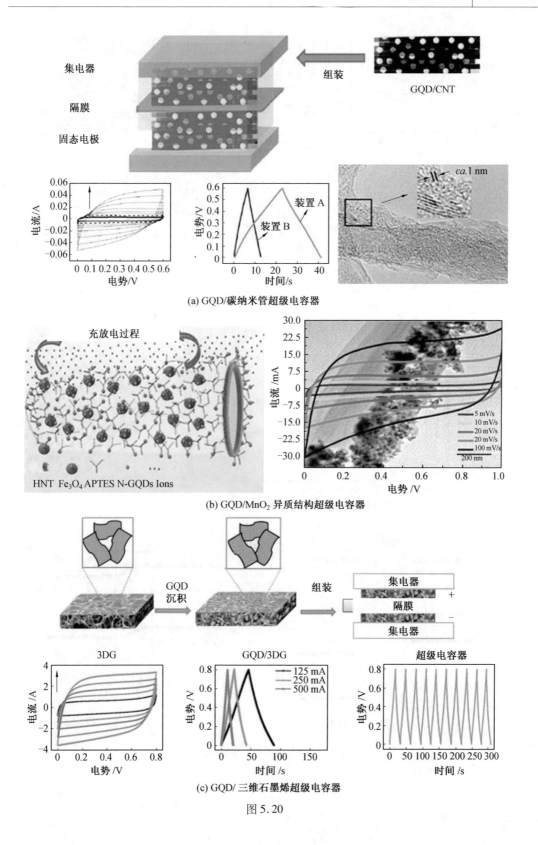

(a) GQD/碳纳米管超级电容器

(b) GQD/MnO₂ 异质结构超级电容器

(c) GQD/三维石墨烯超级电容器

图 5.20

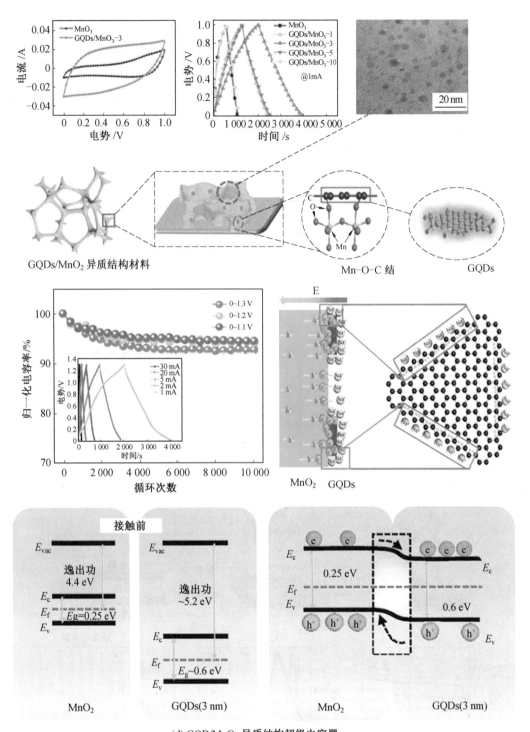

(d) GQD/MnO$_2$ 异质结构超级电容器

续图 5.20

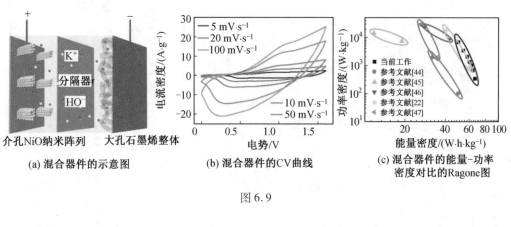

(a) 混合器件的示意图　　(b) 混合器件的CV曲线　　(c) 混合器件的能量-功率
　　　　　　　　　　　　　　　　　　　　　　　　密度对比的Ragone图

图 6.9

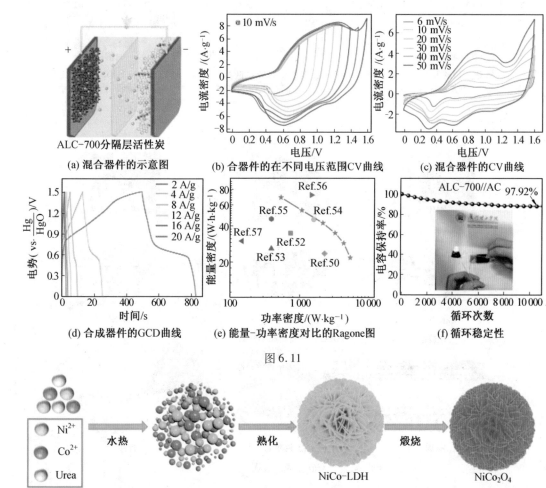

(a) 混合器件的示意图　　(b) 合器件的在不同电压范围CV曲线　　(c) 混合器件的CV曲线

(d) 合成器件的GCD曲线　　(e) 能量-功率密度对比的Ragone图　　(f) 循环稳定性

图 6.11

图 6.12

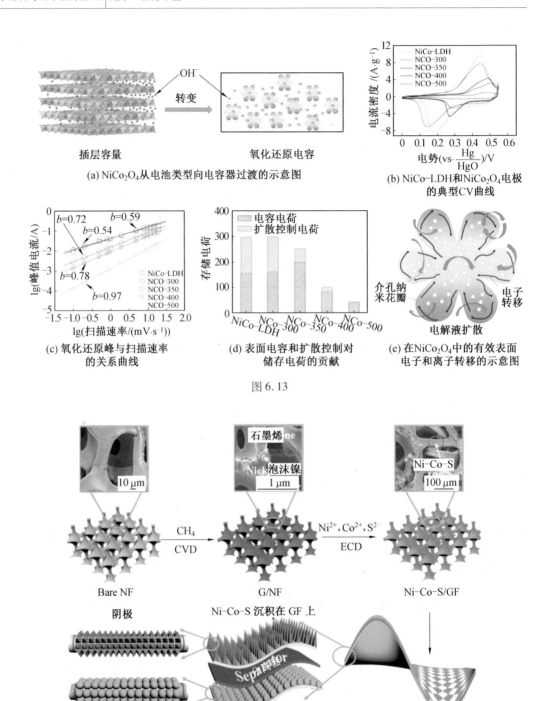

(a) NiCo₂O₄从电池类型向电容器过渡的示意图

(b) NiCo–LDH和NiCo₂O₄电极的典型CV曲线

(c) 氧化还原峰与扫描速率的关系曲线

(d) 表面电容和扩散控制对储存电荷的贡献

(e) 在NiCo₂O₄中的有效表面电子和离子转移的示意图

图 6.13

(a) 合成示意图

图 6.18

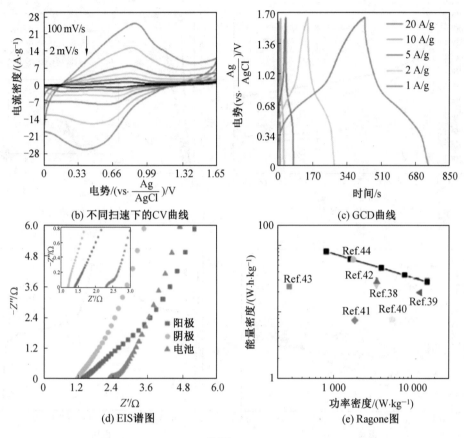

(b) 不同扫速下的CV曲线

(c) GCD曲线

(d) EIS谱图

(e) Ragone图

续图6.18

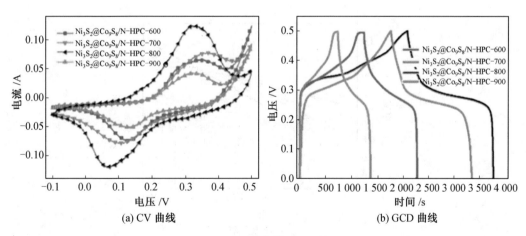

(a) CV 曲线

(b) GCD 曲线

图6.20

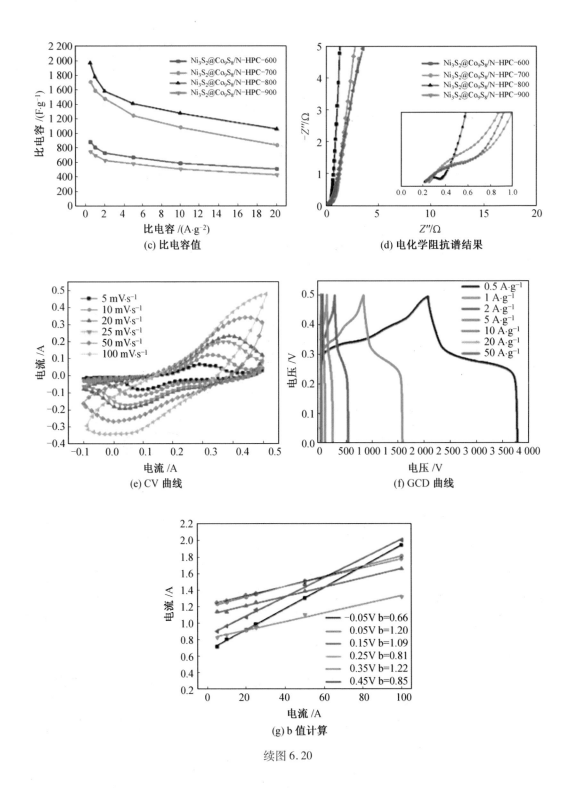

(c) 比电容值

(d) 电化学阻抗谱结果

(e) CV 曲线

(f) GCD 曲线

(g) b 值计算

续图 6.20

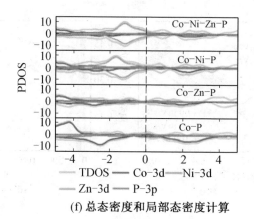

(f) 总态密度和局部态密度计算

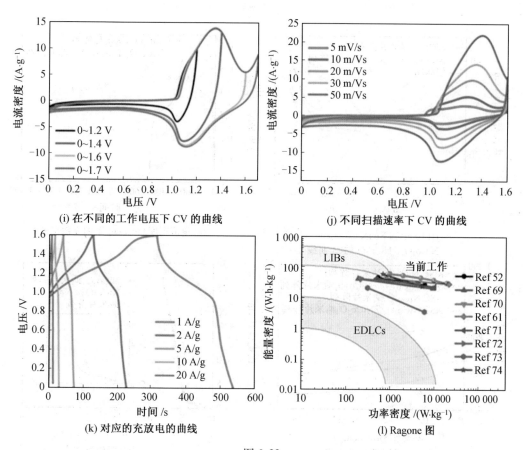

(i) 在不同的工作电压下 CV 的曲线

(j) 不同扫描速率下 CV 的曲线

(k) 对应的充放电的曲线

(l) Ragone 图

图 6.22

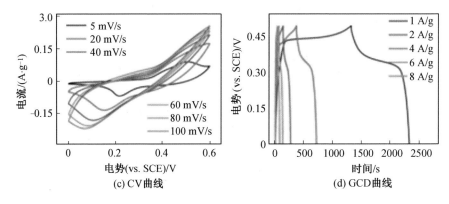

(c) CV曲线

(d) GCD曲线

图 6.26

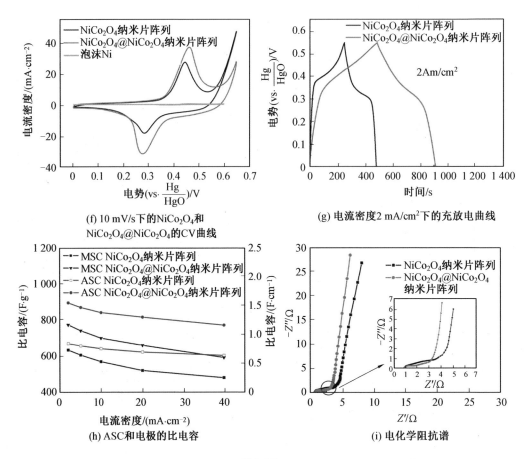

(f) 10 mV/s下的NiCo$_2$O$_4$和
NiCo$_2$O$_4$@NiCo$_2$O$_4$的CV曲线

(g) 电流密度2 mA/cm^{2}下的充放电曲线

(h) ASC和电极的比电容

(i) 电化学阻抗谱

图 6.27

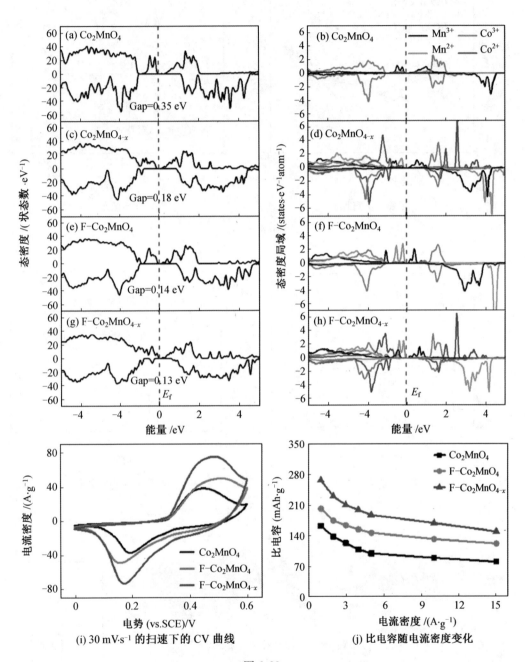

图 6.29

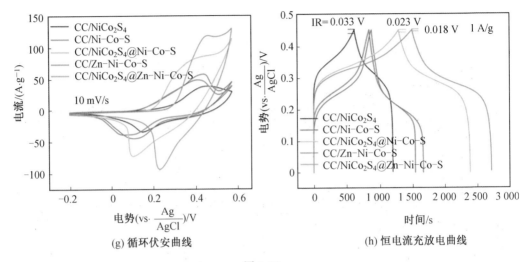

(g) 循环伏安曲线　　　　　　　　(h) 恒电流充放电曲线

图 6.30

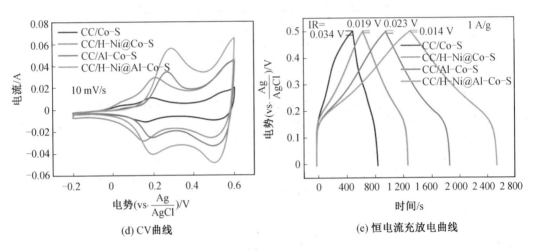

(d) CV曲线　　　　　　　　(e) 恒电流充放电曲线

图 6.31

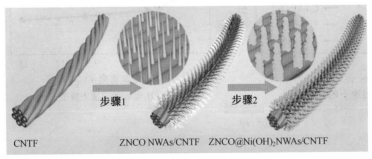

(a) ZNCO@Ni(OH)₂NWAs图

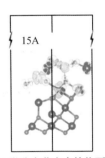

(b) 微分电荷密度等值面

图 6.32

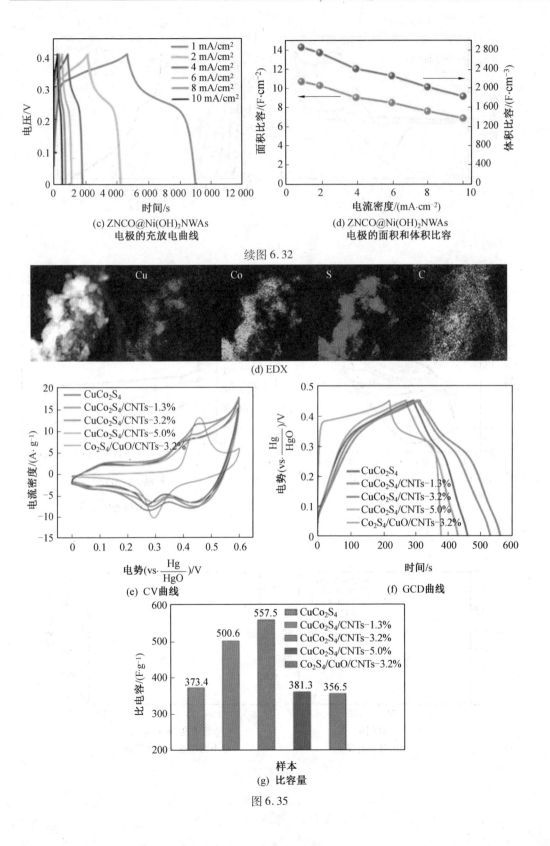

(c) ZNCO@Ni(OH)₂NWAs
电极的充放电曲线

(d) ZNCO@Ni(OH)₂NWAs
电极的面积和体积比容

续图 6.32

(d) EDX

(e) CV曲线

(f) GCD曲线

(g) 比容量

图 6.35

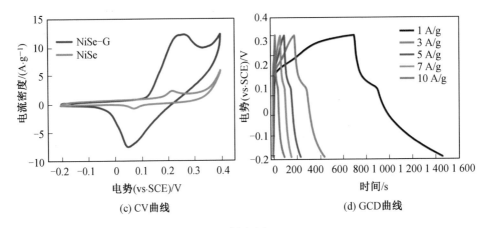

(c) CV曲线

(d) GCD曲线

图 6.36

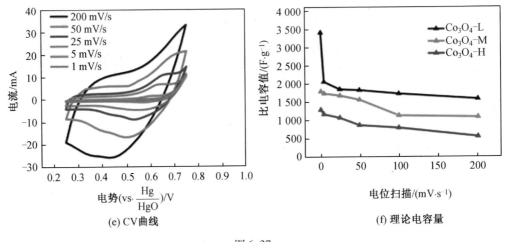

(e) CV曲线

(f) 理论电容量

图 6.37

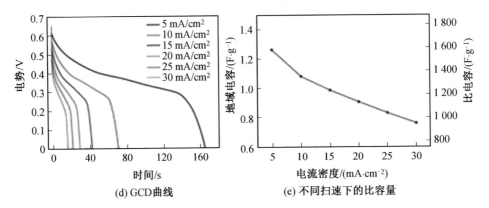

(d) GCD曲线

(e) 不同扫速下的比容量

图 6.38

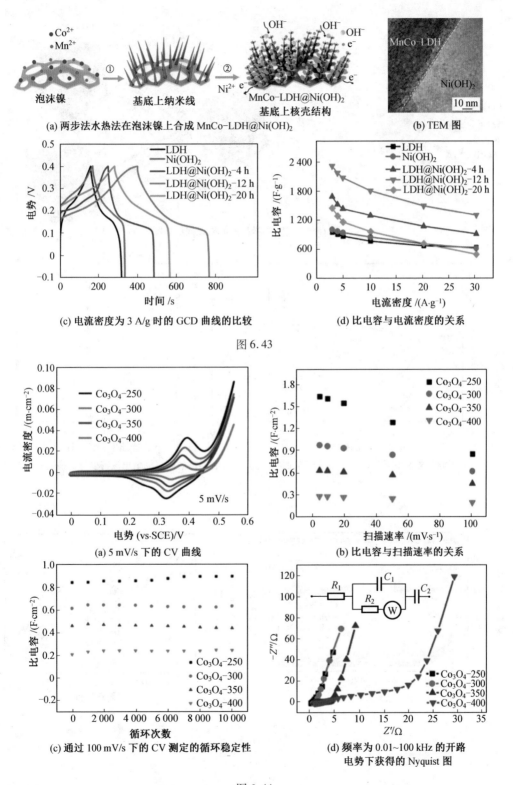

(a) 两步法水热法在泡沫镍上合成 MnCo-LDH@Ni(OH)₂

(b) TEM 图

(c) 电流密度为 3 A/g 时的 GCD 曲线的比较

(d) 比电容与电流密度的关系

图 6.43

(a) 5 mV/s 下的 CV 曲线

(b) 比电容与扫描速率的关系

(c) 通过 100 mV/s 下的 CV 测定的循环稳定性

(d) 频率为 0.01~100 kHz 的开路
电势下获得的 Nyquist 图

图 6.44

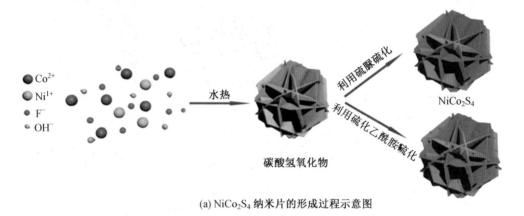

(a) NiCo₂S₄ 纳米片的形成过程示意图

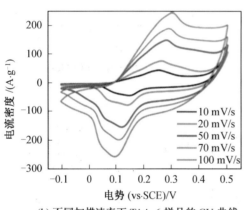

(b) 不同扫描速率下 TAA-6 样品的 CV 曲线

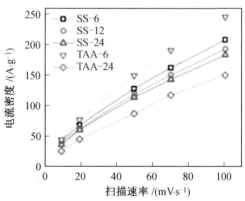

(c) 各样品的阳极峰值电流密度与扫描速率的关系

图 6.45

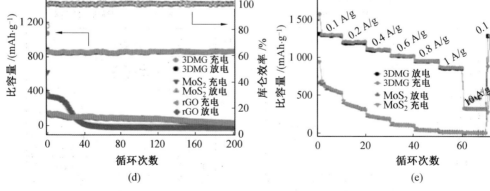

(d)

(e)

图 7.3

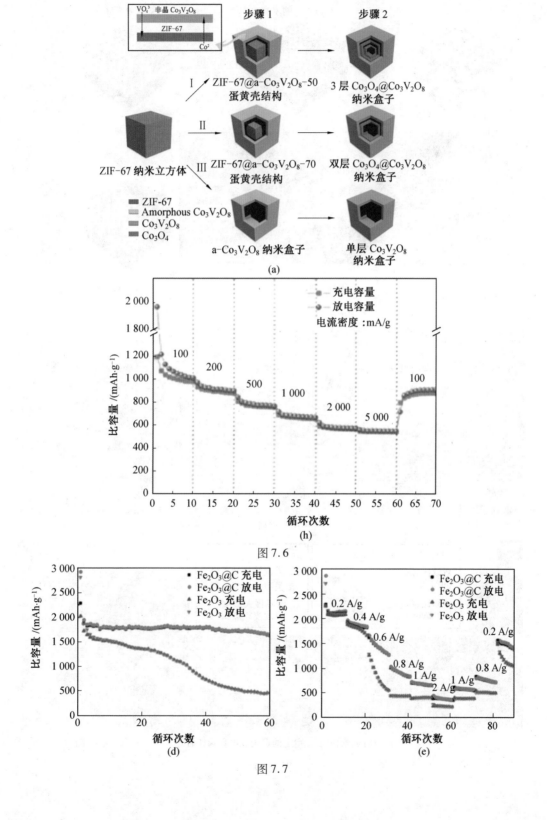

图 7.6

图 7.7

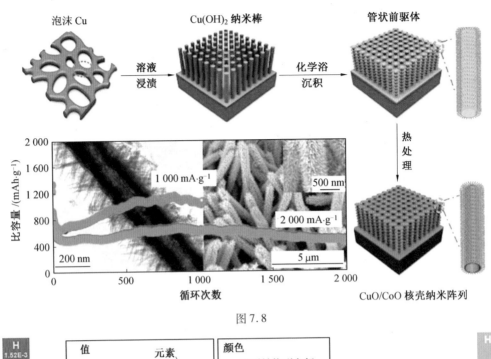

图 7.8

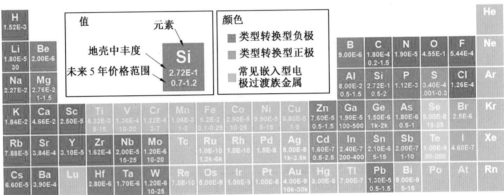

图 7.10

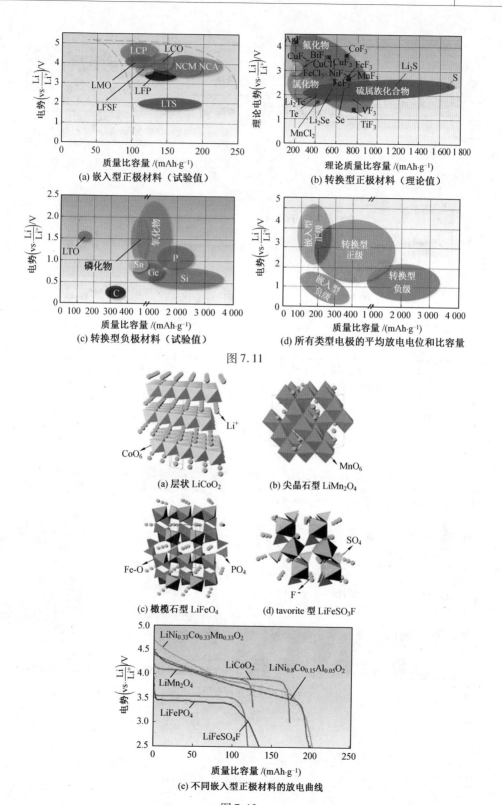

(a) 嵌入型正极材料（试验值）

(b) 转换型正极材料（理论值）

(c) 转换型负极材料（试验值）

(d) 所有类型电极的平均放电电位和比容量

图 7.11

(a) 层状 $LiCoO_2$

(b) 尖晶石型 $LiMn_2O_4$

(c) 橄榄石型 $LiFeO_4$

(d) tavorite 型 $LiFeSO_3F$

(e) 不同嵌入型正极材料的放电曲线

图 7.12

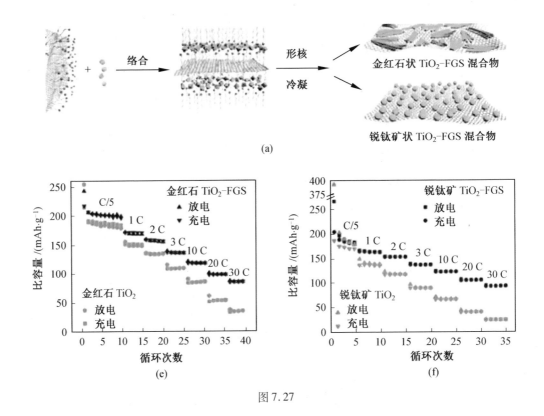

图 7.27

图 8.36

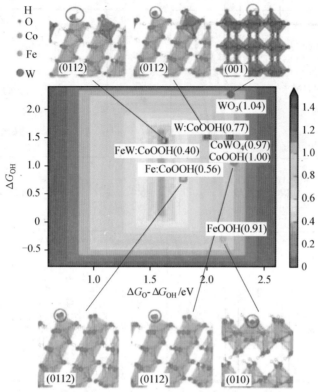

H
O
Co
Fe
W

(0112)   (0112)   (001)

ΔG_{OH}

$\Delta G_O - \Delta G_{OH}$ /eV

WO$_3$(1.04)
W:CoOOH(0.77)
FeW:CoOOH(0.40)
CoWO$_4$(0.97)
CoOOH(1.00)
Fe:CoOOH(0.56)
FeOOH(0.91)

(0112)   (0112)   (010)

(b) 利用 Fe、W 元素参杂对 FeOOH、CoOOH 化合物 OER 活性的调控

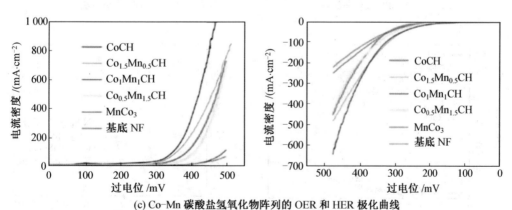

(c) Co—Mn 碳酸盐氢氧化物阵列的 OER 和 HER 极化曲线

续图 8.36

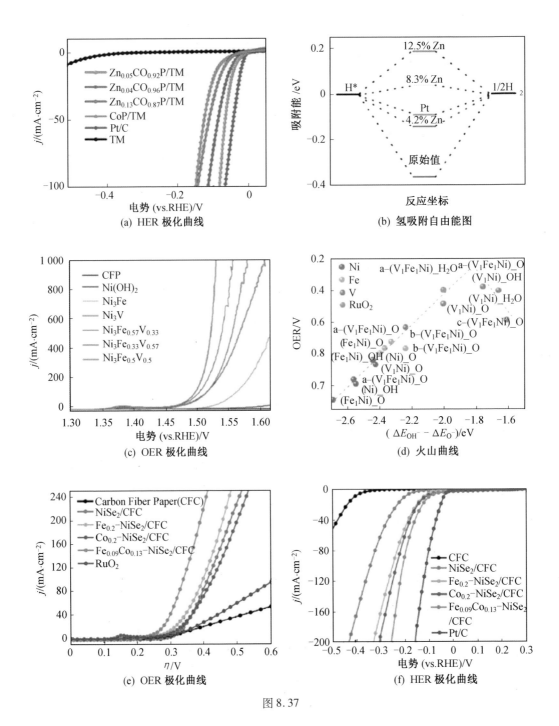

(a) HER 极化曲线

(b) 氢吸附自由能图

(c) OER 极化曲线

(d) 火山曲线

(e) OER 极化曲线

(f) HER 极化曲线

图 8.37

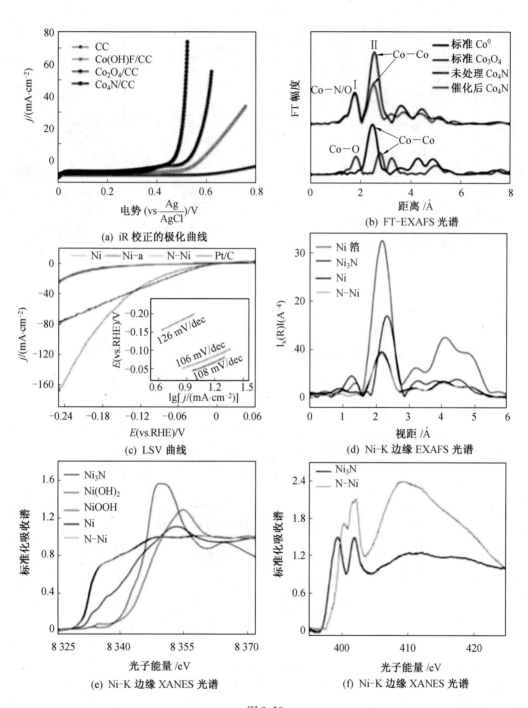

(a) iR 校正的极化曲线

(b) FT-EXAFS 光谱

(c) LSV 曲线

(d) Ni-K 边缘 EXAFS 光谱

(e) Ni-K 边缘 XANES 光谱

(f) Ni-K 边缘 XANES 光谱

图 8.38

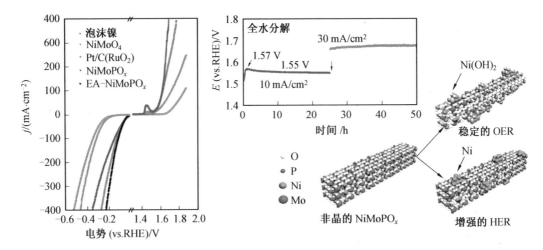

图 8.41

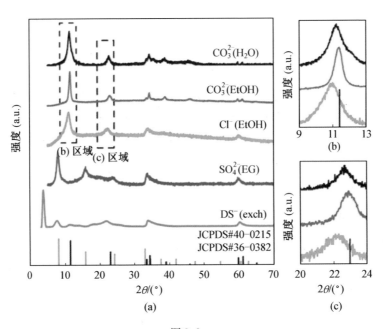

图 9.2